环保公益性行业科研专项经费项目系列丛书

JIANZHU FEIWU CHUZHI
HE ZIYUANHUA WURAN KONGZHI JISHU

建筑废物处置
和资源化污染控制技术

赵由才　余　毅　徐东升　等著

化学工业出版社
·北京·

本书主要介绍了覆盖化工、冶金、轻工、加工等行业所涉及的一般建筑废物以及重金属、难降解有机物、火灾和爆炸以及地震灾区建筑废物等处置和资源化污染控制技术。本书共分 11 章，分别是：概论、建筑废物取样技术及设备、建筑废物样品预处理与分析方法、建筑废物的污染特征、受污染建筑废物产生机制、建筑废物中污染物在环境中的迁移转化、受污染建筑废物再生利用浸出毒性及污染控制、建筑废物无害化处理技术、含重金属建筑废物重金属富集回收、建筑废物污染防治管理建议、建筑废物资源化再利用技术。

本书适合于从事建筑废弃物管理、建筑废物处置、建筑废物再生利用领域的工程人员、管理人员参考，也可供高等学校环境工程、市政工程及相关专业师生参阅。

图书在版编目（CIP）数据

建筑废物处置和资源化污染控制技术/赵由才等著.
北京：化学工业出版社，2016.10
环保公益性行业科研专项经费项目系列丛书
ISBN 978-7-122-27949-1

Ⅰ.①建… Ⅱ.①赵… Ⅲ.①建筑垃圾-垃圾处置-研究 Ⅳ.①TU746.5

中国版本图书馆 CIP 数据核字（2016）第 206796 号

责任编辑：左晨燕　　文字编辑：汲永臻
责任校对：宋　玮　　装帧设计：韩　飞

出版发行：化学工业出版社（北京市东城区青年湖南街 13 号　邮政编码 100011）
印　　装：大厂聚鑫印刷有限责任公司
787mm×1092mm　1/16　印张 19½　字数 425 千字　2017 年 11 月北京第 1 版第 1 次印刷

购书咨询：010-64518888（传真：010-64519686）　售后服务：010-64518899
网　　址：http://www.cip.com.cn
凡购买本书，如有缺损质量问题，本社销售中心负责调换。

定　价：98.00 元

《建筑废物处置和资源化污染控制技术》著者名单

著　者：赵由才　余　毅　徐东升　黄　晟　高小峰
谢　田　孙艳秋　李　强　杨德志　阮志伟
马建立　牛冬杰　柴晓利　施庆燕　杨　韬
苏良湖　左敏瑜　米　琼　肖　灿　易天晟
李杭芬　李　阳　陆沈磊　王声东　吴奇方
王瑟澜

序 言

目前，全球性和区域性环境问题不断加剧，已经成为限制各国经济社会发展的主要因素，解决环境问题的需求十分迫切。环境问题也是我国经济社会发展面临的困难之一，特别是在我国快速工业化、城镇化进程中，这个问题变得更加突出。党中央、国务院高度重视环境保护工作，积极推动我国生态文明建设进程。党的十八大以来，按照“五位一体”总体布局、“四个全面”战略布局以及“五大发展”理念，党中央、国务院把生态文明建设和环境保护摆在更加重要的战略地位，先后出台了《环境保护法》、《关于加快推进生态文明建设的意见》、《生态文明体制改革总体方案》、《大气污染防治行动计划》、《水污染防治行动计划》、《土壤污染防治行动计划》等一批法律法规和政策文件，我国环境治理力度前所未有，环境保护工作和生态文明建设的进程明显加快，环境质量有所改善。

在党中央、国务院的坚强领导下，环境问题全社会共治的局面正在逐步形成，环境管理正在走向系统化、科学化、法治化、精细化和信息化。科技是解决环境问题的利器，科技创新和科技进步是提升环境管理系统化、科学化、法治化、精细化和信息化的基础，必须加快建立持续改善环境质量的科技支撑体系，加快建立科学有效防控人群健康和环境风险的科技基础体系，建立开拓进取、充满活力的环保科技创新体系。

“十一五”以来，中央财政加大对环保科技的投入，先后启动实施水体污染控制与治理科技重大专项、清洁空气研究计划、蓝天科技工程等专项，同时设立了环保公益性行业科研专项。根据财政部、科技部的总体部署，环保公益性行业科研专项紧密围绕《国家中长期科学和技术发展规划纲要（2006—2020年）》、《国家创新驱动发展战略纲要》、《国家科技创新规划》和《国家环境保护科技发展规划》，立足环境管理中的科技需求，积极开展应急性、培育性、基础性科学研究。“十一五”以来，环境保护部组织实施了公益性行业科研专项项目479项，涉及大气、水、生态、土壤、固废、化学品、核与辐射等领域，共有包括中央级科研院所、高等院校、地方环保科研单位和企业等几百家单位参与，逐步形成了优势互补、团结协作、良性竞争、共同发展的环保科技“统一战线”。目前，专项取得了重要研究成果，已验收的项目中，共提交各类标准、技术规范997项，各类政策建议与咨询报告535项，授权专利519项，出版专著300余部；专项研究成果在各级环保部门中得到较好的应用，为解决我国环境问题和提升环境管理水平提供了重要的科技支撑。

为广泛共享环保公益性行业科研专项项目研究成果，及时总结项目组织管理经验，环境保护部科技标准司组织出版《环保公益性行业科研专项经费项目系列丛书》。该丛书汇集了一批专项研究的代表性成果，具有较强的学术性和实用性，是环境领域不可多得的资料文献。该丛书的组织出版，在科技管理上也是一次很好的尝试，我们希望通过这一尝试，能够进一步活跃环保科技的学术氛围，促进科技成果的转化与应用，不断提高环境治理能力现代化水平，为持续改善我国环境质量提供强有力的科技支撑。

中华人民共和国环境保护部副部长
黄润秋

前言

建筑废物又被称作建筑垃圾，是一种资源和原材料，又是一种废物。本书按建筑废物是否被污染、材料本身是否含有有毒有害物质（如石棉、油基漆等）将建设废物分为一般建筑废物和危险建筑废物。危险建筑废物主要是指受有毒有害物质污染和本身材质含有有毒有害物质，含量超过一定限值的建筑废物。其中，受有毒有害物质污染的建筑废物（受污染建筑废物）主要来源于废弃工厂车间及由于安全事故毁坏的工厂车间产生的建筑废物，也可称为污染工业建筑废物。危险建筑废物必须经过无害化处理后方可进行最终处置和资源化利用；否则，将会带来严重的环境风险，污染土壤和地下水，影响周边生态环境，对居民造成潜在健康威胁。一般建筑废物是指不含有毒有害物质的或含量低于限值的建筑废物，可直接利用之。

针对当前我国建筑废物尤其是危险建筑废物无害化处置和资源化利用的环境管理缺失及环境压力大的现状，在2013年环境保护部公益性科研专项资助下，开展了覆盖化工、冶金、轻工、加工等行业所涉及的一般建筑废物以及重金属、难降解有机物、火灾和爆炸以及地震灾区建筑废物等处置和资源化污染控制技术研究；提出了建筑废物代表性取样技术与方法；阐明受污染建筑废物的产生和污染特点、有害物质存在特征及其在环境介质中的迁移转化规律；揭示了利用消纳和填埋处置过程中污染物的释放潜力，比选可控制和消除污染物释放的技术，并据此提出污染防治技术路线；描述建筑废物资源化利用的典型产品特征污染物在环境中的释放速率和释放量，并评价其环境安全性和风险，提出了实现污染控制要求的利用方式等。构建了“源头鉴别—分类分离富集—堆场监测评估—重金属洗脱和固化稳定化—有机物辐照降解—粉尘抑制—再生集料高值利用—最终产品再利用风险评估—管理政策支撑”的建筑废物源头至末端全过程高效处置和监管链，并实现了无害化过程污染物的零排放。

本书第1章为绪论，通过建筑废物的定义、来源与性质、产量估算和国内外建筑废物的管理法规和条例的介绍，旨在帮助读者对建筑废物产业有较为系统的了解，同时这一部分也是后续章节所阐述的无害化和资源化技术的重要基础。

第2章介绍了几种建筑废物取样技术及设备，提出了包括一套用于危险环境的固体颗粒取样收集装置及方法，一套可具备切割、刮磨、抽吸、除尘、收集、破碎功能的建筑废物剥离分级机等在内的拆毁前建筑废物取样技术；综合生活垃圾取样规范、污染土壤取样规范以及工业固体废物采样制样技术规范，结合实际勘测经验，针对重金属和有机污染建筑废物扩充了权威采样法，提出了拆毁后建筑废物取样技术。

第3章介绍了建筑废物样品预处理与分析方法，通过干燥-破碎-消解预处理，建筑废物固体中重金属加标回收率大于90%。通过索氏提取、超声提取等对比，确定了超声-离心耦合萃取-硅胶固相萃取柱净化预处理技术，有机污染物加标回收率平均为97.6%。

第4～第6章对受污染建筑废物的产生和污染特点、有害物质存在特征及其在环境介质中的迁移转化进行了系统地表征。汞的含量跟行业使用的原料、加工过程均有关，化工建筑废物汞的平均含量是最高的，轻工行业建筑废物墙体橡胶保温夹层汞含量较高；重金属污染主要集中在化工、冶金等行业，特别是电镀厂和炼锌厂。轻工样品中镉呈现高环境风险。电镀厂和冶锌厂中锌具有高或非常高的环境风险，其次为铬、铜和镍，而铅和镉呈现出无或低环境风险。来自于生产车间的建筑废物，重金属含量很高，且大部分集中在酸可提取态、可还原态、可氧化态中。酸可提取态的迁移性很高，可能对环境造成危害，威胁人体健康，这些受污染的建筑废物处置前需进行无害化处理。

有机物以石油污染、多环芳烃、农药及其中间体为主要特征污染物，其分布在农药厂区内部差异显著。重污染点处于农药厂大型贮料罐内部，潜在的风险为罐体氧化开裂造成内部污染物泄漏造成的二次污染。管理和处置应针对其生产工艺，快速排查确立高污染风险污染点，开展原位削减或源头分离。农药污染物浓度可能较大，三种污染最严重的区域分别为建筑废物集中收集点、废弃贮罐表面以及封闭车间，露天随意丢置的建筑废物堆体污染同样严重，其致癌风险虽然较低，但是非致癌毒性风险极高。

火灾、爆炸现场地面散落固体废物中，土壤中污染物浓度要小于建筑废物表面刮取物。高浓度污染建筑废物主要来自小块散落的建筑废物残骸。火灾/爆炸建筑废物是重要的污染源和污染扩散方式，具有比较大的环境风险。

建筑废物具有一定的酸中和能力，填埋堆体中Zn的释放量呈现强酸性降雨＜中性降雨＜弱酸性降雨，Pb的释放量也呈现弱酸性降雨＜强酸性降雨＜中性降雨，Cu、Cd、Cr的释放量变化规律与Cu相同，呈现弱酸性降雨＜中性降雨＜强酸性降雨的规律，重金属的累积释放规律符合负指数衰减模型。农药等非持久性有机污染物，其浓度及释放潜力随环境变化大，复合因素复杂，随着通风条件变好，农药衰减速率先增大后减小；阴凉干燥密闭极端环境下，挥发性较强的农药衰减速率仍较慢；光照和气温条件是重要的挥发和衰减调控因子；日光直射的宽敞的仓库内，固体表面几乎无残留。

水泥砖与再生集料的孔隙率较大。整体上建筑废物粒径越小对汞吸附量越大，不同建筑材料表面结构也能影响其汞吸附能力，红砖是最容易受污染的建筑材料，其次是泡沫混凝土和再生砂石。主要污染存在于表层0～1.5cm范围内，汞污染严重的工厂和车间等在拆迁、改建过程中，可对其表层剥离，去除汞污染。通过浸出浓度和浸出率，评估了重金属的环境风险。对比研究了几种浸出方法。TCLP法重金属浸出率低于1.5%；SPLP浸出法重金属元素浸出率大多低于0.5%；而EA NEN7371浸出法比TCLP和SPLP浸出率高，其重金属浸出率高于9%，浸出率最高为Cu，高达18.6%。浸出量随有机物种类变化较大，冰醋酸-氢氧化钠体系≥水体系＞硫酸-硝酸体系，浸出量提高10%～25%。中间体浸出基本不随浸提剂变化，高浓度有机磷农药浸出率仅为0.1%左右。石块、渣土为主的地面建筑废物浸出浓度较高，而墙体、砖等建筑废物浸出浓度较低。

研究了都江堰灾区现场粉尘迁移传播规律与粉尘控制措施，包括采用SEF技术封闭模块式建筑垃圾处置系统，设备立体布局、模块组合，建筑垃圾整个处置过程在封闭模块里进行。

第7章对于再生利用典型产品之再生混凝土，考察了不同建筑材料制备再生混凝土块重金属的溶出机理，为系统评估其环境影响和再生混凝土块的应用潜能提供参考。总体而言，宝钢耐火砖制备的再生混凝土块重金属浸出毒性相对偏高，其次为水泥砖制备的再生混凝土块，但泡沫混凝土、红砖、都江堰再生集料和浦东再生砂石制备的再生混凝土块浸出率均较低。

第8章对比研究了几种建筑废物的无害化技术，检测了经酸洗—水洗—固化稳定化处理的建筑废物的浸出毒性。重金属建筑废物经柠檬酸洗、水洗后，采用磷酸二氢钙和石灰可达到较好的稳定化效果，采用0.1mol/L柠檬酸洗—水洗—25g/kg石灰固化或0.05mol/L柠檬酸洗—水洗—80g/kg磷酸二氢钙固化的处理方法，重金属建筑废物的浸出液中重金属浓度可到达《地表水环境质量标准》(GB 3838—2002)中Ⅲ类水质标准限值。

对比了草甘膦和腐殖酸溶液的洗脱效果，去除率最高的Cu为31.3%，其次是Zn(27.5%)，最低的是Cd(13.5%)。腐殖酸重金属洗脱率从高到低排序为Cu＞Zn＞Cr＞Pb＞Cd。草甘膦对Cr、Cu和Zn的洗脱率均超过80%，Cr去除率高达85.9%。草甘膦对Zn和Cu的去除率是腐殖酸的2～3倍，对Cr、Pb和Cd的去除率是腐殖酸的4～5倍。草甘膦是一种有效的重金属洗脱剂。纳米铁粉固定和草甘膦洗脱对受重金属污染CRG的修复效果均较好，处理后浸出液重金属浓度远低于国家危险废物鉴别标准阈值(GB 5085.3—2007)。Zn、Cr和Pb使用草甘膦洗脱能达到一个更低的浸出率，而Cu和Cd，使用纳米铁粉固定效果更好。

针对封闭阴暗空间，设计发明了一种受有机污染物污染建筑废物原位处理系统，向涂有微波吸附涂层的受污染建筑表面发射特定功率微波，微波吸附涂层在微波作用下急剧升温，对受污染建筑加热，使其中残留的有机污染物在高温条件下挥发分解，4-氨基联苯去除率达到97.35%。

探讨了超高压液压压制在建筑废物中的作用特点和效果。压制后，污染物浸出浓度均得到降低，有机物最高降低59%，重金属最高降低19%。相比于重金属、有机复合污染建筑废物，单一污染源浸出浓度削减率更高，说明压制过程中污染物可能存在的耦合/固定等作用存在竞争效应。

建立了组合式水洗脱氯流程，先采用500W微波预加热样品3min；再取出加热后样品，在150W超声波辐射下，水洗40min(50℃，10∶1L/S)。此优化后的水洗脱氯流程可脱除掉样品中85%的氯，比普通水洗脱氯效率高约20%。

第9章介绍了含重金属建筑废物的重金属富集技术，围绕如何有效回收建筑废物强碱浸出液中的溶解铝，降低锌电解成型的控制风险开展了研究，发现添加CaO去除化强碱液体中溶解铝的效果显著。在不同钙铝摩尔比，铝回收率可达58%～63%。采用物理风选等方法初步提质分选含锌颗粒物，设计了一套基于文丘里管的风选装置，开展了风选产物在强碱介质中的浸出行为研究，发现在低浓度碱液和低液固比时，微波辐射对浸出效率则有明显的提高。总结了微波强化浸取的最佳工艺条件为微波辐射循环次数为4，NaOH浓度为5mol/L，液固比为10∶1；当超声辅助浸出反应时间达到80min时，液固比为6∶1和8∶1时超声强化可分别使浸出效率约提高15%和10%。

第10章对建筑废物总体防治管理、工业企业火灾和爆炸建筑废物污染防治和应急处置、建筑废物填埋场污染控制管理以及再生利用监管提出建议，旨在基于科学研究成果，结合现代信息化技术，科学有效地防控建筑废物污染，并通过技术创新推动制度创新，实现建筑废物再生利用技术的快速发展。

第11章在再生集料利用工艺的基础上，介绍了建筑废物再生利用工程实例，其中重金属污染建筑废物洗脱-固定稳定化技术应用于上饶市建筑垃圾资源化项目，项目一期年处理建筑废物30万吨；资源循环利用年产再生集料5万吨、再生微粉8万吨等；有机污染建筑废物原位热处理技术应用于苏州市建筑材料再生资源利用中心工程；基于建筑废物文丘里风力分离分选的重金属（主要为锌和铅）的富集技术应用于南通市区建筑废物资源化利用项目，该项目年处理建筑废物100万吨，并配有专门的建筑废物试验车间，为南通市城市建筑废物再生资源化的规范管理及建筑废物研究项目的建设、运行提供了支撑。

另外，为便于读者进一步了解建筑废物处置及资源化污染相关知识，本书后特附加了光盘。

本书主要由赵由才、余毅、徐东升等著，其他作者还有黄晟、高小峰、谢田、孙艳秋、李强、杨德志、阮志伟、马建立、牛冬杰、柴晓利、施庆燕、杨韬、苏良湖、左敏瑜、米琼、肖灿、易天晟、李杭芬、李阳、陆沈磊、王声东、吴奇方、王瑟澜等。

限于著者水平，书中不足和疏漏之处在所难免，敬请读者提出批评和修改建议。

著者

2017年9月

目录

第1章 概论

1.1 建筑废物定义、来源与分类

建筑废物又被称作建筑垃圾，在我国建筑废物的收运常与城市其他生活垃圾相混杂，各相关的法律法规制定的标准还未统一，专家学者对其定义也有众多观点，所以目前建筑废物还没有非常明确和详尽的内涵。传统的建筑废物是建设、施工单位或个人对建筑物、构筑物等进行建设、拆除、修缮及居民装饰房屋过程中所产生的余泥、余渣、泥浆及其他固体废物。香港环境保护署对建设废物的定义为：建筑废物意指任何物质、物体或东西因建筑工程而产生，不管是否经过处理或贮存，而最终被弃置；工地平整、掘土、楼宇建筑、装修、翻新、拆卸及道路等工程所产生的剩余物料，统称建筑废物。建设部2003年颁布的《城市建筑垃圾和工程渣土管理规定（修订稿）》中规定，建筑垃圾、工程渣土是指建设、施工单位或个人对各类建筑物、构筑物、管网等进行建设、铺设、拆除、修缮及居民装饰房屋过程中所产生的余泥、余渣、泥浆及对建筑物本身无用或不需要的其他垃圾。在这项法规中对建筑垃圾的定义更加详尽，不仅明确了建筑垃圾产生渠道的多样性，而且将余泥、余渣、泥浆等也归在建筑废物之中。2005年3月23日建设部又发布并于同年6月1日施行了《城市建筑垃圾管理规定》，在该规定中又对建筑废物做出了补充说明：所谓建筑废物，是指建设单位、施工单位新建、改建、扩建和拆除各类建筑物、构筑物、管网等以及居民装饰装修房屋过程中所产生的弃土、弃料及其他垃圾。

根据其来源不同，建筑废物主要可以分为5大类：a. 土地开挖垃圾，指的是一般未做特殊处理的土地在开挖过程中产生的垃圾，分为表层土和深层土；b. 道路开挖垃圾，根据道路性质不同又分为混凝土道路开挖垃圾和沥青道路开挖垃圾，包括废弃混凝土块、沥青混凝土块等；c. 建筑物拆除垃圾，主要分为石块、混凝土、渣土、木材、灰浆、屋面废料、钢铁和废弃金属类；d. 建筑施工垃圾，包括建设施工项目和装修项目产生的垃圾，主要包括废弃砖头、混凝土、石头、渣土、桩头、石膏、灰浆、木材、塑料、玻璃等；e. 建材生产垃圾，主要是指为生产各种建筑材料所产生的废料和废渣，以及在建材成品加工和运输过程中产生的碎块、碎片等。

建筑废物还可以按照其可资源化程度进行分类。首先建筑废物的资源化是指采取物质回收、物质交换、能量转换等管理和技术手段从建筑废物中回收有用的物质和能源，而可资源化程度是指建筑废物在一定技术或管理条件下被资源化的难易程度。

按建筑废物是否被污染，材料本身是否含有有毒有害物质（如石棉、油基漆等）分为一般建筑废物和危险建筑废物。危险建筑废物主要是指受有毒有害物质污染和本身材质含有有毒有害物质，含量超过一定限制的建筑废物。其中，受有毒有害物质污染的建筑废物（受污染建筑废物）主要来源于迁出的废弃工厂车间及由于安全事故毁坏的工厂车间产生的建筑废物，简称工业建筑废物。危险建筑废物必须经过无害化处理后方可进行最终处置和资源化利用；否则，将会带来严重的环境风险，污染土壤和地下水，影响周边生态环境，对居民造成潜在健康威胁。一般建筑废物是指不含有毒有害物质的或含量低值建筑废物。

1.2 建筑废物组成与性质

普通建筑废物对环境和生态可具有一定的持久危害性。对于诸如渣土、碎石块等惰性建筑废物来说，表面上好像对环境和人体并不会造成太大影响，但是长期不作处理的堆放，其稳定之前还是会挥发出很多有机酸，其渗滤水还包含重金属离子等，对周边地下水、地表水、土壤和空气也会造成影响。且其趋于稳定之后，也会存在占用大量土地的问题。

而本书中所述建筑废物，有别于上述普通建筑废物，一般为受污染工业企业拆迁废物，即一小部分包含危害人体健康和污染环境的组分（重金属和持久性有机污染物），例如，含铅油漆、日光灯、沥青（路面和屋顶）、石膏墙体、金属废料、防腐木材和石棉等，主要来自化工（电镀厂）、冶金（冶锌厂、钢铁厂）、轻工、加工、农药企业等。此类工业企业建筑废物污染源复杂，即使在同企业内，不同工段的建筑废物也差别显著。有动力设备检修及泄漏带来的污染，有管道泄漏污染，以及浮选剂、催化剂、防腐剂等物质的污染更使建筑废物复杂化。化工、冶金、火电、轻工等工业企业，生产运行期间难免存在含重金属、硫酸盐、有机物（如多环芳烃等）等有毒物质的生产原料或产品渗漏至地面、喷洒至墙壁等情况，其中的污染物经雨水淋溶而转移至渗滤水中，随水体迁移污染周边土壤和水域，进而扩大污染范围。这些污染建筑废物在企业修缮、改建、拆毁过程中大量产生，由于我国甚至一些世界发达国家对这一部分建筑废物缺乏足够的认识和行政管理手段，往往得不到有效的源头处理及全过程有效监管，结果是其作为污染源混置于普通建筑废物中，当置于无防护层的填埋场或者露天堆置时，可能会带来环境风险，污染大气、土壤和地下水。这些有害组分同时也严重制约着惰性组分的再生利用。迄今为止，我国关于工业企业建筑废物处置与资源化的科学研究和政策法规都相对滞后，给经济和环境的和谐发展带来了巨大压力。

1.3 建筑废物产量估算

由于目前对建筑废物还没有统一、精确的定义和分类，并且受到相关统计数据缺乏的限制，使得关于建筑废物的产量众说纷纭，就我国来说，建筑废物总量估算结果从几千万吨到几十亿吨不等。综合各种已有的报道和文献资料，笔者阐述了建筑废物产量的估算方法，并介绍了几种具有参考性的建筑废物产量影响因素提取结果。

首先，提供一些大、中、小型城市的建筑废物产量调查数据作为参考。根据申报统计，目前上海市每年产生建筑废物和工程渣土为 2300 万～2400 万吨；根据同济世博研究中心专家组测算，整个世博工程产生建筑废物 4000 万吨；据估计，西安市在建的建筑工地目前年产建筑废物大概 3000 万吨，且其预备拆迁的建筑废物，总量预期将达到西安市 10 年产生的建筑废物总和；深圳市由于大量的房地产开发及市政工程建设，其建筑废物存量已达 6000 万吨以上，并还将持续攀升；珠海市全年产生建筑废物约 225 万吨以上，而且每年正在以 10%的速度持续增加。然而这些调查数据并不能直观反映我国建筑废物产量现状，许多学者和专家也尝试着用各种计算方法来对全国建筑废物产量做出估算。

在建筑废物产量估算过程中，一般将其分为建筑施工产生的废物、旧建筑拆除产生的废物和建筑装修产生的废物三类进行计算和叠加，下面分别介绍每种建筑废物的产量估算方法。

(1) 建筑施工过程中产生的建筑废物

对于建筑施工过程中产生的建筑废物产量，可以从 3 种途径进行估算。

① 按建筑面积计算　通常对于砖混结构的住宅，按建筑面积每进行 $1000m^2$ 的建筑物施工，平均将产生废渣 $30m^3$ 左右，每 $10000m^2$ 建筑物的施工，平均将产生 $300m^3$ 的废渣量；对于砖混结构、全现浇结构和框架结构等建筑物，在 $10000m^2$ 建筑物的施工过程中平均产生 500～600t 的废渣量。

② 按照施工材料消耗量计算　建筑施工过程中的废物产量与所消耗的材料总量密切相关，但也受到不同施工单位管理严格程度的影响。总体来说，利用施工材料消耗量来推算这类废物产量是相对可行的，作为参考，表 1-1 给出了建筑施工废物各主要组成部分占相应材料消耗量的比例。

表 1-1　建筑施工废物各主要组成部分占相应材料消耗总量的比例

建筑废物主要组成	占相应材料消耗总量比例/%
碎砖(碎砌块)	3～12
砂浆	5～15
混凝土	1～4
桩头	5～15
屋面材料	3～8
钢材	2～8
木材	5～10

③ 按城市人口产出比例计算　已有相关统计数据表明，若按照城市建设过程中每人每年平均产生 100kg 建筑施工废物计算，其得到的建筑废物总量与其他方法得到的数据相差不大。并以上海市建筑废物产生量为基础数据，通过计算得出城市人均产生建筑施工废物约为 0.17t。

(2) 旧建筑拆除产生的废物

这部分废物性质相对复杂且无准确的统计数据，可以对其采用经验系数法和施工概预算法进行估算。

① 经验系数法 日本在1999年完成的住宅区完工报告书中指出，通过计算每平方米建筑物拆出1.86t的建筑废物；我国某家住宅公司的数据表明，每平方米住宅产生1.35t建筑废物。由于统计数据的方式和对废物的界定不同，经验系数也受到多种因素影响。

② 施工概预算法 在假定所有建筑材料在施工前和拆除后总量守恒的基础上，用单位面积的建材消耗量和建筑面积算得施工中的建材用量，也就是拆除后的建筑废物产量。但实际情况下，建筑材料在施工前和拆除后形态会发生很大变化，所以这种方法作为一种参考估算模式存在。

(3) 建筑装修过程中产生的废物

由于公共建筑一般建筑面积大、装修过程复杂、使用材料繁多，而普通居民住宅建筑装修面积小且相对简单，所以相应的，在实际建筑装修过程中废物产量的计算，也应将普通建筑住宅和公共建筑分类做出估算。对于该类型建筑废物产量，可以借鉴河南省洛阳市颁布的建筑装修废物产生量标准进行计算。该标准中指出，建筑面积大于160m^2的住宅，可以按照0.15t/m^2来计算其建筑装修废物产量，而建筑面积小于160m^2的住宅则按照0.1t/m^2来计算。

此外，建筑废物另一种产量估算模型是按建筑施工工程、道路和市政建设工程、建材生产、拆除工程和装饰装修工程五类工程进行估算，不同工程类型的建筑废物产量估算公式和废物产量系数详见表1-2。建筑工程主要分为主体施工和基础开挖而产生的建筑垃圾；施工垃圾主要由散落的混凝土和砂浆、打凿产生的混凝土碎块和砖石、打桩截下的钢筋混凝土桩头等组成；开挖垃圾主要是渣土及砂石等。道路建设和市政建设工程产生的建筑垃圾，主要是道路开挖所产生的弃块和弃渣，包括废混凝土块、废沥青混凝土块、砂石渣土等。建材产品生产过程中产生的垃圾包括生产时的废料与废渣，以及建材成品在加工和搬运过程中产生的碎块和碎渣。拆除工程通常包括旧房屋拆除和废构筑物拆除，拆除所产生的建筑垃圾组分与建筑物结构有关，砖混结构建筑中，混凝土块、砖块、瓦砾约占80%，其余为木料、碎玻璃、石灰、渣土、屋面废料、装饰废料等；框架、剪力墙的混凝土结构建筑中，混凝土块约占50%，其余为砖砌块、金属、木料、碎玻璃、塑料、装饰废料等。房屋的装饰装修工程包括公共建筑类工程和居住类工程，主要有凿落多余的碎渣块及拆除的旧装修材料，装修时剩余的金属、竹木、包装材料等。而公共建筑装饰的多样性，也使得这类装饰工程产生的建筑垃圾组分是多样性的。

表1-2 不同工程类型的建筑废物产量估算公式及废物产量系数

工程类型	估算公式	废物产量系数	
建筑施工工程	主体施工建筑垃圾量=施工建筑面积×单位面积产生垃圾系数	0.05t/m^2	砖混结构
		0.03t/m^2	混凝土结构
	基础开挖建筑垃圾量=(开挖量－回填量)×单位体积产生垃圾系数	1.6t/m^3	
道路和市政建设工程	建设垃圾量=(开挖量－回填量)×单位体积产生垃圾系数	1.6t/m^3	

续表

工程类型	估算公式	废物产量系数	
建材生产	建材生产的垃圾量=建材生产总质量×单位质量垃圾系数	0.02	
拆除工程	房屋拆除工程建筑垃圾量=拆除建筑面积×单位面积产生垃圾系数	0.8t/m^2	砖木结构
		0.9t/m^2	砖混结构
		1t/m^2	混凝土结构
		0.2t/m^2	钢结构
	构筑物拆除工程建筑垃圾量=拆除构筑物体积×单位体积产生垃圾系数	1.9t/m^3	
装饰工程	公共建筑类装饰工程建筑垃圾量=总造价×单位造价产生垃圾系数	2t/万元	写字楼
		3t/万元	商业用楼
	居住类装饰工程建筑垃圾量=建筑面积×单位面积垃圾系数	0.1t/m^2	160m^{2}以下工程
		0.15t/m^2	160m^{2}以上工程

1.4 国内建筑废物管理现状

伴随经济发展和产业转型，中国近二十年来开发建设了大量房地产项目，也有众多工业厂房被拆除或改建，由此产生了数量庞大的建筑废物。建筑废物问题备受关注，2011年国家发展和改革委员会印发的［2011］2919号文中，公布了《“十二五”资源综合利用指导意见》和《大宗固体废物综合利用实施方案》，明确了我国将实施资源综合利用“双百”工程，建设建筑垃圾综合利用等十大领域示范重点工程；选择包括建筑废弃物在内的七大类大宗固体废物编制了《实施方案》，以统筹推动资源综合利用项目；建设若干百万吨以上的建筑废物生产再生集料及资源化产品示范基地和装备制造示范项目，新增4000万吨的年利用能力，大中城市建筑废弃物综合利用率提高到50%。

2010年上海环境卫生工程设计院对全国8座城市建筑废物管理进行了调研，结果表明城市建筑垃圾产生量逐年大幅增长，增长率在10%以上，所调研城市的建筑废物管理由市级环卫主管部门负责协调，区级环卫主管部门负责其中具体的管理事务，建设、公安、规划、国土、房屋、环保等行政部门协同实施管理。然而，我国建筑废物管理尤其是受污染建筑废物的管理中存在诸多问题，由于我国对建筑废物利用的工艺缺乏有效研究，导致很多工艺基本上借鉴国外技术，资源化利用技术没有实现突破，例如，高效回收利用的关键技术研究与装备开发，资源化、能源化关键技术等，导致了我国建筑废物资源化水平较低的现状，具体分析如下。

（1）相关标准、法律法规不完善

与发达国家相比，我国建筑废物相关管理法规和标准的制定起步晚，现有法规较为粗放，管理覆盖范围局限，存在管理盲区。目前，我国缺乏建筑废物的污染监测标准及污染控制技术规范。国家环境保护部和国家发展和改革委员会发布的《国家危险废物名录》（环境保护部令第1号）所列危险废物并未涵盖受污染建筑废物，国家标准《危险废物鉴别标准浸出毒性鉴别》（GB 5085.3）对受污染的建筑废物污染鉴别的适用性较差。

此外，国家已颁布的多项相关法规《中华人民共和国固体废物污染环境防治法》《城市市容和环境卫生管理条例》《城市建筑垃圾管理规定》及各地颁布的建筑垃圾管理规定等，对城市建筑垃圾的倾倒、运输、中转、回填、消纳、利用等处置活动提出了明确要求，但并未涉及工业企业受污染建筑废物的管理以及处置处理和资源化利用过程中的污染控制，相关污染建筑废物防治管理法规、技术和标准依然处于空白状态。

（2）现有监管模式不合理，管理权责不明确

国家层面上设置了国家固体废物与化学品管理中心，各省、直辖市、自治区也设有相应固体废物管理中心（共31个），但这些管理部门尚未将建筑废物管理纳入其职责范围。宏观层面上，我国建筑废物收运、处置、利用等，是由地方建设和城管部门管理。由于环境保护部门尚未对受污染建筑废物进行有效监管，使得其中包含的危险废物，也一起进入常规处理与资源化系统，通过污染物的迁移，造成严重环境污染。

（3）环境风险认识不足，污染控制技术缺失

受污染建筑废物中有机物、重金属等污染物在处置与资源化利用过程中随降雨排放而进入土壤及水体，对水生生物、人体健康产生危害。因此，需要系统全面建立按行业分类的受污染建筑废物污染物清单、污染物控制名录及准确产生量，为管理部门针对行业定制相关污染控制标准、管理法规。

1.5 国外建筑废物管理政策及法规现状

总体来说，我国建筑废物大多以填埋或堆放处置为主，资源化利用率尚不足10%，而欧盟国家建筑废物资源化利用率超过50%，韩国、日本已经达到了97%左右。各国均在循环经济立法方面做出了大量的工作，就建筑废物回收回用、资源化、减量化等领域制定了一系列的法律法规以及优惠政策。这些法律法规及政策中都明确了相关责任主体在建筑废物处理中的责任和义务，普遍贯穿了分类处理和存放的思想，甚至对其回收率做出了规划指标，促进建筑废物的减量化和循环利用。国外相关建筑废物的法律法规和建筑废物监管体制分别见表1-3和表1-4。在专业化的工艺技术领域，美、德、日这些发达国家经过长期的实践累积，已经形成了围绕建筑废物资源化的先进科学的成套技术和设备，实现了较高程度的建筑废物资源化，下一步将以追求获得更高效、更优化的资源化为目标，在现有的基础上，完善相关硬件与软件，实现优化程度更高、效率更优的建筑废物资源化工艺技术，给我们提供了许多先进的经验和资源化利用方法。

表 1-3 国外建筑废物相关法律法规

国家	法律法规	主要内容
德国	《废物处理法》《垃圾法》《支持可循环经济和保障对环境无破坏的垃圾处理法规》等	垃圾的产生者或拥有者有义务回收利用，并且重新利用要成为处理垃圾的首选；垃圾要进行分类保存和处理等
英国	《建筑业可持续发展战略》《废弃物战略》《工地废弃物管理计划 2008》等	提出了建筑废物到 2020 年实现零填埋的目标等
美国	《固体废弃物处理法》《超级基金法》等	关于固体废物循环利用各环节相关的规定；规定一些生产企业必须在源头减少垃圾产生等
日本	《废弃物处理法》《资源有效利用促进法》《建筑再利用法》等	明确规定建筑材料分类拆除及资源化的责任人及责任；规定了混凝土等建筑废物的资源利用及处置方法等
新加坡	《绿色宏图 2012 废物减量行动计划》等	将废物减量纳入验收指标体系；将建筑废物循环利用纳入绿色建筑标志认证等

表 1-4 国外建筑废物相关监管体制

国家	监管机制	主要内容
德国	收费控制型	对未处理利用的建筑废物征收存放费用；对随意倾倒建筑废物的行为罚款
英国	税收管制型	对于倾倒、填埋和焚烧建筑废物征税
美国	政府倡导、企业自律	基于政府主导的命令与控制方法、市场经济刺激以及政策的进一步完善，实现政府倡导结合企业自律模式
日本	全过程管理，运输过程传票制度	对建筑废物的产生、收集、处理回收等过程进行全过程管理，保障其正常回收并掌握资源信息
新加坡	税收管理、特许经营、验收检查等	对建筑废物的堆填征税；对建筑废物处理企业发放特许经营证；将建筑废物处置情况纳入工程验收指标中

1.5.1 美国

美国将建筑废物分为三大类：第一类，惰性或无害废物；第二类，危险废物；第三类，一些包含危险成分的物品。大部分建筑废物是无害的，属于第一类，根据《资源保护回收法》规定，不属于 EPA 的管辖范围，由州政府或地方政府管理。然而，属于危险废物的第二类建筑废物，其产生、贮存、运输和处置归属 EPA 监管。一些州市专门明确定义了第三类建筑废物的具体范围，并指定不同类型的建筑废物分别进入无害废物填埋场、建筑废物填埋场或焚烧厂。由于建筑废物填埋场的填埋物大部分为惰性，美国联邦政府并未统一要求这类填埋场按生活垃圾填埋场配备相同的环境保护措施，具体管理办法由各州制订。调查研究表明，美国各州对建筑废物的规定并不一致，有 23 个州对建筑废物填埋场有防渗要求，27 个州要求监测地下水，17 个州有关于建筑废物回收的法规。

早在 1967 年，美国就颁布了《资源保护回收法》（The Resource Conservation and Recovery Act，RCRA），法案最初根据企业危险废物的月产量划分管理范畴，并将生活垃圾及包括建筑废物在内的无害工业废物纳入无害废物管理。随后在 1984 年，对 RCRA 进行了修订，国会通过《废物危险固体废物修正案》（Hazardous and Solid

Waste Amendments，HSWA)，自此，美国国家环境保护署（EPA）将危险废物产量小于100kg/月的产生者定义为条件性免除的小规模产生单位（conditionally exempt small quantity generator，CESQG)。目前，CESQG危险废物可以进入生活垃圾填埋场（40 CFR Parts 258）或非市政的无害废物处理单元（40 CFR Parts 257)。在《资源保护回收法》(1984修订版）的要求下，EPA修订并颁布了固体废物处理系列标准规范。其中，《固体废物处置设施及方法标准》(40 CFR Parts 257）规定建筑废物处置单元可以接受CESQG危险废物，明确提出填埋场的选址限制、环境保护要求、监测数据记录要求、污染修复要求及废物处置要求等。

据统计，美国建筑废物的年产量约3.25亿吨，占废物总量的25%～40%，其中大部分最终进入生活垃圾填埋场或建筑废物填埋场，各州政府也积极探索，通过提高回收等方式减少建筑废物的土地处置，开展“绿色建筑”等项目促进建筑废物的减量化。以加利福尼亚州为例，政府对建筑公司提出了建筑废物最低回收率要求；在佛罗里达州，建筑废物在填埋场分流处理，经过人工分选可回收物料后，剩余的残渣再进行填埋。资源化方面，将产生的废弃混凝土块及废弃砖瓦回收用于道路路基与路肩的施工、碎石路的路面铺设或建筑物基底与低洼区域的回填等，将建筑废物制成水泥、沥青等建筑材料。

1.5.2 欧盟

欧盟对固体废弃物进行了全面详细的分类和编码，将建筑废物分为8大类别：a. 混凝土、砖块、瓷砖、陶瓷（17 01)；b. 木头、玻璃、塑料（17 02)；c. 沥青混合物、焦油和沥青产品（17 03)；d. 金属及其合金（17 04)；e. 土壤（包括污染场地的挖掘土)、石材和疏浚废料（17 05)；f. 隔热材料及含石棉的建筑材料（17 06)；g. 石膏建筑材料（17 08)；h. 其他建筑废物（17 09)，如含汞建筑废物、含PCB建筑废物、含其他危险材料的建筑废物。每一类别下列有详细的废物名称，最终形成六位编码。管理过程要求废物产生者将废物按照导则分类，区分废物产生源，并确认标记废物的六位编码。

致力于保护环境和人类健康并创建资源节约型经济，欧盟实施了一系列的环境行动计划，其废物管理政策经过三十多年的发展，形成了完善的法律框架体系。2008年，欧盟修订了《废弃物框架指令》(Waste Framework Directive，WFD)，确立了欧盟各国在2020年将实现建筑废物回收率70%的目标。该指令中推荐了五级废物管理层，首先，最佳的管理选择是避免废物产生；其次，分别是废物回用、回收利用和其他形式的资源再生利用；最后才是废物处理。

总体来说，欧洲各国的建筑废物管理相关的政策和标准主要分为5类：a. 废物框架政策，以《废弃物框架指令》为基础制定的全国性政策；b. 填埋规定，例如，佛兰德斯地区限制建筑废物填埋有效提高了建筑废物的回收利用率；c. 建筑废物政策，1995年佛兰德斯（比利时）便制定了建筑废物执行计划，作为最早制定建筑废物法规的国家，比利时的建筑废物回收率在2000年已达到85%；d. 再生品标准规范，除了国家强制标准外，还有一些行业推荐标准，例如，德国联邦建筑材料回收协会发布了建筑废物再生品质量保障指导方针；e. 建筑废物产生场所的标准规范，主要针对建筑工地和拆除过程的建筑废物管理，例如，德国可持续建筑协会为可持续建筑设置的标准中就有两部分关于建筑废物的规定。

根据欧洲统计局的数据，欧盟2012年产生的建筑废物8.19亿吨，占废物产生量的25%～30%，平均资源回收率为25%。各国建筑废物的产量和资源回收不均衡，荷兰、比利时、德国、丹麦的建筑废物回收率均在80%以上，然而西班牙、葡萄牙、希腊的回收率却低于5%，这与各国的建筑废物管理状况有关。在德国，最常用的建筑废物管理方法叫“可控性拆除”，建筑拆除前需要制订拆除计划，其中必须包含控制性拆卸理念和废物回收、处理等内容。拆除时首先去除污染材料，然后再回收有用部件如门窗、暖气系统等，在拆除现场进行废物分类（按照砖、混凝土、木头等），通过这些方法可以最大程度地实现物料回收利用。

1.5.3 日本

日本将建筑废物主要分为混凝土块、废木材、沥青混凝土块、建筑污泥和建筑混合废物，其中建筑混合废物指建筑工程中排放的砖瓦、纸屑、木屑、废塑料、石膏板、玻璃、金属等多种物质混杂而成的废物。建筑废物由专门的企业进行分类处理，包括粗选及细选，先经人工分拣大块木材及包装纸箱，然后由机械流水线进一步细分利用，对于不可回收的残渣，根据其可燃性分别采取填埋或焚烧处理。

作为资源短缺的岛国，日本一直以来都非常重视废物再生利用。从20世纪60年代就开始管理建筑废物并相继制定了相关的法律、法规及政策，以促进建筑废物的再生利用。早在1970年日本就制定了《废物处理法》，1977年又率先制定了《再生集料和再生混凝土使用规范》，2000年颁布《建设再循环法》，同时配合修订了《废物处理法》和《资源有效利用促进法》等与建筑废物资源化利用相关的法律、法规和制度。《建设再循环推进计划》提出从源头减量、促进副产品再生利用、末端处置三方面推进建筑废物的管理，2008年确定了到2012年建筑废物资源化目标，包括沥青/混凝土块的回收率超过98%，建设用木材的回收率达到77%，建设污泥的再生资源化率达到82%，建设废物的资源化率达到94%。

近年来，日本建筑废物年排放量约为8000万吨，资源化利用率超过75%，较20世纪90年代年1亿吨的产量，有了较大幅度的下降。日本在建筑废物减量化和资源化方面的进步与法律法规层面上对建筑废物源头减量和回收利用的鼓励密切相关，除此之外，技术层面上的研究和应用也起到了积极的作用。从建筑在工程规划、设计阶段开始考虑减少废物的措施，开发、制造并广泛使用可控制边料产生的建筑材料，保证建筑物的合理使用，减少建筑废物的产生。建筑垃圾资源化方面，废旧混凝土经过粉碎、筛选、除杂等工艺、调整粒径等工艺将制成再生碎石、再生混凝土砂、再生级配碎石等，可用于道路铺设；废木材加工成木屑可作为木质板、堆肥、燃料原料使用；将建筑污泥高压脱水辅以固化材料稳定后用作回填土。

第2章 建筑废物取样技术及设备

2.1 建筑废物代表取样技术

2.1.1 建筑废物污染物的鉴别

2.1.1.1 受重金属污染建筑废物的鉴别

工业厂房拆迁或改建前对含重金属工艺段的构筑物采取鉴定判别方式以判定重金属污染范围及深度。本研究前期对混凝土在重金属环境中的模拟暴露研究表明，混凝土暴露于一定浓度重金属溶液环境，其固液接触面以下0～2cm存在严重的重金属污染。现场条件下，较长时间的持续污染，特别是老旧厂房，其污染防护措施欠缺或失效，重金属污染可能深入固液接触面2cm以下的建筑内部。鉴定方法包括如下几种。

（1）原位鉴定

厂房拆迁、改建前，了解厂房平面布置，制定监测方案，对涉及重金属的工艺段污染状况进行现场调研。可使用各类便携式仪器进行样品分析鉴定，如手持式XRF（X射线荧光分析仪）等。

现场X射线荧光分析技术采用便携式X射线荧光仪，可在采样现场对样品元素进行快速定性和定量分析。其主要基本原理是利用元素原子发出的特征X射线能量与元素原子序数的平方成正比，同时特征X射线强度与样品中目标元素含量的正比相关关系，通过测定元素特征X射线能量和强度实现元素的定性和定量分析。该技术已被广泛应用于地质矿产普查中岩石矿石和化探样品的多元素快速分析、环境污染调查中有毒有害元素的快速分析、工业生产过程中在线或载流分析、合金成分快速分析、文物鉴定等众多领域。现场X射线荧光测定中，存在测量面凹凸不平（不平度效应）、样品成本变化（基体效应）、矿化不均匀（不均匀效应）和湿度的变化（湿度效应）等干扰因素，分别采取相应的技术方法克服干扰因素，可将干扰测量误差减小到10%以内，新型高灵敏度XRF分析仪器检出限可达10μg/g。

采用便携式X射线荧光分析仪在现场可直接对原始状态下的建筑废物进行检测，其准确度、精确度、检出限一般逊于化学分析方法和实验室大型分析仪器检测，可作为现场污染范围初步鉴定手段。

（2）实验室分析

当不具备原位鉴定条件时，采用现场取样-实验室分析的方式鉴定污染区域。当污染工艺段的原位鉴定结果表明污染物浓度较低时，以取样实验室分析作为污染鉴定的补充。

实验室分析内容包括全量分析和浸出毒性分析。两种分析的粉碎前处理方法可参考 2.1 部分相关内容，采用电磁式制样机粉碎颗粒样品。全量分析可采用微波消解-ICP 检测，或混合酸消解-ICP 检测（参见 2.2 部分），或 X 射线荧光仪（XRF）检测。浸出毒性方法采用中华人民共和国环境保护行业标准《固体废物　浸出毒性方法　硫酸硝酸法》（HJ/T 2990—2007），以质量比 2：1 的浓硫酸和浓硝酸混合液配置的浸提剂（pH＝3.20±0.05），液固比 10：1(L/kg) 在（30±2)r/min 条件下翻转震荡（18±2)h，测定浸出液重金属浓度。

① 鉴别限值　水泥工程设计规范中所列水泥熟料和水泥中的重金属含量要求如表 2-1 所列。

表 2-1　水泥熟料和水泥中的重金属含量要求　　单位：mg/kg

元素	熟料	水泥(P. I)
锌	500	—
铜	100	—
铅	100	—
镉	1.5	1.5
铬	150	—
镍	100	—

在水泥使用过程中，灰尘沉积-吸附、固液交互等作用下导致了建筑材料最终成为建筑废物时的重金属含量升高。未受重金属污染的建筑废物中重金属含量的实测值如表 2-2 所示。

表 2-2　普通建筑废物中重金属含量实测值　　单位：mg/kg

锌	铜	铅	镉	铬	镍
107	77	18	—	107	*
95	42	25	0.5	44	19
228	35	43	—	90	28
290±381	50±60	92±111	2.0±1.7	21±13	76±62
409	208	*	*	*	*
59	15	11	2.6	20	11
70	15	25	0.3	104	25
52.3±0.7	9.82±0.7	6.6±0.19	2.75±0.14	87.8±9.0	6.39±0.19

注："—" 为未检出，"*" 为未检测。

建筑废物最终处置环境与土壤环境有较大相关性，因此也参考土壤环境质量标准，如表 2-3 所列。

表 2-3 土壤环境质量标准　　单位：mg/kg

元素	一级（自然背景）	二级（pH＞7.5）	三级（＞6.5）
锌	100	300	500
铜	35	100（农田） 200（果园）	400
铅	35	350	500
镉	0.20	0.6	1.0
铬	90	350（水田） 250（旱地）	400（水田） 300（旱地）
镍	40	60	200

综合以上数据，根据建筑废物中重金属全量检测值把建筑废物划分为三类：a. 普通的建筑废物，未受重金属污染；b. 受重金属轻度污染的建筑废物，只需要经过简单处理即可填埋或资源化利用；c. 受重金属严重污染的建筑废物，必须经过严格处理方可进行填埋或资源化利用。受重金属污染建筑废物鉴定全量限值见表 2-4。

表 2-4 受重金属污染建筑废物鉴定全量限值　　单位：mg/kg

元素	普通的建筑废物	受重金属轻度的污染建筑废物	受重金属严重污染的建筑废物
锌	≤500	500～5000	≥5000
铜	≤250	250～2500	≥2500
铅	≤350	350～3500	≥3500
镉	≤3	3～30	≥30
铬	≤300	300～3000	≥3000
镍	≤100	100～1000	≥1000

注：“～”表示不包括上下界。

② 浸出毒性　参考《危险废物鉴别标准　浸出毒性鉴别》（GB 5085.3—2007），按照“固体废物　浸出毒性浸出方法　硫酸硝酸法”（HJ/T 299—2007）制备的浸出液中任何一种重金属含量超过表 2-5 所列的浓度限值，则判定该建筑废物时具有浸出毒性特征的危险废物，应进行处理后方可进行卫生填埋或资源化利用，否则应进入危废填埋场。

表 2-5 浸出毒性鉴别标准值

序号	危害成分项目	浸出液中危害成分浓度限值/(mg/L)
1	铜（以总铜计）	100
2	锌（以总锌计）	100
3	镉（以总镉计）	1
4	铅（以总铅计）	5
5	总铬	15
6	铬（六价）	5
7	镍（以总镍计）	5

当全量检测和浸出毒性分析的判定结果不一致时，判定为受重金属污染建筑废物，需要经过处理方可处置或资源化利用。

2.1.1.2 受有机物污染建筑废物的鉴别

工业厂房拆迁或改建前对含有机污染物工艺段的构筑物采取鉴定判别方式以判定有机污染物污染的范围及深度。本研究前期对混凝土在有机污染物环境下的模拟暴露研究表明，混凝土暴露于一定浓度有机污染物环境，其接触面以下 0～1.5cm 存在较严重的污染。现场条件下，有机污染范围和程度受多种因素影响，对于通风较差的老旧厂房，挥发性有机污染物存在于大气中，部分存在于吸附表面积较大的建筑废物颗粒、粉尘中，具体将在表征部分进行详细介绍。

有机污染物的鉴别以现场取样-实验室分析的方式为主。取样面的划分见本书建筑废物取样技术部分。实验室前处理方法可参考本书相关章节，采用超声-离心耦合，硅胶/弗罗里硅土固相萃取柱净化预处理样品。全量分析使用气相色谱-质谱联用仪对有机污染物进行定性和定量分析，或者单独使用气相色谱进行定量分析。

水泥、石膏、混凝土等典型建筑结构材料，其原料、添加剂、生产工艺过程往往不含或包含极低的有机污染物，因此在正式投入施工使用前基本未受有毒有害有机物污染。而包含涂料、油漆在内的建筑装饰材料，以及人造复合板、隔热板等民用建筑材料，其挥发性有机污染物的含量做了相应要求，具体如表 2-6 所列。

表 2-6 挥发性有机污染物质含量要求

<table>
<tr><th>项目</th><th>水性外墙面漆</th><th>水性外墙腻子</th><th>水性内墙涂料</th><th>水性内墙腻子</th></tr>
<tr><td>VOCs 含量</td><td>150g/L</td><td>15g/kg</td><td>120g/L</td><td>15g/kg</td></tr>
<tr><td>苯、甲苯、乙苯、二甲苯总和/(mg/kg)</td><td colspan="2">—</td><td colspan="2">300</td></tr>
<tr><td>游离甲醛含量/(mg/kg)</td><td colspan="2">100</td><td colspan="2">100</td></tr>
<tr><td>乙二醇醚及醚酯含量总和/%</td><td colspan="2">0.03</td><td colspan="2">—</td></tr>
</table>

建筑废物最终处置环境与土壤环境有较大相关性，因此也参考土壤相关标准。我国《土壤环境质量标准》(GB 15618—1995) 暂未对土壤中有机污染物限值进行明确的规定。《展览会用地土壤环境质量评价标准（暂行）》(HJ 350—2007) 将土壤环境质量评价标准分为 A、B 两级，其中 A 级标准为土壤环境质量目标值，代表了土壤未受污染的环境水平，符合 A 级标准的土壤可适用于各类土地利用类型；而 B 级标准为土壤修复行动值，当某场地土壤污染物监测值超过 B 级标准限值时，该场地必须实施土壤修复工程，使之符合 A 级标准。具体见表 2-7。此外，本书还借鉴了加拿大环境部长理事会（CCME）颁布的加拿大环境质量标准中对土壤有机物含量的限值规定，一并列于表 2-7。

表 2-7　土壤环境质量评价标准限值　　单位：mg/kg

序号	项目	展览会用地级别		加拿大土壤环境标准	
		A级	B级	住宅	工业
挥发性有机物					
1	1,1-二氯乙烯	0.1	8	5	50
2	二氯甲烷	2	210	5	50
3	1,2-二氯乙烯	0.2	1000	5	50
4	1,1-二氯乙烷	3	1000	5	50
5	氯仿	2	28		
6	1,2-二氯乙烷	0.8	24	5	50
7	1,1,1-三氯乙烷	3	1000	5	50
8	四氯化碳	0.2	4	5	50
9	苯	0.2	13		
10	1,2-二氯丙烷	6.4	43		
11	三氯乙烯	12	54	0.01	0.01
12	溴二氯甲烷	10	92		
13	1,1,2-三氯乙烷	2	100	5	50
14	甲苯	26	520		
15	二溴氯甲烷	7.6	68		
16	四氯乙烯	4	6	0.2	0.6
17	1,1,1,2-四氯乙烷	95	310		
18	氯苯	6	680	1	10
19	乙苯	10	230		
20	二甲苯	5	160		
21	溴仿	81	370		
22	苯乙烯	20	97	5	50
23	1,1,2,2-四氯乙烷	3.2	29	5	50
24	1,2,3-三氯丙烷	1.5	29		
半挥发性有机物					
25	1,3,5-三甲苯	19	180		
26	1,2,4-三甲苯	22	210		
27	1,3-二氯苯	68	240	1	10
28	1,4-二氯苯	27	240	1	10
29	1,2-二氯苯	150	370	1	10
30	1,2,4-三氯苯	68	1200	2	10
31	萘	54	530		
32	六氯丁二烯	1	21		
33	苯胺	5.8	56		
34	2-氯酚	39	1000		

续表

序号	项目	展览会用地级别		加拿大土壤环境标准	
		A 级	B 级	住宅	工业
35	双(2-氯异丙基)醚	2300	10000		
36	*N*-亚硝基二正丙胺	0.33	0.66		
37	六氯乙烷	6	100		
38	4-甲基酚	39	1000		
39	硝基苯	3.9	100		
40	2-硝基酚	63	1600		
41	2,4-二甲基酚	160	4100		
42	2,4-二氯酚	23	610	0.5	5
43	*N*-亚硝基二苯胺	130	600		
44	六氯苯	0.66	2	2	10
45	联苯胺	0.1	0.9		
46	菲	2300	61000		
47	蒽	2300	10000	2.5	32
48	咔唑	32	290		
49	二正丁基邻苯二甲酸酯	100	100		
50	荧蒽	310	8200	50	180
51	芘	230	6100		
52	苯并[*a*]蒽	0.9	4		
53	3,3-二氯联苯胺	1.4	6		
54	䓛	9	40		
55	双(2-乙基己基)邻苯二甲酸酯	46	210		
56	4-氯苯胺	31	820		
57	六氯丁二烯	1	21		
58	2-甲基萘	160	4100		
59	2,4,6-三氯酚	62	270	0.5	5
60	2,4,5-三氯酚	58	520		
61	2,4-二硝基甲苯	1	4		
62	2-氯萘	630	16000		
63	2,4-二硝基酚	16	410		
64	芴	210	8200		
65	4,6-二硝基-2-甲酚	0.8	20		
66	苯并[*b*]荧蒽	0.9	4		
67	苯并[*k*]荧蒽	0.9	4		
68	苯并[*a*]芘	0.3	0.66	20	72
69	茚并[1,2,3-*c*,*d*]芘	0.9	4		
70	二苯并[*a*,*h*]蒽	0.33	0.66		
71	苯并[*g*,*h*,*i*]芘	230	6100		

续表

序号	项目	展览会用地级别		加拿大土壤环境标准	
		A级	B级	住宅	工业
农药/多氯联苯及其他					
72	总石油烃	1000	—		
73	多氯联苯	0.2	1	1.3	33
74	六六六	1	—		
75	滴滴涕	1	—	0.7	12
76	艾氏剂	0.04	0.17		
77	狄氏剂	0.04	0.18		
78	异狄氏剂	2.3	61		

综合以上数据，根据建筑废物中有机污染物全量检测值，把建筑废物划分为三类，一是普通的建筑废物，基本未受有机物污染或对环境无污染风险；二是受有机物轻度污染的建筑废物，只需要经过简单处理即可填埋或资源化利用；三是受有机物严重污染的建筑废物，必须经过严格处理方可进行填埋或资源化利用。受有机物污染的建筑废物鉴定全量限值见表2-8。

表2-8　受有机物污染的建筑废物鉴定全量限值　　单位：mg/kg

污染物	普通建筑废物	有机轻度污染建筑废物	有机严重污染建筑废物
总挥发性有机物	≤200	200～8000	≥8000
总石油烃	≤20	20～800	≥800
有机氯农药(总量)	≤1	1～250	≥250
有机磷农药(总量)	≤15	15～500	≥500
多环芳烃(总量)	≤10	10～200	≥200
多氯联苯	≤0.1	0.1～250	≥250

注："～"表示不包括上下界。

2.1.2　拆毁前建筑废物取样技术

简要取样流程如图2-1所示。

(1) 准备工作

取样背景勘察：进行建筑废物样品采集工作前，应调查建筑车间的年限和生产工艺，并进行现场勘察，包括建筑车间周围建筑物的分布情况；建筑车间的单位、年限、管理方式；建筑车间生产工艺流程、特性、设备布置、数量；建筑车间环境污染、监测分析的历史资料。

(2) 采样点布设

在取样背景勘察获得足够信息的基础上，应用统计技术合理地布设采样点，并标记。采样点位的布设应按如下原则布设。

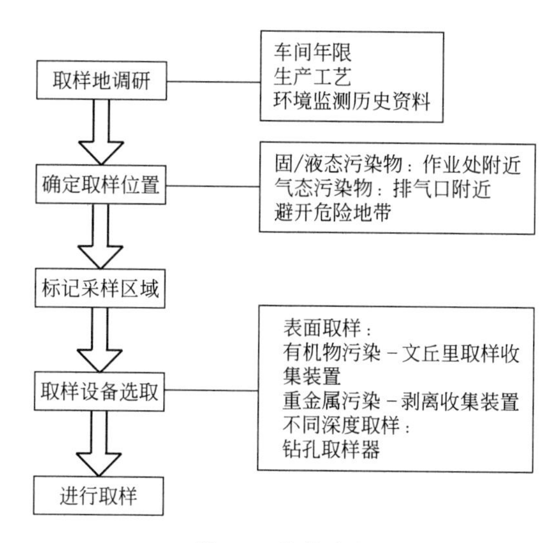

图 2-1 取样流程

1）取样位置应优先选择作业设备和排放管道附近的地面和墙面。在通风条件良好的开放环境（大型车间），取样位置不宜位于距离作业区域 10m 以外。

2）取样位置应避开对测试人员操作有危险的地方。

3）取样位置应避开对厂房、车间建筑结构稳定性可能造成破坏的地方。

4）采样点的分布要尽量均匀，一般采用“对角布点法”或“梅花形布点法”，一面墙体或地面布设 3～5 个点，采集的样品混合均匀。地面及墙表面的取样面应根据具体污染情况分布进行划分。若为点污染源，取样面应至少覆盖半径为 1.5m 的圆形区域；若为线污染源，取样面应至少取以线污染源为中心，左右各 1.5m 的矩形范围内。

在选定的测定位置上开设采样孔，采样孔内径应不小于 1cm，采样孔深度不小于 3cm。

5）对于气态污染物，由于其混合比较均匀，其取样位置可不受上述条件限制。如果设有烟气排放管道，取样位置则优先选择管道焊口及末端附近的地面和墙面。

（3）取样方法

取样前应分拣出木屑、玻璃、土块、塑料等杂质。对呈堆体状态的建筑垃圾（包括碎石、碎砖、粉末等）取样方法可参照《生活垃圾采样和分析方法》（CJ/T 313—2009）（4.4.3 采样方法）进行采样。对非堆体状态的建筑垃圾（扁平、细长状），应先将其敲碎至堆体后使用上述方法取样。

（4）取样步骤

由于建筑废物取样的特殊性，工作人员应佩戴安全帽和口罩并开启除尘设备。

1）调查和研究建筑车间的内部结构，以及工作设备分布情况。

2）确定取样区域并进行划分。

3）使用刮取设备沿着取样面边际线进行切割。

4）刮取和敲打切割后的部分使之较为均匀地掉落在承接设备上。

5）收集承接设备上的样品并放置于收集容器中。

6）对建筑亚表面进行取样，确定钻孔取样区域，使用钻孔取样器进行钻孔取样。

7）所得的柱状样品按不同深度分类收集。

8）每次取样，至少采取三个样品。

9）记录采样人、采样地点、采样时间、天气以及周围地质条件。

2.1.3 拆毁后建筑废物取样技术

拆毁后建筑废物采样技术，原则上可参照《工业固体废物采样制样技术规范》（HJ/T 20—1998）进行取样，对于特定行业及类型的工业企业的建筑废物，可根据背景勘探及生产工艺、废弃现状进行修正。项目组根据全国部分工业企业实地采样经验及污染物监测数据，在工业固体废物采样制样技术规范基础上，对拆毁后的建筑废物取样技术进行了补充和完善，现说明如下。

（1）方案设计

参照《工业固体废物采样制样技术规范》（HJ/T 20—1998）进行。

（2）采样技术

① 采样法

1）简单随机采样法。参照《工业固体废物采样制样技术规范》（HJ/T 20—1998）进行。

2）系统采样法。参照《工业固体废物采样制样技术规范》（HJ/T 20—1998）进行。

3）分层采样法。参照《工业固体废物采样制样技术规范》（HJ/T 20—1998）进行。

4）两段采样法。参照《工业固体废物采样制样技术规范》（HJ/T 20—1998）进行。

5）权威采样法。该方法完全凭采样者经验。对于污染特征分布明显的建筑废物可适用。

冶金、电镀企业拆毁建筑废物，其污染特征与建筑废物材质、环境关系较小，可将同一区域建筑废物集中收集后进行随机采样法或分层采样法。

农药、化工企业拆毁建筑废物，由于有机物的多样性，其衰减时间和亲水性差异巨大。如建筑废物混合堆置，取样首先应小范围内对建筑废物进行分类收集，建议将半径0.5～1m范围内的同种建筑废物集中收集，如砖块、混凝土、灰浆、木板、碎石等。在能够得到建筑废物污染源信息的情况下，将污染源分为持久性有机污染源、半挥发性有机污染源和挥发性有机污染源。

对于持久性有机污染源，其污染特征为亲水性较差，残留时间长。污染特征以不同工段建筑废物影响最大，而受地形、外部气候条件关系较小。建议按照原生产工艺段划分为不同取样区域，每一区域采用随机采样法进行取样。

对于半挥发性有机污染源，其污染特征为亲水性相对较差，残留时间差异范围大，污染特征同时受不同工段建筑废物、地形、外部气候等多种条件影响，取样方案往往较为复杂，代表性不如前者。建议将取样区域按照工艺段细分为原单一工艺段建筑废物、不同工艺段混置建筑废物以及其他建筑废物，按照地理环境分为堆置中心区、边缘区、远离水源区和近水源区。每一区域，按照取样深度进行分层取样，每一取样面采用随机取样法。

对于挥发性有机污染源，其污染特征受环境影响巨大，建议采用深层钻孔取样，收集不同深度圆柱体钻孔样品。对于后两种有机污染源，如条件允许，可以取气体和液体样品作为指导，辅助建筑废物取样工作。

不能够得到建筑废物污染源信息的情况下，取样方法参照《工业固体废物采样制样技术规范》(HJ/T 20—1998) 进行。

② 采样量和采样数　参照《工业固体废物采样制样技术规范》(HJ/T 20—1998) 进行。

2.1.4 地震灾区建筑废物取样技术

我国是资源短缺的国家，特别是近年我国高速发展的基本建设，年需求 100 亿吨建筑材料，给我国生态环境保护带来了巨大的压力。所以我国建筑、建材行业走资源节约型和环境友好型发展道路，是必由之路。

2007 年度《我国当前优先发展高技术产业化重点领域指南》明确把生态环境材料列为新材料，把生态环境材料产业列为新兴重点产业。明确把“废弃混凝土及各种建筑废渣循环再利用技术与装备”列为先进制造业技术。并强调“积极发展废渣用于建材生产的资源化技术”，“发展适用面广、能处理处置量大或多种固体废物，技术先进，处理成本低，并可作为再生资源的产业化技术和设备势在必行”。

中国建材工业联合会针对灾区数量巨大的建筑垃圾，建议由政府组织设立专业建筑垃圾处理中心，对已经倒塌的建筑垃圾进行分类、处理，以便充分利用；对地震中形成且必须拆除的危房及建筑物，在拆除时必须按照科学的程序进行，拆除的建筑废料需分类收集、堆放，以便重新回收利用；经分类收集和处理后的建筑垃圾，可分为烧结砖瓦和混凝土两大类来分别考虑重新利用，其中混凝土类粗大颗粒可直接用于新修道路的垫层、细颗粒可用于生产混凝土制品的集料，对已经损坏不能直接回收利用的烧结砖瓦废料可用于烧结砖瓦产品生产的添加料或集料使用。

地震灾区灾毁建筑垃圾资源化处置与利用是建设部紧急颁布的《地震灾区建筑垃圾处理技术导则》(建科［2008］99 号) 核心内容，也是灾区重建的迫切需要，完全符合国家节能减排、循环经济的建设发展纲领及“十一五”发展规划纲要。

建筑垃圾不是想象中的“就地填埋”所能解决的；其量大根本不可能有足够（巨大）面积的土地来实现“就地填埋”；“就地填埋”又容易污染土壤及地下水源；就地填埋挖出来的土异地运输也需要高额成本。所以灾毁建筑垃圾资源化处置是必然选择。对汶川大地震地区的都江堰市、什邡市灾毁建筑及倒塌建筑的初步分析表明，其建筑废弃物组分如表 2-9 所列。

表 2-9　灾区灾毁建筑及倒塌建筑废弃物组成　　单位：%

固废组成	框架结构	砖混结构	固废组成	框架结构	砖混结构
混凝土	30	10	金属	5	2
石块、碎石	20	10	塑料	0.61	1.13
渣土	10	15	竹、木料	7.46	10.95
砖、砌块	50	70	有机物	1.30	3.05
砂	8	5	废陶瓷	1	1
废玻璃	0.20	0.56	其他杂物	0.11	0.27

灾毁建筑垃圾取样和分类收集工艺确定如下（图 2-2）。

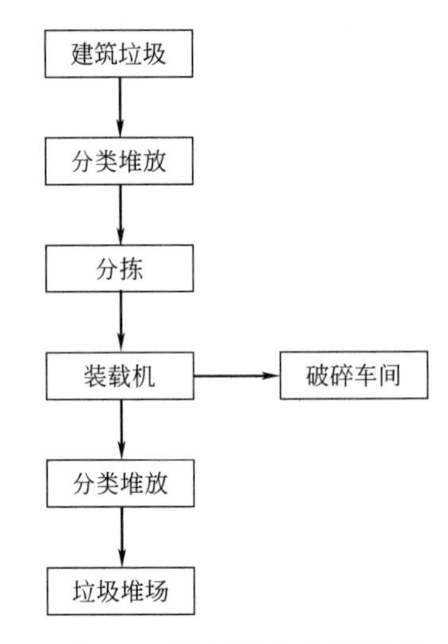

图 2-2　灾毁建筑垃圾预处理

（1）分类堆放和收集

按照砖混结构建筑垃圾和钢筋混凝土结构建筑垃圾分类堆放和收集。

（2）分类处理

砖混结构建筑垃圾再生处理获得黏土砖再生集料，工艺流程为破碎→除铁→分拣→破碎→筛分→分级处理。

钢筋混凝土结构建筑垃圾再生处理获得混凝土再生集料，工艺流程为破碎→除铁→分拣→破碎→筛分→分级处理。

低品质混合建筑垃圾再生处理获得混合再生集料，工艺流程为破碎→除铁→分拣→破碎→筛分→分级处理。

2.2　建筑废物取样工具及设备

2.2.1　典型工业企业车间建筑废物取样工具

建筑废物常规取样设备和工具见表 2-10。

表 2-10　建筑废物常规取样设备和工具

设备和工具	说　明
取样区域划分工具	标记取样范围，便于刮取
刮取设备	切割、刮取取样面，包括刮刀，盘刀、凿子等
钻孔取样器	建筑亚表面钻取一定深度的圆孔样品，打孔取样器，钻孔取芯器等
刮落物承接设备	承接取样过程中掉落的样品
除尘系统	收集和去除作业过程中产生的飘尘和颗粒物
其他工具	锤子、电钻、剪刀、架子等
辅助设备	照明设备、供电设备、安全帽、口罩、取样平台、皮尺等

2.2.2　建筑废物远程取样装置

项目组根据现场取样经验，考虑有机污染物高挥发、封闭车间高残留的现场取样工况，设计发明了一套用于危险环境的固体颗粒取样收集装置及方法（见图 2-3）。该装置包括一根样品接纳软管、注液口、文丘里管、离心泵、固液分离装置（见图 2-4）。文丘里管由相互连通的前管、收缩段、喉管、扩散段和后管组成，样品接纳软管末端与文丘里管喉管相连通；离心泵出水口与文丘里管前管相连；文丘里管后管通过连接管与

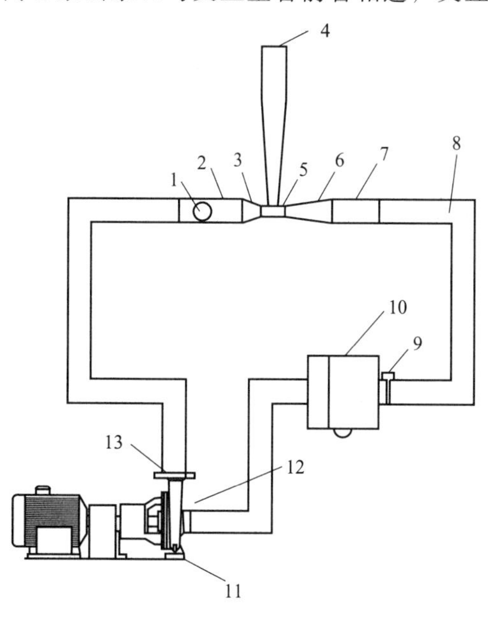

图 2-3　装置的俯视图

1—注液口；2—文丘里管前管；3—文丘里管收缩管；4—取样接管；5—文丘里管喉管；6—文丘里管扩散管；7—文丘里管后管；8—连接管；9—阀门（反冲洗时关闭）；10—固液分离器；11—循环泵；12—循环泵入水口（反冲洗时出水口）；13—循环泵出水口（反冲洗时入水口）

固液分离装置相连；固液分离装置另一端通过连接管与离心泵进水口相连。本发明利用文丘里管喉部产生的负压吸引固体颗粒经输送管进入连接管，以循环剂作为溶剂溶解目标组分。该装置操作简单，便于携带，能有效降低输运过程中目标物的损失，同时工作距离远，使用安全，特别适用于污染建筑车间内有毒有害有机污染样品的取样工作。装置搭接图见图 2-5。

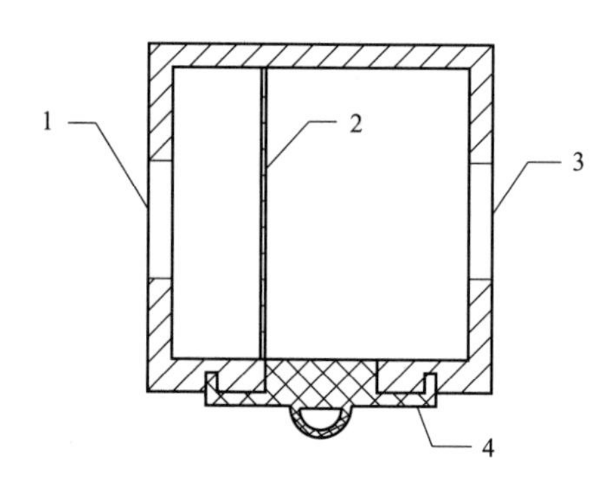

图 2-4　固液分离器局部放大俯视图

1—固液分离器循环泵链接口；2—筛网；3—固液分离器文丘里管连接口；4—塞

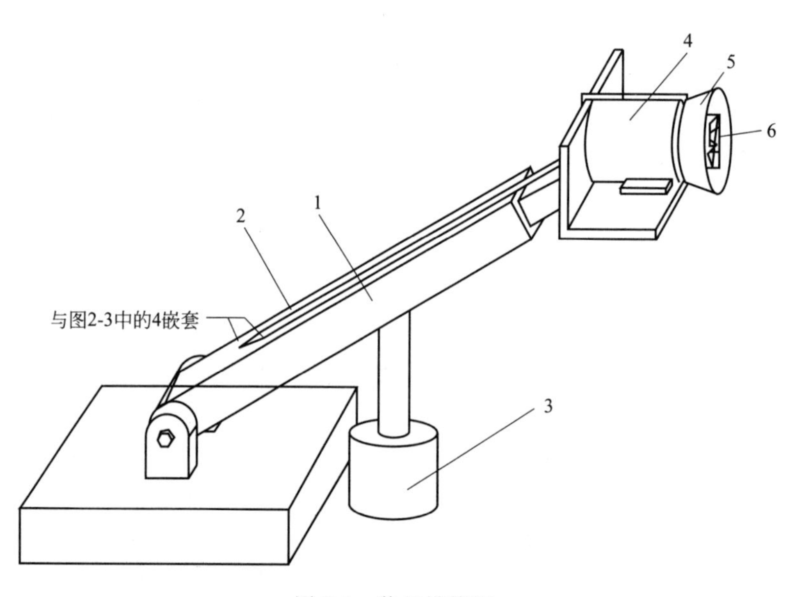

图 2-5　装置搭接图

1，2—伸缩臂；3—千斤顶；4—电动机；5—罩；6—盘刀

该发明的目的是以操作人员安全为第一先决条件，克服部分稳定性差的固体颗粒表面目标组分性质的缺陷而提供的一种用于危险环境的固体颗粒取样收集的装置及方法。包括以下步骤。

1）将装置置于合适位置，样品接纳软管一端套在伸缩臂上端与之固定的输送管末端。使用千斤顶等传动装置将样品输送管抬升至合适位置；调节伸缩臂，使前端盘刀置于取样口处。

2）通过环形拉手，将固液分离塞拉至底部，通过注液口注入合适循环剂，待注满后停止注液，关闭注液口。

3）开启电动机；开启离心泵，循环剂经由文丘里管喉部产生负压，通过输送管将取样器表面由盘刀刮落的固体颗粒吸入装置内部，在循环剂的带动下流至固液分离器，其中循环剂通过筛网由分离器另一端流出，固体样品被截在筛网一侧，一部分附着在筛网上，一部分落在分离器底部塞上。

4）当取样器表面吸力降低，或循环剂流动缓慢甚至停止流动时，关闭电动机。关闭离心泵并反接，下部备有样品仓。下拉推杆，以反冲洗方式除去筛网表面截留固体，收集待测定。如仍难以继续运行，放空装置内循环剂。重新打开注液口注入剩余循环剂后开启离心泵继续取样。

5）取样结束后，刮除固液分离器内部剩余的截留固体，打开离心泵，保持固液分离塞置于底部使剩余循环剂至下端开口流出，待液体全部流尽后关闭离心泵。

装置不用时，向注液口注入合适洗液，关闭下部开口。开启离心泵 15～20min 后打开下部开口将洗涤剂排尽。

该发明具有以下优点：a. 该装置操作简单，部件可拆解，便于携带；b. 循环剂同时起到产生负压和溶解固体样品的作用，有效降低了输运过程中目标物的损失；c. 固体分离器中滤网装置对固体颗粒的截留提高了固液冲刷强度，有利于目标物在循环剂中的溶解；d. 该装置工作距离远，操作安全，可用于污染环境中有毒有害样品的取样工作。

本实施例为化学实验通风口附近固体废渣取样收集方法，通风口常年对外持续排放有机及酸污染气体，难以接近实施取样或取样不完全，该实施例包括以下步骤。

1）选择合适循环剂。该化学实验通风气以有机溶剂为主，平时也作农药等检测，因此考虑以煤油作为循环剂。

2）将支座置于合适位置，将样品输送套管一端套在伸缩臂末端突起处，使用千斤顶、拉绳等传动装置将样品输送管抬升至合适位置；调节伸缩臂，使前端盘刀置于取样口处；将装置两侧滑动卡槽固定在支座上。

3）将拉杆拉至底部，放空装置内部积水。清洁固液分离器筛网和塞。将拉杆推到顶端，检查各连接口气闭性。

4）向注液口注入煤油循环剂，待注满后停止，关闭注液口。

5）开启循环泵，煤油经由文丘里管喉部产生负压，通过输送管将取样器表面固体颗粒吸入装置内部，在煤油的带动下流至固液分离器，其中煤油通过筛网由分离器另一端流出，固体样品被截在筛网一侧，一部分附着在筛网上，一部分落在分离器底部筛上。

6）当取样器表面吸力降低，或煤油流动缓慢甚至停止流动时，关闭循环泵并反接，连接下部样品仓。下拉推杆，以反冲洗方式除去筛网表面截留固体，收集待测定。如仍难以继续运行，放空装置内煤油并收集。重新打开注液口注入剩余煤油后开启循环泵继续取样。

7）取样结束后，刮除固液分离器内部剩余的截留固体，打开循环泵，保持拉杆置于底部使煤油至下端开口流出，待液体全部流尽后关闭循环泵。

本发明可以避免接近通风口处附近大气中有机污染物，在较为安全的环境下完成取样工作。同时，装置内部固体颗粒在滤网一侧受到煤油循环剂的不断冲刷，增加了目标物组分的溶解量，操作简单。取样完成后，收集所有固体及循环剂，即可进行下一步预处理工作。

装置不用时，向注液口注入合适洗液，关闭下部开口。开启循环泵 15～20min 后，打开下部开口将洗涤剂排尽。

本实施例的结果是，距地面 3.4m 的目标样品，粒径小于 5mm 的固体颗粒，在盘刀未工作，残留固体颗粒抽吸率可达 99.9%以上。开启电动机后，盘刀对于墙体表面刮取效果好。取样距离通过便携式取样装置的移动而发生改变，以操作点与取样处的水平距离表示，在 0～10m 范围内均可实现 99%以上的抽吸率。

2.2.3 建筑废物表层剥离分离设备

以上发明在实际应用过程中，发现对墙面和地面残留的颗粒状建筑废物的抽吸率好，其抽吸率可达到 99.9%。但是该装置对于大块墙面，还无法实现远距离破碎取样工作。为此设计了一套可具备切割、刮磨、抽吸、除尘、收集、破碎功能的建筑废物剥离分级机。建筑废物剥离分级机包括以下部分。

① 一个吸附器　包含一个吸附表面，该吸附表面能够对建筑垃圾（如墙体、地板等）等进行吸附，并保持在合适的位置。

② 一个剥离结构　该结构可将建筑表面夹住并通过吸附器移动位置逐渐将含污染物的表层剥离下来。

③ 一个切割装置　该装置可对建筑表面和亚表面进行横向和纵向的切割，并敲打下来。

④ 承接板若干　该板可临时装载掉落的建筑废物，并送至下一处理设备，降低建筑废物剥离分级过程中的物料损失和环境污染风险。

⑤ 一套除尘设备　该设备可抽吸并收集建筑拆除过程中产生和释放的飘尘和有害气体。

⑥ 一套破碎系统　包括破碎腔、颚板、电动机和出入料口，该系统可将取下的大块建筑物料破碎成小块以便于收集和运输。

其试验方法主要有以下 4 点。

（1）剥离前建筑材料性能测定

测定时，使用刀片、电钻小心地刮取小块建筑材料表面及亚表面部分，对不同深度的建筑材料分布进行精确测量，并目测其组成。

建筑结构应根据《普通混凝土力学性能试验方法标准》（GB/T 50081—2002）和《砌体工程现场检测技术标准》（GB/T 50315—2011）有关方法和规定检验其性能，并记录。

将建筑垃圾试样剥离面板的一头夹在滚筒夹具上，使试样轴线与滚筒轴线垂直，另一头装在上夹具中，然后将上夹具与试验机相连接，调整试验机载荷零点，再将下夹具与试验机连接。

按规定的加载速度进行试验。记录剥离机达到额定功率时的额定剥离载荷和剥离深度。

选用下列任意一种方法记录剥离载荷及剥离深度：a. 使用自动绘图仪记录载荷-剥离距离曲线；b. 无自动记录装置时，在开始施加载荷约 5s 后，按一定时间间隔读取载荷，不得少于 10 个读数。

剥离载荷和深度达到额定载荷的 80%时，便卸载，使滚筒回到剥离前初始位置，记录破坏剥离形式。

若剥离面板无损伤，则重复进行试验，并记录。

若剥离面板有损伤（有明显可见发白和裂纹或发生塑性变形），应采用空白试验用的面板试样。

（2）抽吸和除尘

① 最大真空度　将抽吸罐内物质排尽，后门关闭。试验开始后，将抽气真空装置的转速控制在额定转速，观察并记录真空表指针所示的最大读数。

② 抽吸能力　试验介质为水泥粉和废建筑涂料（片状），试验时将抽气真空装置的转速控制在额定转速并计时，至罐内物料容积达到设计饱和。取 3 次试验用时和收集物重量平均值并记录。

（3）破碎

① 粒度　用国家标准网孔的筛组进行筛分，筛下百分比占 80%的粒度即是。

② 产量　产量可用瞬时计量法或按时折算法测定。

瞬时计量法是将剥离分级机在连续投料作业过程中，取 30s 时间内全部破碎的建筑物料进行计量，并折算成小时产量。用这种方法至少取三次产量的平均值。

连续作业按时折算法是将某段时间内的全部破碎物料进行计量，并折算成小时产量。用此方法累计时间不少于 0.5h。

③ 密封性　向剥离分级机内投入不少于 10 块红砖，破碎过程应不漏灰。

④ 破碎颚板磨损　投入不同力学性能的建筑物料，通过重量测定检验颚板磨损情况。

⑤ 最大给料尺寸　将表 2-11 规定的最大给料尺寸的建筑物料投入破碎仓内，观察其过程是否有打滑和外吐现象，以确定最大给料尺寸是否能达到本标准规定。

表 2-11　分离剥离机主要技术指标

序号	参数	规格
1	金刚石切片/mm	ϕ350×40×2.4
2	最大切割面/m	3×2
3	切割形式	双刀切割平面
4	切割线速度/(m/s)	40～50

续表

序号	参数	规格
5	纵向进给速度/(mm/s)	0.1～1
6	调速电动机/kW	5.5
7	除尘器处理量/(m^3/h)	3000～5000
8	设备漏风率/%	2
9	进料口尺寸/mm	1200×1500
10	最大进料粒度/mm	1000
11	排料口调整范围/mm	150～300
12	破碎处理能力/(t/h)	120～180
13	电动机功率/kW	140
14	质量/t	80

(4) 承接和收集装置

分别收集剥离分级机在使用过程中散落在各工作部位附近的建筑废物并称重。

建筑废物剥离分级机设备如图 2-6 所示。

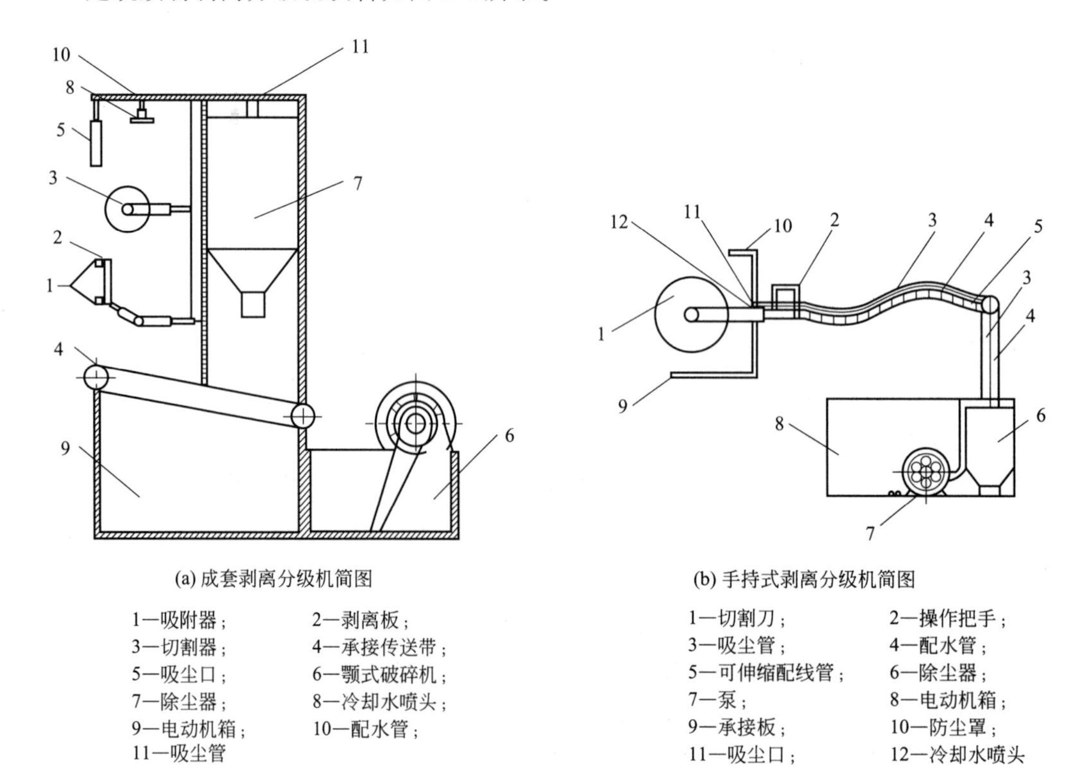

(a) 成套剥离分级机简图

1—吸附器；2—剥离板；3—切割器；4—承接传送带；5—吸尘口；6—颚式破碎机；7—除尘器；8—冷却水喷头；9—电动机箱；10—配水管；11—吸尘管

(b) 手持式剥离分级机简图

1—切割刀；2—操作把手；3—吸尘管；4—配水管；5—可伸缩配线管；6—除尘器；7—泵；8—电动机箱；9—承接板；10—防尘罩；11—吸尘口；12—冷却水喷头

图 2-6 建筑废物剥离分级机设备

第3章 建筑废物样品预处理与分析方法

3.1 建筑废物样品中重金属测试分析

3.1.1 样品预处理

(1) 破碎制样

取约 100g 被重金属污染的建筑废物，采用颚式破碎机对块状建筑废物样品进行初步破碎，再将初步破碎的建筑废物充分混合均匀，用四分法缩分，随机选取对角线上的两份，充分混合均匀，再次四分法缩分，随机选取对角上的两份混合均匀，在 100℃下烘干 1h。采用电磁式制样机对干燥后的颗粒样品进行粉碎，运行时间为 4～6min。粉碎后的样品置于螺口聚丙烯塑料瓶中保存，以待后续处理分析。

(2) 金属总量分析消解方法

消解用的聚四氟乙烯坩埚经 1∶1 硝酸浸泡 12h，用蒸馏水清洗并烘干待用。定容用的容量瓶经 1∶1 硝酸浸泡 12h，用蒸馏水清洗并自然晾干。

消解前，准确称取 0.1000～0.3000g 粉末建筑废物样品平铺于聚四氟乙烯坩埚底部，置于 120℃烘箱中干燥烘干 2h 至恒重；加入现配王水（盐酸∶硝酸＝3∶1）18mL，浸泡 10min 后加入 2mL 40%氢氟酸，坩埚加盖置于 180℃电热板上加热至固体溶解；接着在聚四氟乙烯坩埚中加入 30mL 去离子水，继续加热蒸煮至 2～3mL；最后待聚四氟乙烯坩埚冷却到室温后，将坩埚内液体转移至 25mL 塑料容量瓶，用 1%硝酸溶液清洗坩埚 3 次，清洗液转移至容量瓶，加去离子水定容，溶液经 0.22μm 滤膜过滤，约 10mL 置于 10mL 圆底螺口塑料离心管中，置于 4℃冷藏柜中保存，以待分析。

(3) 提取液硝酸消解法

准确移取 10～20mL 提取液于聚四氟乙烯坩埚，加入 5mL 硝酸，于电热板上加热至 180℃并持续加热至 2～5mL 液体，再次加入 10mL 去离子水，继续加热至 2mL 左右结束消解，待液体冷却后转移至 25mL 塑料容量瓶中，用 1%硝酸清洗坩埚 3 次，清洗液转入容量瓶中，用去离子水定容，过 0.22μm 滤膜，于 10mL 圆底螺口塑料离心管，保存于 4℃冷藏柜中，以待分析。

3.1.2 样品中重金属定性及总含量分析

将按 3.1.1 样品预处理方法中金属总量分析消解方法消解后的溶液原液或适当稀释

液用电感耦合等离子体-原子发射光谱法（ICP-OES）定性定量分析。同时，按照样品消解的相同方法，做试剂空白对照及加标样。每个样品做三个平行样，每一批次消解做一个试剂空白和一个加标样。ICP-OES检测金属元素对应发射光谱波长见表3-1。

表3-1 ICP-OES检测金属元素对应发射光谱波长 单位：nm

元素	波长	元素	波长	元素	波长
Al	308.215	Cd	226.502	Fe	259.940
Sb	206.833	Ca	317.933	Pb	220.353
As	193.696	Cr	267.716	Mg	279.079
Ba	455.403	Co	228.616	Mn	257.610
Be	313.042	Cu	324.754	Mo	202.030
Ni	231.604	Se	196.026	Na	588.995
Tl	190.864	V	292.402	Zn	213.856

在定量分析时需要配制标准溶液，绘制标准曲线。标准溶液有标准贮备也稀释配制，标准贮备也由纯度≥99.99%的试剂配制，在配制前所有金属盐试剂要在105℃温度下烘干1h。不同金属离子标准贮备液配制如下。

① 铝标准贮备液（1000mg/L Al） 准确称取1.0000g金属铝，加入4.0mL 50% HCl和1.0mL HNO_3，微热使金属铝完全溶解，冷却至室温加入10.0mL 50% HCl，用去离子水定容到1L。

② 锑标准贮备液（1000mg/L Sb） 准确称取2.6673g干燥$K(SbO)C_4H_4O_6$，加去离子水溶解，加入10mL 50% HCl，用去离子水定容至1L。

③ 砷标准贮备液（1000mg/L As） 准确称取1.3203g干燥As_2O_3，加入1.0mol/L NaOH溶液溶解，加入2mL HNO_3，用去离子水定容至1L。

④ 钡标准贮备液（1000mg/L Ba） 准确称取1.5163g干燥$BaCl_2$，加入10mL去离子水和1mL 50% HCl溶解，加入10.0mL 50% HCl，用去离子水定容至1L。

⑤ 镉标准贮备液（1000mg/L Cd） 准确称取1.1423g CdO，加入少量50% HNO_3，加热溶解，冷却至室温，加入10.0mL HNO_3，用去离子水定容至1L。

⑥ 钙标准贮备液（1000mg/L Ca） 准确称取2.4969g $CaCO_3$（在180℃下烘干1h），加入适量水，滴加50% HNO_3溶解碳酸钙，加入10.0mL HNO_3，用去离子水定容至1L。

⑦ 铬标准贮备液（1000mg/L Cr） 准确称取1.9231g CrO_3，加入适量水，加10mL HNO_3溶解CrO_3，用去离子水定容至1L。

⑧ 铜标准贮备液（1000mg/L Cu） 准确称取1.2564g CuO，加入少量50% HNO_3溶解氧化铜，加入10.0mL HNO_3，用去离子水定容至1L。

⑨ 铁标准贮备液（1000mg/L Fe） 准确称取1.4298g Fe_2O_3，加入20mL 50% HCl和2mL HNO_3，微热溶解三氧化二铁，冷却至室温，加入5.0mL HNO_3，用去离子水定容至1L。

⑩ 铅标准贮备液（1000mg/L Pb） 准确称取1.5985g $Pb(NO_3)_2$，加入少量50%

HNO_3溶解，加入10.0mL 50% HNO_3，用去离子水定容至1L。

⑪ 镁标准贮备液（1000mg/L Mg） 准确称取1.6584g MgO，加入少量50% HNO_3溶解，加入10.0mL 50% HNO_3，用去离子水定容至1L。

⑫ 锰标准贮备液（1000mg/L Mn） 准确称取1.0000g金属锰，加入10mL HCl和1mL HNO_3溶解，用去离子水定容至1L。

⑬ 镍标准贮备液（1000mg/L Ni） 准确称取1.0000g金属镍，加入10.0 HNO_3，加热溶解，冷却至室温，用去离子水定容至1L。

⑭ 锌标准贮备液（1000mg/L Zn） 准确称取1.2447g ZnO，加入少量稀HNO_3溶解，加入10.0mL HNO_3，用去离子水定容至1L。

3.1.3 汞含量分析

利用DMA-80直接汞分析仪测试汞含量，准确称取建筑废物粉末样品0.1000～0.5000g于镍质样品舟内（样品舟预先在500℃下灼烧20～30min）。设置干燥温度为150℃，干燥时间30s，分解温度850℃，分解时间200s。

汞标准贮备液（1000mg/L Hg），准确称取1.3540g未干燥的$HgCl_2$，加入去离子水溶解，加入50.0mL HNO_3，用去离子水定容至1L。汞标准液，用0.5g/L重铬酸钾硝酸（10%）溶液把汞标准贮备液稀释成相应的汞浓度。绘制标准曲线，测定标准溶液时，用移液枪移取0.1mL标准溶液于镍质样品舟内，设置干燥温度200℃，干燥时间40s，分解温度850℃，分解时间200s。

3.1.4 BCR形态分析

所有用于形态分析的样品粒径应小于125μm，并采用冷冻干燥法彻底干燥粉末样品。

（1）酸可提取态

准确称取0.5000g目标建筑废物粉末样品置于100mL离心管中，加入40mL 0.11mol/L的HAc溶液，封闭后在25℃下振荡16h。振荡结束后从提取液中分离残留物，经过3000r/min离心20min，小心将上清液倒入聚乙烯容器中，密封保存于4℃冷藏柜中。加20mL蒸馏水于残留物中，振荡约15min后在3000r/min转速下离心20min分离，放置上清液，不抛弃任何固体残留物。

（2）可还原态

添加40mL的0.5mol/L新鲜$NH_2OH \cdot HCl$溶液于第一步离心管残留物中，充分振荡至悬浮，密封离心管并在25℃振荡16h。振荡结束后从提取液中分离残留物，经过3000r/min离心20min，小心将上清液倒入聚乙烯容器中，密封保存于4℃冷藏柜中。加20mL蒸馏水于残留物中，振荡约15min后在3000r/min转速下离心20min分离，放置上清液，不抛弃任何固体残留物。

（3）可氧化态

小心地添加30% H_2O_2溶液10mL于第二步离心管残留物中，用盖子轻轻地盖在容器中，在室温下消化，偶尔用手振荡一下。在（85±2）℃水浴中继续消化1h，在开始的0.5h内，偶尔用手振荡。揭开盖子使溶液体积减少至1mL，再加30% H_2O_2溶液10mL，再在此条件下加热1h，并至体积剩下1mL左右，不进行彻底干燥。待冷却后，添加1mol/L NH_4Ac溶液50mL，在25℃下振荡16h。振荡结束后从提取液中分离残留物，经过3000r/min离心20min，小心将上清液倒入聚乙烯容器中，密封保存于4℃冷藏柜中。加20mL蒸馏水于残留物中，振荡约15min后在3000r/min转速下离心20min分离，放置上清液，不抛弃任何固体残留物。

（4）残渣态

取出离心管中残渣置于100mL聚四氟乙烯坩埚中，用15mL硝酸充分清洗离心管并将清洗液全部转移至承装残渣的聚四氟乙烯坩埚中。在该聚四氟乙烯坩埚中加入5mL盐酸、5mL氢氟酸，于电热板上加热至180℃并持续加热至2～5mL液体，再次加入25mL去离子水，加热至2mL左右结束消解，待液体冷却后转移至25mL塑料容量瓶中，用1%硝酸清洗坩埚3次，清洗液转入容量瓶中，用去离子水定容，0.22μm滤膜过滤，于10mL圆底螺口塑料离心管，保存于4℃冷藏柜中，以待分析。

所有提取液经3.1.1提取液硝酸消解处理后用ICP-OES法测定重金属浓度。

3.1.5 重金属浸出毒性分析

现有研究大多通过浸出实验，用浸出浓度和浸出率来评估重金属的环境风险。关于土壤或固体废物的现有浸出方法，大多是TCLP（毒性特征浸出程序）和SPLP（合成沉淀淋洗法）。目前没有标准的方法用于评估建筑废物的重金属浸出毒性的浸出方法。建筑材料浸出液具有强碱性，应该用哪种浸出方法是合适的，常引起争议。本书研究比选了SPLP、TCLP和无机组分最大有效量浸出法（EA NEN 7371）三种浸出方法。

SPLP浸出程序中，将20g样品加入400mL pH为4.2的溶液，该溶液由60%/40%（质量比）的硫酸和硝酸的混合液添加到去离子水中制得。TCLP法是美国发布的《固体废弃物试验分析评价手册》标准方法（Method 1311，EPA SW-846），也是美国联邦法规40CFR261/268的附件，常用来评价固体废物中重金属的生态风险。TCLP浸出中，20g样品加入400mL提取液（pH=2.88），液固比为20∶1。在25℃下振荡（18±2）h后，溶液的pH由数字pH计（PHS-3C）测定。EA NEN 7371浸出中，该过程分两批浸出，即pH 7.0±0.5和pH 4.0±0.5，液固比（L/kg）为50∶1，每批均为3h。4g样品加入200mL提取液，该提取液由浓度为1mol/L的HNO_3溶液添加到去离子水中制得，该过程pH由数字pH计（PHS-3C）测定。最终将两批浸出液等量混合后再分析测试。

TCLP、SPLP和EA NEN 7371这三种浸出方法结果见图3-1。TCLP和SPLP的浸出率比较低，其中TCLP法重金属浸出率低于1.5%；SPLP浸出法Pb和Cd的浸出率分别

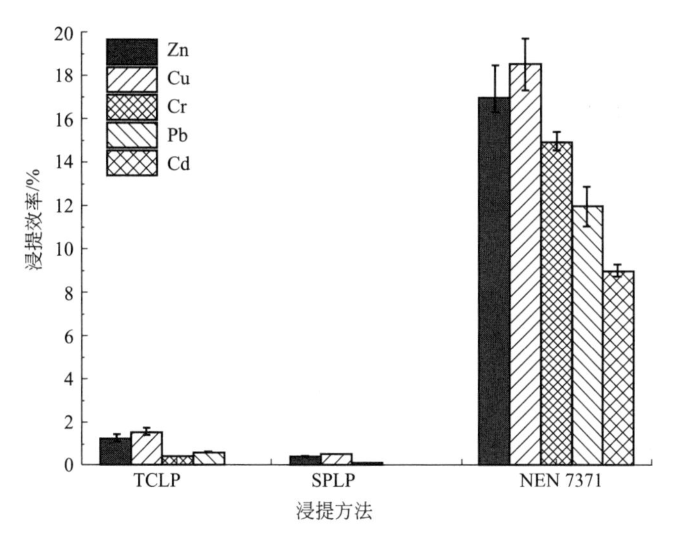

图 3-1　受污染再生砂石集料不同浸出方法下重金属的浸出率

TCLP—毒性特性浸出程序；SPLP—合成酸沉降浸出程序；NEN 7371—无机组分最大有效量浸出法

为 0.02%和 0.009%，重金属元素浸出率大多低于 0.5%；而 EA NEN 7371 浸出法比 TCLP 和 SPLP 浸出率高，其重金属浸出率高于 9%，浸出率最高为 Cu，高达 18.6%。

TCLP 和 SPLP 均旨在模拟固体废物在一定条件下的浸出，比如 TCLP 模拟的是卫生填埋场，SPLP 模拟的是固体废物在酸雨条件下的浸出。但建筑废物这类碱性材料，浸提剂很快由中性转化为碱性（图 3-2），重金属离子的溶出较少。

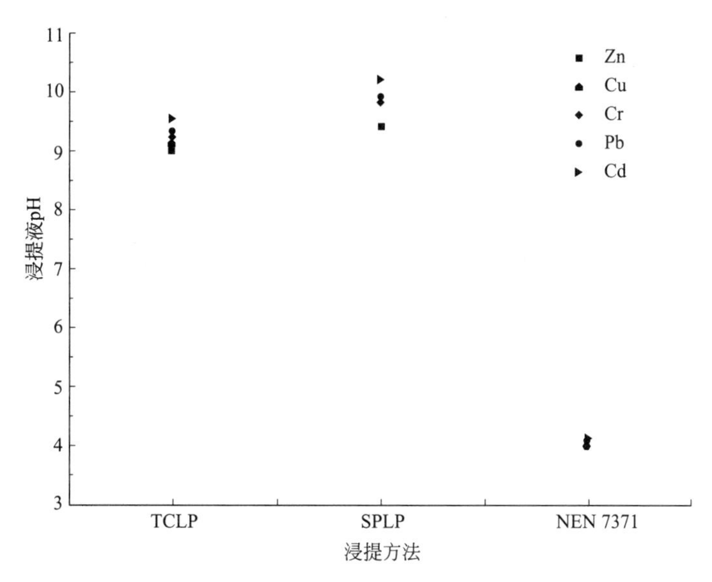

图 3-2　受污染再生砂石集料不同浸出方法浸出液 pH

TCLP—毒性特性浸出程序；SPLP—合成酸沉降浸出程序；NEN 7371—无机组分最大有效量浸出法

EA NEN 7371 浸出法是用于测试废物中最大浸出量。通过持续添加酸溶液使 pH 保持稳定（第一阶段浸出 pH 保持在 7 左右；第二阶段浸出 pH 保持在 4 左右），模拟在酸雨或其他酸性恶劣环境下持续浸出过程。通过比较三种浸出方法的浸出率和浸出液

pH，发现 EA NEN7371 是更适合用于评估建筑废物的重金属浸出毒性的浸出方法。

3.1.6　X 射线粉末衍射分析

X 射线粉末衍射分析（XRD）主要用于判定建筑废物样品矿物晶体组成，定性分析建筑废物主要污染物组成。样品于 60℃烘箱中烘干后，用研钵磨细，样品粒径过 320 目筛，贮备供测试使用。试验条件为 Cu 靶 Ka 射线，加速电压 40kV，加速电流 40mA，扫描步长 0.02°，扫描速率 0.01s/步，扫描范围为 10°～90°，X 射线衍射谱图采用 MDI Jade 5.0 软件进行分析。

3.1.7　X 射线光电子能谱法

X 射线光电子能谱法（XPS）主要是对样品中重金属主要存在化学形态进行分析测定。主要原理是以 X 射线检测样品表面出射的光电子动能，获取光电子携带的物理和化学信息，从而确定表面存在的元素和化学状态。

对于被有机物污染的建筑废物，用丙酮等清洗掉样品中的有机污染物，再用乙醇清洗，放入 105℃烘箱中烘干。用双面胶带把粉末状建筑废物固定在样品台上。检测时采用单色 Al Ka（$h\nu$＝1486.6eV），功率 150W，500μm 束斑。首先，采用单色 Al Ka（$h\nu$＝1486.6eV），功率 150W，500μm 束斑，对各样品进行全谱扫描（0～1200eV），判定样品表面的化学组成。其次，对不同样品对应的目标元素进行窄区扫描，通过结合能的准确位置，鉴定各元素的化学形态。对样品的窄区扫描谱图进行分析，使用 XPS PEAK 软件依照常规图谱分析方法，先扣除背景后进行高斯拟合分峰，找出各高斯峰对应的元素化学形态。

3.2　建筑废物样品中有机污染物和氰化物检测分析

建筑废物样品中有机物的提取、净化分离流程如图 3-3 所示，常用有机污染物测定方法如表 3-2 所示。

表 3-2　常用有机污染物测定方法

测定物质	国标方法	EPA 方法
有机磷农药	固体废物　有机磷农药的测定　气相色谱法(HJ 768—2015)	方法 8141B 气相色谱法测定有机磷化合物
有机氯农药	危险废物鉴别标准　浸出毒性鉴别(GB 5085.3—2007)	方法 8081B 气相色谱法测定有机氯农药 方法 8151A 甲基化和氟化醇苯甲基化气相色谱法检测氯代除草剂
半挥发性有机化合物	危险废物鉴别标准　浸出毒性鉴别(GB 5085.3—2007)	方法 8270D 气相色谱质谱法分析半挥发性有机物 方法 8410 半挥发性有机物的测定——气相色谱/傅里叶变换红外光谱法

续表

测定物质	国标方法	EPA 方法
PAHs	危险废物鉴别标准　毒性物质含量鉴别(GB 5085.6—2007)	方法 8100 多环芳烃的检测 方法 8275A 热提取-气质联用法(TE/GC/MS)测定土壤、污泥和固废中的半挥发性有机物(多环芳烃 PAHs 和多氯联苯 PCBs) 方法 8310 多环芳烃的检测
PCBs	危险废物鉴别标准　浸出毒性鉴别(GB 5085.3—2007)	方法 8082A 气相色谱分析多氯联苯 方法 8275A 热提取-气质联用法(TE/GC/MS)测定土壤、污泥和固废中的半挥发性有机物(多环芳烃 PAHs 和多氯联苯 PCBs)
苯胺类	危险废物鉴别标准　毒性物质含量鉴别(GB 5085.6—2007)	
硝基芳香化合物和环酮		方法 8091 气相色谱分析硝基芳香烃和环酮 方法 8330A 硝基芳烃和硝胺的测定—高效液相色谱法
酚类	固体废物　酚类化合物的测定气相色谱法(HJ 711—2014)	方法 8041A 气相色谱分析酚类
亚硝胺类		方法 8070A 气相色谱分析亚硝胺

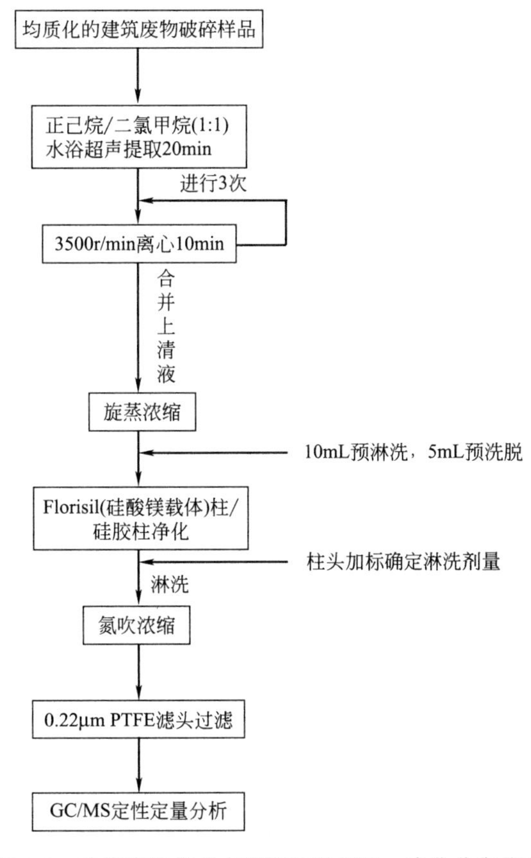

图 3-3　建筑废物样品中有机物的提取、净化分离流程

3.2.1 样品制备与保存

取100g有机物污染建筑废物，置于暗处自然风干。人工破碎，筛分至粒径1mm以下，充分混合均匀，用四分法缩分，随机选取对角线上的两份，充分混合均匀，再次四分法缩分，随机选取对角上的两份混合均匀，置于螺口棕色玻璃瓶中，在2℃以下冷藏柜低温避光处保存。

3.2.2 有机物提取

（1）索氏提取

准确称取1.0000～2.0000g样品，置于索氏提取筒，准确移取1mL 100mg/L三联苯-d_{10}（替代标准物质，用于监测整个处理过程的误差），采用Foss全自动索氏提取仪或类似设备进行索氏提取。提取剂为体积比1∶1∶1的正己烷＋二氯甲烷＋丙酮混合液。设置电热板温度80℃，浸提时间为90min，淋洗150min。提取结束后，将提取液倒入250mL玻璃茄型瓶中，用提取剂清洗浸提杯2次，清洗液倒入茄型瓶与提取剂合并，当天进行浓缩与净化等后续处理。

（2）超声提取

准确称取1.0000～2.0000g样品，置于30mL玻璃离心管中，准确移取1mL 100mg/L三联苯-d_{10}，加入20mL体积比1∶1∶1的正己烷＋二氯甲烷＋丙酮混合液。40℃水浴超声提取20min，每隔5min拿出震荡一次，敲散蓄积于瓶底的样品，使其与提取溶液充分接触。超声完成后取出在3500r/min离心10min，取出上清液置于250mL玻璃瓶中。在此操作条件下超声提取3次，合并上清液，当天进行浓缩与净化等后续处理。

3.2.3 提取液净化

采用旋转蒸发仪对提取液进行浓缩，水浴45℃，真空度0.03～0.04。根据样品来源初步判断污染物类别，采用适宜的净化方法，方法采用美国EPA标准方法或《危险废物鉴别标准　浸出毒性鉴别》（GB 5085.3—2007）附录W——固体废物有机物分析的样品前处理Florisil（硅酸镁载体）柱净化法。EPA方法中不同类别有机污染物提取液净化方法见表3-3。标准方法中使用的是自己填充的净化柱，可购买成品SPE柱替代。使用成品SPE柱，净化流程和使用的试剂种类同标准方法，但试剂用量有所不同。预淋洗剂用量为10mL，预洗脱剂（弃去的洗脱液）用量为5mL，洗脱剂用量采用柱头加标的方法进行确定：加入2mL 100mg/L该类别有机物标准溶液，洗脱剂每5mL收集一次，测试分析有机物浓度，直至检出洗脱液中该类别有机物浓度低于0.5mg/L时，总共使用的洗脱剂量即为洗脱剂用量。

表 3-3　EPA 方法中不同类别有机污染物提取液净化方法

有机物	方法
酚类	方法 3630C 硅胶净化
苯胺及其衍生物	方法 3620C 弗罗里硅土净化
邻苯二甲酸酯类	方法 3610B 铝氧土净化；方法 3620C 弗罗里硅土净化
亚硝胺	方法 3610B 铝氧土净化；方法 3620C 弗罗里硅土净化
有机氯农药	方法 3610B 铝氧土净化；方法 3620C 弗罗里硅土净化；方法 3630C 硅胶净化
氯化烃类	方法 3620C 弗罗里硅土净化
多氯联苯	方法 3620C 弗罗里硅土净化；方法 3630C 硅胶净化
硝基芳香化合物	方法 3620C 弗罗里硅土净化
环酮	方法 3620C 弗罗里硅土净化
多环芳烃	方法 3630C 硅胶净化
卤代醚	方法 3620C 弗罗里硅土净化
有机磷农药	方法 3620C 弗罗里硅土净化

用旋转蒸发仪浓缩洗脱液至 2～3mL，待冷却至室温后，移入 10mL 玻璃容量瓶，用 2mL 二氯甲烷（色谱纯）清洗 2 次转入容量瓶，定容。过 0.22μm 有机相专用滤膜，于气相色谱进样瓶在 2℃以下冷藏柜低温避光处保存，在一周内分析样品。

3.2.4　GC-MC 定性定量分析

采用规格 30m×0.25mm×0.25μm 的石英色谱柱，对于未知物质设置测试条件如下：进样量 1μL（不分流进样）；进样口温度 300℃；柱流量 1.0mL/min；色谱柱升温程序 50℃（4min）$\xrightarrow{10℃/min}$300℃（2min）；溶剂延迟 4min；质谱接口温度 280℃；离子源温度 230℃；采集方式扫描；采集时间 5～30min；间隔时间 0.2s；扫描质量范围 35～500amu。

代用标准物质回收率 80%～120%的谱图可信，对谱图进行分析，结合样品来源地可能存在的污染物质及给出相似度大于 80%的物质，分析得出最可能的三种物质，将这三种物质标样以相同的测试条件进 GC-MS 检测，与样品峰出峰时间一致的那个物质，即为样品中所含的物质。

根据样品测试谱图可适当调整测试条件，初始柱温到小于第一次出峰对应 20℃温度范围内设置升温速率为 25℃/min，将大于最后出峰对应温度 10℃的温度设为柱温的最高温度和进样口及接口温度，对于色谱峰叠加处可适当降低升温速率，根据色谱柱升温程序调整采集时间。

用调整好的方法，采用外标法进行定量分析，代用标准物质回收率 90%～110%的测试数据可取，每个样品至少测 3 个平行样取平均值。

3.2.5　方法回收率

分别向不同建筑拆迁及场地废物中添加 10μg 多环芳烃标准物质。为保证基体无目标物，实验前将样品置于烘箱内烘干，冷却后使用。在确定的实验条件下，进行了添加回收实验，结果显示，所有 13 种多环芳烃化合物以及 8 种有机氯农药和 6 种有机磷农药回收率可稳定在 80%以上。其中多环芳烃化合物的回收率为 82.2%～110.5%，平均为 97.6%。多环芳烃化合物线性方程和回收率见表 3-4、表 3-6 和表 3-7，有机氯农药和有机磷农药线性方程和回收率见表 3-5、表 3-8 和表 3-9。

表 3-4 多环芳烃化合物线性方程

多环芳烃化合物	线性方程	相关系数(r^2)
萘	$Y=344252.6X+61372.85$	0.999
苊烯	$Y=364833.0X-2431.71$	0.999
苊	$Y=224115.2X+23550.33$	0.999
芴	$Y=229156.0X+14289.26$	0.999
菲	$Y=304781.9X-56225.69$	0.999
蒽	$Y=314714.0X-6642.137$	0.999
荧蒽	$Y=297199.2X-50260.11$	0.999
芘	$Y=308713.9X-37698.35$	0.999
苯并[*a*]蒽	$Y=315484.6X-68977.27$	0.999
䓛	$Y=280700.4X-19883.67$	0.999
苯并[*j*]荧蒽	$Y=1008871X-857512.5$	0.996
苯并[*e*]芘	$Y=339905.1X-117072.8$	0.999
苯并[*b*]荧蒽	$Y=332644.7X-118412.5$	0.999

表 3-5 有机氯农药和有机磷农药的线性方程

有机物名称		线性方程	相关系数(r^2)
有机氯农药化合物	α-六六六	$Y=34033.43X-24155.71$	0.999
	β-六六六	$Y=25967.56X-27355.61$	0.999
	γ-六六六	$Y=30459.44X-30257.88$	0.998
	δ-六六六	$Y=23885.48X-24948.29$	0.998
	七氯	$Y=33777.93X-51555.13$	0.996
	艾氏剂	$Y=35726.32X-11326.21$	0.999
	环氧七氯	$Y=91620.03X-203555.6$	0.992
	Alpha-氯丹	$Y=51015.09X-30007.13$	0.999
	α-硫丹	$Y=8184.575X-4879.458$	0.999
	g-氯丹	$Y=42952.38X-25870.58$	0.999
	p,*p*′-DDE	$Y=80295.6X-46789.88$	0.999
	狄氏剂	$Y=53798.97X-26454.83$	0.999
	异狄氏剂	$Y=9007.179X-16218.3$	0.993
	β-硫丹	$Y=8457.927X-3125.333$	0.999
	p,*p*′-DDD	$Y=117322.3X-68120.21$	0.999
	异狄氏醛	$Y=33098.95X-13654.04$	0.999

续表

有机物名称		线性方程	相关系数(r^2)
有机磷农药化合物	甲胺磷	$Y=36623.77X-68744.6$	0.990
	敌敌畏	$Y=82853.12X+84489.87$	0.995
	乙酰甲胺磷	$Y=29415.64X-103262.3$	0.980
	氧乐果	$Y=28196.24X-72080.68$	0.992
	乐果	$Y=55533.4X-40480.57$	0.995
	甲基对硫磷	$Y=31743.3X-26974.12$	0.994
	杀螟松	$Y=30806.13X-14619.52$	0.998
	马拉硫磷	$Y=37820.45X+21803.44$	0.999
	毒死蜱	$Y=23493.01X+21260.87$	0.997
	异柳磷	$Y=109251.1X+66102.36$	0.999
	喹硫磷	$Y=45221.74X+31872.76$	0.999
	杀扑磷	$Y=59955.24X-52266.77$	0.995
	丙溴磷	$Y=15438.38X+13124.61$	0.997
	三唑磷	$Y=32548.34X-3435.692$	0.999
	伏杀磷	$Y=25273.91X-35419.62$	0.992

表 3-6　不同固体样品中多环芳烃的添加回收率　　单位：%

有机物多环芳烃	碎石膏板	砖块	混凝土块	渣土	墙体
萘	86.5	82.2	89.7	86.1	94.8
苊烯	90.5	98.9	82.4	105.2	99.6
苊	92.1	100.3	85.8	107.1	100.9
芴	90.4	101.8	88.5	109.6	103.3
菲	91.4	106.2	88.8	109.1	109.2
蒽	91.7	101.2	85.8	106.3	101.8
荧蒽	92.3	103.9	93.0	109.6	109.2
芘	90.3	104.0	88.0	108.3	105.3
苯并[*a*]蒽	89.5	100.8	91.0	110.5	101.7
䓛	90.6	102.3	91.7	109.1	105.3
苯并[*j*]荧蒽	90.4	99.8	89.1	100.1	100.5
苯并[*e*]芘	84.8	99.1	103.0	104.9	99.3
苯并[*b*]荧蒽	84.3	97.4	102.1	106.4	101.0

表 3-7　不同破碎粒径固体废物中部分多环芳烃的添加回收率　　单位：%

多环芳烃	粒径			
	>2mm	1~2mm	0.45~1mm（粒状）	<0.45mm（粉状）
萘	87.5	81.0	89.4	85.7
苊烯	95.2	100.8	94.8	101.8
苊	100.6	99.7	97.0	104.2
芴	102.2	101.0	98.2	102.2
菲	100.7	102.3	95.5	100.1
蒽	101.6	96.9	101.3	84.6
荧蒽	101.9	101.3	93.8	92.5
芘	99.7	99.7	91.3	87.7

表 3-8　不同破碎粒径固体废物中有机氯农药的添加回收率　　单位：%

有机氯农药	粒径			
	>2mm	1~2mm	0.45~1mm（粒状）	<0.45mm（粉状）
α-六六六	93.0	84.1	91.4	92.9
艾氏剂	99.5	98.5	99.4	99.4
Alpha-氯丹	86.5	87.2	89.8	88.9
α-硫丹	90.5	98.4	97.2	97.2
g-氯丹	93.4	90.4	90.2	89.3
p,*p*′-DDE	106.4	112.2	108.7	108.7
狄氏剂	88.7	98.4	93.0	92.1
β-硫丹	97.0	89.1	106.3	87.6

表 3-9　不同破碎粒径固体废物中有机磷农药的添加回收率　　单位：%

有机氯农药	粒径			
	>2mm	1~2mm	0.45~1mm（粒状）	<0.45mm（粉状）
乐果	95.8	86.5	81.9	88.8
马拉硫磷	94.2	97.2	91.8	84.5
毒死蜱	90.5	102.5	89.9	93.5
喹硫磷	94.9	93.2	92.2	84.0
杀扑磷	100.9	102.3	92.5	93.8
三唑磷	103.1	98.4	91.7	97.6

同时，进行了超声步骤与离心步骤加标回收量对比实验，结果如表 3-10 所列。

表 3-10　超声步骤与离心步骤加标回收量对比　　单位：%

待测化合物	超声	离心
萘	99.0	1.0
苊烯	97.4	2.6
苊	98.2	1.8
芴	97.9	2.1
菲	95.8	4.2
蒽	97.3	2.7
荧蒽	96.2	3.8
芘	96.4	3.6
苯并[*a*]蒽	95.8	4.2
䓛	97.1	2.9
苯并[*j*]荧蒽	86.1	13.9
苯并[*e*]芘	93.1	6.9
苯并[*b*]荧蒽	91.5	8.5

13 种多环芳烃、16 种有机氯农药及 15 种有机磷农药的选择离子色谱图如图 3-4～图 3-6 所示。

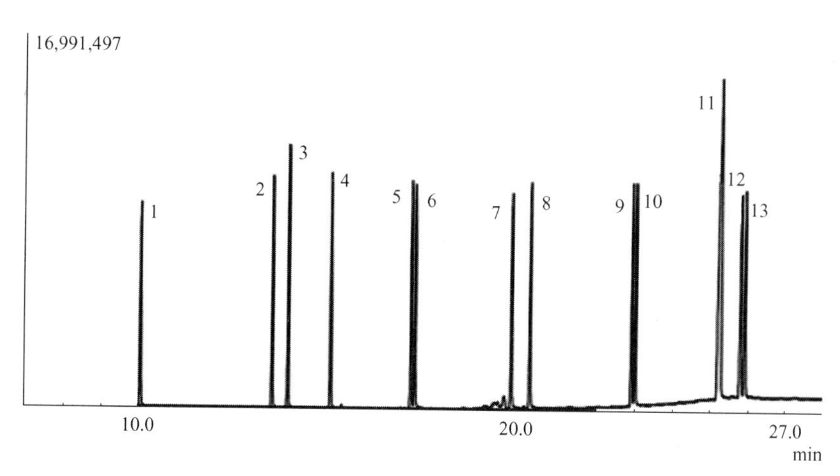

图 3-4　13 种多环芳烃的选择离子色谱图

1—萘；2—苊烯；3—苊；4—芴；5—菲；6—蒽；7—荧蒽；8—芘；9—苯并［*a*］蒽；10—䓛；11—苯并［*j*］荧蒽；12—苯并［*e*］芘；13—苯并［*b*］荧蒽

3.2.6　有机物浸出毒性分析

有机物浸出方法和体系尚不够完善，而建筑废物中有机污染物，特别是挥发性和半挥发性有机污染物的浸出方法更是极少。现有的关于土壤或固体废物中有机物的浸出方法，主要有 EPA 1311：毒性特征渗滤程序（TCLP）、EPA 1312：合成沉降浸出程序(SPLP)、EPA 1320：多级提取程序（MEP）、ASTM D 4874-95（2001）：在提取柱中浸出固体材料的标准方法以及 HJ/T-299：固体废物浸出毒性浸出方法、硫酸硝酸法和 HJ/T-300：固体废物浸出毒性浸出方法、醋酸缓冲溶液法等。

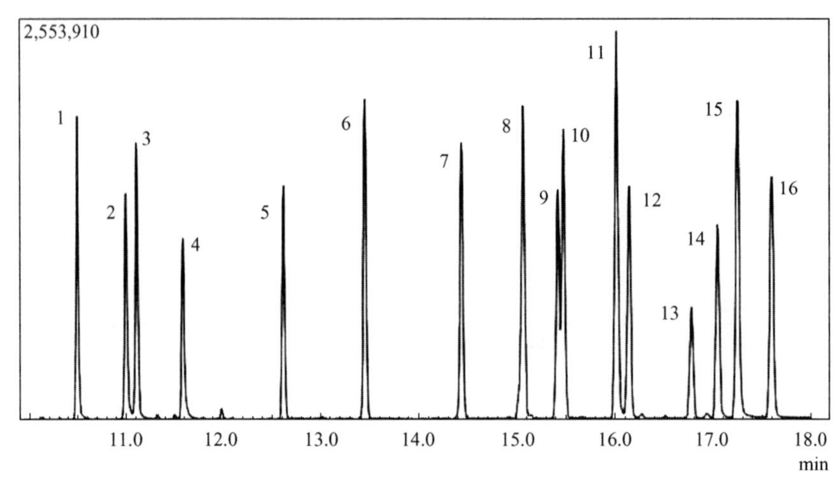

图 3-5 16 种有机氯农药的选择离子色谱图

1—α-六六六；2—β-六六六；3—γ-六六六；4—δ-六六六；5—七氯；6—艾氏剂；7—环氧七氯；8—Alpha-氯丹；9—α-硫丹；10—g-氯丹；11—p，p′-DDE；12—狄氏剂；13—异狄氏剂；14—β-硫丹；15—p，p′-DDD；16—异狄氏醛

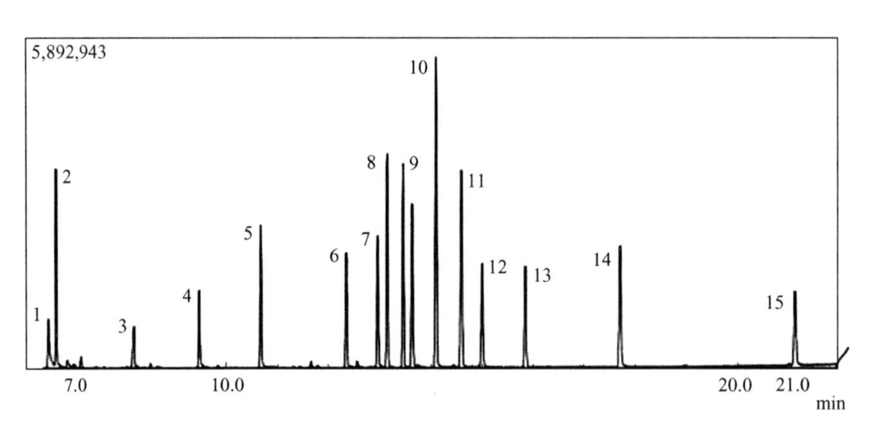

图 3-6 15 种有机磷农药的选择离子色谱图

1—甲胺磷；2—敌敌畏；3—乙酰甲胺磷；4—氧乐果；5—乐果；6—甲基对硫磷；7—杀螟松；8—马拉硫磷；9—毒死蜱；10—异柳磷；11—喹硫磷；12—杀扑磷；13—丙溴磷；14—三唑磷；15—伏杀磷

非挥发性有机物的浸出方法与挥发性/半挥发性有机物浸出方法是不同的。现场取得的建筑废物中非挥发性有机物含量（PCBs，PAHs）相对较少，这些污染物以沉积物和土壤中含量较为集中，本书对于非挥发性有机物的浸出毒性分析工作均为实验室模拟废物浸出。而部分半挥发性有机物（农药等），针对实验室模拟废物和现场实际废物均进行了浸出毒性分析。

建筑材料浸出液具有强碱性，应该用哪种浸出方法是合适的，常引起争议。本书研究比选了以上所列的几种浸出方法。

TCLP 浸出程序中，将 20g 样品加入 400mL 冰醋酸提取液（pH＝2.88），液固比为 20∶1，一并置于零顶空提取器（ZHE）中并保持密封。在 (23±2)℃下振荡（18±

2)h 后，立即转入顶空瓶内 4℃下保存。SPLP 浸出程序中，将 20g 样品加入 400mL 试剂水，液固比为 20：1，一并置于零顶空提取器（ZHE）中并保持密封，(23±2)℃下振荡（18±2)h 后，立即转入顶空瓶内 4℃下保存。

EPA 1320 multiple extraction procedure（MEP）被用于实验室模拟固体废物填埋场在多次酸雨影响中的淋出作用，其核心是一套多级的淋滤浸出程序，通常需要重复 9 次以获得最大淋出率。具体操作是第一级采用 TCLP 浸出程序，其余浸出采用 SPLP 步骤进行。

不同浸出方法和体系有机物浸出结果见图 3-7。可以看出，浸出量随不同污染物变化较大。总体上，对有机物浸出效果而言，冰醋酸-氢氧化钠体系≥水体系＞硫酸-硝酸体系，浸出量提高 10%～25%。中间体浸出较为稳定，基本不随浸提剂变化。

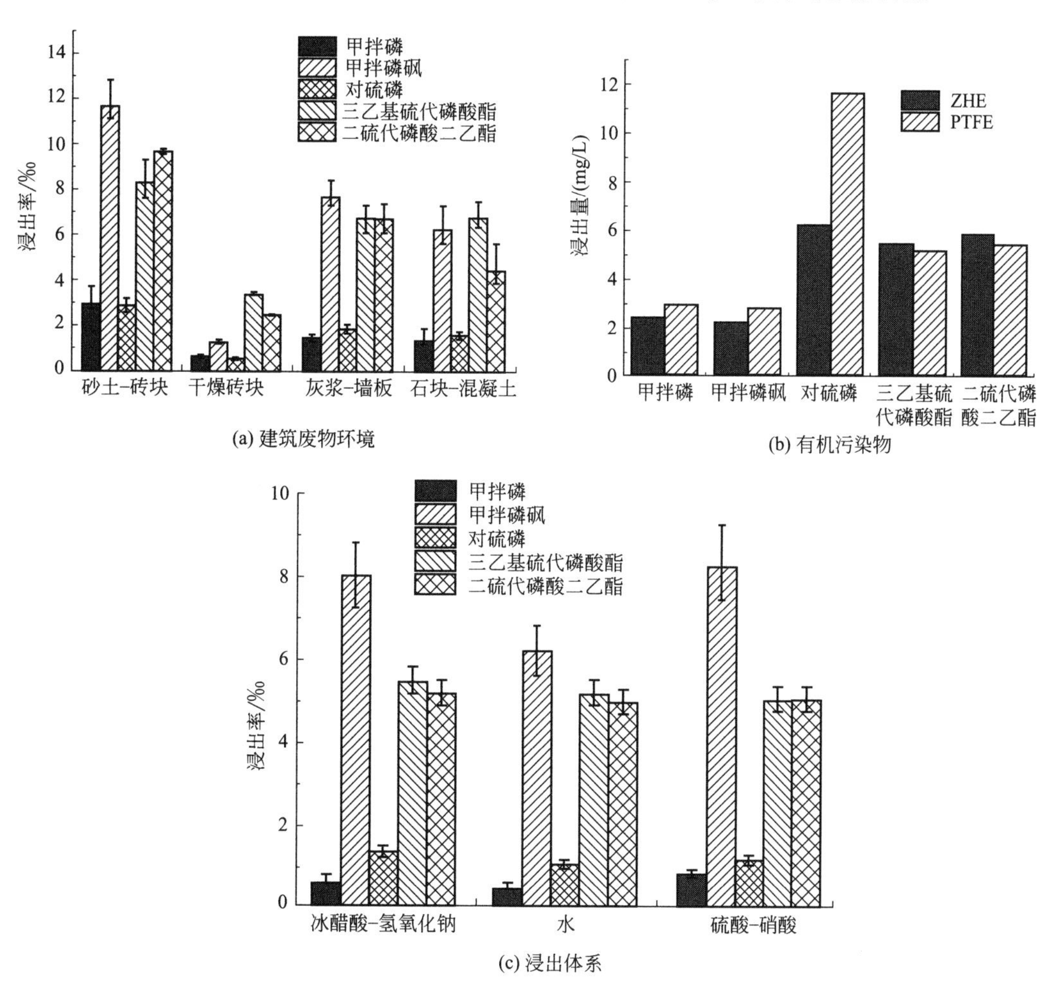

图 3-7 不同浸出方法和体系有机物浸出结果

而针对挥发性有机物，其特征浸出装置零顶空提取器（ZHE）并未体现出 VOCs 的适用特性，对于沸点约 200℃的 OPPs，聚四氟乙烯（PTFE）提取瓶浸出量反而稍高。不同污染物浸出量差别显著。对于甲拌磷污染物，砂土-砖块混合体系，甲拌磷浸出量较高。干燥砖块体系，即便污染物全量浓度很高，浸出量仅为其他体系的 10%，灰浆块和石块体系浸出量相似，均大于同全量含量砖块体系。对于两种中间体和其他OPPs，其在石块中浸出量远大于其他体系。

农药厂有机污染建筑废物，尽管其重金属含量可达50～1000mg/kg范围内，但是通过以上浸出方法均未浸出，其浸出率相对较低。

对农药厂污染建筑废物有机物全量浓度和浸出浓度（TCLP方法）进行对比，可以初步得出有机污染物浸出毒性和全量浓度的关系。由于浸出率较低，仅为全量浓度的1‰左右，因此对两者取对数值，以缩小数量级差距造成的不便。见图3-8和图3-9。

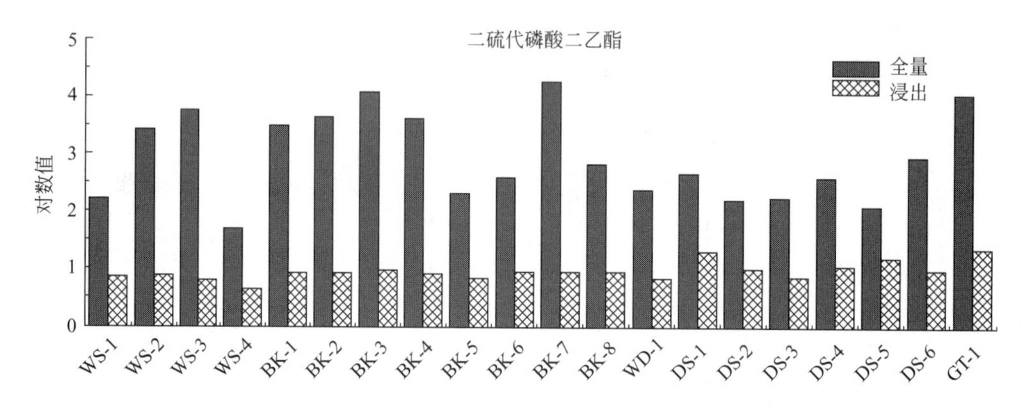

图3-8　浸出液（mg/L）与全量萃取液（mg/kg）中有机物含量对比（中间体为例）

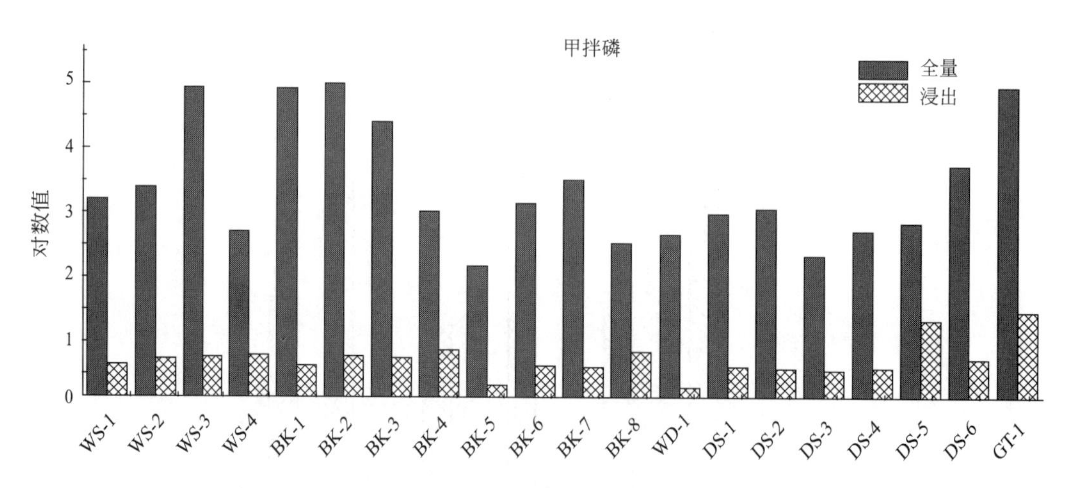

图3-9　浸出液（mg/L）与全量萃取液（mg/kg）中有机物含量对比（甲拌磷为例）

由图可看出，全量浓度和浸出浓度之间规律性并不明显，总体来看，以石块、渣土为主的地面建筑废物（DS）浸出浓度较高，而墙体（WS）、砖（BK）等建筑废物浸出浓度较低。因此，在雨水作用下，散落于地面的建筑废物中的污染物其迁移量更大，是需要重点关注的污染风险源。

向浸出液中加入泡沫混凝土建筑废物粉末，于摇床内进行加热振荡吸附120min后，有机物得到有效去除，前后浓度对比如表3-11所列。

表 3-11　加热振荡吸附去除浸出液中的有机污染物（前/后）　　单位：mg/L

建筑废物	二硫代磷酸二乙酯	三乙基硫代磷酸酯	甲拌磷	甲拌磷砜	对硫磷
WS-1	5.9/3.0	0.6/0	6.2/3.7	—	—
WS-3	5.6/2.7	—	11.3/4.1	5.2/1.1	1.0/0.7
BK-1	6.2/2.9	0.7/0	1.7/1.0	—	1.5/1.2
BK-2	6.3/2.4	—	4.7/4.4	—	1.5/1.4
DS-1	13.3/7.0	1.3/0.1	1.2/0.3	—	2.2/1.4

3.2.7　氰化物分析

分析采用异烟酸-巴比妥酸分光光度法进行。使用的蒸馏器如图 3-10 所示，具体步骤如下。

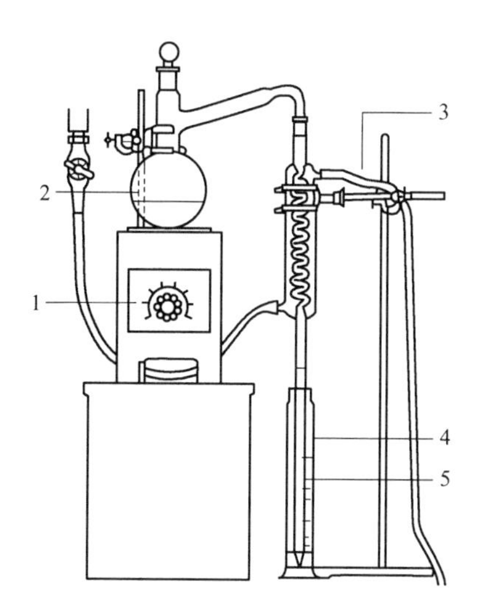

图 3-10　全玻璃蒸馏器

1—电炉；2—蒸汽发生瓶；3—冷水分离器；4—容量瓶；5—收集液

在 50g 试样中加入磷酸并加热蒸馏，加入 2mL 氯化亚锡和 10mL 硫酸铜以抑制硫化物的干扰，同时加速络合氰化物的分解，用氢氧化钠溶液吸收，得到 100mL 总氰化物试样。

吸取 1～10mL 试样于具塞比色管中，并向管中加入 5mL 磷酸二氢钾溶液（pH＝4）混匀，迅速加入 10g/L 氯胺 T 溶液 0.3mL，立即盖塞并混匀，静置数分钟。

向管中加入异烟酸-巴比妥酸显色剂（异烟酸 25g/L，巴比妥酸 12.5g/L 于氢氧化钠溶液中）6mL，加入蒸馏水并稀释至标线，于 25℃下显色 15min。

600nm 波长下，以水为参比测定吸光度，扣除试剂空白后制作校准曲线。

氰化物质量浓度 ρ(mg/kg) 计算方法参照式(3-1)：

$$\rho=\frac{\frac{A-A_0-a}{b}\times\frac{V_1}{V_2}}{m(1-f)} \tag{3-1}$$

式中 ρ——氰化物质量浓度，mg/kg；

A——试料吸光度；

A_0——空白试样吸光度；

a——校准曲线截距；

b——校准曲线斜率；

V_1——试样体积，mL；

V_2——试料体积，mL；

m——样品质量，g；

f——样品中水分含量，%。

第4章 建筑废物的污染特征

采集不同性质地点的建筑废物进行分析总结建筑废物的污染特征。研究采集的样品来源见表4-1。具体包含了化工（10个样点）、冶金（38个样点）、轻工（6个样点）、生活区（5个样点）、再生品（4个样点）五个行业的建筑垃圾。

表4-1　不同来源的建筑废物的采样地点与环境

类别	名称	位置	采样环境
化工	无锡某化工厂	无锡	车间墙体、涂层
	深圳某电镀厂	深圳	电镀车间
	某颜料厂	湖南湘潭	车间墙体、地面
	某釉彩科技有限公司	湖南湘潭	车间墙体、地面
	上海某危险废物焚烧厂	上海	车间墙体、仓库地面
冶金	云南某冶锌厂	昆明	电解、清洗车间
	南京某废弃钢铁厂	南京	锅炉车间
	上海某废弃钢铁厂	上海	车间墙体
	上海某钢铁集团	上海	改造锅炉车间
轻工	云南某橡胶厂	云南	工厂车间
	上海某轻工基地	上海	车间墙体
农药	东北某农药集团	东北	仓库、车间
氰化物	某火灾爆炸现场	东北	地面残骸
生活区	某大学食堂改建	上海杨浦	砖块、墙体
	某建筑垃圾堆放点	上海杨浦	砖块、墙体
再生品	某新型再生建材公司	上海浦东	混凝土、砂石
	地震建筑垃圾	都江堰	粗、细集料

4.1 建筑废物中汞的污染特征

近30年以来，中国经历了快速城镇化和工业化，特别是出现雾霾后，加大力度淘汰钢铁、水泥、电解铝、汽车等产能过剩行业，相关行业构筑物在改建、修缮、拆毁过程中将产生大量建筑废物。目前我国建筑废物年产生量高达24亿吨，占城市固体废物总量的30%～40%。建筑废物中主要以混凝土、砖块、瓦砾、砂石、砾石等惰性成分为主，但是仍然存在一部分来自于化工、冶金、轻工、加工等高污染行业，将会带来环境危害，如大量的硅酸钙和氢氧化钙使得渗滤液具有强碱性，废石膏厌氧产生硫化氢，纸板、木材厌氧产生有机酸，废金属使得渗滤液中含有大量重金属，污染地下水、地表水、土壤和空气，其中包含汞污染。

汞具有低熔点、易迁移、易生物富集的性质，且毒性极强，既能以气态单质汞存在于大气中，也能随大气迁移，沉降到生态环境，还可以被厌氧微生物转化为剧毒性的甲基汞，危害人体健康。已有研究表明汞污染主要集中在土壤、水体、大气中，而对建筑废物中汞污染尚未见报道，故系统地研究了不同来源建筑废物中汞的污染特征，可初步填补建筑废物中汞污染的研究空白，以期为我国建筑废物处理处置及再生利用提供基本参考依据。

4.1.1 不同来源建筑废物中汞的分布特征

五种来源建筑废物中汞含量统计特征见表4-2。汞含量整体变化较大，最大值1542.83μg/kg，是最小值6.46μg/kg的178.5倍；平均值为164.97μg/kg，为土壤自然背景限制值150μg/kg的1.1倍［因尚无关于建筑废物等固体废物汞含量标准，故参照《土壤环境质量标准》(GB 15618—1995)］。建筑废物由于不同来源其利用方式不同导致这种分布不均的格局（图4-1）。

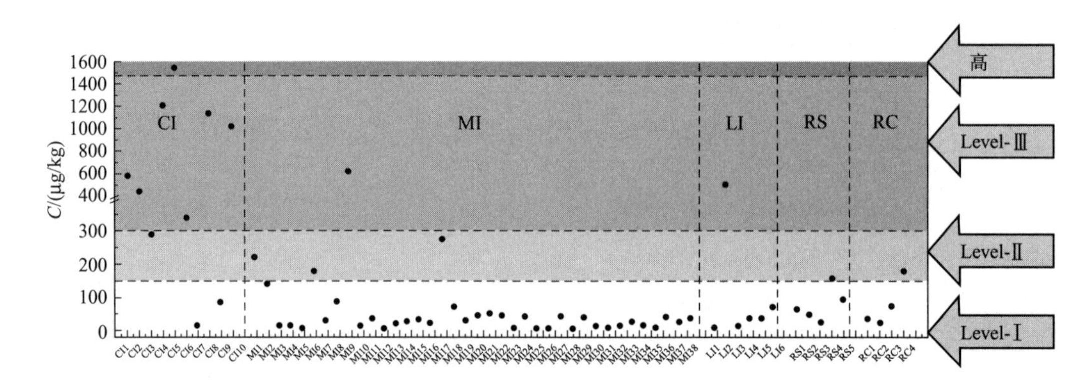

图4-1 不同来源（化工、冶金、轻工、生活区和再生集料）建筑废物中汞的分布特征

CI—化工；MI—冶金；LI—轻工；RS—生活区；RC—再生集料；Level-Ⅰ—土壤环境质量一级标准阈值；Level-Ⅱ—土壤环境质量二级标准阈值；Level-Ⅲ—土壤环境质量三级标准阈值［《土壤环境质量标准》(GB 15618—1995)］。

从图4-1和表4-2可以看出，化工行业建筑废物汞平均含量是五种来源中最高的，其汞含量偏高主要是人为化工活动造成的。唐蔚对我国典型汞污染行业：煤矿行业、石化行业、化工行业和电子废弃物拆解回收行业汞含量进行了分析，结果表明化工行业是重要的汞污染源。化工行业汞含量较高的样品分别是无锡某化工厂吊车处墙体(1215.47μg/kg)、加工车间墙体混凝土块(1542.83μg/kg)；深圳某电镀厂镀铜车间混凝土块(1141.69μg/kg)、镀镍车间砖块(1028.43μg/kg)。冶金行业建筑废物汞含量平均值为61.37μg/kg，平均值为云南某冶锌厂（180.84μg/kg）＞南京某钢铁厂（93.69μg/kg）＞上海某钢铁厂（50.37μg/kg）＞宝钢耐火砖（21.34μg/kg），整体含量并不高，除了云南某冶锌厂以外，其他样点汞含量均在土壤一级标准阈值（150μg/kg）以下。冶金行业建筑废物汞含量最大值为620.52μg/kg（南京某钢铁厂烟囱内壁刮落物），其中烟囱外壁刮落物（178.04μg/kg）也远远高于其他取样点（＜80μg/kg）。各钢铁厂汞污染主要出现在烟囱里，可能与燃煤汞含量高有关。

化工行业和冶金行业汞含量高，主要是化工行业如电镀厂，在生产工艺中会用到含汞原料，工人在操作过程中滴洒到地板或墙体上，造成了建筑材料汞污染；冶金行业，如冶锌厂受污染原因主要分为两种：a. 管道老化，腐蚀性液体泄漏，损坏墙面和地面，产生吸附有汞的建筑废物，其特征为建筑废物形成过程中即伴随了汞的吸附和夹带（图4-2取样点实貌）；b. 存料车间、装料车间、产渣车间拆除检修等造成大量含汞废渣与一般建筑废物混合堆积，其特征为建筑废物产生前已有了难以清理的重金属固体废物（图4-2取样点实貌）。另外，冶金行业中钢铁产业需燃烧大量煤炭，汞随着煤炭燃烧逸散到烟气中，建筑材料长期暴露在汞环境中而被污染。

(a)

(b)

图4-2　云南某冶锌厂取样点实貌

轻工行业建筑废物汞含量平均值为112.16μg/kg，主要因为墙体橡胶保温夹层汞含量较高，为506.44μg/kg，若将其作为异常值去除，则平均值为33.29μg/kg。生活区（75.97μg/kg）和再生品（78.90μg/kg）建筑废物汞含量较低。生活区建筑废物主要取自上海杨浦区某建筑废物临时堆放点和同济大学暑期食堂改建。大学食堂和居民生活区产生的建筑废物汞含量有一定差异，大学食堂改建废物平均汞含量（46.67μg/kg）相比某建筑废物临时堆放点（120μg/kg）要低。再生品主要是混凝土砂石、粗集料、细集料，采集再生品是为了解当前再生产品的环境安全性，是否存在汞污染。一般再生砂石、集料等汞含量变化不大，且在利用过程中，如做成水泥混凝土砖块会被固化。当做成煅烧类产品时，汞经过高温会逸散到大气中，其汞含量会降低。

表4-2显示汞含量差异很大，同是化工、冶金行业，汞最低含量与最高含量差距近

100倍，这跟使用原料、加工过程有关。化工行业汞低含量样品取自电镀厂镀锌（16.88μg/kg）、镀铬（87.11μg/kg）车间，这两个车间工艺中不涉及含汞原料，故没有汞污染。冶金行业汞低含量样品取自上海某钢铁集团，为加热炉耐火砖，可能经过高温煅烧后汞逸散到烟气中，在耐火砖内残留汞极少。化工行业平均值大于土壤一级标准阈值150μg/kg，而冶金、轻工、生活区、再生集料均低于该阈值。

4.1.2 汞污染单因子评价

建筑材料行业尚无重金属含量相关标准，故采用土壤二级标准值作为环境安全阈值作参考比较。云南、上海等地虽所处地不同，但利用的建筑材料类别一致，且建筑材料如水泥等往往购自于全国各地，并不局限于所处地理位置，建筑材料汞背景含量差别不大，故用统一标准阈值作对比。

采用汞污染单因子指数评价法对五种不同来源的建筑废物污染程度进行分析，其计算公式如下：

$$P=C/S \tag{4-1}$$

式中 P——建筑废物汞污染指数；

C——各行业建筑废物汞实测平均浓度，μg/kg；

S——土壤汞评价标准二级标准阈值。

二级标准是保障农业生产、维护人体健康限制值，参照《土壤环境质量标准》(GB 15618—1995）二级标准，取 $S=300$μg/kg。当 $P<1$ 时为非污染；$1\leqslant P<2$ 为轻度污染；$2\leqslant P<3$ 为中度污染；$P>3$时为重度污染。对各行业建筑废物汞污染程度单因子评价结果见表4-2。

表4-2 不同来源（化工、冶金、轻工、生活区和再生集料）建筑废物汞统计特征

行业	样点数/个	最大值/(μg/kg)	最小值/(μg/kg)	平均值/(μg/kg)	标准差	污染指数
化工	10	1542.83	16.88	669.27	525.77	2.23
冶金	38	620.52	6.84	61.37	110.91	0.20
轻工	6	506.44	6.46	112.16	194.51	0.37
生活区	5	156.73	24.59	75.97	50.95	0.25
再生集料	4	179.11	23.52	78.90	70.57	0.26
全部	63	1542.83	6.46	164.97	316.09	0.55

参照《土壤环境质量标准》(GB 15618—1995）标准，一级标准为150μg/kg；二级标准为300μg/kg；三级标准为1500μg/kg。单因子评价结果表明：化工行业的建筑废物汞污染较其他严重，汞平均含量高达669.27μg/kg，7个样品超过土壤汞二级标准阈值，一个样品超过土壤汞三级标准阈值，污染指数为2.23，为中度污染，而其他四种来源的建筑废物汞污染指数均小于1。冶金行业和轻工行业各有一个样品超过土壤二级标准阈值，生活区和再生集料汞含量低于土壤二级标准。

4.2　建筑废物中砷的污染特征

与重金属总含量相比，化学形态能够更确切地反映不同环境下重金属的迁移能力和环境风险，用其评估建筑废物重金属环境风险有重要意义。该法广泛应用于污水污泥、飞灰、土壤和沉积物重金属研究，但还是首次用于建筑废物砷污染风险评估。

5 种不同来源样品，包括化工、冶金、轻工以及生活区和再生集料。砷含量与土壤环境质量标准阈值进行了比较，并用元素相关性分析、化学形态分析和风险评估来辅助说明其环境风险。

4.2.1　不同来源建筑废物砷的分布特征

五种不同来源（化工、冶金、轻工、生活区和再生集料）建筑废物砷含量统计特征见表 4-3。砷含量整体变化较大，最大值 232.31mg/kg，最小值未检出，平均值 47.63mg/kg，是土壤自然背景限制值 40mg/kg 的 1.2 倍［因尚无建筑废物等固体废物砷含量标准，故参照《土壤环境质量标准》(GB 15618—1995)］。

表 4-3　不同来源（化工、冶金、轻工、生活区和再生集料）建筑废物各元素含量

样品	元素/(mg/kg)				
	As	Fe	Mn	S	P
CI	41.69±51.35① (123%)②	16175.41±14409.05 (89%)	396.16±359.82 (91%)	29848.68±22153.88 (74%)	1600.65±2071.54 (129%)
MI	48.82±57.61 (118%)	28373.88±25039.43 (88%)	765.52±822.10 (107%)	11790.00±17311.21 (147%)	1622.00±4151.03 (256%)
LI	32.85±18.45 (56%)	22992.85±16145.96 (70%)	250.61±44.88 (18%)	3063.10±1311.24 (43%)	332.80±425.37 (128%)
RS	52.33±32.02 (61%)	12131.84±7032.18 (58%)	575.67±228.81 (40%)	4564.73±1261.67 (28%)	688.77±3516.75 (511%)
RC	64.12±11.13 (17%)	17348.36±1800.12 (10%)	463.42±22.62 (5%)	2693.15±632.79 (23%)	685.30±543.27 (79%)
Average	47.63±50.33	24042.3±21712.17	626.19±684.72	11822.5±17204.46	1455.55±3522.77
Max	232.31	105739.22	4765.23	60795.5	22399.90
Min	ND③	666.97	32.23	109.5	ND
De/An④	53/62	62/62	59/62	62/62	61/62
TVHM⑤	15	—	—	—	—
TVHM⑥	25	—	—	—	—
TVHM⑦	40	—	—	—	—

①结果表示为平均值±标准偏差；②变异系数；③未检出；④检出个数/样品个数；⑤土壤环境质量一级标准阈值；⑥土壤环境质量二级标准阈值；⑦土壤环境质量三级标准阈值。

注：CI—化工；MI—冶金；LI—轻工；RS—生活区；RC—再生集料；Average—全部样品的平均值；TVHM—土壤环境质量标准阈值（GB 15618—1995）。

从表 4-3 可以看出，五种不同来源建筑废物砷的平均含量差别不大，除轻工外，化工、冶金、生活区和再生集料砷的平均含量均略高于土壤环境质量三级标准阈值，其中砷平均含量最高为再生集料（64.12mg/kg），最低含量来自轻工（32.85mg/kg），再生集料砷的平均含量是轻工的 2 倍。生活区建筑废物砷的含量为 52.33mg/kg，可能居民建筑内墙使用了含砷涂料。冶金和化工砷的平均含量分别为 48.82mg/kg 和 41.69mg/kg。

化工行业砷含量最高的样品为深圳某电镀厂镀铜车间砖块（132.5mg/kg），其余样品含量低于土壤环境质量三级标准阈值，可能是镀铜车间加工过程中使用了含砷原料，工人操作过程中会溅射、滴落到车间地板或者墙体上。冶金行业建筑废物主要包括一个冶锌厂和三个钢铁厂，其平均含量云南某冶锌厂（193.7mg/kg）＞南京某钢铁厂（71.93mg/kg）＞宝钢耐火砖（30.23mg/kg）＞上海某钢铁厂（24.58mg/kg），云南冶锌厂和南京某钢铁厂平均含量远高于土壤环境质量三级标准阈值。冶金行业建筑废物砷含量最大值为 232.31mg/kg（冶锌厂清洗车间），紧接着是南京某钢铁厂一号锅炉车间烟囱外壁刮落物（217.83mg/kg）、烟囱墙体（201.93mg/kg）和烟囱外刮落物（116.41mg/kg）含量也远高于土壤环境质量三级标准阈值；上海某钢铁厂砷含量较低，大部分样品砷含量均低于土壤环境质量三级标准阈值，仅成品车间外墙表层涂层（57.08mg/kg）和内墙表层涂层（52.20mg/kg）超标；宝钢耐火砖砷含量也较低，仅烧焦耐火砖（67.93mg/kg）和宝钢野外堆场湿砖（40.37mg/kg）高于土壤三级标准阈值。由图 4-3 可见冶锌厂清洗车间和电解车间砷污染严重，各钢铁厂砷污染主要为烟囱墙体和烧焦的耐火砖，可能与使用含砷铁矿石或燃煤有关。据估算全世界含砷硫化铁矿石冶炼、煅烧释放砷高达 6.0×10^{10}g，我国含砷铁矿已探明储量高达 18.8 亿吨，湖北某有色金属冶炼厂通过炉窑、烟道排放砷达 226 吨/年。高砷煤中砷含量高达 1500 mg/kg，最终进入烟气中，污染烟囱墙体建筑材料，如耐火砖等。车间墙体表层涂层砷

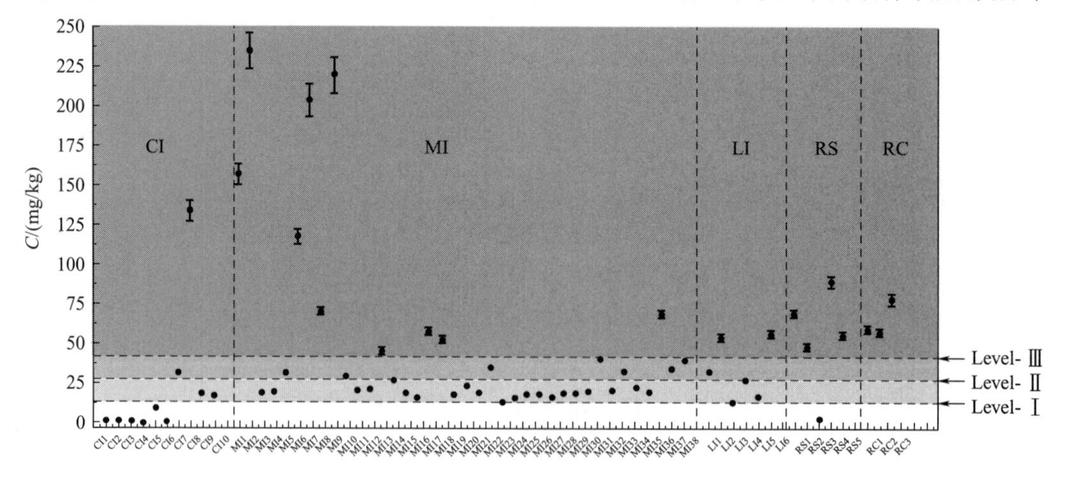

图 4-3 不同来源（化工、冶金、轻工、生活区和再生集料）建筑废物砷的分布特征

CI—化工；MI—冶金；LI—轻工；RS—生活区；RC—再生集料；Level-Ⅰ—土壤环境质量一级标准阈值；Level-Ⅱ—土壤环境质量二级标准阈值；Level-Ⅲ—土壤环境质量三级标准阈值［《土壤环境质量标准》（GB 15618—1995）］。

超标，可能使用了含砷涂料。

轻工类建筑废物砷含量最低，仅上海某轻工业基地墙体橡胶保温夹层和云南某橡胶厂砖块含量超标，分别为 53.78mg/kg 和 55.9mg/kg，其余含量很低，可能轻工业接触含砷物质较少。再生集料和生活区建筑废物砷含量偏高，但波动不大，均在 90mg/kg 以下。建筑原材料含砷或生活环境中可能接触了含砷物质，来源复杂多样，易受到砷污染。William J. Weber 等发现生活区住宅类建筑废物填埋场渗滤液中砷是唯一超标元素。Timothy Townsend 等对美国佛罗里达州 13 个建筑废物再生厂中再生细集料重金属污染情况进行了分析，表明再生细集料砷含量频繁超过佛罗里达州土壤环境质量风险阈值，砷极大地限制了建筑废物再生利用。

杨子良等发现含砷废物作黏土替代材料添入砖坯烧制成砖，砷环境风险显著增加。由于含砷废物中砷主要以难溶砷酸盐（如砷酸铁）等存在，故难以浸出，环境风险较低；而砖坯经焙烧后，五价砷在砖窑高温弱还原性条件下被还原为三价砷，使难溶砷酸盐转化为溶解度较高的 As_2O_3 或亚砷酸盐，导致其呈现较高环境风险。张洁研究了烧结处理对含砷废渣砷环境释放行为的影响，发现即使是有氧条件（且 1100℃以上），砷浸出量仍会增大，用热力学分析得出在 400～1100℃时，As_2O_3 转化为 As_2O_5 的吉布斯自由能（－69.028～－3.134kJ）均小于 0，反应自发进行。在 1100℃以上时，其吉布斯自由能大于 0，如在 1200℃ 和 1300℃ 时，其吉布斯自由能分别为 5.085kJ 和 13.202kJ，反应不能够自发进行，从而导致 As_2O_5 生成 $Ca_3(AsO_4)_2$ 的反应不能完成。虽然 Jing Chuanyong 等发现含钙砷酸盐由于溶解性极差，可起稳定化作用，但在 1100℃以上时 $Ca_3(AsO_4)_2$ 并不能生成，致使砷浸出量显著增加。砷污染建筑废物若经过焙烧制成砖块，其浸出率可能较高，有潜在环境风险。

4.2.2 建筑废物中砷与铁、锰、硫和磷相关性分析

砷污染是制约建筑废物再生利用的关键因素，建立砷污染与金属铁、锰及非金属元素磷、硫的相关关系，可为不同影响因素的精确贡献和作用机制的阐明提供有用信息。故通过 Pearson 相关分析，以明确建筑废物 Fe/Mn/P/S 等元素与砷的相关关系。相关性统计分析结果（Rp 和 p 值）见表 4-4。

表 4-4 As/Fe/Mn/P/S 间 Pearson 相关分析结果

元素	Fe	Mn	P	S
As	0.993 (<0.001)	0.448 (0.028)	0.061 (0.710)	0.206 (0.196)
Fe	—	0.789 (<0.001)	0.166 (0.307)	0.314 (0.045)
Mn	—	—	0.195 (0.229)	0.127 (0.427)
P	—	—	—	0.211 (0.190)
S	—	—	—	—

注：Rp（括号内为 p 值），粗体 p 值表示两变量之间的线性相关性显著。

统计分析数据（表 4-4）显示，砷含量与铁、锰含量呈较强正相关性，Rp 分别为 0.993（$p<0.001$）和 0.448（$p=0.028$），表明建筑废物砷含量与铁锰密切相关，这

与 R. Buamah 等发现地下水砷含量与铁锰含量呈显著相关一致。铁与砷在 0.01 水平上显著相关，砷与锰在 0.05 水平上显著相关，暗示砷与铁比砷与锰结合更紧密。

表 4-3 对比了不同来源建筑废物砷、铁、锰、磷、硫的平均含量，铁含量高出锰 2 个数量级，侧面印证了铁对砷的影响比锰更强烈。零价铁处理含砷、锰污染地下水，铁和砷会形成 $FeAsO_4$ 沉淀，同时铁也可吸附锰，这与铁和锰显著正相关性，Rp 为 0.993（$p<0.001$）互相印证。Byungryul An 等用铁锰纳米颗粒材料对土壤和地下水中砷原位固化稳定化，其浸出率能降低 94%～98%。J. K. Yang 等用含铁锰涂层砂处理含砷废水，铁涂层砂和锰涂层砂对三价砷均有好的吸附效果，此外，锰涂层砂还能将三价砷氧化为五价砷，从而降低其毒性。

砷与磷或硫无明显相关性。这进一步揭示铁、锰而非磷和硫是制约砷污染建筑废物无害化的关键因素，铁、锰推动含砷物质快速沉降。值得提及的是，铁与硫也存在明显相关性，$Rp=0.028$（$p=0.895$）（表 4-4）。虽然硫与砷污染没有直接的相关性，但硫也具有环境危害，Yong-Chul Jang 等研究发现建筑废物再生集料细粉中石膏含量比例为 1.5%～9.1%，且其浸出液硫的浓度高达 890～1600mg/L。欧盟标准要求再生集料中石膏含量不得超过 4.4%。建筑废物再生利用除受重金属和砷污染限制外，还与硫等非金属元素及持续性有机物污染物等密切相关。

4.2.3 建筑废物砷污染单因子评价

本书采用单因子指数评价法对五种不同来源建筑废物的砷污染程度进行分析，其计算公式为：

$$P=w_{B}/S$$

式中 P——建筑废物砷污染指数；

w_B——不同来源建筑废物砷实测平均浓度，mg/kg；

S——土壤中汞评价标准二级标准阈值。

二级标准是保障农业生产、维护人体健康的限制值，参照《土壤环境质量标准》(GB 15618—1995) 二级标准，取 $S=25$mg/kg。当 $P<1$ 时为非污染；$1\leqslant P<2$ 为轻度污染；$2\leqslant P<3$ 为中度污染；$P>3$时为重度污染。对建筑废物砷污染程度单因子评价结果见表 4-5。

表 4-5 不同来源（化工、冶金、轻工、生活区和再生集料）建筑废物中砷统计特征

行业	样点数/个	最大值/(mg/kg)	最小值/(mg/kg)	平均值/(mg/kg)	标准差	污染指数
化工	10	132.50	ND	41.69	51.35	1.67
冶金	38	232.31	13.17	48.82	57.61	1.95
轻工	6	55.90	12.40	32.85	18.45	1.31
生活区	5	88.13	2.08	52.33	32.02	2.09
再生集料	3	76.93	56.80	64.12	11.33	2.56
全部	62	232.31	ND	47.63	50.33	1.91

注：1. ND 为未检出。

2. 参照《土壤环境质量标准》(GB 15618—1995)，一级标准为 15mg/kg，二级标准为 25mg/kg，三级标准为 40mg/kg。

单因子评价表明：生活区和再生集料砷污染较其他严重，生活区 80% 的样品和全部再生集料样品超过土壤砷三级标准阈值，污染指数分别为 2.09 和 2.56，为中度污染，而化工、冶金、轻工建筑废物砷污染指数均为 $1 \leqslant P < 2$，为轻度污染。化工、冶金、轻工平均含量虽不高，但砷最大值在冶金行业冶锌厂，最小值未检出在化工行业，可见其含量分布极度不均。

4.2.4　建筑废物中砷、铁、锰的化学形态和风险评估

（1）建筑废物中砷、铁、锰化学形态分析

建筑废物中砷、铁、锰的潜在流动性，生物可利用性不仅与总量有关，而且与化学形态分布有关。为了更准确地评估其环境风险和生物可利用性，采用 BCR 连续提取的修订版进行形态分析。结果如表 4-6 和图 4-4 所示。酸溶性/可提取态（F1）呈现高生物可利用性；可还原态（F2）在缺氧条件下保持可利用性；可氧化态（F3）在氧化条件下很容易迁移转化为 F1 或 F2。残渣态（F4）可保持金属元素的晶体结构，被定义为稳定组分。BCR 结果验证是通过 4 组分（F1，F2，F3 和 F4）的总和与消解测得金属含量进行比较。回收率在表 4-6 建筑废物中金属元素（As、Fe 和 Mn）化学形态分布中列出，并与金属总含量良好吻合，得到 89.16%～106.64% 的回收率。计算式如下：

$$回收率(\%) = (F1 + F2 + F3 + F4)/消解含量 \times 100\% \tag{4-2}$$

表 4-6　建筑废物中金属元素（As、Fe 和 Mn）化学形态分布

样品	元素	F1	F2	F3	F4	∑F	总消解含量	回收率[①]/%	RAC[②]/%
CI7	As	ND[③]	ND	ND	29.66±2.21	29.66±2.48	30.80±2.75	96.29	ND
	Fe	550.76±35.56	619.08±45.24	137.23±12.27	17448.72±1310.83	18755.77±1648.63	17945.38±1361.5	104.52	2.94
	Mn	16.43±1.15	4.50±0.29	ND	875.40±72.28	896.33±72.64	878.69±71.96	102.01	1.83
CI8	As	ND	76.83±6.36	30.17±2.37	29.41±2.74	136.42±11.34	132.50±12.23	102.96	ND
	Fe	364.15±28.14	5993.08±464.29	707.79±67.39	3883.30±261.97	10948.31±998.92	12278.84±1196.4	89.16	3.33
	Mn	51.48±4.06	30.65±2.91	2.73±0.19	89.49±7.29	174.35±14.59	167.46±14.64	104.11	29.53
CI9	As	ND	ND	ND	18.81±1.65	18.81±1.65	18.84±1.56	99.86	ND
	Fe	451.19±32.16	4881.86±354.29	864.36±76.10	5370.45±478.93	11567.86±1030.29	10847.08±988.33	106.64	3.90
	Mn	15.88±1.06	91.18±8.38	15.99±1.43	166.28±14.21	289.34±23.68	292.23±22.79	99.01	5.49

续表

样品	元素	F1	F2	F3	F4	ΣF	总消解含量	回收率①/%	RAC②/%
CI10	As	ND	ND	ND	17.46±1.42	17.46±1.42	17.21±1.38	101.50	ND
	Fe	1654.47±117.25	4951.48±378.35	421.76±31.38	4767.28±387.41	11794.99±931.29	11098.99±878.94	106.27	14.03
	Mn	136.50±10.03	101.40±9.32	0.74±0.05	163.22±14.01	401.85±34.72	423.93±41.34	94.79	33.97
MI1	As	4.61±0.26	29.30±2.39	53.07±4.93	63.38±5.32	150.36±13.97	155.09±12.19	96.95	3.06
	Fe	31.57±2.37	584.19±32.91	595.30±46.09	3696.13±268.36	4907.18±489.78	5288.42±469.35	92.79	0.64
	Mn	46.58±3.96	76.57±5.97	38.70±2.72	46.65±3.96	208.50±18.93	214.04±19.17	97.41	22.34
MI2	As	33.33±2.12	34.99±2.87	0.58±0.07	138.75±12.27	207.65±16.26	232.31±21.82	89.39	16.05
	Fe	65.97±4.09	727.70±36.47	395.31±29.26	9696.55±876.21	10885.53±983.02	11962.41±864.38	91.00	0.61
	Mn	ND	62.50±4.27	13.75±1.25	81.04±6.09	157.28±12.33	166.17±15.19	94.65	ND

① 回收率=(F1+F2+F3+F4)/总消解含量×100%；

② RAC=F1/ΣF×100%；

③ 未检出。

注：电镀厂样品（CI7—镀锌车间；CI8—镀铜车间；CI9—镀铬车间；CI10—镀镍车间)；冶锌厂样品（MI1—电解车间；MI2—清洗车间)；F1—酸可提取态；F2—可还原态；F3—可氧化态；F4—残渣态。

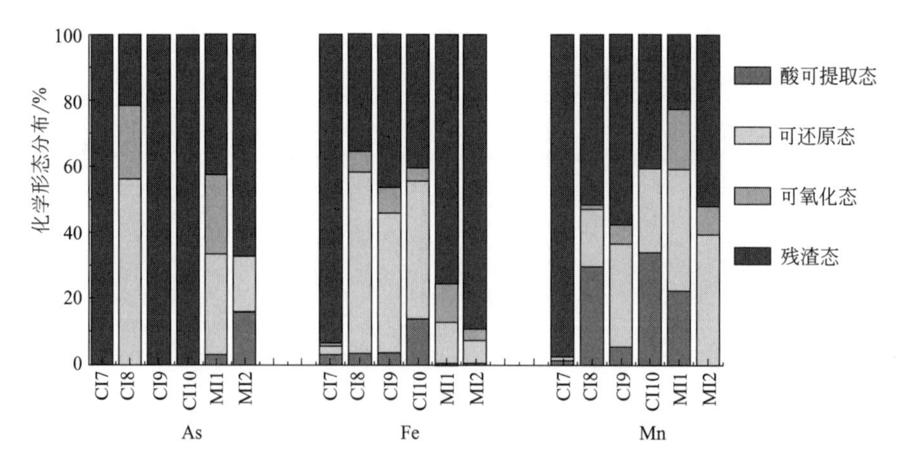

图 4-4 建筑废物中砷、铁和锰的化学形态分布

注：电镀厂样品（CI7—镀锌车间；CI8—镀铜车间；CI9—镀铬车间；CI10—镀镍车间)；冶锌厂（MI1—电解车间；MI2—清洗车间)

取自电镀厂镀锌车间的CI7样品，砷、铁和锰均以残渣态为主。消解后总含量低于土壤三级质量标准阈值，其环境风险较小。镀铜车间CI8样品，砷主要存在于可还原态和可氧化态。砷、铁和锰［(F1+F2+F3)/总］的可移动性分数为78%、65%和49%，砷和铁可移动性较强。在前期研究发现存在砷酸铅类剧毒化合物。砷总含量高达132.5mg/kg，为土壤三级标准阈值的3.3倍，具有较大环境风险。镀铬车间CI9样品，砷以残渣态为主，铁和锰可移动性分数分别为54%和43%。镀镍车间CI10样品，砷同样以残渣态为主，其砷含量低于土壤二级标准阈值，铁锰可移动性分数均为60%，但锰的酸可提取态比例高达33.97%，远高于铁的14.03%。

冶锌厂电解车间MI1样品砷、铁、锰的可移动性分数分别为58%、25%和78%，虽然砷可移动性分数较高，但酸可提取态仅为3.06%，可能与铁以残渣态为主有关，铁对砷有较强的固定吸附作用。但砷含量高达155.09mg/kg，远高于土壤三级质量标准阈值，为其3.9倍。

冶锌厂清洗车间MI2样品，砷、铁、锰的可移动性分数分别为33%、11%和48%，残渣态比例较高。砷含量为232.31mg/kg，高达土壤三级标准阈值的5.8倍，且其酸可提取态含量（33.33mg/kg）就超出土壤环境质量二级标准阈值，酸可提取态比例为16%，具有较高环境风险。

(2) 建筑废物中砷风险评估

相比其他化学形态酸可提取态更易向环境中迁移转化。因此，风险评估指数被定义为元素酸可提取态占总含量的百分比［(F1/BCR)×100%］，该方法最早由G. Perin提出，用于评估生态系统中金属的环境风险水平。酸可提取态所占比例小于1%为无风险；1%～10%为低风险；11%～30%为中等风险；31%～50%为高风险；比例高于50%表明有非常高的风险。根据风险评估指数的分类，表4-6表明CI7～CI10均为无风险，MI1为低风险，MI2为中等风险。

金属可移动性组分比例越高，其潜在迁移能力越强。电镀厂镀锌车间、镀铬车间、镀镍车间砷均以残渣态为主，且这三个车间砷含量均低于土壤三级标准阈值。但电镀厂镀铜车间和冶锌厂电解车间电解槽附近墙体和清洗车间砷有较高的迁移能力，反映其与矿物结合松散。因此，建筑废物仅仅通过简单的填埋或者随意堆置，很难确保砷的稳定性和安全性。

4.3 建筑废物中铜/锌/铅/铬/镉/镍的污染特征

如今城市化率越来越高，世界上几乎有超过1/2的人口为城市居民。例如，英国城市化率从1750年的20%增加到1950年的82%，短短2个世纪就增加了62%。美国城市化速度更快，从1850年的20%增加到1960年的71%。即便作为发展中国家的中国，城市化地区也发展迅速，城市化率从1990年的29.4%增加到2012年的52.57%。

随着经济高速发展，大规模城市化、基础设施建设、土木建筑等在中国发挥着越来越重要的作用。特别是遭遇 2008 年世界金融危机后，中国政府提出促进内需的投资计划来保障经济快速平稳发展。政府分配 2.5 万亿元人民币用于铁路、公路、机场、水利等重大基础设施建设和城市电网改造及灾后恢复重建。这些项目的实施为城市居民提供了更多的就业机会。在未来的几十年内，当大量建筑物和构筑物达到使用年限或者城市更新、改造，尤其是生活区和企业工厂车间将被拆除，将会产生大量的建筑废物。以上海为例，2011 年的建筑废物产生量达 438 万吨，占城市固体废物总量的 36%。其中城市固体废物包括工业固体废物、生活垃圾和建筑废物。

尽管建筑废物已是一个严重的环境问题，但包括中国在内的发展中国家仍缺乏有效的管理措施。由于目前填埋处置的低成本并缺乏成熟的废物回收市场，大部分的建筑废物被就地随意堆置，仅约 5%被再生利用。对于公众来说，大多认为建筑废物是无害的，所以对其缺乏应有的关注。然而，有一小部分建筑废物是有害物质，主要来自于化工（电镀厂）、冶金（冶锌厂、钢铁厂）、轻工、加工企业、火灾或爆炸灾毁现场。这很小的一部分（约 5%）建筑废物作为再生材料进行再利用，也只关心其物理力学性质等，并未对其进行无害化处理。

中国在过去十年内，很少有关于不同来源建筑废物重金属污染的研究。国外已有研究，包括硫酸盐、有机物和重金属的浸出，研究显示浸出液中有高含量的有毒物质，如重金属和多环芳烃等。近来，丹麦科学家 Stefania Butera 等调查研究了丹麦建筑废物中多氯联苯和多环芳烃等污染物。Adela P. Galvín 等测试了建筑废物在不同 pH 条件下，重金属的释放潜力，同时评估了再生集料用于低洼道路的环境风险。N. Prieto-Taboada 等研究表明建筑物可能成为有害物质的汇，一旦其成为建筑废物，将变成污染物的源，其中重金属污染物的渗透能力主要取决于建筑材料的性质。

元素的生物可利用性和流动性取决于元素的化学形态，故化学形态对评估建筑废物中重金属元素环境风险有重要意义。为了让结果具有可比性，选取了欧盟 BCR 三步提取法（1999 年修订版）。该方法将重金属分为酸可提取态、可还原态、可氧化态、残渣态四种形态。这四种形态中，酸可提取态风险最高，残渣态对环境风险最小，可还原态和可氧化态具有潜在环境风险。

关于固体废物重金属浸出毒性，目前广泛使用美国环保部 TCLP 毒性浸出法，它类似于《固体废物　浸出毒性浸出方法　硫酸硝酸法》（HJ/T 299—2007）。建筑废物一般呈碱性，pH 在 9～11，故在浸出液中仅有少量重金属溶出。通过 TCLP 和 HJ/T 299—2007 浸出实验，即使受到严重污染的建筑废物，浸出率可能仍较低。目前还没有针对建筑废物的标准，研究人员通常使用土壤标准，例如在 Timothy Townsend 等使用佛罗里达州的土壤背景值作为参考标准，通过重金属总含量水平与土壤标准阈值对比来反映建筑废物的污染程度。故使用《土壤环境质量标准》（GB 15618—1995）重金属风险阈值进行总量评价。

5 种不同来源的 63 个样品，包括化工、冶金、轻工、以及生活区和再生集料。对重金属总含量与土壤环境质量标准阈值进行比较，RAC 风险评估用于辅助说明其环境风险。XRD 和 XRF 分别用于鉴别样品矿物学特征和化学元素组成。既评估了建筑废物重金属的环境风险，也对其有效管理提供了参考依据。

4.3.1 总含量分析

在表 4-7 中对建筑废物重金属含量进行了总结，并与中国土壤环境质量标准风险阈值进行比较。大部分样品中镉未检出，铅、镉和镍含量低于土壤环境质量三级标准阈值，而铜、锌和铬高于该标准阈值的 1～4 倍。每种重金属最大值远高于土壤三级标准阈值。

表 4-7 不同来源（化工、冶金、轻工、生活区和再生）建筑废物中重金属含量

样品	重金属/(mg/kg)					
	Cu	Zn	Pb	Cr	Cd	Ni
CI	6310±18700[①] (296%)[②]	911±969 (106%)	82±129 (159%)	943±912 (97%)	2.24±0.22 (10%)	573±843 (147%)
MI	204±602 (296%)	3340±5710 (171%)	201±318 (158%)	232±222 (95%)	6.3±4.8 (76%)	54.2±49.4 (91%)
LI	50.7±35.2 (69%)	128±53 (41%)	20.5±9.2 (45%)	95.5±67.5 (71%)	1.18±1.01 (86%)	31.9±29.7 (93%)
RS	35.9±9.3 (26%)	704±289 (41%)	23.7±8.3 (35%)	95.0±91.3 (96%)	ND[③]	18.0±11.0 (61%)
RC	24.6±2.9 (12%)	906±538 (59%)	23.3±3.8 (16%)	70.7±12.8 (18%)	ND	21.3±1.8 (8.6%)
Average	1130±7490	2280±4520	141±265	311±406	5.28±4.67	131±380
Max	59400	49300	1260	7510	15.4	2870
Min	4.43	17.7	ND	10.1	ND	5.29
De/An[④]	63/63	63/63	59/63	63/63	14/63	63/63
TVHM[⑤]	35	100	35	90	0.2	40
TVHM[⑥]	100	250	300	200	0.6	60
TVHM[⑦]	400	500	500	300	1	200

①结果表示为平均值±标准偏差；②变异系数；③未检出；④检出样品个数/分析测试样品总数；⑤一级标准阈值（Level-Ⅰ）；⑥二级标准阈值（Level-Ⅱ）；⑦三级标准阈值（Level-Ⅲ）。

注：CI—化工；MI—冶金；LI—轻工；RS—生活区；RC—再生集料；Average—全部样品平均值；Max—样品中的最大值；Min—样品中的最小值。TVHM—《土壤环境质量标准》(GB 15618—1995) 三级标准阈值。

图 4-5 直观地评价每种重金属元素，污染最严重的样品主要在化工和冶金两大来源，低浓度样品主要在轻工、生活区、再生集料。对于锌，3/5 的生活区建筑废物和 3/4的再生集料样品超过了土壤环境质量三级标准，平均浓度分别高达 704.08mg/kg 和 905.80mg/kg，生活区建筑废物锌含量较高可能是由于室内墙体涂层和家具表层涂料富含锌。低浓度样品主要在轻工行业，平均浓度为 128.08mg/kg。

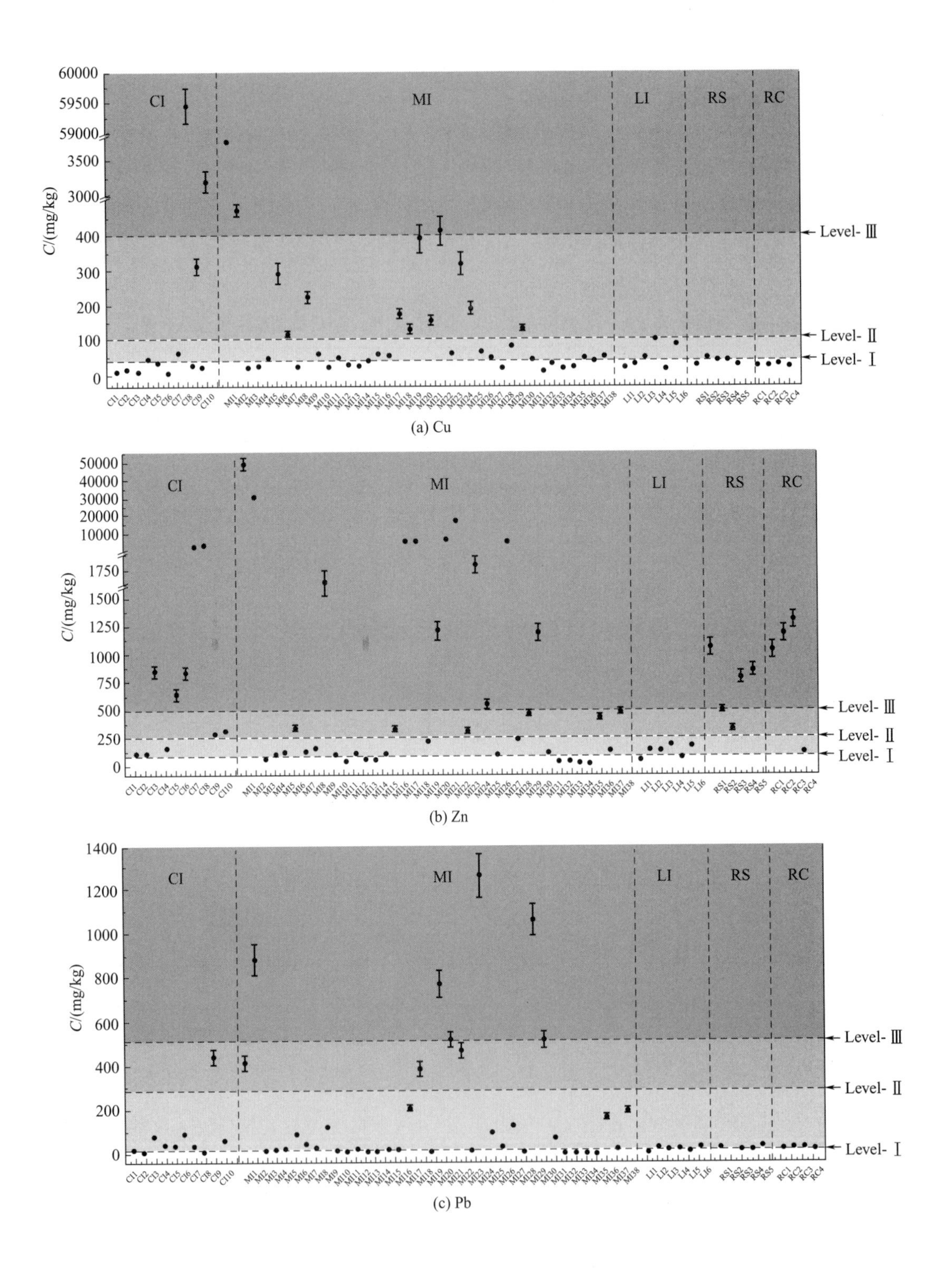

(a) Cu

(b) Zn

(c) Pb

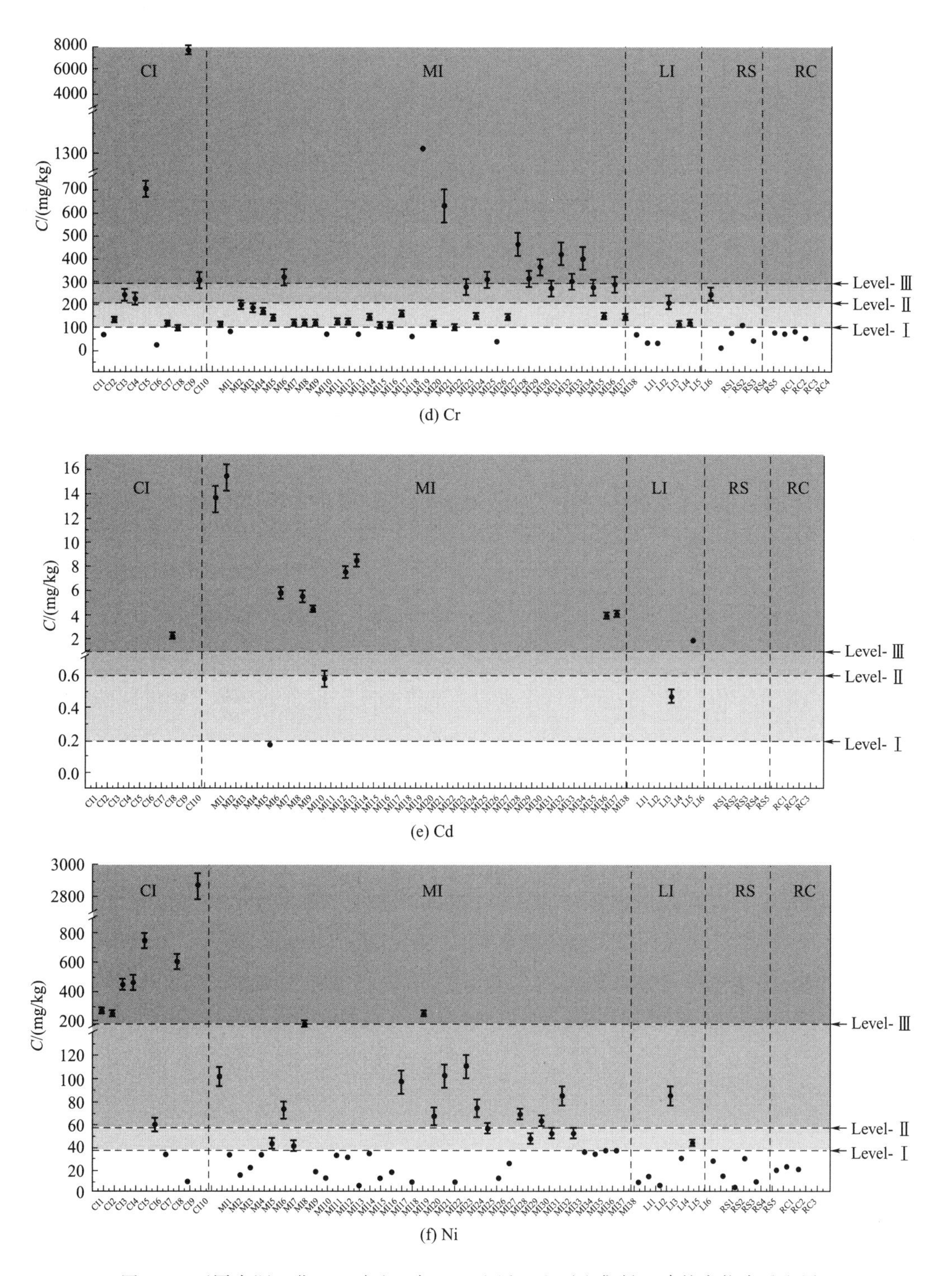

图 4-5　不同来源（化工、冶金、轻工、生活区和再生集料）建筑废物中重金属 Cu(a)、Zn(b)、Pb(c)、Cr(d)、Cd(e) 和 Ni(f) 的浓度（样品总数=63）

注：CI—化工；MI—冶金；LI—轻工；RS—生活区；RC—再生集料；Level-Ⅰ：一级标准阈值；Level-Ⅱ：二级标准阈值；Level-Ⅲ：《土壤环境质量标准》（GB 15618—1995）三级标准阈值。

建筑废物环境风险主要存在于化工和冶金工厂车间，轻工、生活区建筑废物、再生集料重金属含量差异不大。铜污染最严重的CI8样品来自某电镀厂镀铜车间，含量高达59434.02mg/kg，超过土壤环境质量三级标准150倍以上，来自同一工厂的镀镍车间CI10样品含量为3190.11mg/kg。其他受到严重污染的样品分别来自某冶锌厂电解车间和清洗车间［图4-5(a)］。

重金属锌，化工行业约1/2样品及冶金行业约1/3样品超过了土壤环境质量三级标准阈值。冶金行业，MI1样品锌污染最严重，取自冶锌厂的电解车间，浓度高达49280.00mg/kg，超出土壤环境质量标准的100倍以上。严重污染样品主要取自两个冶金厂，分别是云南某冶锌厂和上海第二钢铁厂［图4-5(b)］。

重金属铅，轻工、生活区建筑废物和再生集料绝大部分样品均低于土壤环境质量一级标准阈值。所有化工样品均低于土壤环境质量三级标准阈值。冶金样品大部分满足土壤环境质量三级标准阈值，除了取自冶锌厂清洗车间样品MI2（879.45mg/kg）和上海第二钢铁厂MI20(766.30mg/kg）和MI24(1255.83mg/kg)，以及上海宝山钢铁厂MI29（1054.34mg/kg）样品超过标准阈值［图4-5(c)］。

重金属铬，轻工、生活区建筑废物和再生集料所有样品均低于土壤环境质量三级标准阈值。化工行业样品，CI5(700.98mg/kg）取自化工集团，CI9(7511.03mg/kg）和CI10(306.46mg/kg）取自某电镀厂镀铬车间和镀镍车间，仅这三个样品超过了土壤环境质量三级标准阈值。冶金行业受到严重污染的样品主要取自上海第二钢铁厂和上海宝山钢铁厂［图4-5(d)］。

重金属镉在大多数样品中含量很低，未达到仪器检出限。有9个样品镉含量超过了土壤环境质量三级标准阈值，主要来自化工和冶金行业，仅一个样品LI6来自轻工业基地［表4-7和图4-5(e)］。

重金属镍平均含量化工行业为573.48mg/kg，明显高于冶金、轻工、生活区建筑废物和再生集料（镍平均含量分别为54.15mg/kg、31.83mg/kg、17.97mg/kg和21.26mg/kg)，化工样品几乎均高于土壤环境质量三级标准阈值，其中最大为CI10样品，取自电镀厂镀镍车间，含量高达2867.77mg/kg。无锡某化工集团5/6的样品有较高风险［图4-5(f)］。重金属污染主要集中在化工和冶金行业，特别是电镀厂和冶锌厂。

4.3.2 元素组成（XRF）分析

由于样品量较大，选取了6个污染最严重的样品进行元素组成分析，其中四个样品（CI7～CI10）取自某电镀厂，另外两个样品（MI1～MI2）取自于云南某冶锌厂（表4-8)。六个样品主要组成为SiO_2(2.359%～60.491%)，Al_2O_3(1.227%～18.865%)，Fe_2O_3(0.981%～7.638%)，MgO(0.133%～1.398%)，CaO(1.122%～15.091%)，K_2O(0.701%～2.521%)，Na_2O(0.074%～76.451%)。

表 4-8　XRF分析得出建筑废物的矿物组成（以氧化物的百分含量表示）单位：%

样品	SiO_2	Al_2O_3	Fe_2O_3	MgO	CaO	K_2O	Na_2O
CI7	60.491	18.865	7.638	1.398	1.122	2.521	1.321
CI8	30.162	4.563	1.528	0.712	14.039	0.701	0.074
CI9	48.307	6.521	1.745	0.456	15.091	1.047	0.601
CI10	49.552	7.137	1.678	0.389	11.107	2.191	0.858
MI1	2.985	1.865	0.981	0.219	1.878	1.993	76.451
MI2	2.359	1.227	2.385	0.133	1.184	2.142	73.901

注：电镀厂样品（CI7—镀锌车间；CI8—镀铜车间；CI9—镀铬车间；CI10—镀镍车间）；冶锌厂样品（MI1—电解车间；MI2—清洗车间）。

4.3.3　建筑废物矿物晶体X射线衍射（XRD）分析

图4-6给出了六个样品XRD扫描谱图，四个CI样品主要由石英（quartz）、二氧化硅（silicon oxide）、石膏（gypsum）和少量的块磷铝矿（berlinite）等矿物相组成。在CI7和CI8样品有少量砷酸铅（lead arsenate），它是一种剧毒物质，广泛用于杀虫剂。另一种有毒物质钾氧化铬（potassium chromium oxide）存在于CI8样品中。根据图4-5中CI8样品铬的含量在CI7～CI10样品中是最低的，而在其他三个样品中没有检出铬矿物相，这意味着其他三个样品铬以非晶体相存在。

冶金行业中冶锌厂的两个样品主要结晶矿物相为氯化银钠（sodium silver chloride）、石盐（halite）、溴化氯化铜（copper chloride bromide）和含锌的矿物质，例如，锌（zinc）、氧化锌（zinc oxide）、氧化钡锌（barium zinc oxide）和红锌矿（zincite）。锌晶体矿物相特征非常明显，锌污染极其严重，这符合图4-5中的结果。铜和铬的结晶相在MI1和MI2中均有检出。

4.3.4　风险评估

醋酸可浸出组分极易转化迁移到环境中。因此，将醋酸可浸出组分占重金属总含量的百分数［(F1/总和)×100%］定义为风险评估指数。该评估方法被G. Perin提出，用于评估生态系统中重金属的环境风险水平。分数1%～10%反映其为低风险，11%～30%为中度风险，31%～50%为高风险，超过50%代表其有非常高的风险，被认为是很危险的。具体结果和评价标准见图4-7。

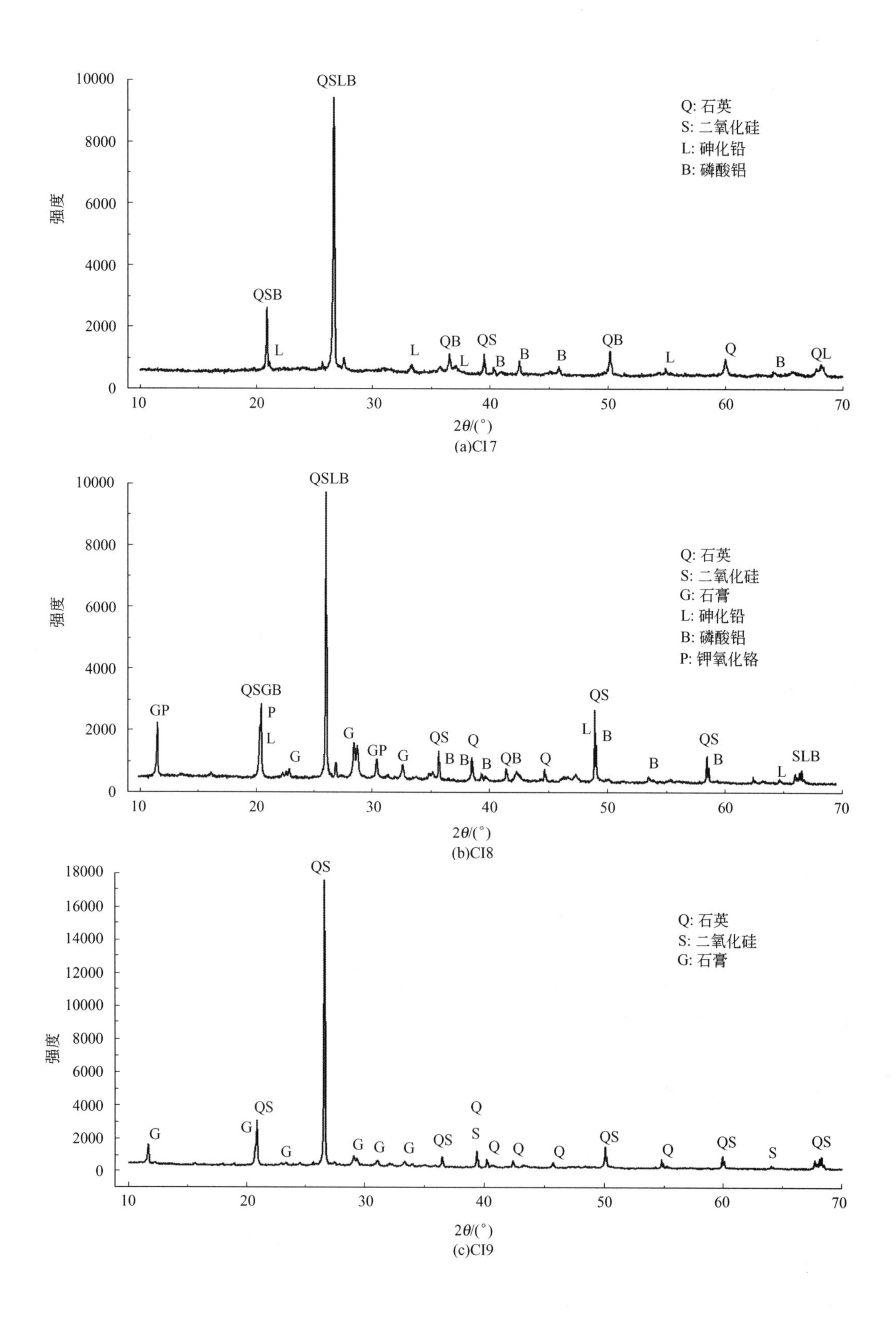

QSLB
QSB
L
QB
QS
B
Q
QL
Q: 石英
S: 二氧化硅
L: 砷化铅
B: 磷酸铝
强度
2θ/(°)
(a)CI7
QSLB
QSGB
GP
P
L
G
QS
SLB
Q: 石英
S: 二氧化硅
G: 石膏
L: 砷化铅
B: 磷酸铝
P: 钾氧化铬
强度
2θ/(°)
(b)CI8
QS
G
Q
S
Q: 石英
S: 二氧化硅
G: 石膏
强度
2θ/(°)
(c)CI9

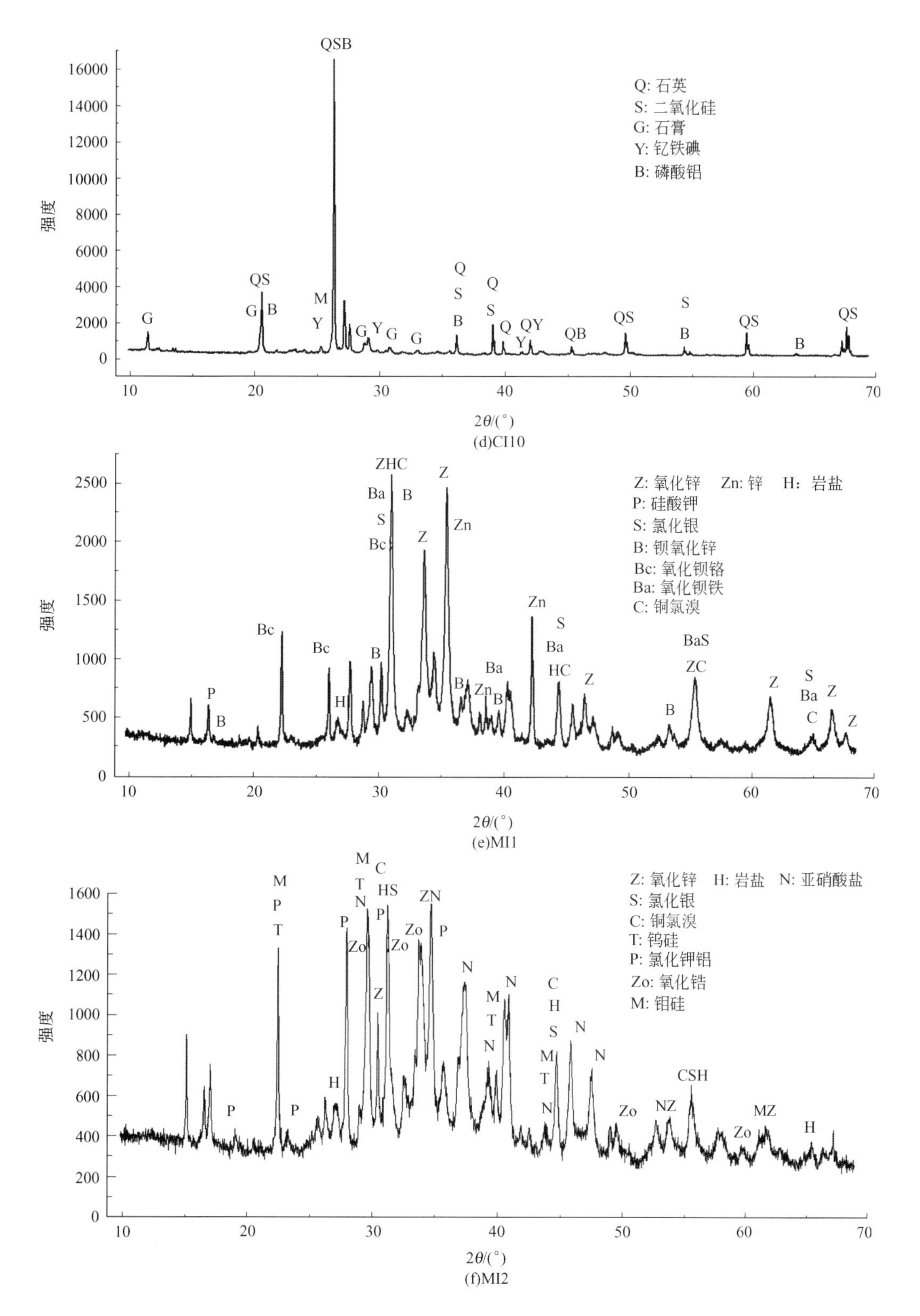

图 4-6　建筑废物样品 XRD 扫描图谱分析

注：电镀厂样品（CI7：镀锌车间；CI8：镀铜车间；CI9：镀铬车间；CI10：镀镍车间）；冶锌厂样品（MI1：电解车间；MI2：清洗车间）。

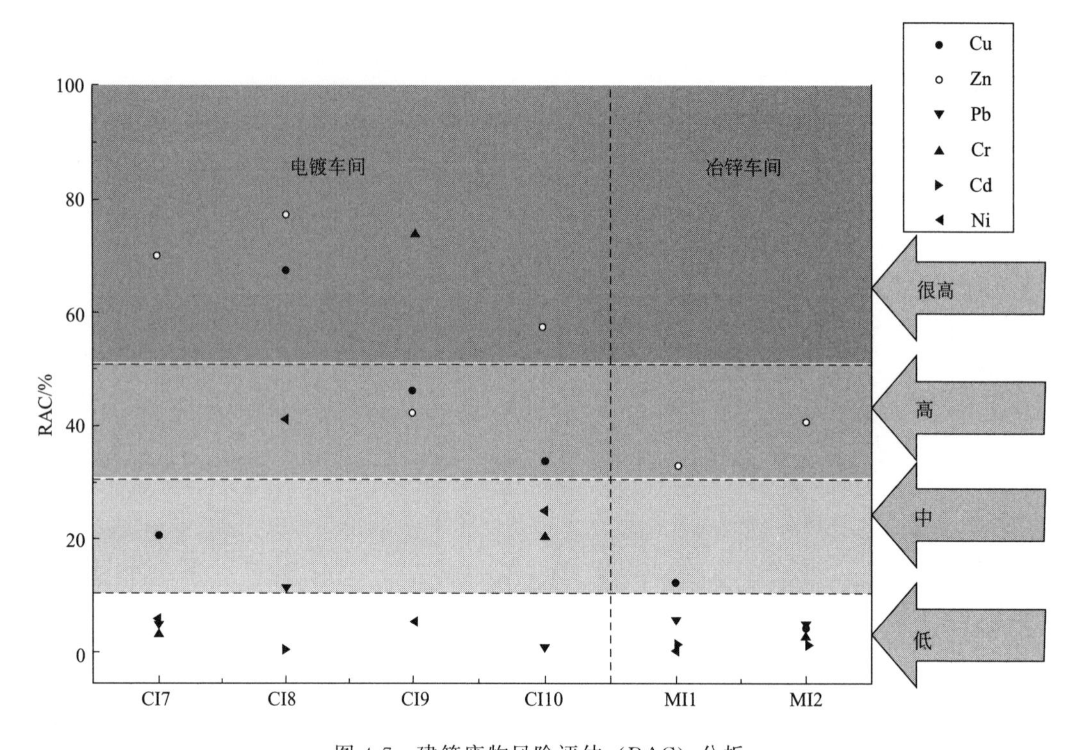

图 4-7　建筑废物风险评估（RAC）分析

注：电镀厂样品（CI7—镀锌车间；CI8—镀铜车间；CI9—镀铬车间；CI10—镀镍车间）；
冶锌厂样品（MI1—电解车间；MI2—清洗车间）。

根据 RAC 的分类，图 4-7 中表明镉呈现出低风险。铅仅有 CI8 样品呈现中度风险，其余样品呈现低风险。镍、铬和铜不同样品呈现不同的风险值。CI8 样品中镍呈现高风险，CI9 样品铬呈现非常高的风险。铜在 CI9 和 CI10 样品中呈现高风险，CI8 样品中呈现非常高的风险。锌呈现出最高的潜在风险，CI7，CI8 和 CI10 样品呈现出非常高的风险，CI9，MI1 和 MI2 样品呈现出高风险。基于所有样品平均 RAC 值，将环境风险排序为：Zn＞Cu＞Cr＞Ni＞Pb＞Cd。

增加建筑废物处置成本和有用组分的潜在回收率，近年来中国建筑废物回收再利用成为一个不断增长的产业。在中国生活区建筑废物普遍认为是无害的，所以它成为了再生产品的主要原材料。但生活区建筑废物锌含量超过了土壤环境质量三级标准阈值，受锌污染的生活区建筑废物可能来自颜料、涂料、锌锰电池和木材防腐涂料。因此，在回收利用之前去除其表面污染物很有必要。无锡化工集团建筑废物中重金属含量低于其他化工和冶金工厂，仅只有锌和镍有较高风险。

相比之下，三个钢铁厂更容易受到锌、铅、铬和镉污染。Yuan G L 发现锌、铅和镉主要由钢铁冶炼活动产生。铅污染主要存在于加工车间和运输车间地板表面，可能是含铅汽油在运输过程中滴洒、飞溅到地面；而高浓度铬和镉的有害化合物主要存在于烟囱里，可能是受到煤燃烧烟气的影响。因此，建筑物在拆迁过程中需对烟囱和车间地板选择性解构处理。

重金属最高含量样品主要在某电镀厂（镀锌、镀铜、镀铬和镀镍车间）和锌冶炼厂

（电解和清洗车间）。锌、铜、铬和镍主要存在于可移动性组分，铅和镉较为稳定。当建筑废物在无防渗层的填埋场或随意堆置时，这些有毒污染物具有很高的潜在迁移转化风险和生态危害性。因此，需要对其无害化处理，如洗脱或固定稳定化。

取自冶锌厂和电镀厂的样品中，有的建筑废物样品铜和锌的丰度高达 5%，可从中提取金属，对其进行资源化回收利用。目前从固相回收金属有两种方法，分别是热法和湿法冶金法。碱性和酸性浸出联合可增强去除锌、铬和镍的能力，而热处理可以破坏持久性有机物并可去除易挥发的重金属，如铅、镉和铜等。Huiping Hu 提出了两段法，分别从锌冶炼厂废渣烧结和生产轻质砖烧结时回收挥发的锌和铅。

4.4　不同来源建筑废物重金属浸出毒性

为了考察重金属的最大浸出潜能，了解不同来源建筑废物的环境安全性，采用《固体废物浸出毒性浸出方法　硫酸硝酸法》（HJ/T 299—2007）对不同来源建筑废物的重金属（Cu、Zn、Pb、Cr、Cd、Ni 和 As）浸出毒性实验。联合《危险废物浸出毒性鉴别标准》（GB 5085.3—2007）全面考察建筑废物样品有害污染物的溶出机理，为系统评估建筑废物的环境影响和再生产品应用潜能提供有用信息。

分析结果如表 4-9 和图 4-8 所示，总体而言，化工和冶金行业重金属浸出毒性相对偏高，其次为生活区建筑废物，轻工和再生集料均未检出。不同重金属的浸出潜能明显不同：a. 若按照检出个数/分析样品个数比例来看，Zn(22/62) 和 Cu(21/62) 最易浸出，其次为 Ni(12/62) 和 Cr(9/62)，而 Pb(6/62) 和 As(5/62) 较难浸出，Cd(2/62) 最难浸出。b. 若按照浸出液超过危险废物鉴别标准阈值个数及最大值/危险废物鉴别标准阈值倍数来看，元素 Cr 有一个样品超标，样品取自电镀厂镀铬车间，其含量高达危险废物鉴别标准的 30 倍，表明其最易浸出，风险最高；其次为 Pb，仅有一个样品超标，为宝钢耐火砖，最大浸出浓度为危险废物标准的 1.84 倍；接着为 Cd(0.67 倍)、As(0.62 倍)、Ni(0.36)、Zn(0.28) 和 Cu(0.04) 浸出浓度均低于危险废物鉴别标准阈值。

表 4-9　不同来源（化工、冶金、轻工、生活区和再生集料）建筑废物的重金属浸出毒性特征

样品	重金属/(mg/L)						
	Cu	Zn	Pb	Cr	Cd	Ni	As
CI	0.48±1.31①(273%)②	0.82±1.81(221%)	ND③	45.54±142.16(312%)	ND	0.18±0.57(317%)	0.01±0.03(300%)
MI	0.16±0.30(188%)	3.15±6.34(201%)	0.34±1.56(459%)	0.01±0.04(400%)	0.02±0.11(550%)	0.07±0.18(257%)	0.11±0.53(482%)
LI	ND	ND	ND	ND	ND	ND	ND
RS	ND	ND	ND	0.07±0.15(214%)	ND	ND	0.01±0.03(300%)

续表

样品	重金属/(mg/L)						
	Cu	Zn	Pb	Cr	Cd	Ni	As
RC	ND	ND	ND	ND	ND	ND	ND
Average	0.17±0.57	1.97±5.06	0.2±1.19	7.36±57.15	0.01±0.09	0.08±0.28	0.07±0.41
Max	4.19	27.84	9.18	450.10	0.67	1.80	3.09
Min	ND	ND	ND	ND	ND	ND	ND
De/An④	22/62	23/62	6/62	9/62	2/62	13/62	5/62
生活饮用水卫生标准限值⑤	1.0	1.0	0.01	0.05	0.005	0.02	0.05
地表水环境质量标准Ⅲ类标准限值⑥	1.0	1.0	0.05	0.05	0.005	—	0.05
污水综合排放标准限值⑦	2.0	5.0	1.0	1.5	0.1	1.0	0.5
危险废物填埋污染控制标准限值⑧	75	75	5	12	0.5	15	2.5
危险废物鉴别标准限值⑨	100	100	5	15	1	5	5

①结果表示为平均值±标准偏差；②变异系数；③未检出；④检出样品个数/分析测试样品总数；⑤生活饮用水卫生标准（GB 5749—2006）；⑥地表水环境质量标准Ⅲ类标准（GB 3838—2002）；⑦污水综合排放标准（GB 8978—1996）；⑧危险废物填埋污染控制标准限值（GB 18598—2001）；⑨危险废物浸出毒性鉴别标准（GB 5085.3—2007）。

注：CI—化工；MI—冶金；LI—轻工；RS—生活区；RC—再生集料；Average—所有样品平均值；Max—样品中的最大值；Min—样品中的最小值。

同时，浸出液中重金属的环境风险可以参照不同的标准进行对比分析。

① 重金属 Cu　其浸出液浓度同国家生活饮用水卫生标准限值和地表水环境质量标准Ⅲ类标准限值（1mg/L）相比，有三个样品超标，分别为电镀厂镀铜车间（4.19mg/L）、冶锌厂电解车间（1.19mg/L）和上海某钢铁厂车间墙体氧化铁皮（1.13mg/L）；其浸出液浓度与污水综合排放标准限值（2mg/L）相比，仅电镀厂镀铜车间样品超标；但浸出液 Cu 的浓度则远远低于危险废物填埋污染控制标准限值（75mg/L）和危险废物鉴别标准限值(100mg/L)。

② 重金属 Zn　其浸出浓度与国家生活饮用水卫生标准限值和地表水环境质量标准Ⅲ类标准限值（1mg/L）相比，有 16 个样品超标，占 Zn 检出样品个数的 73%。超标样品主要集中在电镀厂、冶锌厂、上海某钢铁厂和宝钢耐火砖。有两个样品超标 20 倍以上，分别为上海某钢铁厂地面机油污染样品（27.84mg/L）和车间墙体氧化铁皮(21.47mg/L)；浸出液浓度与污水综合排放标准限值（5.0mg/L）相比，有 7 个样品超

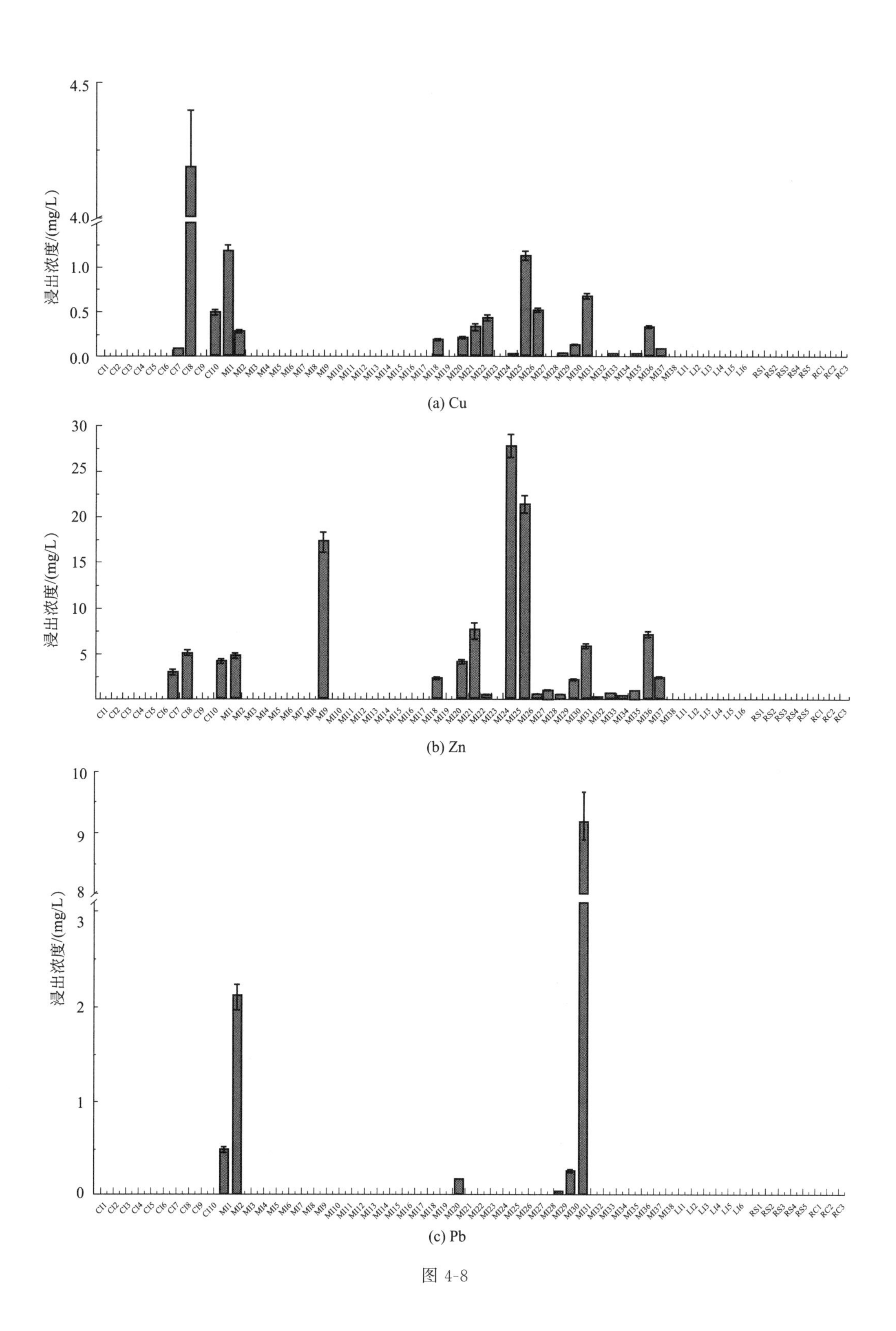

图 4-8

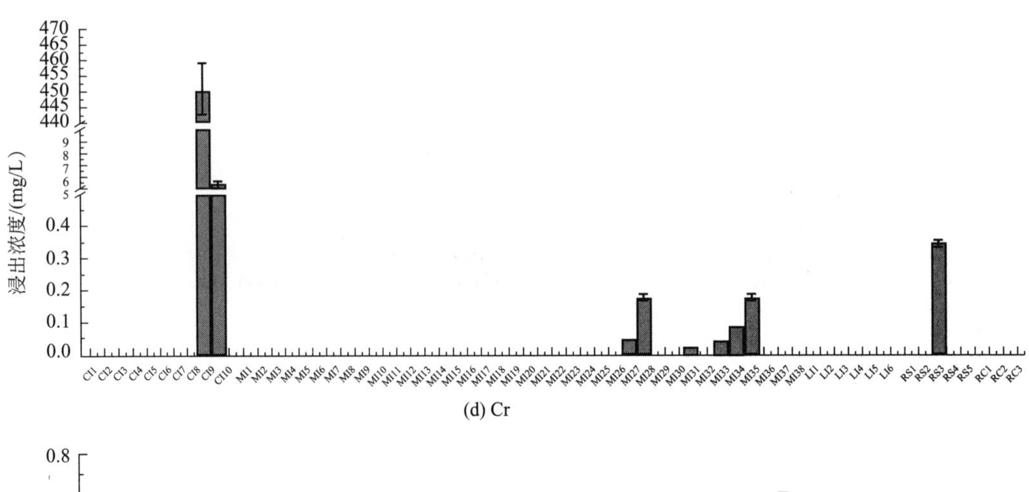

(d) Cr

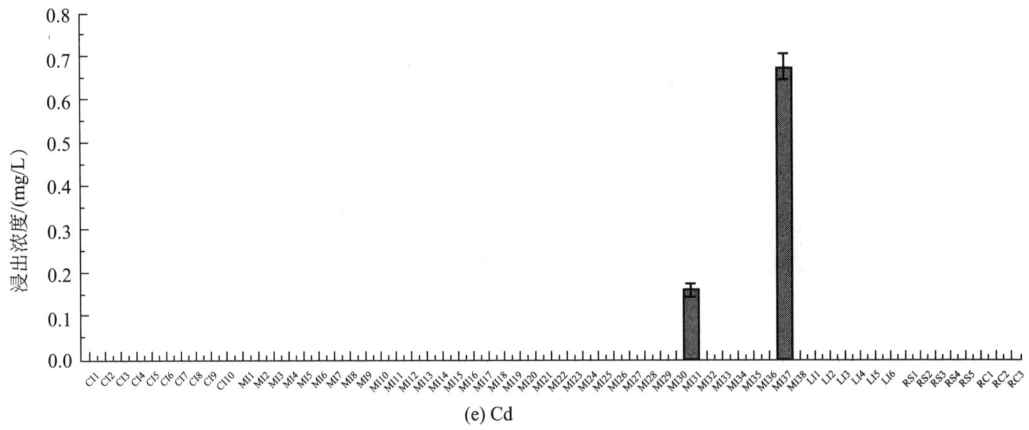

(e) Cd

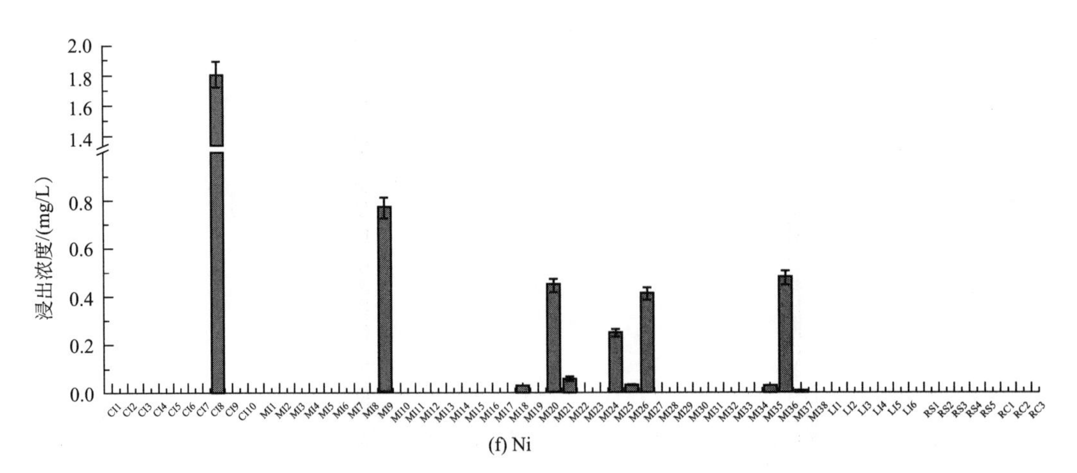

(f) Ni

图 4-8

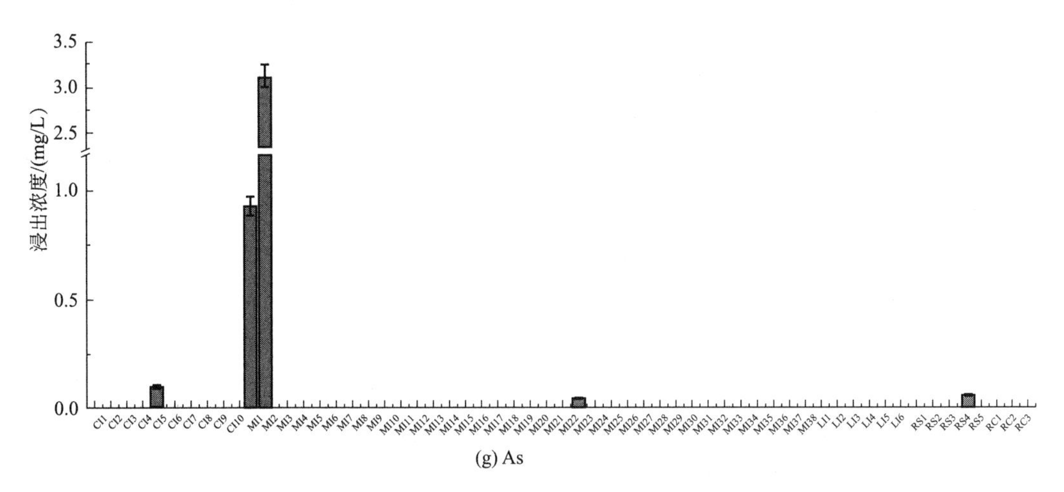

图 4-8　不同来源（化工、冶金、轻工、生活区和再生集料）建筑废物浸出液重金属含量

标，主要集中在冶金行业南京某钢铁厂、上海某钢铁厂和宝钢耐火砖；但 Zn 浓度都远远低于危险废物填埋污染控制标准限值（75mg/L）和危险废物鉴别标准限值（100mg/L）。

③ 重金属 Pb　其浸出液浓度与国家生活饮用水卫生标准限（1mg/L）相比，检出的 6 个样品均超标，主要集中在冶锌厂和宝钢耐火砖；浸出液和地表水环境质量标准Ⅲ类标准限值（0.05mg/L）相比，有 5 个样品超标；其浸出液与污水综合排放标准限值（1.0mg/L）相比，有 2 个样品超标，分别为冶锌厂清洗车间样品（2.13mg/L）和宝钢耐火砖（9.18mg/L）；与危险废物填埋污染控制标准限值和危险废物鉴别标准限值（5mg/L）相比，宝钢耐火砖仍有一个样品超标，表明其具有潜在环境风险。

④ 重金属 Cr　其浸出液浓度与国家生活饮用水卫生标准限值和地表水环境质量标准Ⅲ类标准限值（0.05mg/L）相比，检出的 9 个样品中有 7 个超标，其最大值为电镀厂镀铬车间样品（450.10mg/L），超出标准阈值近 9000 倍，且生活区红砖样品（0.34mg/L）也超标，可能在服役过程中接触了含铬物质；与污水综合排放标准限值（1.5mg/L）相比，有 2 个样品超标，分别为电镀厂镀铬车间样品（450.10mg/L）和镀镍车间样品（5.32mg/L）；浸出浓度与危险废物填埋污染控制标准限值（12mg/L）和危险废物鉴别标准限值（15mg/L）相比，电镀厂镀铬车间仍超标 30 倍以上，表明电镀厂建筑废物若处置不当，铬污染将产生极大的环境风险。

⑤ 重金属 Cd　仅有 2 个样品浸出液能检出，分别为宝钢耐火砖（0.16mg/L）和宝钢现场红砖（0.67mg/L），均远高于污水综合排放标准限值（0.1mg/L）。宝钢现场红砖浸出液浓度高于危险废物填埋污染控制标准限值（0.5mg/L），但低于危险废物鉴别标准限值（1.0mg/L）。

⑥ 重金属 Ni　其浸出液浓度与国家生活饮用水卫生标准限值（0.02mg/L）相比，检出的 12 个样品中有 10 个超标；其浸出液与污水综合排放标准限值（1.0mg/L）相比，仅电镀厂镀镍车间样品（1.80mg/L）超标，但都远远低于危险废物填埋污染控制标准限值（15mg/L）和危险废物鉴别标准限值（5mg/L），表明建筑废物在填埋处置过程中，镍污染风险较小。

⑦ 重金属 As　其浸出液浓度与国家生活饮用水卫生标准限值和地表水环境质量标准Ⅲ类标准限值（0.05mg/L）相比，检出的 5 个样品均超标，其最大值为云南某冶锌厂清洗车间样品（3.09mg/L），超出标准阈值近 62 倍，且生活区有孔红砖（0.06mg/L）也超标，建筑废物对地表水体具有潜在砷污染；其浸出液与污水综合排放标准限值（0.5mg/L）相比，冶锌厂电解车间和清洗车间均超标；且冶锌厂清洗车间超过危险废物填埋污染控制标准限值（2.5mg/L），但低于危险废物鉴别标准限值（5mg/L），受砷污染的建筑废物不能直接进入危险废物填埋场，需要先进行无害化和预处理。

建筑废物整体浸出浓度较低，可能与建筑废物多为强碱性物质有关，其界面多具有较高的 pH（8.83～9.39）。而 Pb 为两性金属，在强碱环境中溶解度也比较高，因而更易释放，故有超标样品。尽管不同建筑废物试样的浸出毒性有所差异，但重金属 Cu、Zn、Cd、Ni、As 毒性浸出浓度均低于《危险废物鉴别标准　浸出毒性鉴别》（GB 5085.3—2007）规定的阈值（Zn 为 100mg/L；Pb 为 5mg/L；Cd 为 1mg/L；Ni 为 5mg/L；Cr 为 15mg/L；Cu 为 100mg/L），而 Pb 和 Cr 超过了此阈值，具有环境危害性，预处理满足填埋要求后，才可进行安全填埋。

建筑废物中重金属虽含量较高，但浸出浓度较低。重金属的溶出和残留通常包含极为复杂的固定过程，如物理/化学吸附以及同特征有机复合物络合或嵌套封闭于水化产物晶格内等。较低的金属浸出毒性可能与金属离子等对水化产物结晶相中母离子（Ca^{2+} 和 Al^{3+}）的同晶置换有关，通过取代 Ca 和 Al 的位点，形成与晶体结构类似的含重金属水化产物结晶相，如重金属 Zn 可以通过替代水化产物 Ca 等位点，进而被镶嵌禁锢于晶体网络结构内，从而实现自封与固定，阻止重金属向环境迁移、扩散。同时如水泥等凝胶水化产物等存在的范德华力以及化学键和氢键作用也会促进对重金属的绑定。此外，重金属还可与特征有机复合物（如腐殖酸）络合或由多孔介质物理绑定也可降低其环境风险。

4.5　重金属污染建筑废物性质表征

4.5.1　X 射线衍射（XRD）分析

X 射线衍射（XRD）结果如图 4-9 所示，图中可看出未受重金属污染建筑废物中主要存在的晶体物相有 SiO_2（石英）、$Zn_2P_2O_7$（焦磷酸锌）、$Na(Si_3Al)O_8$（钠长石）、$(Na,Ca)(Si,Al)_3O_8$、$CaAl_2Si_2O_8$（钙长石）、$CaAl_2Si_2O_8 \cdot 4H_2O$（斜方钙沸石）、$CaCO_3$（方解石）。$SiO_2$（石英）和 $CaAl_2Si_2O_8 \cdot 4H_2O$（斜方钙沸石）具有最强的峰，与水泥中硅铝酸盐成分及岩石集料的部分地壳组成成分相似。

然而，受重金属污染的建筑废物中存在的主要晶体物，除未受重金属污染建筑废物中同样含有的 SiO_2（石英）、$Na(Si_3Al)O_8$（钠长石）、$(Na,Ca)(Si,Al)_3O_8$、$CaAl_2Si_2O_8$（钙长石）、$CaAl_2Si_2O_8 \cdot 4H_2O$（斜方钙沸石）、$CaCO_3$（方解石）外，还形成了新物相 Pb_4BiVO_4，而 $Zn_2P_2O_7$ 在浸泡过程中消失。但其中并未分析出包含 Zn、Cu、Cr、Cd

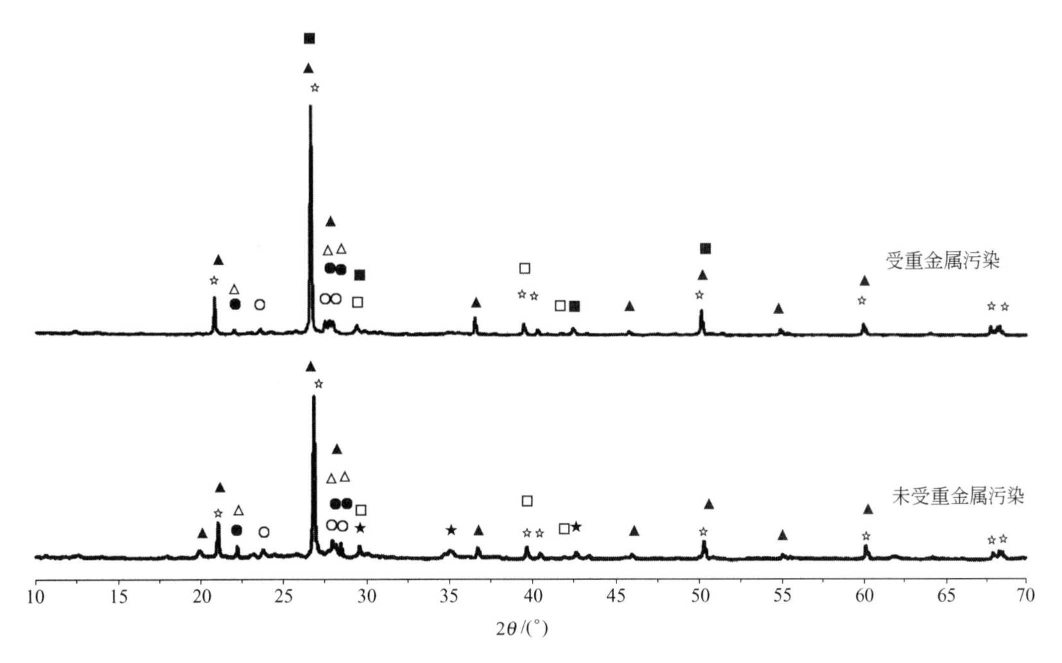

图 4-9 建筑废物受重金属污染前后的 XRD 分析

☆—SiO_2；★—$Zn_2P_2O_7$；○—$Na(Si_3Al)O_8$；●—(Na，Ca)(Si，Al)$_3O_8$；

△—$CaAl_2Si_2O_8$；▲—$CaAl_2Si_2O_8 \cdot 4H_2O$；□—$CaCO_3$；■—$Pb_4BiVO_4$

的物质，究其原因，这几种重金属在建筑废物中未形成 XRD 可检测的晶体物相，一方面可能是污染浓度水平未达到 XRD 检测限，另一方面可能没有形成晶体相。

4.5.2 热重分析

许多物质在加热或冷却过程中除了产生热效应外，往往还伴有质量的变化。质量变化的大小及变化时的温度与物质的化学组成和结构密切相关。本研究所用建筑废物的热重曲线如图 4-10 所示，测试样品量 0.856mg，从室温升温至 800℃，升温速率 15 ℃/min。建筑废物样品在 450℃左右开始出现失重，失重原因为水泥水化产物 CH 开始分解，在 700℃出现明显失重，为方解石的分解。升温至 800℃后，剩余 90%重量，大部分物质以灰分形式存在于建筑废物中。

4.5.3 形貌分析

通过扫描电镜（SEM）表征建筑废物的表面形貌，未受重金属污染的建筑废物的 2000 倍和 10000 倍扫描电镜图像如图 4-11(a)、图 4-11(b) 所示，受重金属污染的建筑废物的 2000 倍和 10000 倍扫描电镜图像如图 4-11(c)、图 4-11(d) 所示。

从图 4-11 可看出，建筑废物粉末颗粒较均匀，未受重金属污染的建筑废物中颗粒轮廓清晰，形貌分明，主要以球状形貌存在。受重金属污染的建筑废物颗粒被物质均匀覆盖而包裹，使建筑废物颗粒失去原本的球状形貌，而以相对原始颗粒尺寸更大的白色

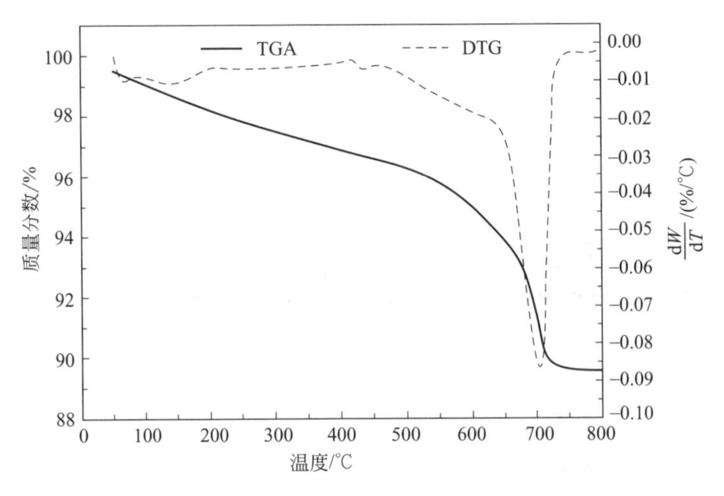

图 4-10 普通建筑废物的热重（TGA）曲线

(a) 未受污染建筑废物(2000 倍)

(b) 未受污染建筑废物(10000 倍)

(c) 受污染建筑废物(2000 倍)

(d) 受污染建筑废物(10000 倍)

图 4-11 建筑废物粉末的扫描电镜图像

片层状出现在扫描电镜图像中，结合第 5 章的形态分析结果，颗粒表层覆盖物质可能为各重金属的氢氧化物、氧化物等。

4.6 建筑废物中重金属的形态分布

4.6.1 重金属建筑废物中重金属 BCR 形态分析

重金属总含量是固体废物中重金属污染控制中的基础重要指标，但并不能准确揭示重金属在环境中的生物可利用性、迁移转化性以及生物毒性，重金属的这些环境行为主要由其形态决定，土壤及沉积物中形态分析方法较多，例如，Tessier 连续提取法、Kersten/Forstner 法和 BCR 法。BCR 法由欧盟标准委员会（原 Community Bureau of Reference）归口提出，其操作简单，主要分为三步，将重金属形态分为酸可提取态、可还原态、可氧化态和残渣态。

研究所用建筑废物取自化工、冶金车间含重金属污染的工艺段，1～4 号为化工建筑废物，5～6 号为冶金建筑废物，7 号为实验室通过浸泡制备的对照样品。不同建筑废物中各形态重金属 Cr、Cu、Ni、Pb、Zn 的含量如表 4-10 所列。由表可看出，化工冶金建筑废物中含有较高浓度的相关重金属，而其他重金属含量较低。

表 4-10 化工冶金建筑废物中重金属形态分析结果 单位：mg/kg

样品编号	样品来源	形态	Zn	Cu	Cr	Ni	Pb
1	电镀厂镀锌车间	酸可提取态	1568.57	14.15	—	—	—
		可还原态	289.79	—	—	—	—
		可氧化态	313.10	3.99	—	—	—
		残渣态	13.79	5.24	12.44	3.75	3.63
		总量	2185.26	23.38	12.44	3.75	3.63
2	电镀厂镀铜车间	酸可提取态	3014.30	31720.20	—	255.17	—
		可还原态	799.28	15473.30	6.11	180.49	—
		可氧化态	112.68	356.12	4.29	129.67	—
		残渣态	2.84	3.52	8.46	8.54	0.69
		总量	3929.10	47553.14	18.87	573.87	0.69
3	电镀厂镀铬车间	酸可提取态	133.42	155.57	5424.78	—	—
		可还原态	151.38	164.02	1064.09	—	46.28
		可氧化态	1.33	—	565.11	—	—
		残渣态	3.20	1.90	40.93	1.023	1.74
		总量	289.33	321.49	7094.91	1.023	48.02

续表

样品编号	样品来源	形态	Zn	Cu	Cr	Ni	Pb
4	电镀厂镀镍车间	酸可提取态	192.72	983.35	70.08	648.16	—
		可还原态	93.61	1047.95	38.63	1818.15	52.65
		可氧化态	31.64	1019.50	28.30	164.01	—
		残渣态	2.74	7.74	21.01	3.85	1.07
		总量	320.71	3058.54	158.02	2634.17	53.72
5	制锌厂电解工段	酸可提取态	17133.68	290.02	—	—	21.24
		可还原态	20194.2	1063.25	1.67	6.57	156.98
		可氧化态	17588.25	1200.81	44.41	44.71	218.20
		残渣态	79.35	6.45	4.04	2.25	4.54
		总量	54995.48	2560.53	50.12	53.53	400.96
6	制锌厂清洗工段	酸可提取态	13353.54	28.34	—	—	53.98
		可还原态	17563.98	317.78	—	—	451.95
		可氧化态	1842.60	97.62	12.57	—	244.23
		残渣态	53.89	5.11	1.93	0.61	13.79
		总量	32814.01	448.85	14.50	0.61	763.95
7	实验室制备	酸可提取态	103.03	514.07	242.69	—	501.58
		可还原态	12.53	55.53	162.26	—	131.96
		可氧化态	13.62	—	343.45	—	—
		残渣态	4.85	2.53	27.06	1.77	0.78
		总量	134.03	572.13	775.46	1.77	634.32

注：表中“—”表示未检出。

不同建筑废物样品中锌的形态分布如图 4-12 所示，从图中可看出，来源于电镀厂镀锌车间、镀铜车间以及制锌厂电解槽、清洗槽附近墙体的建筑废物样品（编号分别为

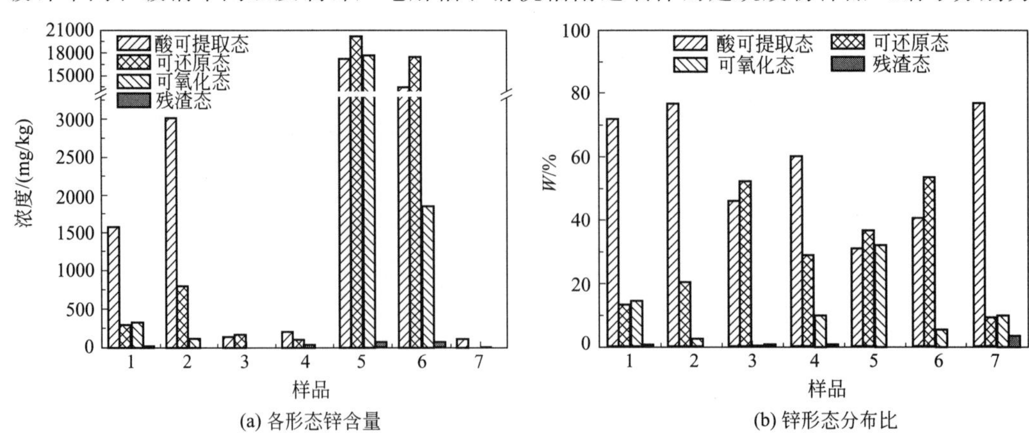

图 4-12　化工冶金建筑废物中锌的形态分布

1—电镀厂镀锌车间；2—电镀厂镀铜车间；3—电镀厂镀铬车间；4—电镀厂镀镍车间；
5—制锌厂电解工段；6—制锌厂清洗工段；7—实验室制备

1、2、5、6)，其酸可提取态、可还原态、可氧化态 Zn 含量均较高，残渣态含量相对较低。从形态分布比来看，电镀厂镀锌、镀铜车间的建筑废物样品（编号 1、2)，其中酸可提取态锌均占各自锌总含量的 70%以上，浓度分别高达 1568.57mg/L 及 3014.30mg/kg，重金属建筑废物中这部分锌具有较强的迁移性，可能对环境造成危害，威胁人体健康。制锌厂电解槽附近墙体的建筑废物样品中各形态的锌，包括酸可提取态、可还原态、可氧化态锌所占比例较平均，而清洗槽附近墙体的建筑废物样中可氧化态锌含量最高，占 53.2%，其次为可还原态占 40.7%。此外，实验室通过浸泡制备的重金属建筑废物样品中锌形态分布比例与电镀厂镀锌车间的建筑废物相似，但含量相对较低。

图 4-13 所示为铜的形态分布，电镀厂镀铜车间、镀镍车间以及制锌厂电解槽附近墙体的建筑废物（编号 1、4、5)，其中酸可提取态、可还原态、可氧化态 Cu 均较高，残渣态含量相对较低。结合形态分布比例，电镀厂镀铜车间的建筑废物样品中 60%以上的铜为酸可提取态，浓度高达 31720mg/kg，具有较强的迁移性，存在潜在环境风险。来源于电镀厂镀镍车间的建筑废物样品，其酸可提取态、可还原态、可氧化态锌所占比例较平均。而制锌厂电解槽附近墙体建筑废物样中残渣态锌含量最高，占 46.9%，其次为可还原态，占 41.5%。

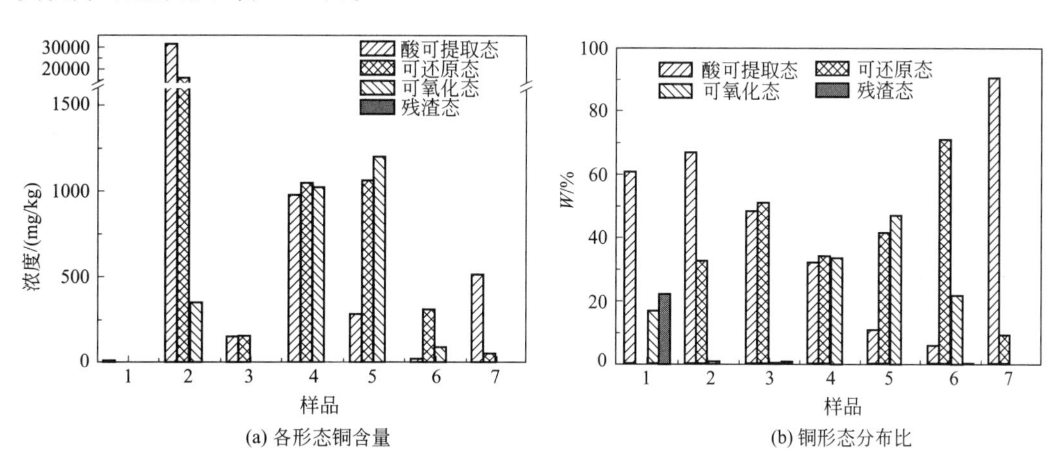

图 4-13 化工冶金建筑废物中铜的形态分布

1—电镀厂镀锌车间；2—电镀厂镀铜车间；3—电镀厂镀铬车间；4—电镀厂镀镍车间；
5—制锌厂电解工段；6—制锌厂清洗工段；7—实验室制备

由图 4-14 可看出，制锌厂电解槽、清洗槽附近的建筑废物样品（编号 5、6)，其酸可还原态、可氧化态 Pb 含量相对其他样品较高，残渣态含量较低。从形态分布比来看，制锌厂电解槽附近的建筑废物的铅，24.6%以酸可提取态存在，69.0%以可还原态存在。此外，电镀厂镀锌、铜车间建筑废物（编号 1、2）中 Pb 含量相对较低，且均存在于残渣态中，电镀厂镀铬、镍车间建筑废物（编号 3、4）中 Pb 主要为可还原态。实验室制备重金属建筑废物样品中酸可溶态 Pb 占 79.1%，高于其他样品。

由图 4-15 可看出，电镀厂镀铬车间的建筑废物（编号 1）中酸可提取态、可还原

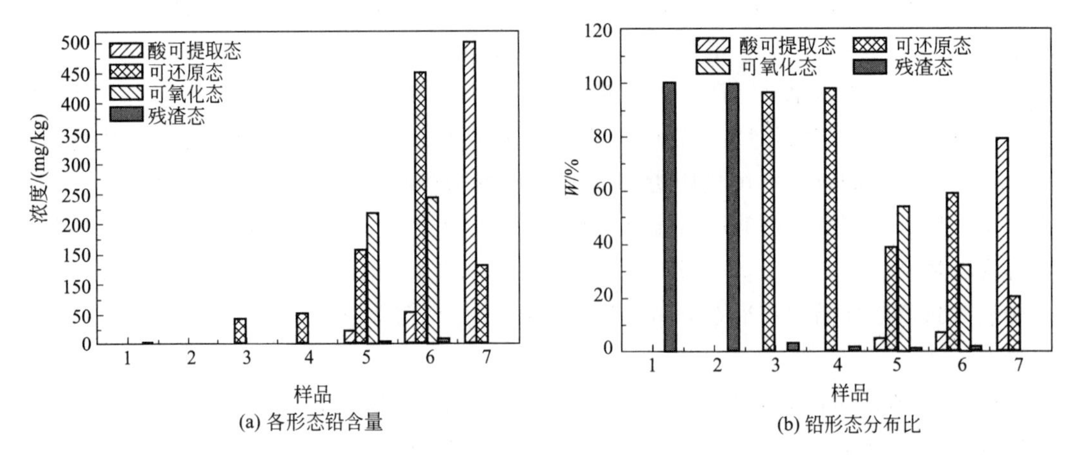

图 4-14 化工冶金建筑废物中铅的形态分布

1—电镀厂镀锌车间；2—电镀厂镀铜车间；3—电镀厂镀铬车间；4—电镀厂镀镍车间；
5—制锌厂电解工段；6—制锌厂清洗工段；7—实验室制备

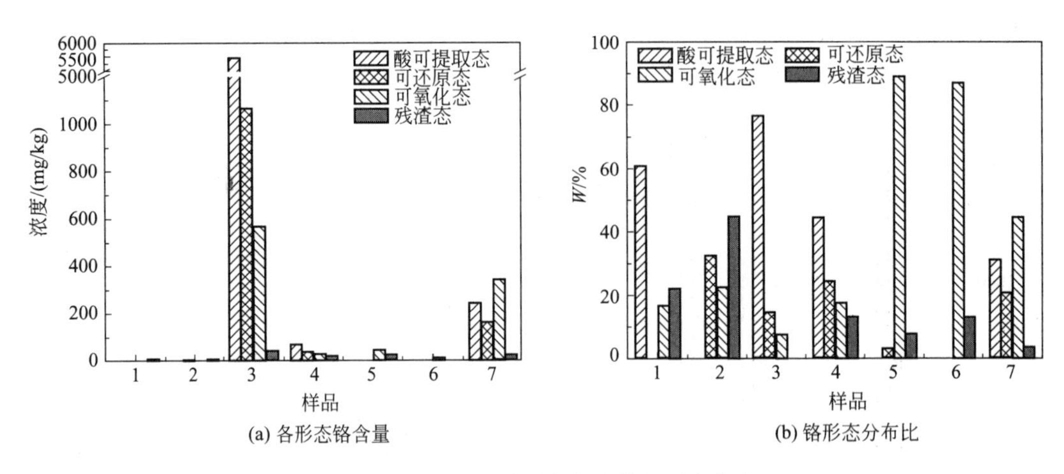

图 4-15 化工冶金建筑废物中铬的形态分布

1—电镀厂镀锌车间；2—电镀厂镀铜车间；3—电镀厂镀铬车间；4—电镀厂镀镍车间；
5—制锌厂电解工段；6—制锌厂清洗工段；7—实验室制备

态、可氧化态 Cr 含量均较高，残渣态含量相对较低。其中 76.5%的铬为酸可提取态，这部分 Cr 浓度高达 5425mg/kg，潜在环境风险大。然而，实验室通过浸泡制备的重金属建筑废物样品中铬形态分布比与电镀厂镀铬车间建筑废物存在差异，各部分含量相对较低。

由于取样车间涉及镀镍工艺，对镍的形态分析结果如图 4-16 所示。电镀厂镀铜车间、镀镍车间的建筑废物（编号 2、4），其中 Ni 主要以酸可提取态、可还原态、可氧化态存在，残渣态较少。从形态分布比例来看，来源于电镀厂镀镍车间的建筑废物样品，酸可提取态镍含量占 24.6%，可还原态镍占 69.0%，其浓度高达 1818.15mg/kg。此外，其他来源的建筑废物（编号 1、3、6、7）中 Ni 的含量相对低，且均存在于残渣态中。

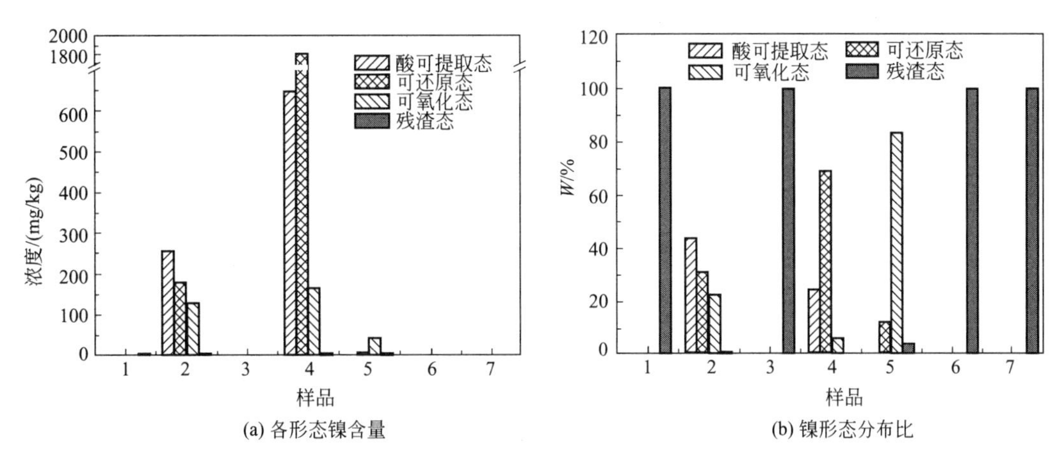

图 4-16 化工冶金建筑废物中镍的形态分布

1—电镀厂镀锌车间；2—电镀厂镀铜车间；3—电镀厂镀铬车间；4—电镀厂镀镍车间；
5—制锌厂电解工段；6—制锌厂清洗工段；7—实验室制备

4.6.2 化工冶金建筑废物中重金属化学形态分析

X 射线光电子能谱（XPS，X-ray photoelectron spectroscopy）以 XPS 标准图谱手册和数据库作比对，可以分析样品表面元素组成及特定元素的存在形态。首先，进行全谱扫描（0～1200eV），判定样品表面的化学基本组成。其次，对不同样品中对应的目标元素进行窄区扫描，通过结合能的准确位置，鉴定各元素的化学形态。对样品的窄区扫描谱图进行分析，使用 XPS PEAK 软件依照常规图谱分析方法，先扣除背景后进行高斯拟合分峰，找出各高斯峰对应的元素化学形态。

（1）电镀厂镀锌车间建筑废物中重金属化学形态

深圳某电镀厂镀锌车间建筑废物（BCR 分析中样品 1）的 XPS 全谱扫描结果见图 4-17，图中可见 O、C、Si、Al、Fe、Ca、Na、Zn 等元素的电子能量峰。为进一步探

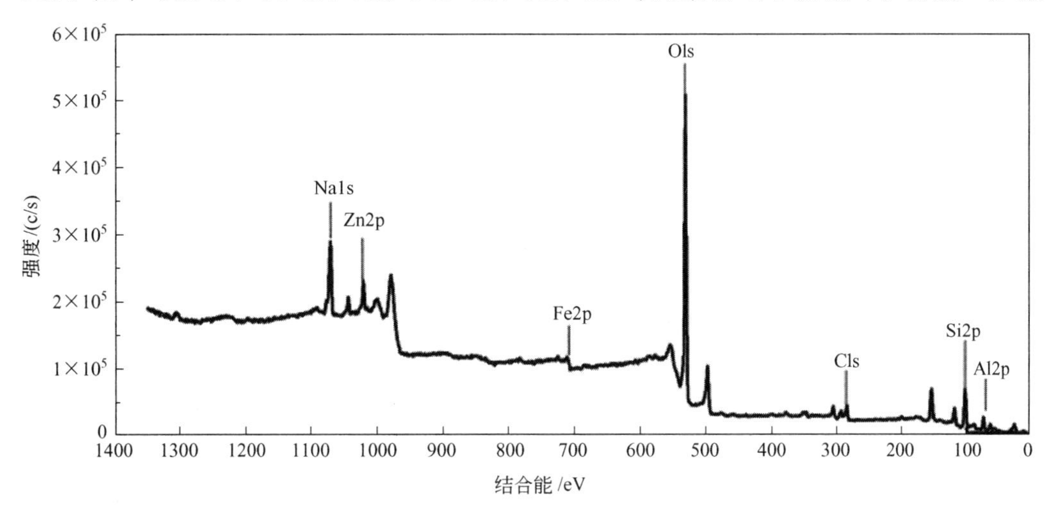

图 4-17 电镀厂镀锌车间建筑废物的 XPS 全谱图

究其中 Zn 的存在形态，对 O、Si、Al、Ca、Zn 进行窄幅扫描，结果见图 4-18。

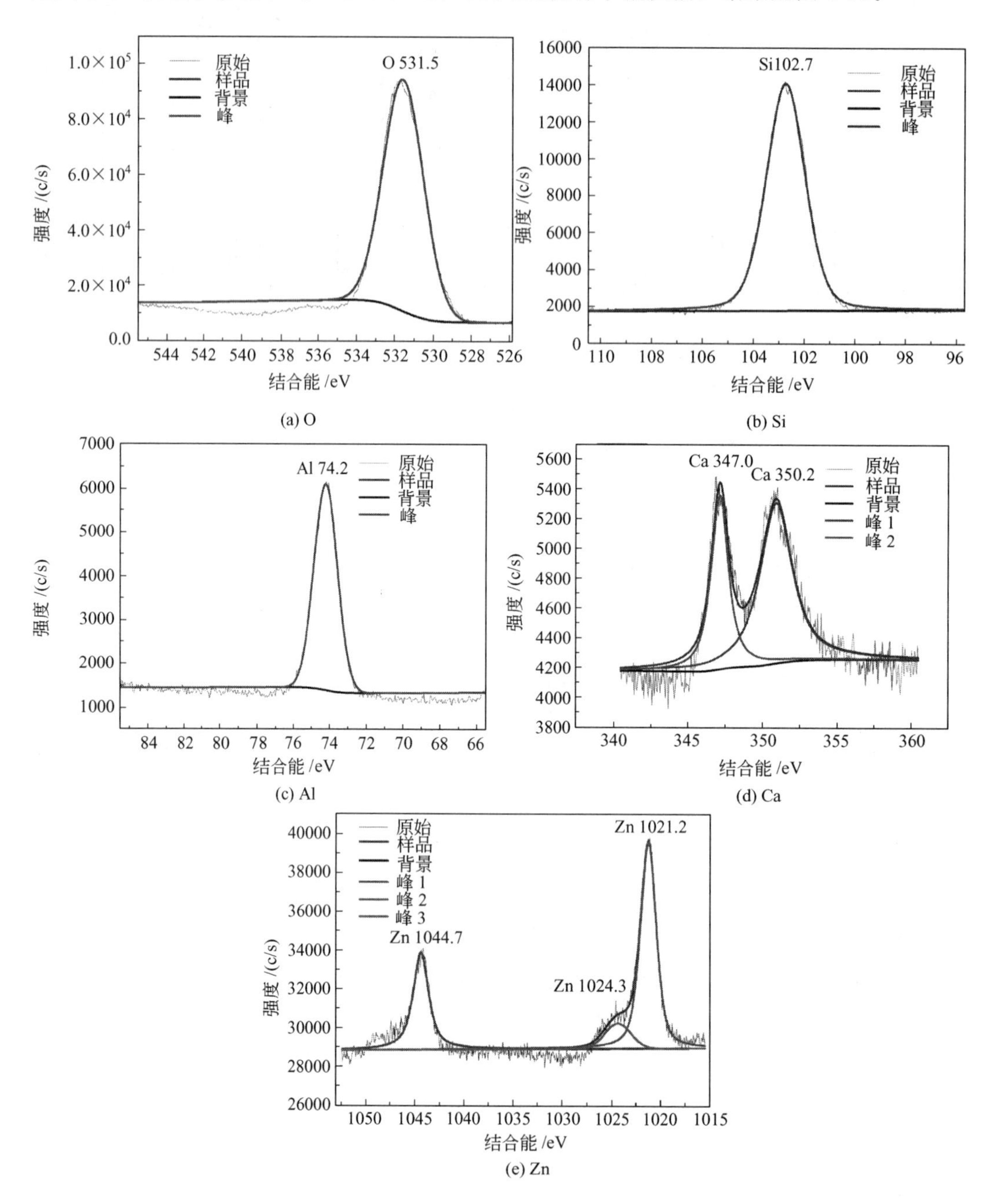

(a) O (b) Si (c) Al (d) Ca (e) Zn

图 4-18 电镀厂镀锌车间建筑废物的 XPS 窄谱图

图 4-18(a) O 元素的窄谱图，可看出 O1s 的拟合高斯峰为 531.5eV，对应 Ca—O、Si—O、C—O、ZnO、Al_2O_3化学形态的结合能，电镀液中氰化物的存在造成建筑废物样品的 C 污染，产生 C—O 化合物。此外，结合 Si 的窄谱分析，Si 在 102.7eV 处存在 2p 峰，判定 Si 在电镀建筑废物样品中的主要以为硅酸盐、硅铝酸盐形态存在。Al 的 2p 峰位于 74.2eV，结合 O 的窄谱分析，判断对应 Al 的形态最可能为 Al_2O_3。Ca 的 2p 峰共两个，其中 Ca2p3/2 位于 347.0eV，Ca2p1/2 位于 350.2eV，对应 Ca 的价态为正

二价，可能为CaO、$CaCO_3$。图4-18(e)为目标污染元素Zn的XPS窄谱图，由图中可看出Zn的2p3/2峰位于1021.2eV，对应Zn—O的结合能，Zn的2p1/2峰位于1044.7eV对应$ZnAl_2O_4$的结合能，而1024eV处的2p峰无明确的Zn形态结合能，可能为某些有机结合态锌。同时，结合O的窄谱分析结果和BCR形态分析结果，Zn在建筑废物样品中主要以ZnO和$ZnAl_2O_4$形式存在，部分以有机结合态存在，但具体物质种类尚不明确。

(2) 电镀厂镀铜车间建筑废物中重金属化学形态

图4-19为深圳某电镀厂镀铜车间建筑废物样品（BCR分析中样品2）的XPS全谱图，图中可以看到O、C、Si、Al、Ca、Na、Cu元素的峰。为进一步探究Cu的存在形态，对O、Si、Al、Ca、Cu进行窄幅扫描，如图4-20所示。

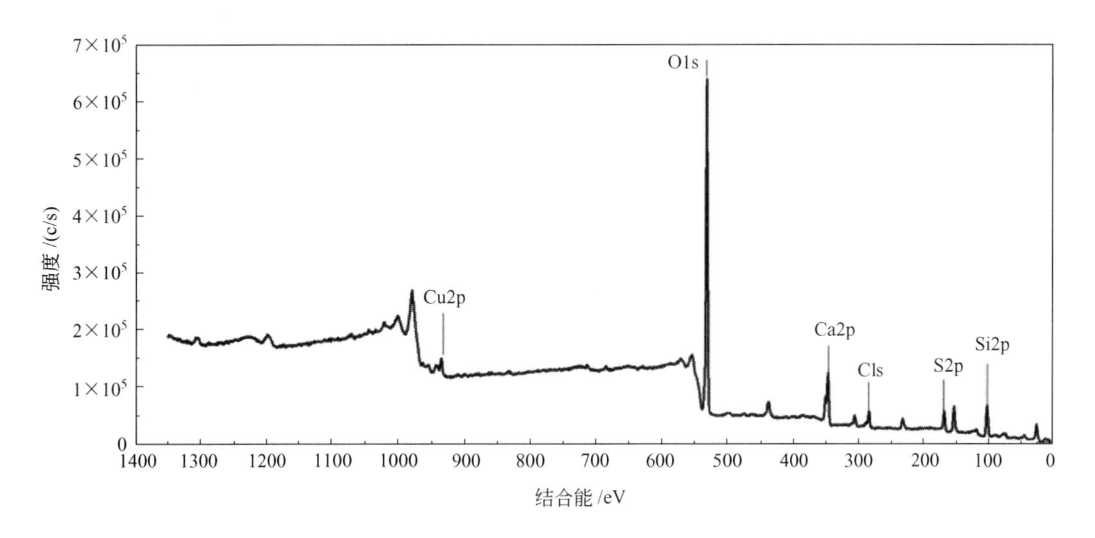

图4-19 电镀厂镀铜车间建筑废物的XPS全谱图

从图4-20电镀厂镀铜车间建筑废物XPS窄谱图中可看出，O1s的拟合高斯峰为532.1eV，对应Ca—O、Si—O、C—O、Cu—O、Al—O等化学形态的结合能，电镀液中氰化物带来了建筑废物样品的C污染，形成C—O化合物。此外，结合Si的窄谱分析，Si在103.1eV存在2p峰，对应SiO_2，故Si在样品中的存在形态为硅酸盐、硅铝酸盐。Al的2p峰位于74.6eV、77.3eV，结合O的窄谱分析，判断对应Al的形态最可能为Al_2O_3。Ca的2p峰共两个，其中Ca2p3/2位于347.7eV，Ca2p1/2位于350.2eV，对应Ca的价态为正二价，可能为$Ca_3(PO_4)_2$、$CaSO_4 \cdot 2H_2O$、$CaCO_3$。图4-20为目标污染元素Cu的XPS窄谱图，由图中可看出Cu的一对2p3/2和2p1/2的高斯拟合峰分别位于934.8eV和954.5eV，均对应的$CuMn_2O_4$结合能；Cu的另一高斯拟合峰2p3/2，sat位于943.0eV，对应CuO结合能，而位于962.5eV的2p峰无准确对应的化合物形态，可能为有机结合态铜。综上所述，Cu在建筑废物样品中主要以CuO、$CuMn_2O_4$形式存在，部分以有机结合态存在，但具体有机结合物质尚不明确。

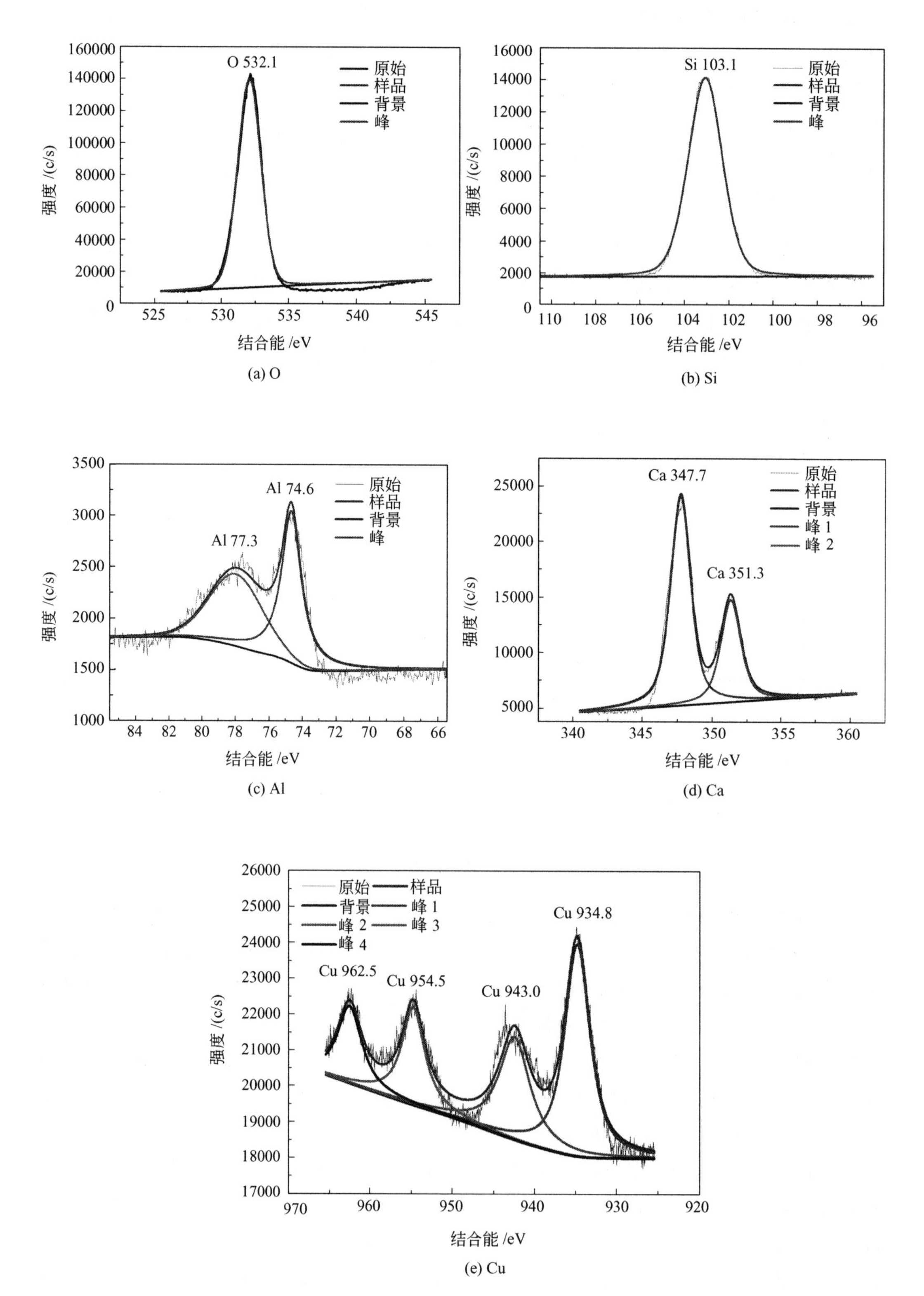

图 4-20 电镀厂镀铜车间建筑废物的 XPS 窄谱图

(3) 电镀厂镀铬车间建筑废物中重金属化学形态

如图 4-21 所示为深圳某电镀厂镀铬车间建筑废物样品（BCR 分析中样品 3）的 XPS 扫描全谱，图中可以见 O、C、Si、Ca、S 元素的峰。为进一步探究 Cr 的存在形态，对 O、Si、Al、Ca、Cr 进行窄幅扫描，如图 4-22 所示。

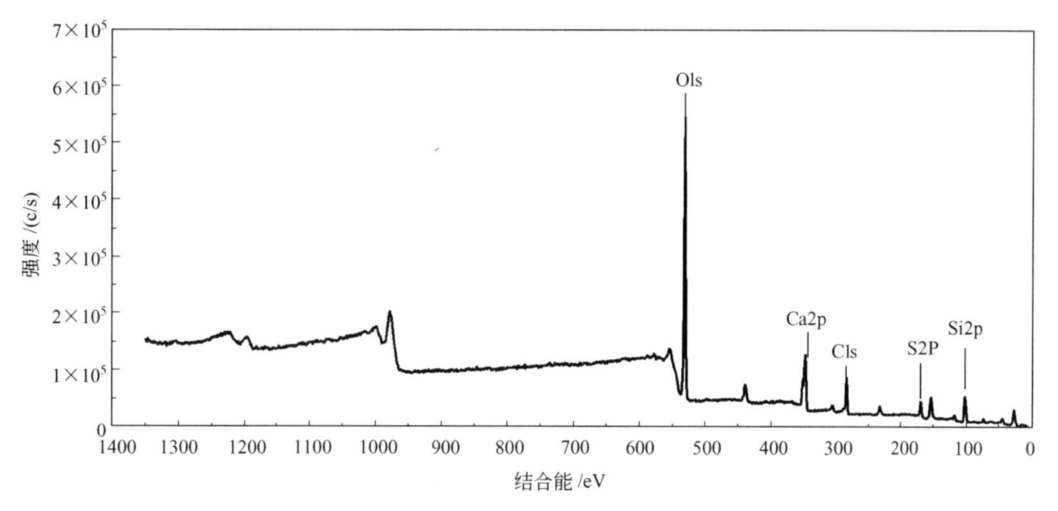

图 4-21　电镀厂镀铬车间建筑废物的 XPS 全谱图

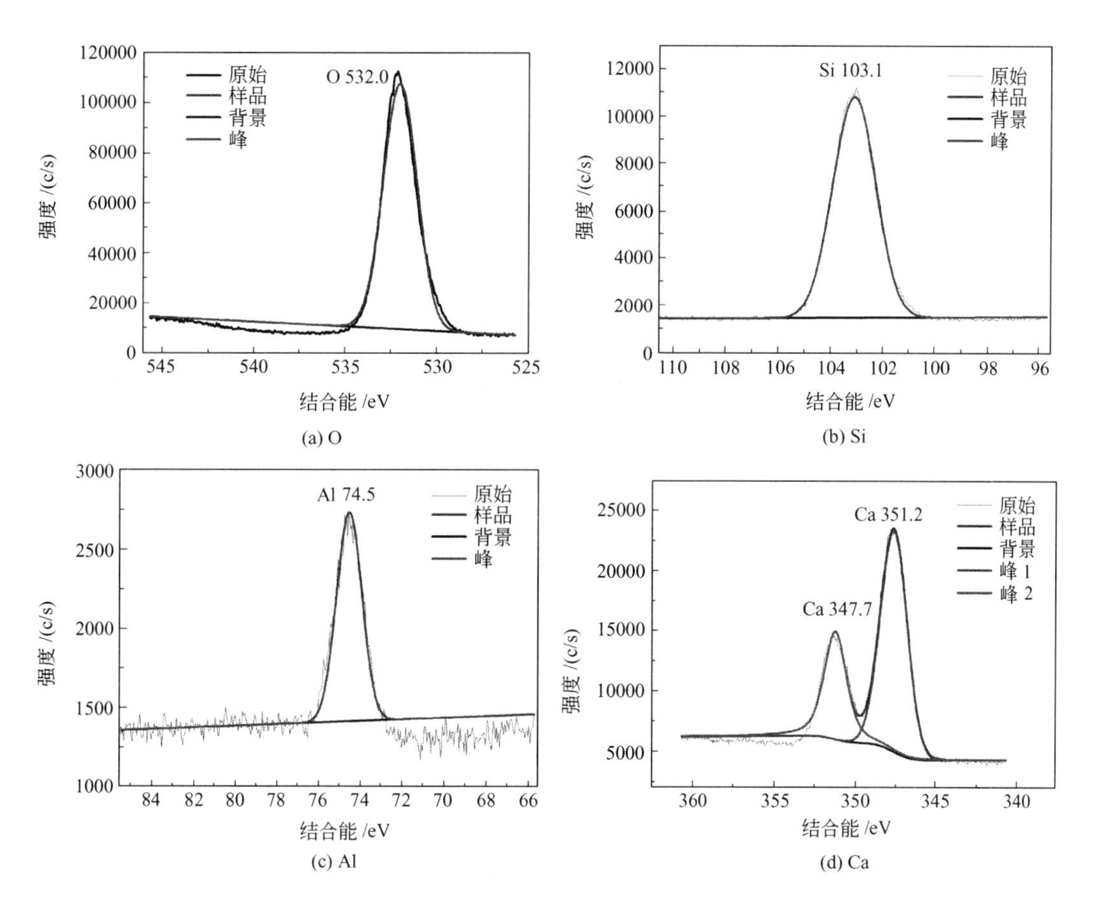

图 4-22

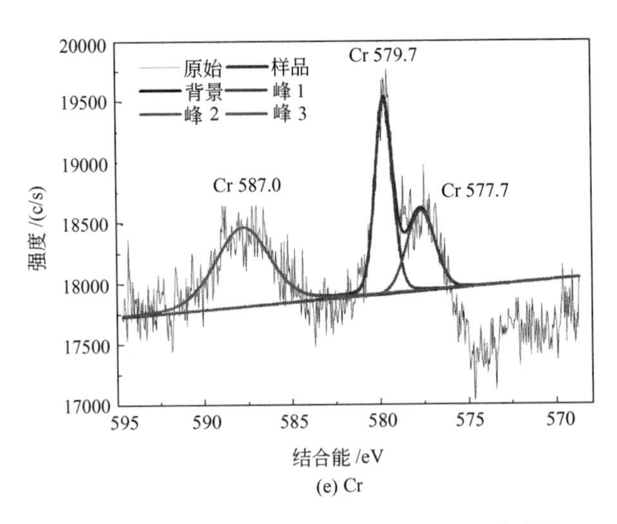

(e) Cr

图 4-22 电镀厂镀铬车间建筑废物的 XPS 窄谱图

从图 4-22 各元素窄谱图可看出 O1s 的拟合高斯峰在 532.0eV，对应 Ca—O、Si—O、C—O（电镀液中氰化物的存在造成建筑废物样品的 C 污染）、Cr—O—C、Al—O 等化学形态的结合能。此外，结合 Si 的窄谱分析，Si 在 103.1eV 存在 2p 峰，对应 SiO_2，主要存在于硅酸盐、硅铝酸盐中。Al 的 2p 峰位于 74.5eV，结合 O 的窄谱图分析，判断对应 Al 的形态最可能为 Al_2O_3。Ca 的 2p 峰共两个，其中 Ca2p3/2 位于 347.7eV，Ca2p1/2 位于 352.1eV，均对应 $CaCO_3$，347.7eV 处正二价 Ca 的存在形态也可能为 $Ca_3(PO_4)_2$、$CaSO_4 \cdot 2H_2O$。目标污染元素 Cr 的 XPS 窄谱图图 4-22(e) 显示，谱线信号强度弱，受背景影响大，但仍可见 Cr 的一对 2p3/2 和 2p1/2 高斯拟合峰分别位于 579.7eV 和 587.0eV，对应 Cr—O 结合能，分别为 K_2CrO_4、CrO_3 化合物和 $Cr(NO_3)_3$，即存在为六价铬和三价铬。有机态 Cr 由 577.7eV 的 2p3/2 峰确定，主要对应 Cr—C—O 结合能，[$Cr(CH_3C(O)CHC(O)CH_3)_3$] 为其中可能的一种。

（4）电镀厂镀镍车间建筑废物中重金属化学形态

图 4-23 为深圳某电镀厂镀镍车间建筑废物（BCR 分析中样品 4）的 XPS 全谱图，

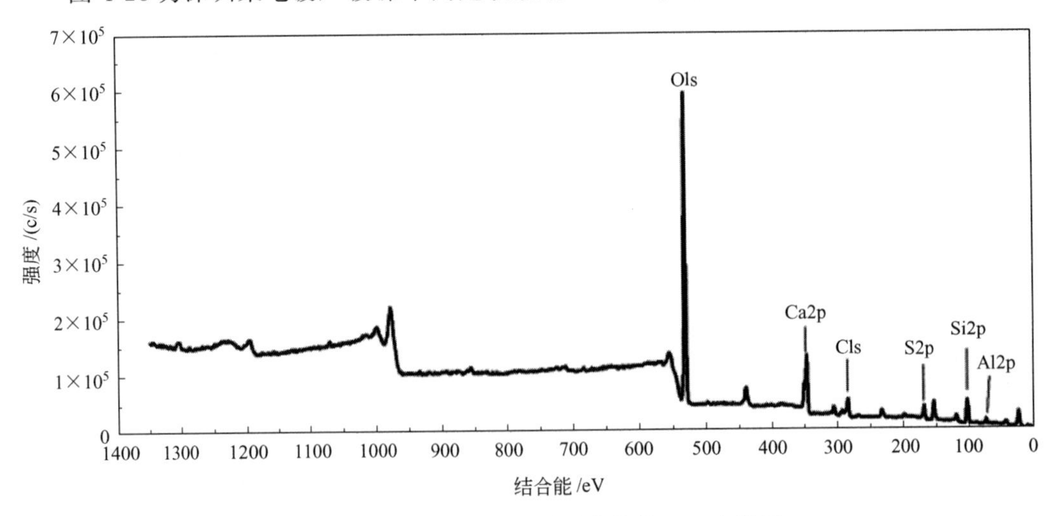

图 4-23 电镀厂镀镍车间建筑废物的 XPS 全谱图

主要存在 O、C、Si、Al、Ca、S 元素的峰。为进一步探究 Ni 的存在形态，对 O、Si、Al、Ca、Ni 进行窄幅扫描，见图 4-24。

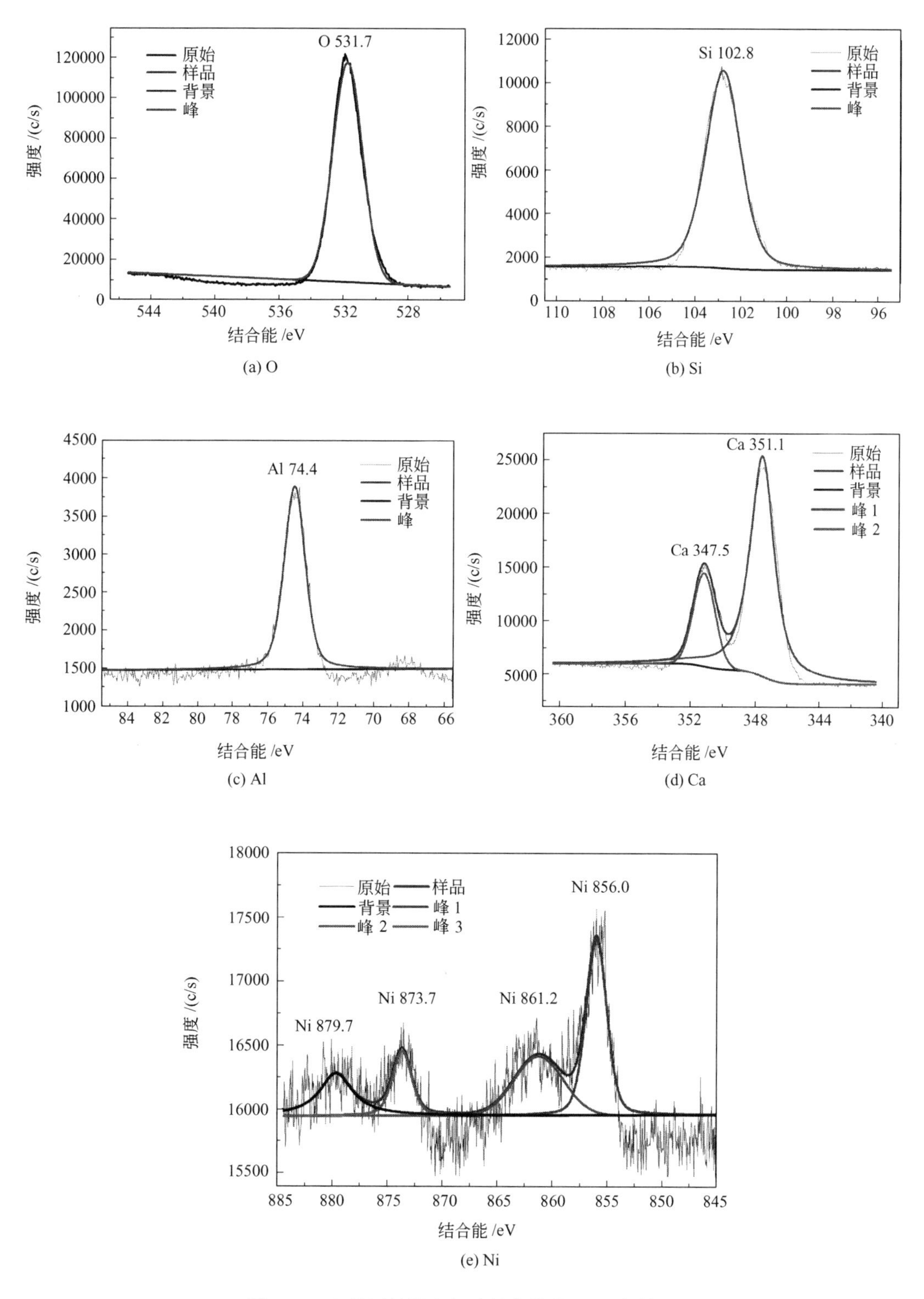

图 4-24　电镀厂镀镍车间建筑废物的 XPS 窄谱图

由图4-24(a) O元素的窄谱图可看出531.7eV处存在O1s的拟合高斯峰，对应Ca—O、Si—O、C—O（电镀液中氰化物的存在造成建筑废物样品的C污染）、Al—O、Ni—O等化学形态的结合能。结合Si的窄谱分析，Si在102.8eV存在2p峰，对应SiO_2、Al_2OSiO_4等，Si在样品中的存在形态主要为硅酸盐、硅铝酸盐。Al的2p峰位于74.4eV，结合O的窄谱分析判断对应Al的形态最可能为Al_2O_3。Ca的2p3/2峰位于347.5eV，对应正二价Ca，可能为$CaHPO_4$；2p1/2峰位于351.1eV，对应Ca—O结合能，主要为$CaCO_3$、CaO/Ni。目标污染元素Ni的XPS窄谱扫描谱线信号强度弱，受背景影响大，Ni的一对2p3/2和2p1/2高斯拟合峰分别位于856.0eV和873.7eV，对应Ni—O结合能，主要存在形态为$Ni(OH)_2$化合物，此外也可能存在NiO、Ni_2O_3、$K_2[Ni(CN)_4]$（电镀液中氰化物的作用），即存在二价镍和三价镍。Ni的2p2/3，sat高斯拟合峰位于861.2eV和879.7eV，分别对应$Ni(OH)_2$和$(Ni(OH)_2)_3 \cdot 2H_2O$、NiOOH。

(5) 制锌厂电解车间建筑废物中重金属化学形态

昆明某湿法炼锌厂电解槽附近建筑废物样品（BCR分析中样品5）的XPS全谱扫描结果如图4-25所示，图中可见O、C、Si、Ca、Na、Zn元素的峰。为进一步探究Ni的存在形态，对O、Si、Al、Ca、Zn进行窄幅扫描见图4-26。

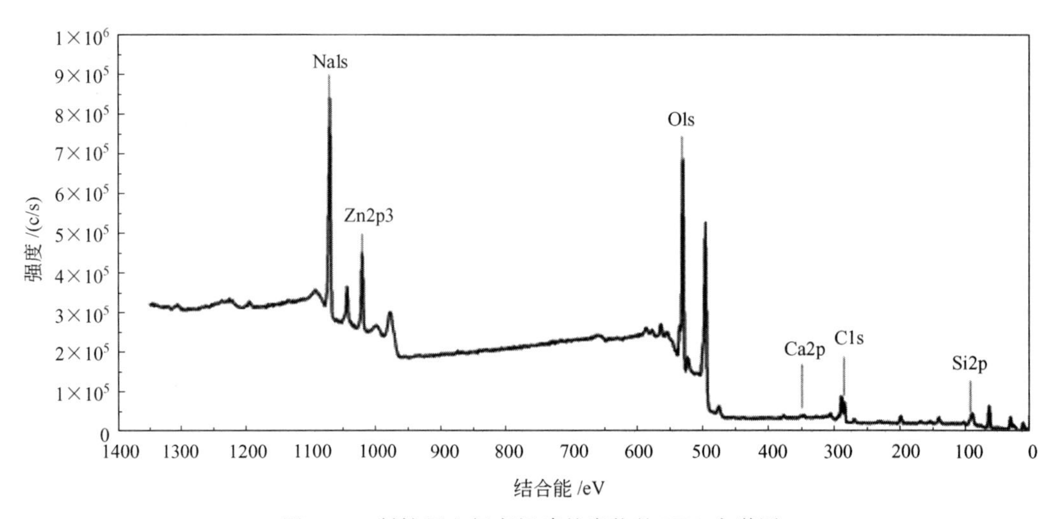

图4-25 制锌厂电解车间建筑废物的XPS全谱图

各元素窄谱扫描结果如图4-26所示，图4-26(a)中O1s的拟合高斯峰为531.2eV，对应Ca—O、Si—O、Zn—O、Al—O、Na—O化学形态的结合能，主要化合物为$Ca(OH)_2$、$CaCO_3$、ZnO、Al_2O_3、$Al(OH)_3$，位于535.6eV的O1s，sat峰对应$KMnO_4$。此外，结合Si的窄谱分析，Si在102.0eV处存在2p峰，对应$SiO_2 \cdot Al_2O_3$化合物，推断Si在样品中的存在形态为硅酸盐、硅铝酸盐。Al的2p峰位于74.2eV，结合O的窄谱分析，判断对应Al的存在形态可能有Al_2O_3、Al_2ZnO_4、$Al(OH)_3$。Ca的2p峰共两个，其中Ca2p3/2位于346.8eV，Ca2p1/2位于350.5eV，对应Ca的价态为正二价，可能为CaO、$CaCO_3$。图4-26(e)为目标污染元素Zn的XPS窄谱图，Zn

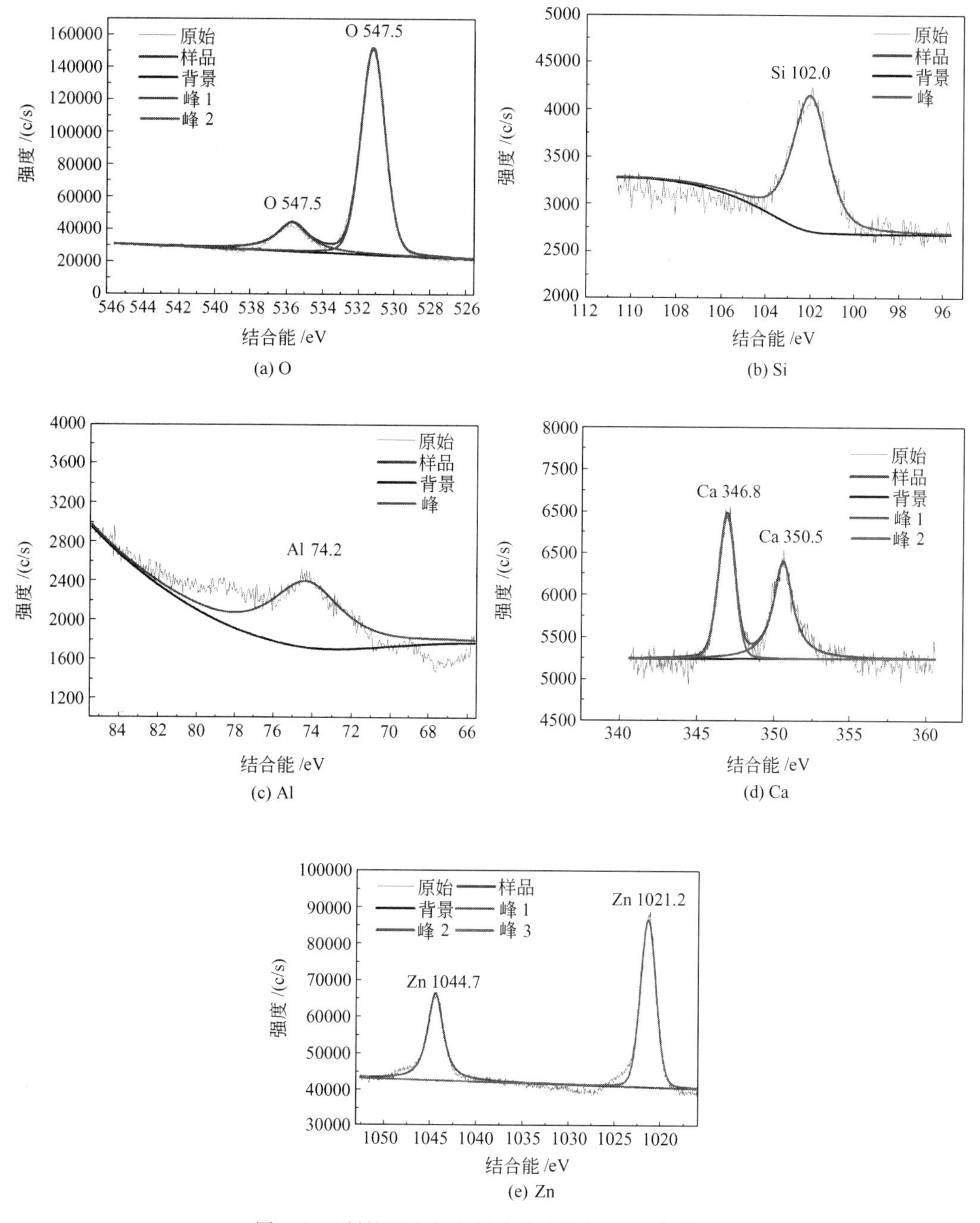

(a) O　(b) Si　(c) Al　(d) Ca　(e) Zn

图 4-26　制锌厂电解车间建筑废物的 XPS 窄谱图

的 2p3/2 峰位于 1021.2eV，对应 ZnO 的结合能，Zn 的 2p1/2 峰位于 1044.7eV 对应 $ZnAl_2O_4$ 的结合能。

（6）炼锌厂清洗车间建筑废物中重金属化学形态

如图 4-27 所示为昆明某湿法炼锌厂清洗槽附近建筑废物（BCR 分析中样品 6）的 XPS 全谱图，O、C、Si、Ca、Na、Zn 元素的峰清晰可见。为进一步探究 Ni 的存在形态，对 O、Si、Al、Ca、Zn 进行窄幅扫描结果如图 4-28 所示。

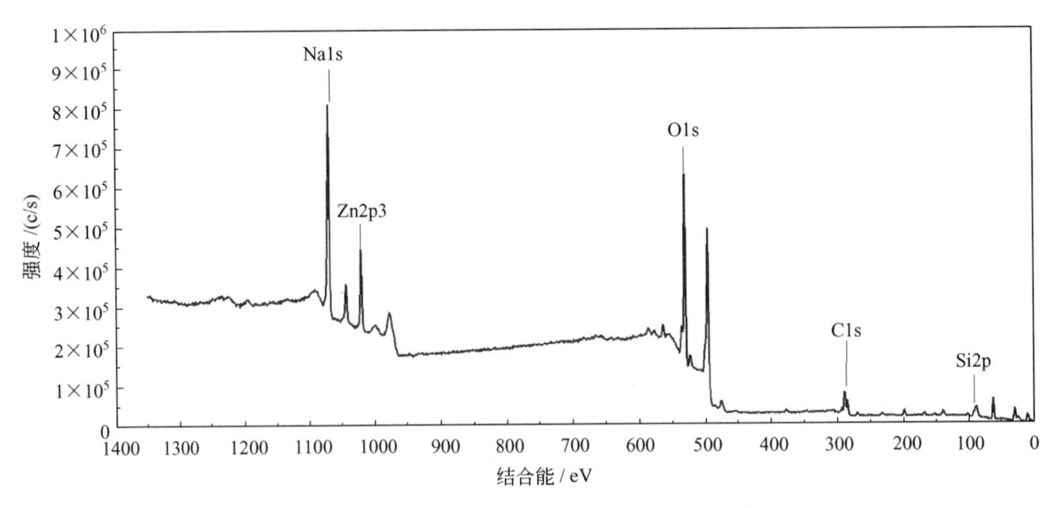

图 4-27　制锌厂清洗车间建筑废物的 XPS 全谱图

图 4-28 制锌厂电解车间建筑废物 XPS 窄谱图，可看出 O1s 的拟合高斯峰为 531.2eV，对应 Ca—O、Si—O、Zn—O、Al—O、Na—O 化学形态的结合能，主要化合物为 $Ca(OH)_2$、$CaCO_3$、ZnO、Al_2O_3、$Al(OH)_3$，位于 535.6eV 的 O1s，sat 峰对应 $KMnO_4$。此外，结合 Si 的窄谱分析，Si 在 101.7eV 处存在 2p 峰，对应 Si—O、Al—Si—O 结合能，Si 在样品中以硅酸盐、硅铝酸盐形态存在。Al 的 2p 峰位于

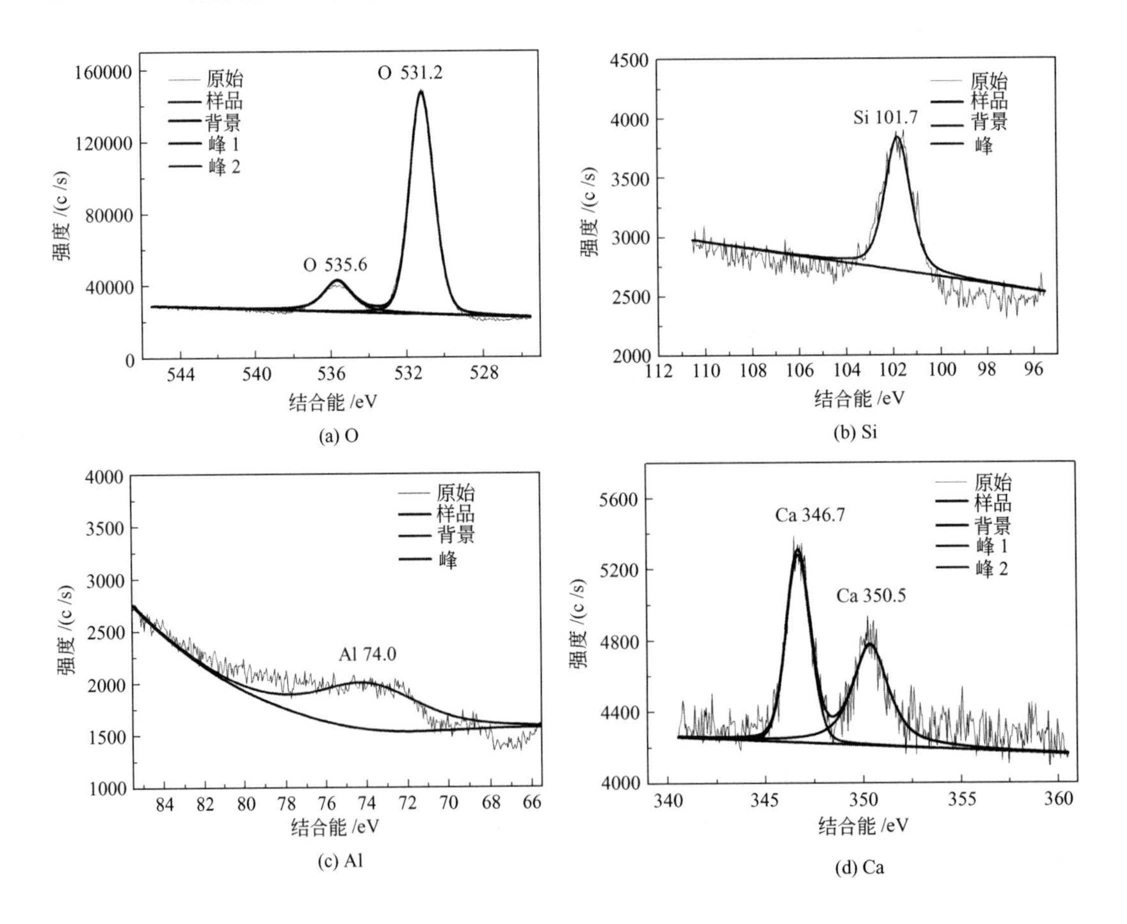

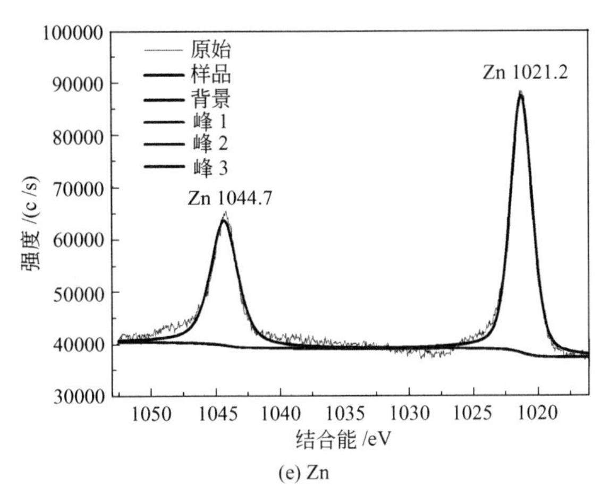

图 4-28　制锌厂清洗车间建筑废物的 XPS 窄谱图

74.0eV，对应 Al 的存在形态可能有 Al_2O_3、Al_2ZnO_4、$Al(OH)_3$。Ca 的 2p 峰共两个，其中 Ca2p3/2 位于 346.7eV，Ca2p1/2 位于 350.5eV，对应 Ca 的价态为正二价，可能为 $Ca(OH)_2$ 和 $CaCO_3$。目标污染元素 Zn 的 XPS 窄谱图如图 4-28(e) 所示，Zn 的 2p3/2 峰位于 1021.2eV，对应 ZnO 的结合能，Zn 的 2p1/2 峰位于 1044.7eV，对应 $ZnAl_2O_4$ 的结合能。可见，制锌厂电解工艺段与清洗工艺段的建筑废物中锌的存在形态相同。

（7）实验室浸泡建筑废物重金属化学形态

为对比工厂现场建筑废物与实验室模拟污染的建筑废物中重金属的存在形态，将实验室通过浸泡模拟的建筑废物（BCR 分析中样品 7）进行 XPS 分析，全谱扫描结果如图 4-29 所示。图中可见 O、C、Si、Al、Fe、Ca、Na、K 元素的峰。为进一步探究 Ni 的存在形态，对 O、Si、Al、Ca、Zn、Cu、Pb、Cr、Cd 进行了窄幅扫描，因样品中重金属浓度过低，XPS 测定效果不佳，如图 4-30 所示。

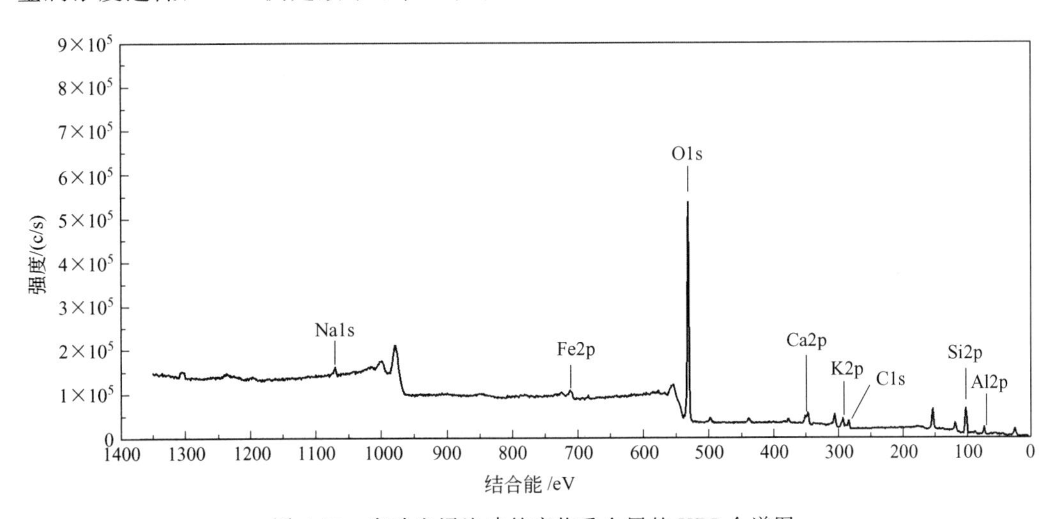

图 4-29　实验室浸泡建筑废物重金属的 XPS 全谱图

由图4-30(a) O元素的窄谱图，可看出O1s的拟合高斯峰为531.7eV，对应Ca—O、Si—O、Al—O、Ni—O等化学形态的结合能。此外，结合Si的窄谱分析，Si在102.8eV处存在2p峰，对应Si—O、Al—Si—O结合能，如SiO_2、Al_2OSiO_4等化合物，Si在样品中的存在形态主要为硅酸盐、硅铝酸盐。Al的2p峰位于74.5eV，结合O的窄谱分析，判断对应Al的形态最可能为Al_2O_3。Ca的2p峰共两个，其中Ca2p3/2位于347.2eV，Ca2p1/2位于350.5eV，对应Ca的价态为正二价，可能为$CaHPO_4$、$Ca_3(PO_4)_2$。图4-30(e)和(f)分别为目标污染元素Zn、Cu的XPS窄谱图，由于信噪比较大，原始测定数据中无法分峰，分析原因可能为样品中Zn、Cu出射信号低于检测限，加之XPS测定中所取样品少，样品中Zn、Cu的分布不均导致了无明显信号峰。

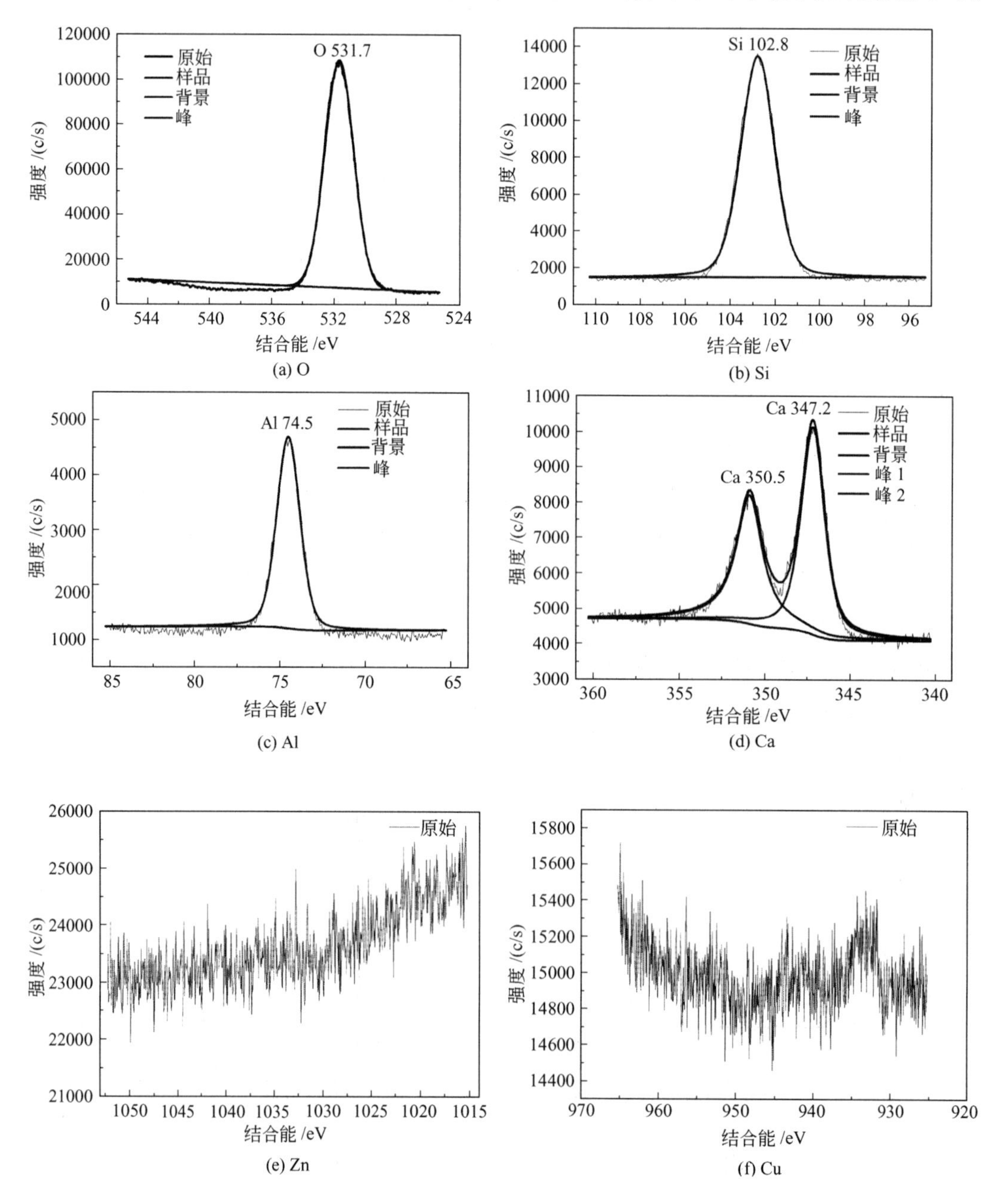

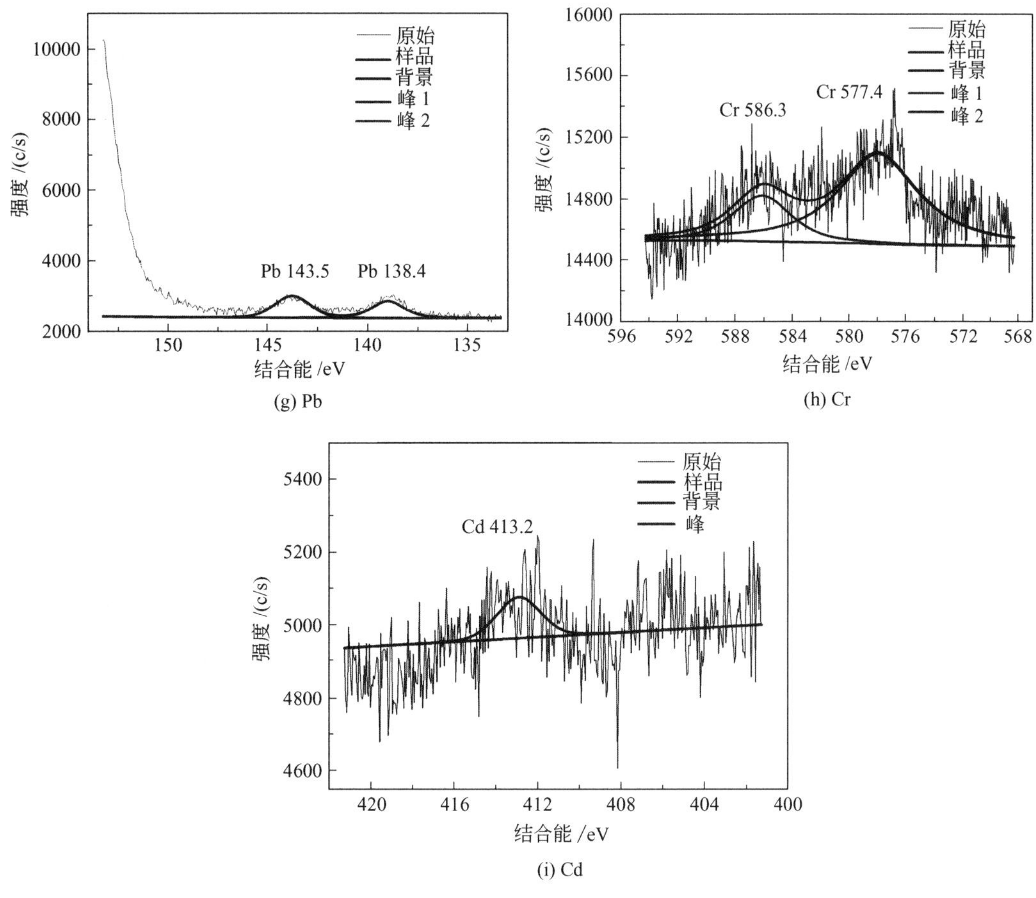

图 4-30 实验室浸泡建筑废物重金属的 XPS 窄谱图

图 4-30(g) 为 Pb 的窄谱图，其 4f5/2 高斯拟合峰位于 143.5eV，对应 $PbO \cdot SiO_2$ 化合物，4f7/2 高斯拟合峰位于 138.4eV，对应 $Pb(OH)_2$，故外源污染 Pb 在建筑废物中以氧化物形式与 SiO_2 结合，同时也以沉淀物形式存在。图 4-30(h) 为 Cr 的窄谱图，一对 2p1/2 和 2p3/2 峰分别位于 586.3eV 和 577.4eV，分别对应 Cr_2O_3、$Cr(OH)_3$ 结合能，外源污染 Cr 在建筑废物中以氧化物形式和沉淀物形式存在。图 4-30(i) 为 Cd 的窄谱图，峰信号强度较弱，其中 3d3/2 峰位于 413.2eV，对应 Cd—Si—C 结合能。

4.7 建筑废物中有机物、重金属/有机物复合污染特征

前面章节中对于建筑废物或其他工业固体废物中重金属污染进行了较为详尽的介绍，事实上，有机污染物也可能广泛存在于工业企业建筑废物表面或内部。有关有机污染建筑废物，目前研究极少，相关标准和法规更是空白。而国外对于建筑废物中有机污染物的存在和迁移表征，以沥青、黏土和再生集料为主，针对工业企业实际车间建筑废物污染的调查工作仍比较缺乏，实验室模拟实验设计，采用的也往往是人工制作的水泥和复合板，难以对工业企业有机污染建筑废物的管理工作提供技术支撑。本章节主要针

对农药厂等化工行业建筑废物，对其中的有机污染物进行特征分析。

研究对象来源于东北某农药集团车间内外地面、墙体和部分设备管道表面刮取建筑废物，包括混凝土、砖、石块、灰浆、渣土、隔板、木板、保温层等各类材质建筑废物。经实地调研，该农药厂于2004年左右即完全停产，运营期间以有机磷（甲拌磷3911等）和菊酯类农药为主要产品，这些产品现在大部分已为明令禁止生产的药物，毒性强，环境风险大。即使大部分废弃车间废物已经暴露于自然环境长达10多年，农药集团内部仍弥漫着强烈的农药气味，可见大气污染严重。因此，在建筑废物取样的基础上，还取了部分水样和大气样品，以进行辅助分析。

4.7.1 建筑废物中多环芳烃的污染特征

有机物以石油污染、多环芳烃、农药及其中间体为主要特征污染物，多集中于颗粒、碎屑状建筑废物，其分布在农药厂区内部差异显著。农药污染以原药中间体最为常见，特征成品只可在特定取样点检出，而包装车间、成品仓库以大气污染为主。重污染点处于农药厂大型贮料罐内部，潜在的风险为罐体氧化开裂造成内部污染物泄漏造成的二次污染。管理和处置应针对其生产工艺，快速排查确立高污染风险污染点，开展原位削减或源头分离。

多环芳烃，人为源主要来自于工业工艺过程，包括有机物加工，废弃，燃烧或使用。许多化工厂以煤为生产原料，而含有多环芳烃的煤焦油及其下游产品，以及作为农药等化工生产的重要原料的多环芳烃化合物，造成了工业企业建筑物及场地土壤的污染。迄今已发现有200多种多环芳烃污染物，其中有相当部分具有致癌性，如苯并［*a*］芘、苯并［*a*］蒽等。同时，农药车间运行过程中因散落、溅射或挥发而逸出的农药作为污染物，也会在工业企业建筑物及场地土壤中停留较长的时间。

样品为各处墙面、地面表层刮取粉末、车间地面混凝土、砖块、管道表面涂料等。所取样品均现场进行避光、密闭塑封，带回实验室第一时间进行预处理及上机测定，所用方法见3.2建筑废物样品中有机污染物和氰化物检测分析。

多环芳烃在农药厂建筑废物中的分布见表4-11。

表4-11 农药企业建筑废物中多环芳烃含量分布 单位：mg/kg

多环芳烃	样品1	样品2	样品3	样品4	样品5	样品6
萘	0.08	0.07	—	0.71	0.01	0
苊烯	0.04	0.13	0.02	—	0.03	0.14
苊	—	—	—	—	—	0.04
芴	0.08	0.18	0.13	—	0.05	0.53
菲	0.82	2.38	1.26	13.29	0.91	5.25
蒽	0.08	0.25	—	12.76	0.10	0.74
荧蒽	0.68	3.08	0.74	3.55	0.70	10.26
芘	—	1.91	—	—	—	7.57
苯并[*a*]蒽	0.36	0.863	0.36	0.34	0.43	3.72

续表

多环芳烃	样品 1	样品 2	样品 3	样品 4	样品 5	样品 6
䓛	3.25	1.67	0.32	0.14	0.41	5.43
苯并[*j*]荧蒽	1.34	1.43	1.20	—	1.17	2.35
苯并[*e*]芘	2.09	0.59	0.54	0.56	0.62	4.74
苯并[*b*]荧蒽	0.68	0.52	0.52	0.98	0.58	4.70

由表 4-11 可见，在 16 种优先控制的多环芳烃中，有 13 种可被检出，普遍含量不高，存在较为明显的峰值。其中多环芳烃和农药在建筑表面残留较少，更多集中在颗粒、碎屑状建筑废物表面，多环芳烃的分布在厂区内部差异显著，推断为点污染。农药污染以原药中间体最为常见，某些特征成品只可在特定取样点检出。而包装车间、成品仓库以大气污染为主。项目组根据现场取样点的探勘以及厂区内部平面区域的划分，绘制出农药企业污染物分布平面图，见图 4-31。

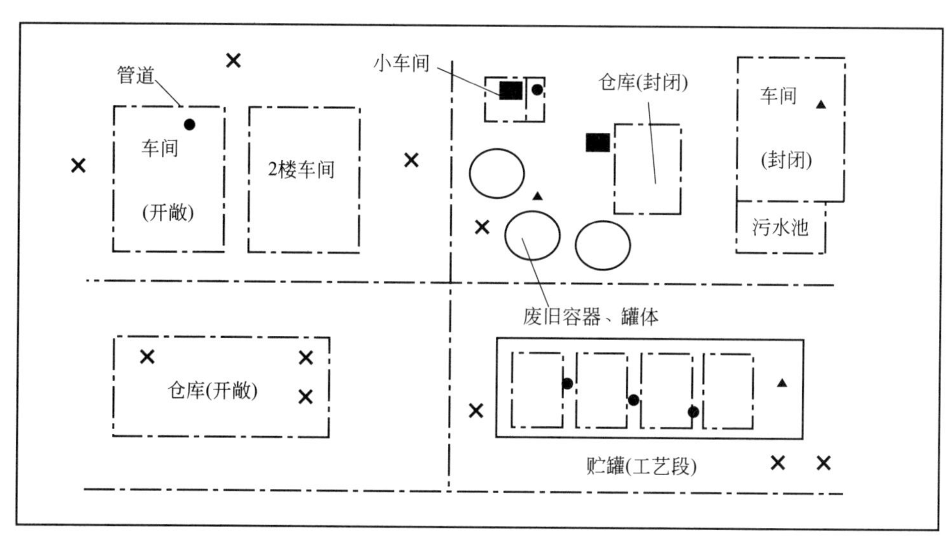

图 4-31　农药企业污染物分布

■—农药成品（菊酯、灭多威）；●—多环芳烃；

▲—中间体；✕—大气污染（气味）

由图 4-31 可见，工业企业有机污染物可能广泛存在于厂区车间建筑废物中。对于较为开敞、通风、日照条件良好的建筑废物表面，受有机污染物污染程度往往较轻，环境风险较低，包括大型开敞车间、仓库表面，或是车间外围墙面地面；原料、工业溶剂、成品输送管道表面板材、涂层，以及管道附近地面有一定的污染状况，其环境风险受管道腐蚀程度、气候条件及具体工艺影响；封闭的车间、仓库内壁和地面，是中度污染区域，具有一定的环境风险，这一区域往往同时存在气态、液态、固态三相污染物，污染系统复杂，污染行为为包括吸附、渗透、扩散等多重作用；更为严重的污染段出现于废旧容器、罐体表面建筑包裹材料、周边地面墙面，项目组取样时发现，废旧厂区内部，各种盛放工业试剂的贮罐往往随意丢弃，或横七竖八堆放，或已腐蚀严重，通过雨水等介质携带，地面已出现一道道污染白斑；最为严重的污染区域为贮放化学试剂罐体内部，这一部分废物类型，目前我国尚没有明确的划分，厂区拆建、废弃后，其管理部门或是拆迁部门往往未将其与厂区建筑废物进行源头分离，而是混堆其中，潜在的风险为长期年久失修，罐体氧化开裂造成内部污染物泄漏造成的二次污染，可以说废旧罐体是重要的建筑废物污染源。

因此，有机污染建筑废物的处置应针对其生产工艺，快速排查确立高污染风险污染点，进行原位削减。管理方面，通过项目组取样经验（仍待进一步丰富完善），确定拆迁前后工业企业车间建筑废物重点管辖区域，进行分类收集输送处置，对不进行分类分离、随意堆弃的企业部门，进行处罚。具体可见管理建议相关章节。

4.7.2 农药厂挥发性有机物存在特征

对农药厂建筑废物中挥发性有机物（不包含多环芳烃和农药）进行了检测，其结果如表 4-12 所列，由于检测项目过多，其结果仅列出超标部分。

表 4-12 挥发性有机污染物存在特征 单位：mg/kg

分析指标	检出限	建筑废物 1	建筑废物 2	建筑废物 3	建筑废物 4
总石油类烃					
$C_6 \sim C_9$	0.5	—	—	85.2	—
$C_{10} \sim C_{14}$	10	16	—	44	15
$C_{15} \sim C_{28}$	20	276	53	477	451
$C_{29} \sim C_{36}$	20	130	55	451	513
代用品					
甲苯-d8	—	97	98	98	96
4-溴氟苯	—	96	99	88	98
二氯一氟甲烷	—	116	113	111	118
对三联苯-d14	—	120	92	100	73
单环芳烃					
苯	0.05	—	—	0.39	—
甲苯	0.05	—	—	0.07	—
间(对)二甲苯	0.05	0.13	—		
邻二甲苯	0.05	0.08	—		
卤代脂肪烃					
1,1-二氯乙烷	0.05	—	—	0.34	—
1,2-二氯乙烷	0.05	—	0.13	64.2	0.08
1,1,2-三氯乙烷	0.05	—	—	0.39	—
卤代芳烃					
氯苯	0.05	—	—	3.06	—
2-氯甲苯	0.05	—	—	0.23	—

从表 4-12 可以看出，共检出 17 种挥发性有机污染物，但浓度普遍不高，其中总石

油烃最高达 513mg/kg，而 1,2-二氯乙烷最高达 64.2mg/kg，为两种主要污染物。除去多环芳烃以及农药污染物，该处置场建筑废物中挥发性有机污染物风险较低，可不进行专项处置。

4.7.3　农药厂建筑废物污染特征

4.7.3.1　实地采样

取样分布图如图 4-32 所示。其中左上角为取样地点平面简图。

图 4-32　农药厂建筑废物采样布设

a—焚烧罐；b—污染建筑废物集中收集点；c—污水处理设施；d—中和池；e—建筑废物随意堆置场地；f—储药罐；g—建筑废物随意堆置场地（与储药罐共同放置）；h—水洼；i—正在拆除的培养池；j—开敞仓库；k—封闭仓库；l—封闭车间 1；m—封闭车间 2；n—开敞车间 1；o—开敞车间 2；p—开敞车间 3

现场共采得样品 32 种，包括墙面灰浆、涂层、砖、混凝土、石块等，此外还收集了周边的水样和大气样品进行辅助分析。各样品性质和特征列于表 4-13 中。

表 4-13 农药厂各建筑废物特征

污染建筑废物	材质	所在地	性质	气味
WS-1	墙面涂层	车间	大块	刺鼻
WS-2	墙面涂层	车间	大块	刺鼻
WS-3	混凝土块	车间	大块	微带气味
WS-4	混凝土块	车间	大块	微带气味
BK-1	砖	集中堆放点	块	强烈
BK-2	砖	集中堆放点	块	强烈
BK-3	砖	随意堆置点	黏土包裹	强烈
BK-4	砖	车间堆放	大块	刺鼻
BK-5	砖	车间堆放	大块	微带气味
BK-6	砖	车间堆放	大块	强烈
BK-7	砖、硬土块	随意堆置点	块	微带气味
BK-8	砖、硬土块	水洼边	块	强烈
WD-1	木板	仓库	大块	微带气味
DS-1	硬土块	随意堆置点	松散小块	无味
DS-2	混凝土、砖块	车间	块	强烈
DS-3	混凝土、硬土块	随意堆置点	小块	微带气味
DS-4	硬土块	中和车间	碎块	无味
DS-5	混凝土、砖块	吸收塔	潮湿固体	无味
DS-6	硬土块	车间堆放	块	强烈
GT-1	石块	贮药罐	潮湿硬块	强烈

4.7.3.2 有机污染物浓度

该农药厂建筑废物中共检出 6 种农药中间体，其中菊酸乙酯存在于绝大部分建筑废物中，但是由于标准品的缺乏，难以有效定量；共检出 11 种有机磷农药及其代谢物，以及一种菊酯类农药。

农药厂建筑废物中有机污染物浓度极高，其中二硫代磷酸二乙酯最高浓度可达 18749mg/kg，平均浓度 3254mg/kg。几乎所有的建筑废物中都含有甲拌磷这一高毒性高污染风险的有机磷农药，其平均浓度就高达 16868mg/kg，峰值更是为 82327mg/kg，远远高于任何环境质量标准规定的限值。甲拌磷急性毒性阈值为经皮 70～300mg/kg，生殖毒性：砂鼠腹腔注射最低中毒剂量：2.5mg/kg（1d，雄性），可见环境污染和生态健康风险加大。超过 10000mg/kg 的有机磷农药就有 4 种，其浓度分别为 73057mg/kg、69734mg/kg、20207mg/kg 以及 76196mg/kg。对硫磷的平均浓度为 6521mg/kg，最高浓度为 67807mg/kg。研究表明，对硫磷是除甲拌磷之外污染最严重的有机污染物。特丁磷、乙硫磷和治螟磷浓度范围分别为 0～1933mg/kg、0～585.2mg/kg 和 0～383.9mg/kg，平均浓度分别为 170.0mg/kg、53.3mg/kg 和 80.8mg/kg。其中两处建筑废物受毒死蜱污染严重，浓度分别高达 1431mg/kg 和 1919mg/kg。甲拌磷砜是一种常见的甲拌磷农药代谢物，它的平均浓度为111.3mg/kg，最高浓度为3163mg/kg。氯氰菊酯分布比较集中，仅存在于少部分建筑废物中，但是其最高浓度可高达2865mg/kg。

GT-1建筑废物中有机污染物总浓度最高，WS-4总浓度最低。总浓度并不能有效反映污染物种类的多少，可以看出建筑废物表面污染物浓度分布是极其复杂的。为更好地揭示其污染物分布规律，需要进行更深入的实际和理论分析。

4.7.3.3 外厂部分建筑废物中有机磷农药浓度

检测了外厂4种建筑废物中有机污染物的浓度，如表4-14所列。

表4-14 外厂4种建筑废物中有机污染物浓度情况 单位：mg/kg

有机污染物	1	2	3	4
对硫磷	<0.01	<0.01	<0.01	<0.01
特丁磷	<0.01	4.17	2.39	<0.01
甲拌磷	82.3	<0.01	<0.01	54.8
甲拌磷砜	<0.01	<0.01	<0.01	<0.01
甲拌磷亚砜	<0.005	<0.005	<0.005	<0.005
果虫磷	<0.01	<0.01	0.04	0.25
治螟磷	<0.01	0.54	0.75	<0.01
乙硫磷	<0.01	<0.01	<0.01	<0.01
倍硫磷	<0.005	<0.005	<0.005	<0.005
增效磷	9.17	17.22	10.59	34.17
敌敌畏	1074	839	947	1059
三乙基硫代磷酸酯	<0.01	<0.01	<0.01	<0.01

可见，外厂污染建筑废物中出现了部分农药厂内部建筑废物中未检出的有机磷污染物，包括果虫磷、增效磷、敌敌畏等，尤其是敌敌畏浓度高达1000mg/kg左右，为严重污染，因此，本书的风险评估工作将敌敌畏一并作为重要污染物进行分析。

4.7.3.4 有机污染建筑废物分布规律和污染源分析

三种污染最严重的区域分别为建筑废物集中收集点、废弃贮罐表面以及封闭车间2。建筑废物集中收集点是厂房废弃后，相关管理人员把污染严重的土壤以及固体废弃物集中堆放的地方，污染应是最严重和比较有代表性的。而废弃贮罐表面的石块和其他建筑废物中高含量的污染物，代表这些废弃物并没有得到合理的处置。实地勘探期间得知，这些废旧贮罐必须是集中清洗后才能丢弃，然而根据研究结果，这一规定并没有得到有效落实，仍然存在管理空白。废弃封闭车间2是保存完好、未拆除建筑废物中污染最严重的区域，这一车间之前是包装车间，生产的农药成品和半成品通过管道输送到该车间进行装瓶和密封工作。该车间与药品接触的工艺段设备周围都已经设置了防护，包括玻璃、橡胶隔层和壁板，然而地面和墙面仍然污染严重，原药的渗漏、溅洒现象还是难以得到有效解决。部分车间外部作为原料或中间添加剂的硫黄和化学药剂经过数年甚至数十年，已经与建筑废物致密结合，以大块废弃物形式随意丢弃在墙角，或是牢牢粘在地面墙面上，污染风险严重。

污染物浓度在10000～50000mg/kg的两处建筑废物均来自露天随意丢置的建筑废物堆体中，事实上这些堆体已经历经十多年的日晒和雨淋。可以看出，尽管有机磷农药基本为半挥发和挥发性有机污染物，暴晒和雨水淋洗并不能降低其环境风险，具体原因可能是有机污染物在与建筑废物表面长期接触过程中，产生了比较紧密的结合，表面的有机物难以自然降解并得到转移。因此对于工业企业建筑废物的处置和管理过程中所涉及的技术和管理人员而言，想当然地鉴定污染程度是不可取的，进一步处理是非常有必要的。

中和池工艺段、水洼边、培养池、开敞仓库已经封闭车间3的污染程度比较轻。中和池主要用于添加碱以调节酸性污染气体的pH，该工艺段不涉及有机磷农药，因此污染较小。水洼边污染较低，然而对水洼中水样进行采集和检测后发现，其甲拌磷浓度高达2.57mg/L，是《污水综合排放标准》(GB 8978—1996) 中限值的5倍多，可以看出水洼附近的建筑废物受到水洼水面的涨落而部分浸泡于水中，其中的有机磷农药大部分转移和扩散到水洼中。虽然雨水并不能较大程度地带走建筑废物表面的有机污染物，但是经过长期浸泡，其污染物还是会迁移至水中。开敞仓库同样污染较轻，经过包装车间的装瓶，农药基本在瓶中不会得到泄漏，对于建筑废物及周边水体风险大大降低，但是其挥发不可避免，开敞仓库中仍然存在强烈的刺鼻性气味。农药厂中唯一正在进行拆除工作的是一座圆形的培养池，据了解之前用于培养农药废水处理菌群，污染极其严重，在周边取得的大气样品中，甲拌磷浓度为3.65$\mu g/m^3$，高于韩国某农药厂周边大气浓度峰值的5倍，由于正在施工，未得到准入许可，取得的只是外围的一些建筑废物，污染较低。

农药中间体对于人体毒性强、环境风险大，但是一直以来缺乏明确的管理名单和环境质量标准限值，可能是基于研究较少、种类较多的原因。本章揭示了有机磷农药车间建筑废物中浓度较大的一些中间体，旨在为环境管理提供支撑。污染建筑废物中，二乙基硫代磷酸酯与甲拌磷污染分布特征基本相似，但是在随意堆置的堆体中，中间体含量更高，说明相比于甲拌磷这种高毒、高风险、高曝光率的农药相比，中间体并没有得到有效的认识和处理。表4-15列出了有机污染物相关系数的计算结果，可以看到，两种中间体相关性较好 ($r^2=0.29$，$p=0.015$)，但是甲拌磷和二乙基硫代磷酸酯较差的相关性 ($r^2=0.11$，$p=0.161$) 反映了两者不同的认识和处置方式。同理，对硫磷同样没有得到足够的重视。而废旧贮罐中唯独对硫磷浓度较低，可能的原因是其生产工艺与其他有机磷农药差异相对较大。

甲拌磷砜是甲拌磷的常见代谢物，其浓度分布的相关性与甲拌磷相似 ($r^2=0.34$，$p=0.007$)。甲拌磷砜是极毒的污染物，建筑废物中浓度最高达3163mg/kg。集中处置建筑废物中含量也很高，为71.3mg/kg，说明合理有效的处置能够降低甲拌磷砜的环境污染风险。封闭车间3中，甲拌磷浓度较低，然而甲拌磷砜却很高，这是本研究中一

表 4-15　有机污染物 Pearson 相关性系数（r）和 p 值

项目	三甲基硫代磷酸酯	二硫代磷酸二乙酯	甲拌磷	对硫磷	特丁磷	乙硫磷	毒死蜱	治螟磷	氯硫磷	甲拌磷砜
二硫代磷酸二乙酯	**0.535**									
	0.015									
甲拌磷	0.106	0.326								
	0.658	0.161								
对硫磷	−0.096	0.064	−0.078							
	0.686	0.789	0.745							
特丁磷	**0.928**	**0.447**	−0.031	0.155						
	0.000	0.048	0.896	0.513						
乙硫磷	0.048	0.399	*0.793*	−0.089	0.049					
	0.840	0.081	0.000	0.709	0.839					
毒死蜱	0.046	0.043	**0.457**	−0.083	−0.119	0.243				
	0.846	0.858	0.043	0.729	0.618	0.302				
治螟磷	**0.627**	**0.642**	**0.472**	0.370	**0.566**	0.218	0.220			
	0.003	0.002	0.036	0.108	0.009	0.355	0.351			
氯硫磷	0.019	0.354	**0.536**	−0.057	0.117	**0.925**	−0.076	0.043		
	0.938	0.125	0.015	0.812	0.623	0.000	0.751	0.856		
甲拌磷砜	0.021	0.354	**0.585**	−0.068	0.103	**0.950**	0.014	0.056	**0.995**	
	0.930	0.126	0.007	0.776	0.664	0.000	0.953	0.816	0.000	
氯氰菊酯	−0.094	−0.134	0.000	−0.070	−0.105	−0.051	0.060	−0.100	−0.066	−0.032
	0.693	0.574	0.999	0.770	0.660	0.832	0.801	0.676	0.782	0.892

注：1. 上方数据为 r，下方数据为 p。

2. 黑体 $p<0.05$，黑体加下划线 $p<0.01$。

个例外。同样国外也有相关的研究报道。甲拌磷到甲拌磷砜的代谢过程部分受到微生物活动和化学氧化反应的影响，在封闭车间 3 中，含有甲拌磷的污染建筑废物可能在与土壤中的微生物长期作用下，加速了甲拌磷砜的代谢进程。

封闭车间 3 之前是一个氯氰菊酯生产车间，其受氯氰菊酯污染较为严重，且污染特征较为独立，有机磷农药含量少。而集中处置处的氯氰菊酯很可能是来源于这一车间的废弃物，但是这一车间遗址处的建筑废物中仍然存在污染。因此，污染物的鉴别和转移工作仍然不到位，污染特征需要得到进一步的揭示和推广。

4.7.3.5　污染建筑废物分布影响因素

一般情况下，在封闭环境下建筑废物污染更为严重，但对硫磷是个例外，部分开敞环境下的建筑废物中含有更多的对硫磷污染物，这可能是由于对硫磷暴露于自然环境下较其他有机污染物更为稳定。随意丢弃的建筑废物中有机物含量稍高于车间内部，表明如果没有得到合理的处置，产生的环境污染风险将不仅仅局限于生产车间，而是遍布整个农药加工厂。

对不同材质（砖、混凝土等）建筑废物表面有机污染物分布进行了研究。石块表面污染最为严重，砖块和墙体涂层/灰浆表面污染严重，而地面建筑废物（硬土块等）污染相对较轻，原因可能是土壤中的微生物加速了有机磷农药的降解，此外土壤中较高的有机质含量也加强了有机污染物的吸附。而通过化工冶金和农药厂建筑废物的研究表明，相比于有机污染物，重金属更倾向于残留于地面建筑废物中。气味特征不能完全反应有机污染物的污染特征，部分具有强烈刺鼻气味的建筑废物，其有机污染物含量可能比具有较强气味的建筑废物更低，原因是有机物和建筑废物表面在长年的作用下形成了某种结合作用。

4.7.3.6 SPSS 聚类分析

利用 SPSS 软件聚类分析对数据结果进行了分析，旨在揭示污染建筑废物分布规律。聚类分析树状图共分为 3 大类。第一类由大部分建筑废物组成；第二类由 BK-1、BK-2 和 WS-3 组成，这一类以污染物组分多、浓度杂为特点，代表和农药厂全过程生产工艺污染相关的建筑废物；第三类由 BK-4、BK-7 和 BK-3 组成，同样也受到比较混杂的有机污染，第二类和第三类最大的区别是这两类建筑废物在于是否是经过人为有序收集的。由实地调研可知，第二类建筑废物为拆除后与渣土等集中收集的废弃物，或是生产过程统一送至包装车间进行包装的污染废弃物，而第三类建筑废物基本为随意丢弃、露天堆放的建筑废物。GT-1 代表着废弃贮罐中高浓度高混杂高污染的建筑废物，则单独为一类。聚类分析的结果表明，合理的收集和处置对于污染建筑废物的鉴别和环境影响是至关重要的。

4.7.3.7 主成分分析

主成分分析基本原理是将 n 个具有相关性的变量组合成 n 个独立的新变量，通过这种降维方法，基于多个变量的相关性，产生的 n 个新变量可在不损失原有变量所带信息的情况下，即根据污染特征提取出主要因子。通过 SPSS 20 软件进行主成分分析，结果如表 4-16、表 4-17 和图 4-33 所示。

表 4-16 主成分方差贡献率

成分	初始特征值		
	合计	方差的/%	累积/%
1	3.978	36.167	36.167
2	2.657	24.154	60.320
3	1.554	14.126	74.446
4	1.179	10.714	85.161
5	0.950	8.632	93.793
6	0.476	4.324	98.117
7	0.187	1.699	99.816
8	0.014	0.126	99.942
9	0.005	0.045	99.988
10	0.001	0.012	99.999
11	7.246×10^{-5}	0.001	100.000

表 4-17　主成分矩阵、旋转成分矩阵[①]

项目	成分			
	1	2	3	4
三乙基硫代磷酸酯	−0.026	0.990	0.080	0.009
二硫代磷酸二乙酯	0.368	0.583	0.119	0.389
甲拌磷	0.511	0.138	0.800	0.155
对硫磷	−0.122	0.023	0.010	0.943
特丁磷	0.034	0.942	−0.122	0.105
乙硫磷	0.948	0.041	0.296	0.057
毒死蜱	−0.019	−0.020	0.937	−0.153
治螟磷	0.033	0.591	0.413	0.667
氯甲磷	0.991	0.051	−0.062	0.009
甲拌磷砜	0.991	0.047	0.024	−0.018
氯氰菊酯	−0.095	−0.075	0.181	−0.307

① 旋转在 5 次迭代后收敛。

注：1. 提取方法：主成分。

2. 旋转法：具有 Kaiser 标准化的正交旋转法。

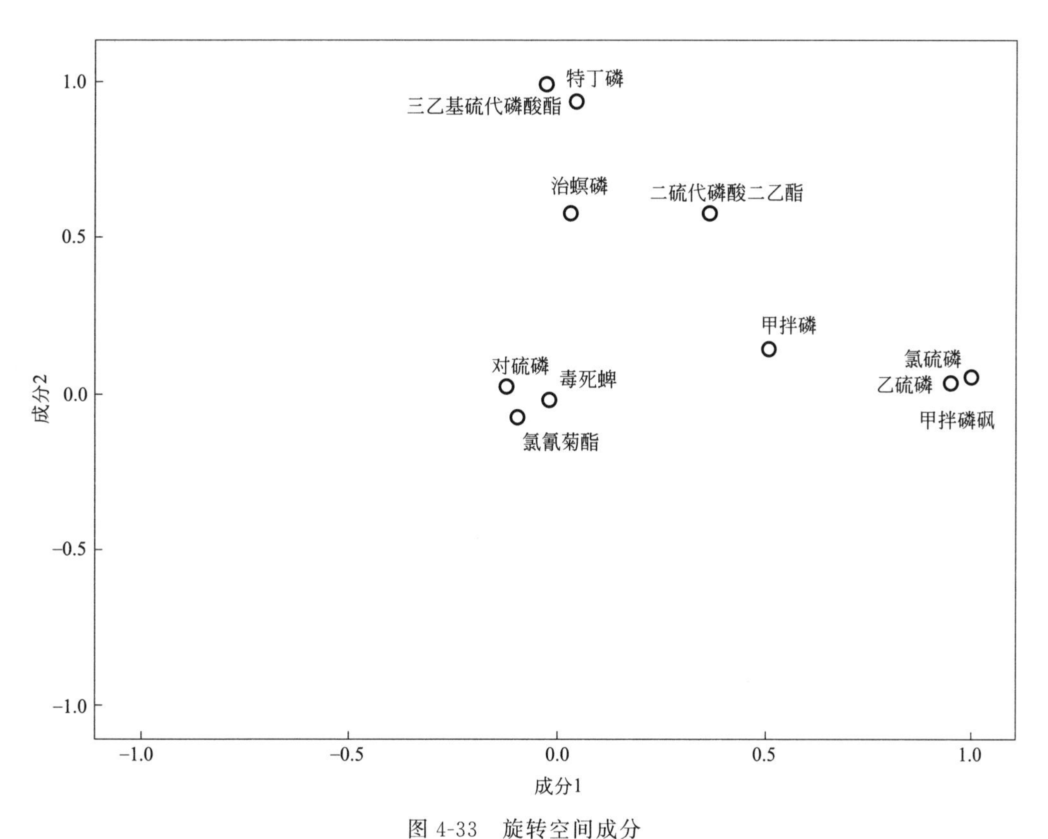

图 4-33　旋转空间成分

前 4 个主成分方差贡献率为 85%，前五个可达 93%，其中第 1 主成分的方差贡献占总贡献的 36%，而第 1 主成分中乙硫磷、氯甲磷和甲拌磷砜的载荷系数较大，贡献较多，第 2 主成分中三乙基硫代磷酸酯和特丁磷载荷系数较大，贡献较多。

4.8 有机磷农药污染建筑废物场地风险评估

4.8.1 污染风险评估概述

由 4.7 章节研究结果可知，农药厂建筑废物，尤其是有机磷污染建筑废物，其污染具有较大的持久性风险隐患，历经风吹日晒十多年甚至几十年仍污染严重。而环境风险评价一般指对有毒有害污染物对于人体健康和生态系统可能产生的危害和影响程度进行概率估计，因此可分为人体健康风险评估和生态风险评估两类。目前场地污染风险评估一般基于人体健康风险评估原则，是一项极其复杂的系统工程，包括污染场地废弃物（本章为建筑废物）、空气、尘土、水体、食物等介质在内的环境中对暴露人群健康的潜在危害概率和程度进行分析，通过污染风险评估，提出保护人体健康的固体废弃物修复目标值，并提供可行的污染防治措施和治理手段，治理手段见后续章节。

由于目前尚未有污染建筑废物健康风险评价体系，本项目借鉴土壤环境风险评估体系开展研究，其评价步骤主要包括以下四点。

① 污染识别　通过场地背景资料研究，基于污染物分布情况、相关毒性报告和资料以及全量污染物浓度分析，结合暴露人群相关信息，建立质量控制目标体系。

② 暴露评估　评估涉及污染物对于确定人类的暴露程度、暴露频率和时间，根据不同环境介质，通常包括不同的暴露途径。一般来说，土地利用包括工业用地、农业用地和居住用地。本项目研究污染农药企业场地，再生利用类型不太可能为农业用地和居住用地，因此选择以工业用地为评价基准。

③ 毒性评估　也可称作剂量-反应评估，即确定某种暴露水平（剂量）与相应的健康危害影响的严重程度或发生率之间的关系，其中毒性数据一般包括 RfD、RfC 和 SF，其中 RfD 和 RfC 为日平均暴露剂量或浓度的估计值，这三者都可以通过查阅数据库获知。另外，毒性评估根据不同污染物毒性水平可分为非致癌性毒性评估和致癌性毒性评估，将在实例中进行详细介绍。

④ 风险评价　一般指在暴露评估和毒性评估的基础上估算可能产生的健康不良影响程度或概率，包括风险计算和不确定性分析。

4.8.2 污染建筑废物分析结果与评价

《土壤环境质量标准》（GB 15618—1995）并未包含本书中建筑废物有机污染物的相关标准，国外有机磷农药相关评价标准也极少，包括加拿大土壤环境标准（CCME）、美国纽约有机污染推荐土壤清除目标均未涉及，本次评价采用的是《Alberta Tier 1 Soil and Groundwater Remediation Guidelines》所规定的部分指导值，列于表 4-18。本次评价仅针对已有相关标准规定的污染物，对于尚无相关标准的污染物，目前无法进行评价。

表 4-18 评价标准值

污染物	水环境标准/(μg/L)	工业用地最高土壤浓度指导值/(mg/kg)	标准来源
甲拌磷	2	0.075	Alberta Tier 1 Soil and Groundwater Remediation Guidelines
对硫磷	0.013	7.2	
特丁磷	1	0.08	
毒死蜱	0.002	49	Allowable Soil Concentrations in the Former Soviet Union
敌敌畏	—	0.1	

通过计算，得出建筑废物超标情况，列于表 4-19 所示。

表 4-19 建筑废物有机污染物超标情况 单位：%

污染物	水环境超标率	建筑废物超标率
甲拌磷	50	100
对硫磷	—	95
特丁磷	—	85
毒死蜱	—	10
敌敌畏	—	16.7

4.8.3 暴露评估

具体包括暴露途径解析和暴露量化。

4.8.3.1 暴露途径解析

本项目确定土地利用类型为工业与商贸用地，其暴露人群可能是居民和职业工作者，在该环境介质下，污染物暴力途径列于表 4-20。

表 4-20 工业与商贸用地暴露情景和途径

环境介质	原理	工业与商贸用地
受污染建筑废物 (粒径小于 1mm)	直接接触 风蚀 挥发 渗滤	直接摄入 吸入颗粒物 吸入挥发物 暴露于室内空气 暴露于建筑废物渗滤液污染的地下水 吸入卡车或设备产生的颗粒物 皮肤吸收
受污染建筑废物 (粒径大于 1mm)	直接接触 风蚀 挥发 渗滤	直接摄入 皮肤吸收 吸入挥发物 暴露于室内空气 暴露于建筑废物渗滤液污染的地下水 吸入卡车或设备产生的颗粒物

续表

环境介质	原理	工业与商贸用地
地表水	径流 渗滤	饮水摄入 吸入挥发物 皮肤吸收
地下水	渗滤	饮水摄入 吸入挥发物 皮肤吸收
空气	挥发	吸入 皮肤吸收

4.8.3.2 暴露量化

采用美国污染场地风险评估 RBCA 模型对各暴露途径摄入量量化具体如下：

（1）经口摄入量

$$CDI_{经口}=\frac{C_s\times IR\times CF\times EF\times ED}{BW\times AT} \tag{4-3}$$

式中 $CDI_{经口}$——经口摄入量，mg/(kg·d)；

C_s——废弃物（模型中为土壤，本研究为建筑废物，下同）中污染物的含量，mg/kg；

IR——每小时废弃物摄入量，mg/d；

CF——转换系数，10^{-6}kg/mg；

EF——暴露频率，d/a；

ED——暴露时间，a；

BW——暴露期间内人群的平均体重，kg；

AT——平均作用时间，d。

其中，评价非致癌效应（本研究大部分情况），其暴露期间即为平均作用时间；而评价致癌效应（本研究例敌敌畏）平均作用时间为人群的平均寿命。

（2）呼吸摄入量

$$CDI_{呼吸摄入颗粒}=\frac{-C_s\times \frac{1}{PEF}\times IR\times EF\times ED}{BW\times AT} \tag{4-4}$$

呼吸摄入蒸汽量

$$CDI_{呼吸摄入蒸气}=\frac{C_a\times IR\times EF\times ED}{BW\times AT} \tag{4-5}$$

式中 $CDI_{呼吸摄入颗粒}$——经呼吸摄入的颗粒中污染物的量，mg/(kg·d)；

$CDI_{呼吸摄入蒸气}$——经呼吸摄入的蒸气中污染物的量，mg/(kg·d)；

C_s——废弃物中污染物的含量，mg/kg；

C_a——室内或室外挥发暴露浓度，mg/kg；

PEF——废弃物扩散因子；

IR——呼吸速率，L/min。

其中室内/室外暴露浓度采用室内/室外大气样品采集数据平均值。

(3) 皮肤接触摄入量

$$\mathrm{CDI}_{皮肤接触}=\frac{C\times \mathrm{CF}\times \mathrm{SA}\times \mathrm{AF}\times \mathrm{ABS}\times \mathrm{EF}\times \mathrm{ED}}{\mathrm{BW}\times \mathrm{AT}} \tag{4-6}$$

式中 $\mathrm{CDI}_{皮肤接触}$——经皮肤接触摄入的量，mg/(kg·d)；

C——废弃物中污染物的含量，mg/kg；

CF——转换系数，10^{-6}kg/mg；

SA——可能接触土壤的皮肤面积，cm^2；

AF——皮肤对废弃物的吸附系数，mg/cm^2；

ABS——皮肤的吸收系数。

(4) 饮食摄入量

$$\mathrm{CDI}_{饮水}=\frac{C_w\times \mathrm{IR}\times \mathrm{EF}\times \mathrm{ED}}{\mathrm{BW}\times \mathrm{AT}} \tag{4-7}$$

$$\mathrm{CDI}_{进食}=\frac{C_F\times \mathrm{IR}\times \mathrm{FI}\times \mathrm{EF}\times \mathrm{ED}}{\mathrm{BW}\times \mathrm{AT}} \tag{4-8}$$

式中 $\mathrm{CDI}_{饮水}$——经饮水摄入的量，mg/(kg·d)；

$\mathrm{CDI}_{进食}$——经进食摄入的量，mg/(kg·d)；

C_w——水中污染物的含量，mg/L；

C_F——食物中污染物含量，mg/kg；

FI——污染食物占总食物量的比例，无量纲；

IR——摄取水/食物速率，L/d 或 kg/meal；

EF——暴露频率，d/a 或 meal/a。

4.8.3.3 暴露量计算

关注污染物的理化性质列于表 4-21。

表 4-21 关注污染物的理化性质参数

污染物	CAS号	土壤吸附系数 $\lg(K_{oc})$	空气扩散系数 /(cm^2/s)	水体扩散系数 /($\times 10^{-6}cm^2$/s)	水溶解度(20～25℃) /(mg/L)	亨利常数
甲拌磷	298-02-2	3.74	0.08	8.0	44.00	5.0×10^{-4}
对硫磷	56-38-2	3.75	0.017	5.8	11.75	2.37×10^{-5}
特丁磷	13071-79-9	4.14	0.042	5.1	6.84	0.06827
毒死蜱	2921-88-2	3.70	0.048	5.1	0.9	1.70×10^{-4}
敌敌畏	62-73-7	1.70	0.023	7.8	16000	3.98×10^{-5}

选用的暴露参数如表 4-22 所列。

表 4-22　暴露参数

参数	含义	工业用地(成年人)
BW	体重/kg	60
EF	暴露频率/(d/a)	261
ED	暴露周期/年	30
IR	日废弃物摄入量/(mg/d)	100
SA	皮肤接触面积/cm^2	2800
AT	平均作用时间(非致癌/致癌)	9165/25550
AF	皮肤对废弃物的吸附系数/(mg/cm^2)	0.2
ABS	皮肤的吸收系数	与污染物有关
TSP	空气中总悬浮颗粒物含量/(mg/m^3)	0.3
INH	成人每日空气呼吸量	15
PIAF	吸附颗粒物在人体中滞留比例	0.75
ET(out)	每日室外暴露时间比例	1/3
ET(ind)	每日室内暴露时间比例	1/3
IR_w	每日摄入地下水量/(L/d)	1
IR_f	每日摄入食物量/(kg/d)	1.2

经口摄入量计算结果如表 4-23 所列。

表 4-23　经口摄入量计算结果

污染物	污染物浓度/(mg/kg)	日废弃物摄入量/(mg/d)	暴露时间/d	人群平均体重/kg	平均作用时间/a	经口摄入量/[mg/(kg·d)]
甲拌磷	16868	100	7830	60	9165	2.4×10^{-2}
对硫磷	6521	100				9.0×10^{-3}
特丁磷	170	100				2.4×10^{-4}
毒死蜱	167.5	100				2.4×10^{-4}
敌敌畏	163.3	100			25550	8.3×10^{-5}

呼吸摄入量计算分为室外和室内呼吸摄入量，空气摄入量主要为建筑废物中污染物的蒸气吸入和污染建筑废物颗粒物的吸入，计算结果如表 4-24 所列。

表 4-24　呼吸摄入量计算结果

污染物	室外呼吸摄入量/[mg/(kg·d)]		室内呼吸摄入量/[mg/(kg·d)]	
	蒸气	颗粒物	蒸气	颗粒物
甲拌磷	1.2×10^{-4}	1.0×10^{-4}	2.5×10^{-4}	1.6×10^{-4}
对硫磷	—	6.2×10^{-5}	—	4.0×10^{-5}
特丁磷	—	1.6×10^{-6}	—	1.1×10^{-6}
毒死蜱	—	1.6×10^{-6}	—	1.0×10^{-6}
敌敌畏	—	3.6×10^{-7}	—	5.6×10^{-7}

皮肤接触摄入量计算结果如表 4-25 所列。

表 4-25　皮肤接触摄入量计算结果

污染物	污染物浓度/(mg/kg)	皮肤接触面积/cm^2	皮肤接触系数	暴露时间/d	人群平均体重/kg	平均作用时间/a	皮肤接触摄入量/[mg/(kg·d)]
甲拌磷	16868	2800	0.1	7830	60	9165	1.3×10^{-2}
对硫磷	6521						5.2×10^{-3}
特丁磷	170						1.4×10^{-4}
毒死蜱	167.5						1.4×10^{-4}
敌敌畏	163.3					25550	4.7×10^{-5}

饮食摄入量计算结果如表 4-26 所列。

表 4-26　饮食摄入量计算结果

污染物	饮水摄入量/[mg/(kg·d)]	进食摄入量/[mg/(kg·d)]
甲拌磷	0.018	—
对硫磷	—	—
特丁磷	—	—
毒死蜱	—	—
敌敌畏	—	—

4.8.4　毒性评估

根据相关化学性质数据库，所关注的污染物毒性参数如表 4-27 所列。

表 4-27　有机污染物毒性参数

污染物	口摄入致癌斜率因子	呼吸摄入致癌斜率因子	皮肤接触摄入致癌斜率因子	口摄入参考剂量/[mg/(kg·d)]	呼吸摄入参考剂量/(mg/m^3)	皮肤接触参考剂量/[mg/(kg·d)]
甲拌磷	—	—	—	0.0005		0.0005
对硫磷		—	—	0.006	0.0005	0.006
特丁磷	—	—	—	0.000125	—	0.000125
毒死蜱	—	—	—	0.003	—	0.003
敌敌畏	0.29	—	0.29	0.0005	0.0005	0.0005

4.8.5　风险表征

致癌风险，本例为敌敌畏

经口摄入建筑废物中单一污染物敌敌畏致癌风险计算：

$$R_{口摄入}=CDI\times SF=8.3\times10^{-5}\times0.29=2.4\times10^{-5} \tag{4-9}$$

经皮肤接触建筑废物中单一污染物敌敌畏致癌风险计算：

$$R_{皮肤接触}=\mathrm{CDI}\times \mathrm{SF}=4.7\times 10^{-5}\times 0.29=1.4\times 10^{-5} \qquad (4\text{-}10)$$

经口摄入建筑废物暴露途径非致癌危害指数如表 4-28 所列。

表 4-28　经口摄入建筑废物非致癌危害指数

污染物	暴露量/[mg/(kg・d)]	口摄入参考剂量/[mg/(kg・d)]	单个污染物危害指数
甲拌磷	2.4×10^{-2}	0.0005	48.00
对硫磷	9.0×10^{-3}	0.006	1.50
特丁磷	2.4×10^{-4}	0.000125	1.92
毒死蜱	2.4×10^{-4}	0.003	0.08
	所有污染物危害指数		51.5

经皮肤接触建筑废物暴露途径非致癌危害指数如表 4-29 所列。

表 4-29　经皮肤接触建筑废物暴露途径非致癌危害指数

污染物	暴露量/[mg/(kg・d)]	皮肤接触参考剂量/[mg/(kg・d)]	单个污染物危害指数
甲拌磷	1.3×10^{-2}	0.0005	26.00
对硫磷	5.2×10^{-3}	0.006	0.87
特丁磷	1.4×10^{-4}	0.000125	1.12
毒死蜱	1.4×10^{-4}	0.003	0.05
	所有污染物危害指数		28.0

经室外空气呼吸摄入建筑废物暴露途径非致癌危害指数计算如表 4-30 所列。

表 4-30　经室外空气呼吸摄入建筑废物暴露途径非致癌危害指数

污染物	暴露量/[mg/(kg・d)]	呼吸摄入参考剂量/(mg/m^3)	单个污染物危害指数
甲拌磷	2.2×10^{-4}	—	—
对硫磷	6.2×10^{-5}	0.0005	0.124
特丁磷	1.6×10^{-6}	—	—
毒死蜱	1.6×10^{-6}	—	—
	所有污染物危害指数		0.1

经室内空气呼吸摄入建筑废物暴露途径非致癌危害指数计算如表 4-31 所列。

表 4-31　经室内空气呼吸摄入建筑废物暴露途径非致癌危害指数

污染物	暴露量/[mg/(kg・d)]	呼吸摄入参考剂量/(mg/m^3)	单个污染物危害指数
甲拌磷	1.6×10^{-4}	—	—
对硫磷	4.0×10^{-5}	0.0005	0.08
特丁磷	1.1×10^{-6}	—	—
毒死蜱	1.0×10^{-6}	—	—
	所有污染物危害指数		0.1

饮水摄入建筑废物暴露途径非致癌危害指数计算如下。

$$R_{饮水摄入}=0.018/0.0005=36 \tag{4-11}$$

汇总所有暴露途径的各有机磷污染物非致癌危害指数和致癌风险，一并列于表4-32。

表4-32　所有暴露途径各有机磷污染物非致癌危害指数和致癌风险

暴露途径	毒性效应			致癌风险	
	最大值/[mg/(kg·d)]	总值/[mg/(kg·d)]	是否超过风险限值	总值/[mg/(kg·d)]	是否超过风险限值
室内空气摄入	0.1	0.1	否	—	否
室外空气摄入	0.1	0.1	否	—	否
皮肤接触摄入	26	28	是	1.4×10^{-5}	否
饮食摄入	36	36	是	—	否
口摄入	48	52	是	2.4×10^{-5}	否

由表4-32可以看出，该农药企业污染建筑废物致癌风险均超过风险限值，但是非致癌毒性效应极高，尤其是皮肤接触、饮食和口摄入，应当尤其注意。

4.9　氰化物污染建筑废物

火灾和爆炸事故也是一个重要的工业建筑废物来源，据统计，2011年11～12月国内发生的各种生产安全事故207起，其中包括矿业事故、交通运输事故、爆炸事故、火灾、毒物泄漏与中毒和其他事故，火灾占其中7.73%，爆炸事故占到6.28%。2012年，国务院安委会办公室下发了省安委办转发国务院安委办《关于深入开展铝镁制品机加工企业安全生产专项治理的通知》的通知，2014年国家安全监管总局下发了关于进一步加强冶金等工商贸企业粉尘爆炸事故防范工作的通知，但是事故仍然频发，从2015年天津特别重大火灾爆炸事故至2015年11月上海市杨浦区某粮油店突发火灾事故等。根据实验室模拟实验和现场调研经验，编写了火灾爆炸事故建筑废物管理处置方案（见第十章）。本节对中国某火灾爆炸现场周边氰化物污染建筑废物进行了现场勘探和分析表征。

通过现场实勘，发现火灾爆炸现场建筑废物堆置情况混杂，数量大，其建筑废物主要为混凝土石块、砖块、渣土、废铁等，其中爆炸点以北主要以废铁为主，而爆炸点以南处以建筑废物残骸和渣土为主，现场建筑废物废墟堆置情况如图4-34所示。

爆炸建筑废物污染和扩散过程为爆炸中心污染物（主要为堆存化学药剂、受污染严重的设备、管道等工业废弃物）及建筑废物在剧烈爆炸的气流压缩和高温环境下发生破碎、聚合、熔融等物理或化学嵌合，而此后随气流扩散而发生空间性的转移，造成污染的扩散，其中密度较大的废物先落下，密度较轻的则扩散地较远，其简要流场模拟如图4-35所示。另外，较大部分的污染物可能被冲击波直接射入爆炸发生点下方的核心

(a)

(b)

图 4-34　火灾爆炸现场建筑废物废墟堆置情况

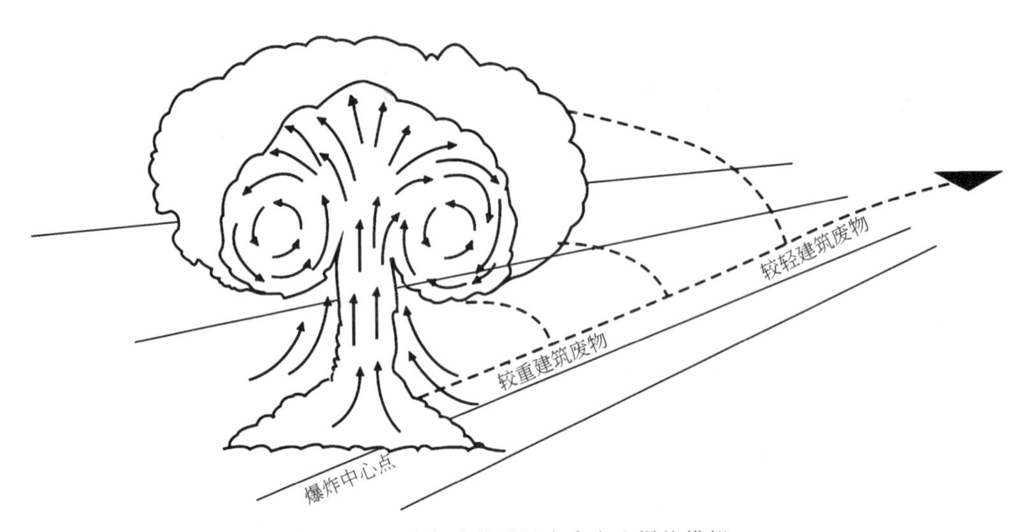

图 4-35　某危险化学品仓库发生爆炸模拟

坑内，这一部分污染建筑废物已无法得到。根据得到的资料，此爆炸波及了半径约2km的方圆地带，经现场勘探，选择对爆炸中心地点半径为1～1.5km处的南半区域散落的建筑废物废墟进行了取样工作，取样平面简图如图4-36所示。

经初步表征，建筑废物含有比较明显的杏仁味，可能含有氰化物或者硫化物，GC-MS分析可知，其提取液中含有以下物质：a. 异丙苯（一种重要的有机化工原料）；b. α-甲基苯乙烯；c. 二丙酮醇；d. 丙酮氰醇（氰化钠与浓硫酸的作用发生氢氰酸），氢氰酸经精馏提纯后与丙酮反应生成丙酮氰醇（原料氢氰酸也可以利用丙烯腈的副产物）；e. 二甲苯麝香（具有爆炸性，硝化车间也常会因硝化温度过高而引起爆炸）；f. 二环己基二硫化物；g. 对苯二胺。

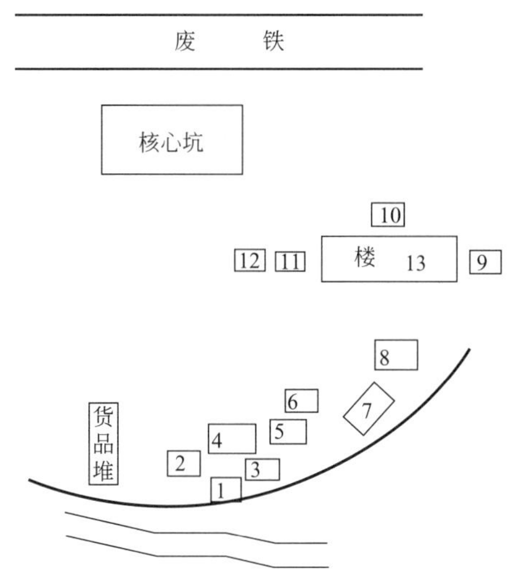

图 4-36 某危险化学品仓库发生爆炸取样平面简图

总氰化物分析结果如表 4-33 所示。其中编号规则以建筑废物 1 为例，1-1 为所取建筑废物中颗粒最小的细沙状渣土废物，1-2 为颗粒稍大的颗粒状废物，1-3 为颗粒更大的块状建筑废物，1-4 为大块建筑废物表面刮取物。由表可以看出，建筑废物表面黏附有比较多的爆炸点源扩散的污染物，可见化工、冶金等工业企业火灾/爆炸建筑废物是一个比较严重的二次污染源。也对土壤进行了取样和监测，发现地面散落的固体垃圾中，土壤中污染物浓度要小于建筑废物表面刮取物。完好的建筑残骸表面，氰化物浓度相对较低，高浓度污染建筑废物主要来自小块散落建筑废物残骸。事实上，火灾/爆炸事故环境监测和污染水平评估目前还只是局限于大气、土壤和水环境中相关常规监测指标，建筑废物污染风险一直以来都未得到重视。从研究结果可知，火灾/爆炸建筑废物是重要的污染源，具有比较大的环境风险。

表 4-33 某危险化学品仓库发生爆炸胡涨幅为氰化物污染特征

建筑废物编号	含量(氰化物)/(mg/kg)	建筑废物编号	含量(氰化物)/(mg/kg)
1-1	160	6	981
1-2	12.1	7	39.8
1-3	105	8	38.4
1-4	110	9	59.0
2-1	1.53×10^3	10	46.7
2-2	5.76×10^3	11-1	43.7
3-1	3.49×10^3	11-2	33.5
3-2	6.10×10^3	12	195
4-1	2.08×10^3	13	33.3
4-2	5.38×10^3	14	2.62×10^3
5	2.41×10^3		

第5章 受污染建筑废物产生机制

5.1 重金属静态浸泡

将粒径为30mm左右的建筑废物样品置于1000mL聚乙烯密闭瓶中用不同浸泡液浸泡。模拟包括Zn、Cu、Pb、Cd、Cr在内的几种重金属极端浸入条件，其中固体样品质量50g，溶液体积500mL，固液比为1∶10。

采用不同浓度的锌、铜、铅、镉、铬的硝酸盐溶液作为浸泡液，比较不同浓度重金属对建筑废物的污染特征，包括受污染浓度、污染时间、pH变化等。浸泡溶液初始浓度如表5-1所列。分别在浸泡后的第1天、第2天、第3天、第5天、第7天、第17天、第27天进行液体取样，每次取样时使用移液枪吸取不同位置的上清液，测定pH，液体经消解处理后采用ICP-Agilent 720ES测定重金属浓度，采用差量法计算重金属吸附量。

表5-1 浸泡溶液初始浓度

编号	溶液类型	重金属离子浓度/(mg/L)
1	Zn^{2+} [$Zn(NO_3)_2 \cdot 6H_2O$]	100
2		150
3		300
4	Cu^{2+} [$Cu(NO_3)_2 \cdot 3H_2O$]	100
5		150
6		300
7	Pb^{2+} [$Pb(NO_3)_2$]	100
8		150
9		300
10	Cd^{2+} [$Cd(NO_3)_2 \cdot 4H_2O$]	100
11		150
12		300
13	Cr^{3+} [$Cr(NO_2)_3 \cdot 9H_2O$]	20
14		50
15		100
16	Zn、Cu、Cd、Cr、Pb混合溶液	100
17		150
18		300
19	空白	0

5.1.1 pH变化

单一重金属浸泡溶液的pH随时间变化的规律如图5-1(a)～(e)所示，混合重金属浸泡溶液的pH随时间变化的规律如图5-1所示。

由图5-1可看出，不同重金属浸泡液及混合重金属浸泡液的pH在监测期间均呈现不断升高的趋势。蒸馏水空白对照浸泡液的pH在浸泡前2天从8.56持续上升至10.00，随后缓慢上升，浸泡第27天至10.85。在监测期间内，各重金属浸泡液的pH

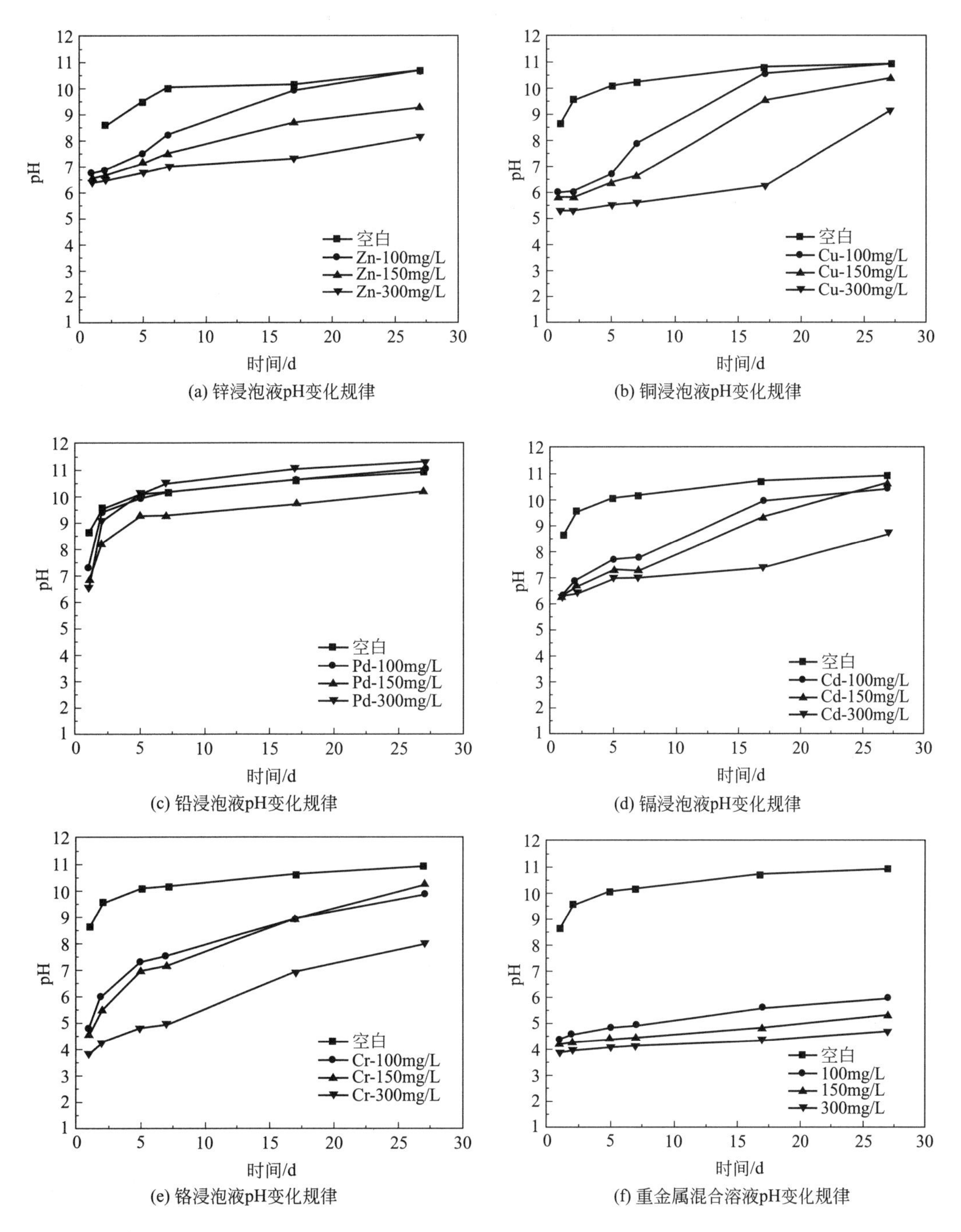

图 5-1 重金属浸泡溶液 pH 随时间的变化规律

从酸性逐渐上升为碱性，主要原因是建筑废物中碱性物质如碳酸钙、硅酸盐等逐渐溶出。锌、铜、镉、铬硝酸盐溶液的酸性对碱性的建筑废物起到中和作用，表观体现为相对于空白对照的 pH 缓冲作用，且浸泡溶液中重金属初始浓度越高，pH 缓冲能力越强。硝酸铅溶液浸泡液 pH 随时间变化的规律与空白对照相似。混合重金属浸泡液的 pH 随时间缓慢上升，经 27 天浸泡后仍然保持酸性。

5.1.2 单一重金属浸泡液中重金属的吸附量变化

图 5-2～图 5-6 中（a）分别表示单一重金属锌、铜、铅、镉、铬浸泡液中建筑废物吸附量随时间的变化规律。图 5-2～图 5-6 中（b）分别表示单一重金属锌、铜、铅、镉、铬浸泡液中重金属的浓度及去除率随时间变化的规律。各浸泡液中重金属浓度逐渐降低，吸附量及溶液中重金属去除率逐渐升高。吸附量的变化与去除率一致，大部分浸泡液中建筑废物尚未达到吸附饱和。

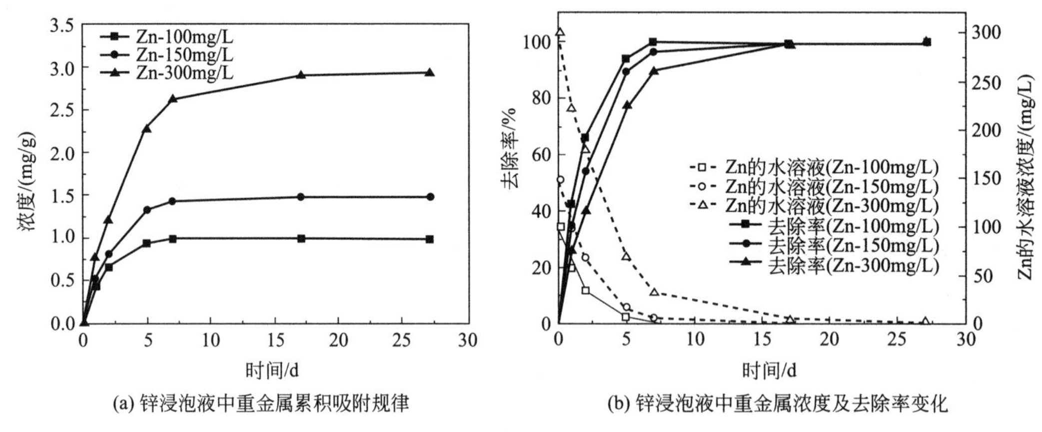

(a) 锌浸泡液中重金属累积吸附规律　(b) 锌浸泡液中重金属浓度及去除率变化

图 5-2　重金属单一溶液浸泡过程锌变化规律

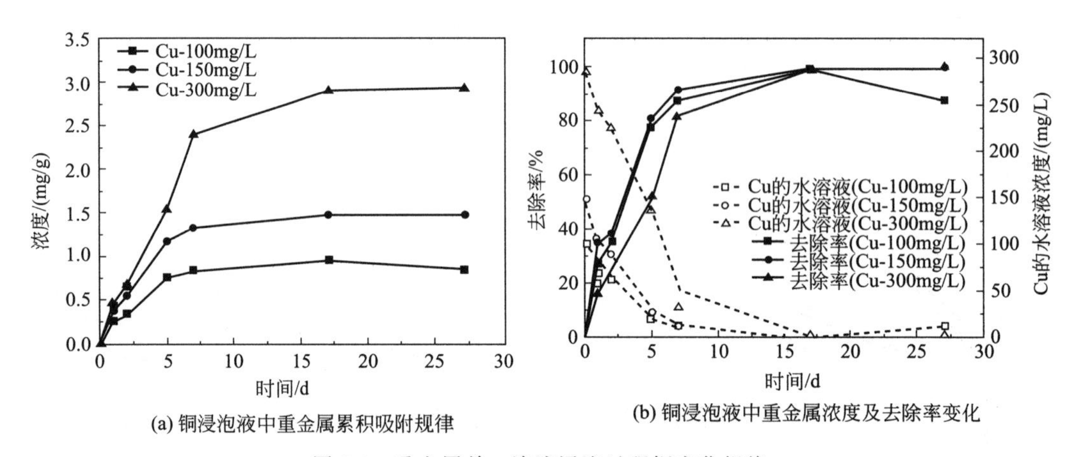

(a) 铜浸泡液中重金属累积吸附规律　(b) 铜浸泡液中重金属浓度及去除率变化

图 5-3　重金属单一溶液浸泡过程铜变化规律

由图 5-2 可看出三种浓度的各浸泡液中重金属浓度逐渐降低，吸附量及溶液去除率逐渐升高，吸附量的变化与去除率一致。100mg/L 及 150mg/L 的锌浸泡液经 7 天浸泡，300mg/L 的锌浸泡液经 17 天浸泡，重金属浓度均接近 0，溶液中重金属去除率达到 95%以上，同时建筑废物的重金属吸附量不再增加。

对于铜浸泡液，100mg/L、150mg/L 及 300mg/L 的铜浸泡液 17 天的建筑废物浸泡实验后重金属浓度均接近 0，溶液中重金属去除率达到 95%以上，吸附量达到平衡，而在实验监测后期 27 天时均存在一定的反溶现象，溶液中重金属浓度有所升高。

图 5-4 可看出三种浓度的铅浸泡变化一致，在浸泡后 1 天内溶液中重金属浓度接近

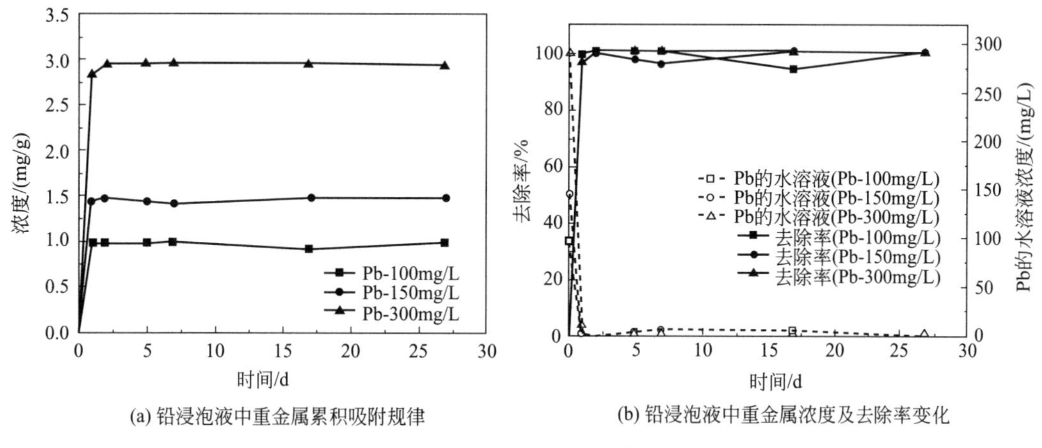

(a) 铅浸泡液中重金属累积吸附规律　(b) 铅浸泡液中重金属浓度及去除率变化

图 5-4　重金属单一溶液浸泡过程铅变化规律

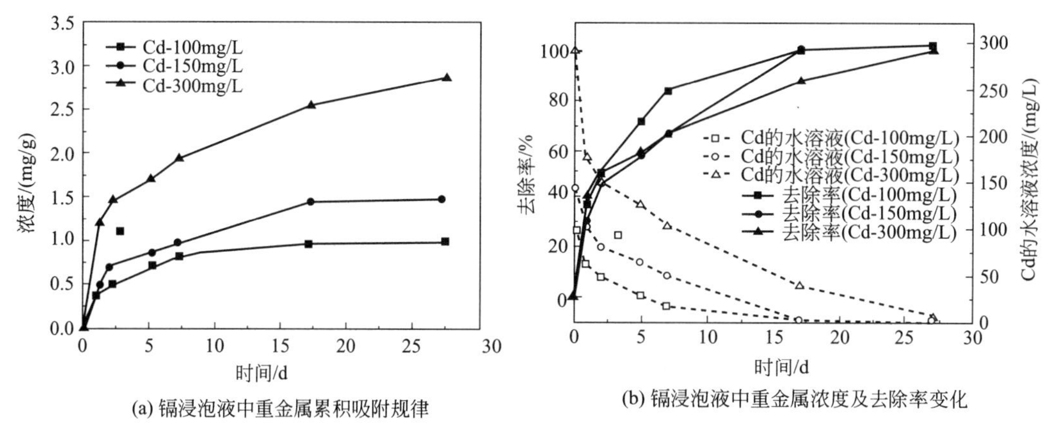

(a) 镉浸泡液中重金属累积吸附规律　(b) 镉浸泡液中重金属浓度及去除率变化

图 5-5　重金属单一溶液浸泡过程镉变化规律

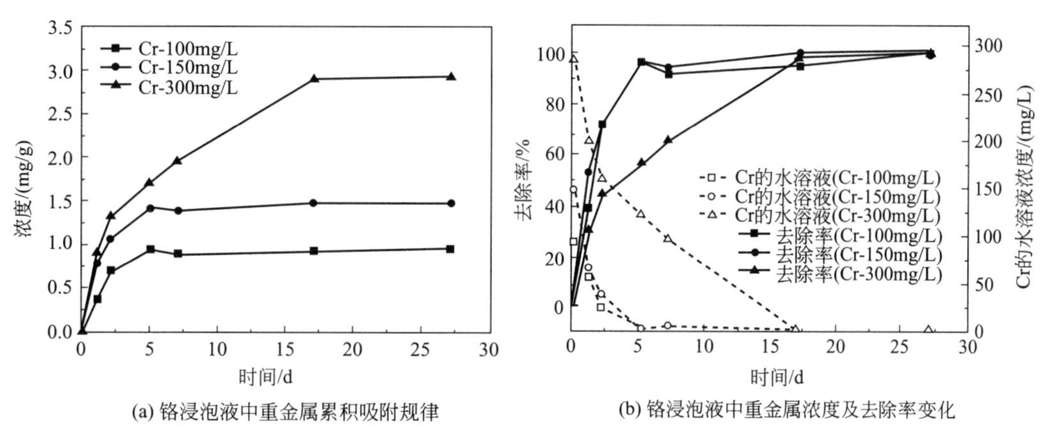

(a) 铬浸泡液中重金属累积吸附规律　(b) 铬浸泡液中重金属浓度及去除率变化

图 5-6　重金属单一溶液浸泡过程铬变化规律

0，去除率达到 95%以上。

由图 5-5 镉浸泡液中变化情况可看出，100mg/L 及 150mg/L 的镉浸泡建筑废物 17 天后重金属浓度均接近 0，去除率达到 95%以上，建筑废物的重金属吸附量不再增加，而对于 300mg/L 的镉浸泡液达到相同效果需浸泡建筑废物 27 天。

此外，铬浸泡液中变化规律与锌相似，100mg/L 及 150mg/L 的铬浸泡液经 7 天浸泡，300mg/L 的铬浸泡液经 17 天浸泡，重金属浓度均接近 0，溶液中重金属去除率达到 95%以上。

5.1.3 混合重金属浸泡液中重金属吸附量变化

图 5-7～图 5-11 中（a）分别表示混合重金属锌、铜、铅、镉、铬浸泡液中建筑废物吸附量随时间的变化规律。（b）分别表示混合重金属浸泡液中锌、铜、铅、镉、铬的浓度和去除率随时间变化的规律。

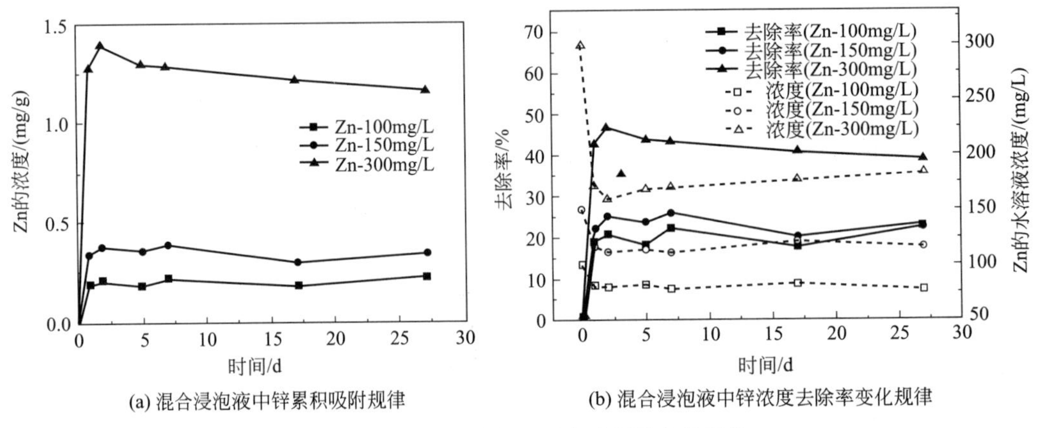

(a) 混合浸泡液中锌累积吸附规律　　(b) 混合浸泡液中锌浓度去除率变化规律

图 5-7　重金属混合溶液浸泡过程锌变化规律

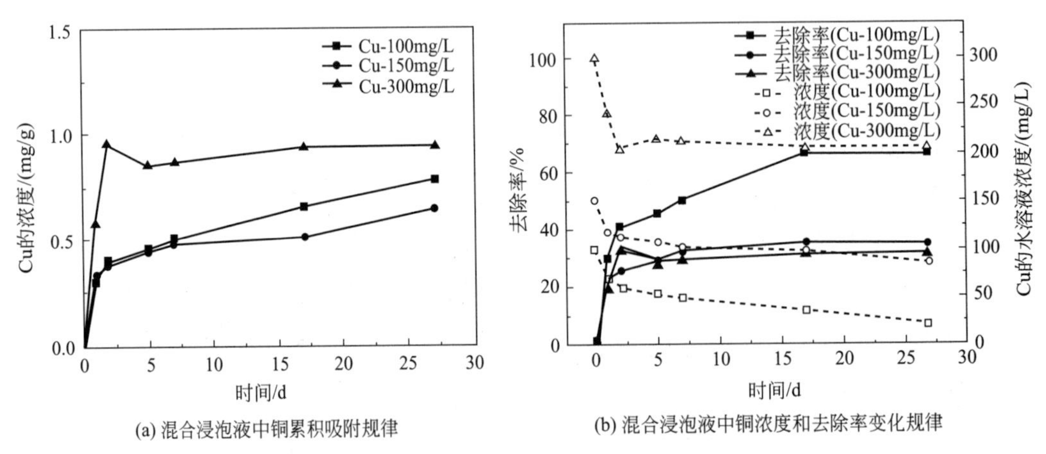

(a) 混合浸泡液中铜累积吸附规律　　(b) 混合浸泡液中铜浓度和去除率变化规律

图 5-8　重金属混合溶液浸泡过程铜变化规律

由图 5-7 可看出含锌 100mg/L、150mg/L、300mg/L 的三种混合浸泡液中锌的吸附规律相似，在浸泡第 2 天达到吸附平衡，此后溶液中锌浓度有所波动，溶液中锌的去除率不再持续升高。27 天浸泡结束时，锌吸附量从大到小的顺序为 300mg/L、150mg/L、100mg/L，溶液中锌的去除率从大到小的顺序为 300mg/L、150mg/L、100mg/L。

由图 5-8 可看出含铜 100mg/L、150mg/L 的混合浸泡液中铜的吸附规律相似，在

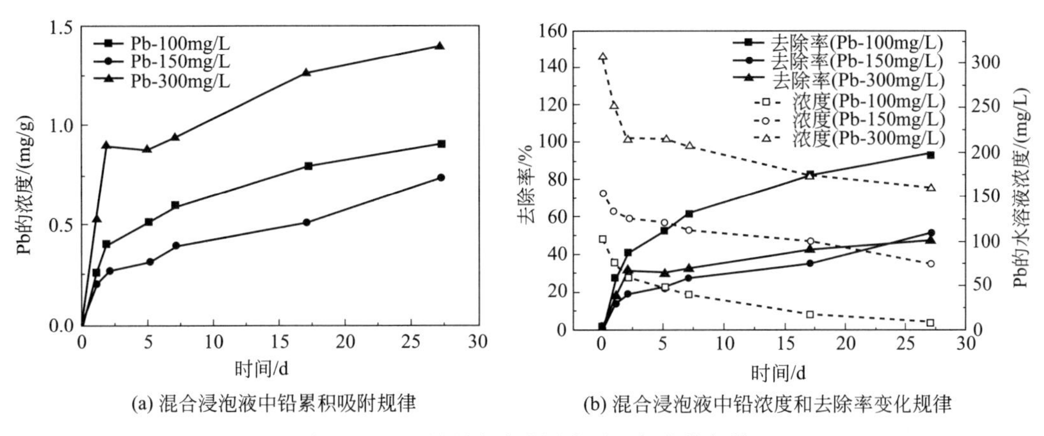

(a) 混合浸泡液中铅累积吸附规律 (b) 混合浸泡液中铅浓度和去除率变化规律

图 5-9 重金属混合溶液浸泡过程铅变化规律

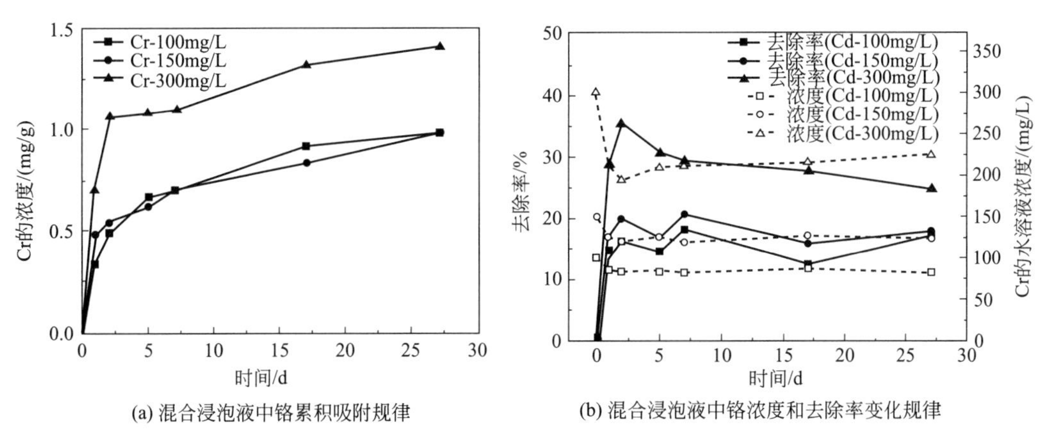

(a) 混合浸泡液中铬累积吸附规律 (b) 混合浸泡液中铬浓度和去除率变化规律

图 5-10 重金属混合溶液浸泡过程镉变化规律

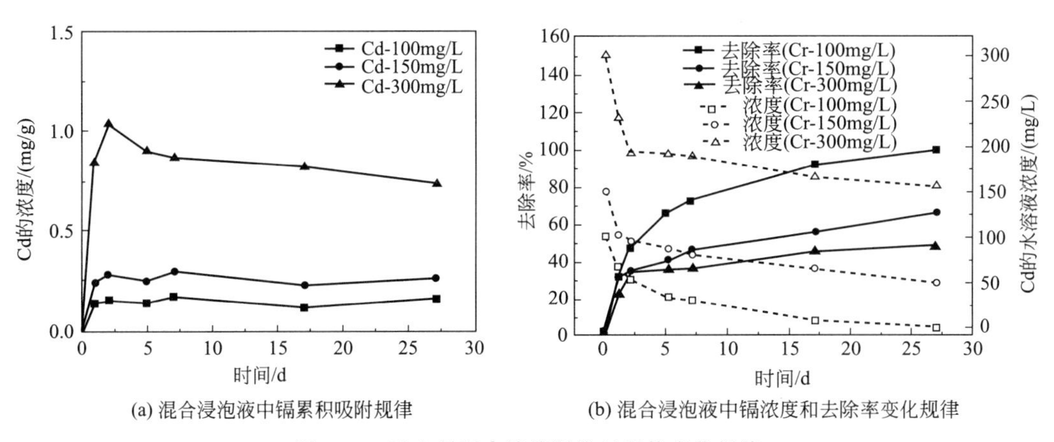

(a) 混合浸泡液中镉累积吸附规律 (b) 混合浸泡液中镉浓度和去除率变化规律

图 5-11 重金属混合溶液浸泡过程铬变化规律

浸泡前 1 天吸附速率较快，此后建筑废物对铜的吸附量逐渐缓慢上升，7 天后含铜 150mg/L 的浸泡液中铜的去除率不再升高，而含铜 100mg/L 的混合浸泡液中铜的去除率在 17 天后达到平衡。含铜 300mg/L 的混合浸泡液经 2 天浸泡后吸附量达到最大，在第 2～5 天出现反溶现象，此后溶液中铜浓度及去除率保持不变。27 天浸泡结束时，铜吸附量从大到小顺序为 300mg/L、100mg/L、150mg/L，溶液中铜的去除率从大到小的顺序为 100mg/L、150mg/L、300mg/L。

由图 5-9 可看出，含铅 100mg/L、150mg/L 及 300mg/L 的混合重金属浸泡液中建筑废物对铅的吸附在前 2 天速率较大，此后持续缓慢下降，溶液中铅浓度持续降低，铅去除率持续升高，100mg/L 最大。27 天浸泡结束时，铅吸附量从大到小顺序为 300mg/L、100mg/L、150mg/L，溶液中铅的去除率从大到小顺序为 100mg/L、150mg/L、300mg/L。

由图 5-10 可看出，含镉 100mg/L、150mg/L 及 300mg/L 的混合重金属浸泡液中建筑废物对镉的吸附在前 2 天速率较大，此后出现微小波动，铬去除率持续波动，100mg/L、150mg/L 浸泡液中去除率波动规律相似。27 天浸泡结束时，铬吸附量和去除率从大到小顺序为 300mg/L、150mg/L、100mg/L。

由图 5-11 可看出，含铬 100mg/L、150mg/L 及 300mg/L 的混合重金属浸泡液中建筑废物对铅的吸附在前 2 天速率较大，此后缓慢上升，铬去除率持续上升。27 天浸泡结束时，铬吸附量从大到小的顺序为 300mg/L、150mg/L、100mg/L，铬去除率从大到小的顺序为 100mg/L、150mg/L、300mg/L。

5.2 表面接触性重金属的污染深度

研究采用强度为 C20 的商用混凝土，浇筑素混凝土试块。试块外部尺寸为 200mm×200mm×150mm，侧面及底部厚度均为 50mm，中间设置 100mm×100mm×100mm 的凹槽空间，用于承装重金属溶液，模拟试块如图 5-12 所示。混凝土试块养护采用自然养护法，具体为覆盖浇水润湿养护，直至 28 天龄期。

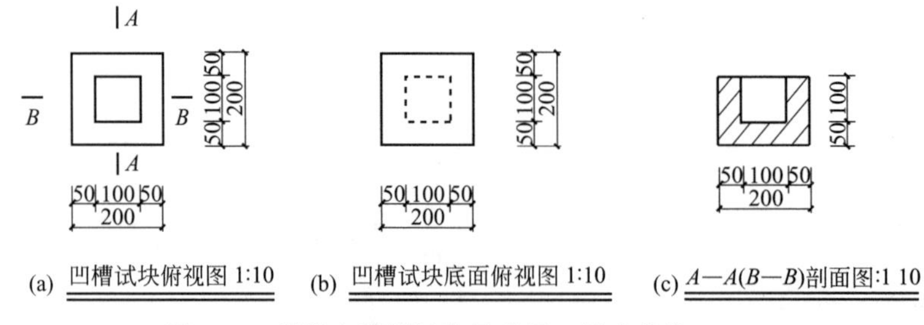

图 5-12 混凝土凹槽试块示意图（尺寸单位：mm）

在凹槽中加入不同重金属溶液，包括锌、铜、铅、镉、铬单一重金属溶液及混合溶液，每种重金属浓度均为 100mg/L。分别在第 1 天、第 2 天、第 5 天、第 10 天进行取样，每次取样时使用移液枪吸取混凝土凹槽中不同位置的上清液，测定 pH，液体经消解处理后采用电感耦合等离子体发射光谱仪（ICP-Agilent 720ES）测定重金属浓度，采用差量法计算重金属吸附量。

待溶液自然蒸干，稳定 3 个月后，对混凝土凹槽底部进行固体取样，测定不同深度混凝土中重金属的含量。以游标卡尺度量，通过钻取粉末的方式，从凹槽外底部往内分段取样，取样深度分别为 0～0.5cm、0.5～1.0cm、1.0～1.5cm、1.0～2.0cm、2.0～2.5cm、2.5～3.0cm、3.0～4.0cm、4.0～5.0cm。无重金属暴露条件下，空白混凝土试块采用同样的方式取样，以获取混凝土试块重金属背景值。

采用盐酸-硝酸-氢氟酸法消解固体样品：称取 0.2g 粉末状干燥的混凝土样品，置于聚四氟乙烯坩埚内，加入 15mL 盐酸，5mL 硝酸、2mL 40%氢氟酸，坩埚加盖置于 180℃电热板上加热至固体溶解，蒸发至近干，加入 30mL 去离子水继续加热至 2～5mL，结束加热，待溶液冷却后转移至容量瓶定容，0.22μm 滤膜过滤，采用 ICP-Agilent 720ES 测定重金属浓度，计算混凝土试块中重金属含量。

5.2.1 pH 变化

混凝土中存在大量强碱性物质，随着浸泡过程的持续，水泥水合产物如硅酸盐、铝酸盐、氢氧化钙等释放于溶液导致 pH 上升。混凝土水泥凹槽内浸泡液的 pH 随时间变化的规律如图 5-13 所示。

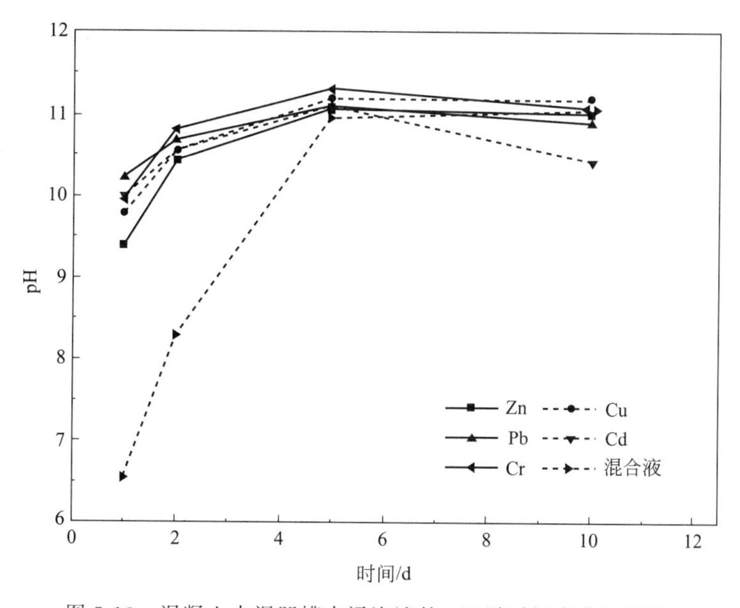

图 5-13　混凝土水泥凹槽内浸泡液的 pH 随时间变化的规律

从图上可看出，Zn、Cu、Pb、Cd、Cr 单一重金属溶液置于混凝土凹槽内，经过 1 天浸泡，pH 均高达 9 以上，升至碱性，在此后 5 天 pH 持续缓慢上升，最终稳定在 10～11。而包含 Zn、Cu、Pb、Cd、Cr 5 种重金属混合溶液置于混凝土凹槽内第 1 天 pH 仍呈酸性，随后 pH 持续上升至 10.95 即不再迅速上升。导致单一重金属浸泡液和混合重金属浸泡液 pH 变化差异的原因是混合溶液中重金属离子总浓度是单一溶液中重金属浓度的 5 倍，NO_3^{2-} 含量高，混凝土释放的碱性物质一天内不足以缓冲至碱性。

5.2.2 溶液中重金属浓度变化

混凝土凹槽内重金属浸泡液 pH 不断升高的同时，重金属浓度逐渐降低，其变化过程如图 5-14 所示。由图可看出单一的重金属浸泡液中各重金属含量在浸泡第 1 天从 100mg/L 迅速降低至 2～5mg/L，随后缓慢降低。第 5 天后变化较小，在第 10 天 Zn、Cu、Pb、Cd、Cr 浓度分别降至 0.792mg/L、0.385mg/L、0.261mg/L、0.001mg/L、0.038mg/L。重金属以氢氧化物沉淀、物理吸附、同晶置换等方式被混凝土吸附，因而溶液中浓度降低。

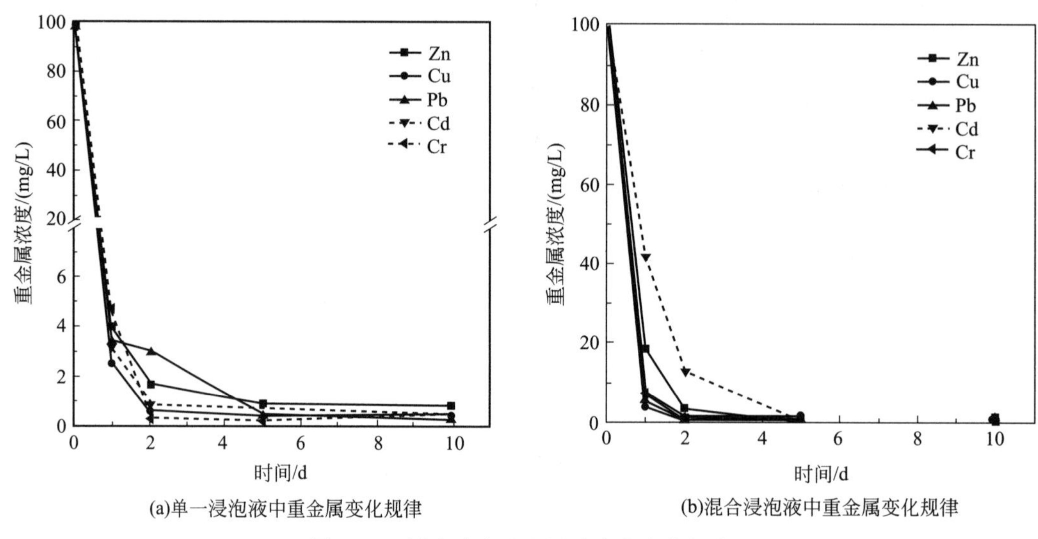

图 5-14　浸泡液中重金属浓度的变化规律

混合重金属浸泡液中各重金属浓度在第 1 天的变化率较单一重金属浸泡液慢，其变化规律与 pH 变化相似，这与混合溶液较高的酸性有关，短时间内不能大量形成氢氧化物沉淀。同样，在 5 天后变化较小，溶液中 Zn、Cu、Pb、Cd、Cr 浓度在第 10 天分别为 0.047mg/L、0.159mg/L、0.315mg/L、<0.002mg/L（低于检出限）、0.0519mg/L。

5.2.3　混凝土中重金属分布

将非暴露条件下重金属在混凝土试块不同深度的含量作为混凝土重金属背景值，如表 5-2 所列。

表 5-2　非暴露条件下混凝土试块底部不同深度重金属含量　　单位：mg/kg

深度范围/cm	Zn	Cu	Pb	Cd	Cr
0～0.5	38.4	23.4	10.3	—	38.7
0.5～1.0	56.3	77.3	9.1	—	37.6
1.0～1.5	30.5	27.9	9.6	—	107.0
1.5～2.0	34.1	23.9	10.0	—	80.4
2.0～2.5	49.8	24.2	18.0	—	75.7
2.5～3.0	106.6	55.9	7.2	—	50.5
3.0～4.0	58.4	27.2	8.2	—	40.4
4.0～5.0	66.4	14.1	11.1	—	35.8
均值	55.1	34.2	10.4	—	58.2

注：“—”为低于检测限。

混凝土中重金属来源于水泥、砂石等，不同重金属的含量不同。由表5-2可看出，在非暴露条件下，不同重金属在混凝土试块中分布存在差异。本研究所用混凝土试块中各重金属含量平均值大小依次为Cr＞Zn＞Cu＞Pb＞Cd。此外，不同深度范围内，混凝土试块中重金属浓度存在波动，且分布规律尚不明显。

重金属在混凝土中的含量分布如图5-15所示，其中图5-15(a)～图5-15(e)分别为Zn、Cu、Pb、Cd、Cr单一重金属浸泡溶液暴露条件下混凝土中重金属分布，图5-15(f)为该5种重金属混合浸泡溶液暴露条件下的重金属含量分布，各图中max、min、mean分别为非暴露条件下混凝土不同深度内相应重金属含量的最大值、最小值

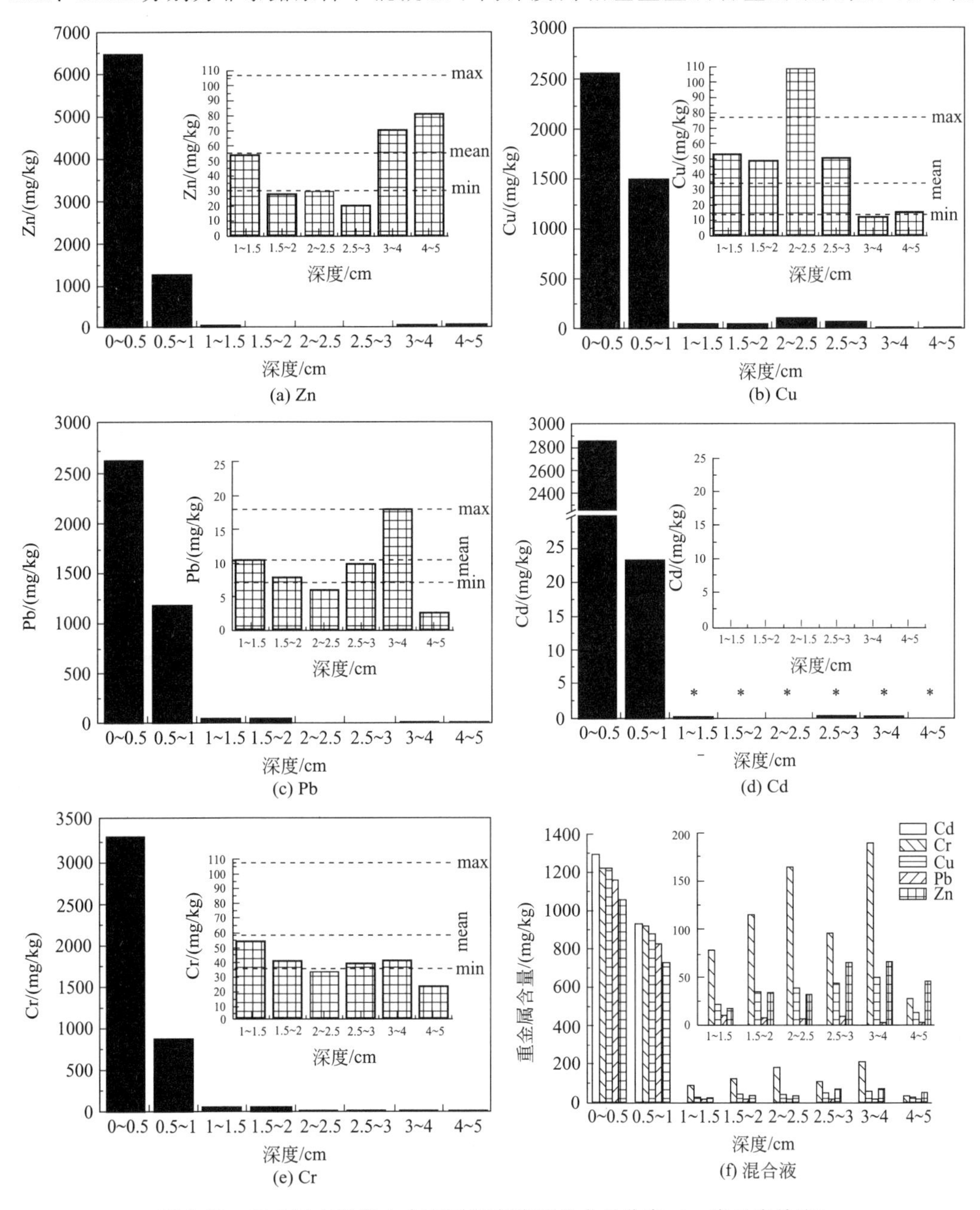

图5-15 重金属在混凝土中不同深度范围的含量分布（*表示未检出）

和平均值。结果显示，无论在单一重金属暴露环境还是混合重金属暴露环境，Zn、Cu、Pb、Cr在混凝土的不同深度范围均有分布，而Cd在混凝土凹槽底部1cm以下的含量低于检出限。

在单一重金属暴露条件下，混凝土中不同重金属的含量存在差异，但各重金属含量分布随深度的变化规律相似。Zn、Cu、Pb、Cd、Cr在混凝土凹槽底部表层0～0.5cm范围内含量分别高达6466.4mg/kg、2552.3mg/kg、2641.9mg/kg、2856.0mg/kg、866.3mg/kg。表层混凝土中各重金属的含量存在差异，一方面由混凝土中各重金属含量不同所致，另一方面也表明了不同重金属的迁移性不同。Zn在凹槽内底部表层0～0.5cm内的含量显著高于其他几种重金属，混凝土表面吸附Zn的效果显著。

从图5-15(a)～(e)可看出，在单一重金属溶液暴露条件下，重金属主要集中在混凝土表层1cm内。由于溶液浸泡过程中，混凝土释放碱性物质，创造了利于重金属沉淀的碱性环境，导致重金属在混凝土表面的集中与固定。参照表5-2，深度大于1cm时，混凝土中Zn、Pb、Cr的含量水平分别处于非暴露条件下混凝土中各自含量的背景值范围内（图中max与min之间）。而Cu在2.0～2.5cm深度范围内含量高于非暴露条件下的背景值，相对其他几种重金属而言，Cu在混凝土中的迁移性较强。Cd仅浸入混凝土表层小于1cm的区域内，在0.5～1.0cm深度范围Cd含量降至23.1mg/kg，在大于1cm的混凝土内部Cd含量低于检测限，由此推断，Cd在混凝土中的迁移性较差。

在5种重金属共同暴露环境中，Zn、Cu、Pb、Cd、Cr在混凝土凹槽底部表层0～0.5cm区域内的含量差异较小，分别为1057mg/kg、1220.5mg/kg、1154mg/kg、1296.6mg/kg、1220.4mg/kg，均低于各重金属单独暴露环境下的浓度。在0.5～1.0cm深度范围内，混凝土中各重金属含量浓度均高于单独暴露环境中的浓度值，同时，与0～0.5cm区域内大小次序相同：Cd＞Cr＞Cu＞Pb＞Zn，各重金属协同浸入。Dyer. T等对重金属在水泥水化过程中浸入深度的研究结果表明，Zn、Cu、Pb混合溶液作用下重金属浸入水泥的深度大于单一重金属溶液，且浅层同深度段各重金属在水泥中的浓度低于单一重金属溶液，与本研究结果一致。其原因可能是溶液中离子强度的提高促进了重金属的渗透能力，各重金属产生协同作用。深度大于1cm的混凝土内部，重金属含量明显降低，Zn、Cu、Pb含量低于非重金属暴露条件下混凝土重金属背景值，Cd含量低于检出限。然而，Cr在1cm深度以下含量高于其他重金属，其中1.5～2.0cm、2.0～2.5cm、3.0～4.0cm段较非暴露条件下重金属含量本底值均有所增加，也明显高于单一Cr溶液暴露下混凝土中相应部位Cr的浓度。由此可见，在多种重金属的耦合作用下，Cr的渗透性增强。

5.2.4 小结

混凝土置于重金属暴露环境中，随着混凝土内碱性物质的释放，浸泡10d后，重金属浸泡溶液的pH升高至10～11，同时重金属浓度从100mg/L降低至0.5mg/L以下。

非暴露条件下，混凝土内部不同深度重金属含量较低且分布不均，各重金属平均浓度顺序为Cr＞Zn＞Cu＞Pb＞Cd，Cr、Zn、Cu、Pb平均浓度分别为58.2mg/L、

55.1mg/L、34.2mg/L、10.4mg/L，而 Cd 未检出。

在重金属暴露环境中，混凝土以氢氧化物沉淀、物理吸附、同晶置换等作用将重金属主要聚集或固定于表层 0～1cm 范围内。本研究中单一重金属暴露条件下，混凝土表面固定 Zn 的效果显著，在混凝土内 Cu 的迁移性相对较强，而 Cd 的迁移性最差。混合重金属溶液暴露条件下，各重金属协同浸入深度较单一重金属溶液大，此外，Cr 在多种重金属协同作用下迁移性有所增强，可至 3～4cm。

所用 C20 混凝土在 100mg/L 重金属溶液暴露条件下，仅表层 0～1cm 存在重金属污染。拆迁和改建工作中，若混凝土构筑物在服役期存在重金属暴露问题，建议对重金属接触表层进行特殊处理，将其单独剥离并进行无害化处理处置。

5.3 不同建筑材料对气态汞的吸附模拟研究

近年来，由于出现严重的雾霾天气，国务院加大力度淘汰钢铁、水泥、电解铝、汽车等产能过剩行业，相关行业建筑物和构筑物在新建、改建、修缮、拆毁过程中将产生大量的受污染建筑废物。其中包含受汞污染建筑废物，汞既能以气态单质汞存在于大气中，亦能随大气迁移，沉降到生态环境，污染地下水、地表水、土壤和空气，进而被生物富集或转化为剧毒的甲基汞，甚至危害人类健康。因此化工、冶金等汞污染严重的行业需要选择合适的抗污染建筑材料，并在拆除过程中做好污染控制工作。然而关于建筑材料的已有研究主要集中在力学性质、环保节能、相变贮能技术、保温、全生命周期评价、再生利用技术，建筑材料对汞的吸附或暴露研究尚未见到报道。故研究五种不同建筑材料对汞的吸附特征，以及标准水泥混凝土块对汞的暴露情况。以期为高污染行业建筑材料的选择及拆除后建筑废物汞的污染控制提供基本参考依据。

选取的五种不同商用建筑材料，分别为水泥砖、泡沫混凝土、红砖、浦东再生砂石、都江堰再生集料，分别制备成三种不同粒径（①100～10 目、②200～100 目、③>200 目）置于汞平均浓度为 200ng/m^3的恒温室内，分别在第 5 天、第 10 天、第 20 天、第 150 天测试汞含量。利用汞渗透管作为气态汞发生源，在恒温室内以 25℃和恒定流量载气（纯 N_2）的条件下形成浓度稳定到 200ng/m^3的气态汞。具体用 RA-915m 便携式气态汞分析器进行监测。其中水泥砖主要组成为石粉 60%、石硝 3%、水泥 8%～10%、生石灰 3%、灰粉 0.2%；泡沫混凝土主要组成为水泥 55%～65%、煤灰 34%～45%、发泡剂 0.2%～0.6%、添加剂 0.2%～0.5%；红砖主要组成为黏土 80%、煤矸石 6%～12%、粉煤灰 8%～14%；再生砂石指砂粒和碎石的松散混合物；再生集料包括碎石、细砂、废渣等。

5.3.1 建筑材料表征

（1）建筑材料 XRD 分析

图 5-16 五种建筑材料的 XRD 谱图给出了水泥砖、泡沫混凝土、红砖、浦东再生砂

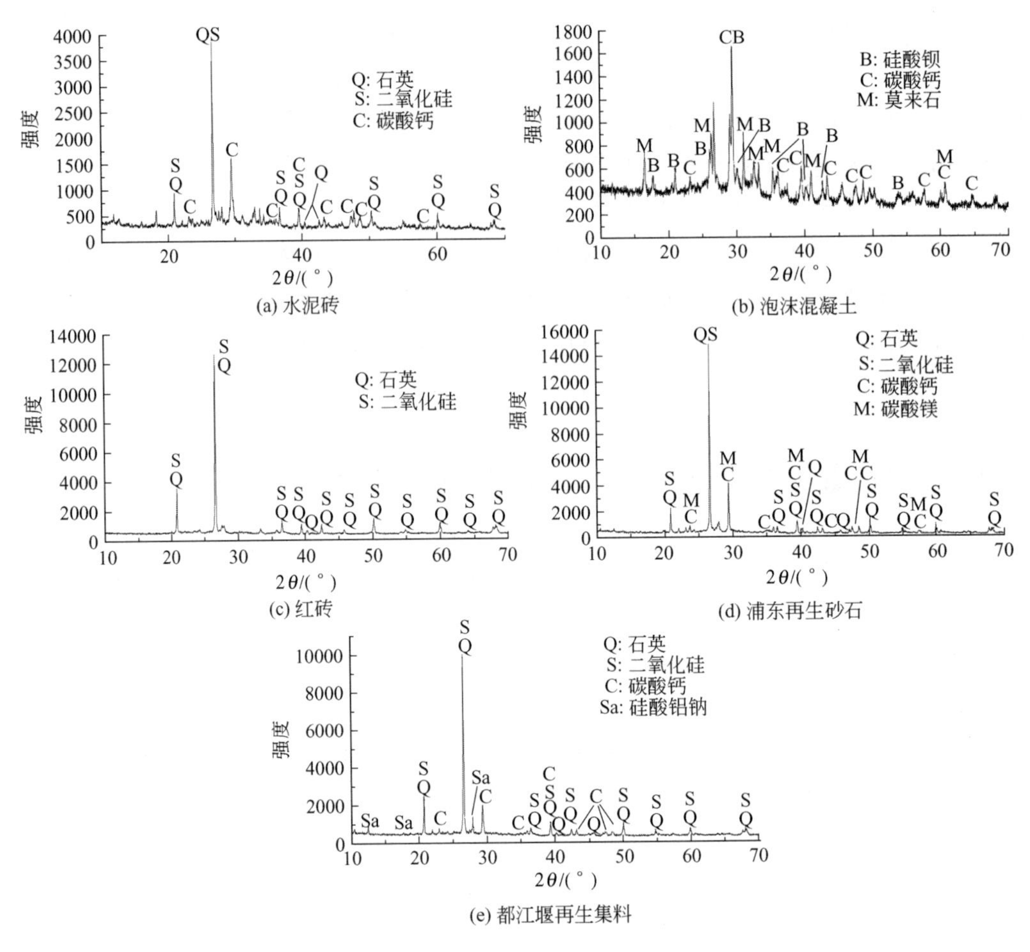

(a) 水泥砖　(b) 泡沫混凝土　(c) 红砖　(d) 浦东再生砂石　(e) 都江堰再生集料

图 5-16　五种建筑材料的 XRD 谱图

石、都江堰再生集料的 XRD 扫描谱图，水泥砖主要由二氧化硅（石英石 SiO_2）、碳酸钙（方解石）等矿物组成；泡沫混凝土主要由硅酸钡、碳酸钙（方解石）、莫来石（$3Al_2O_3 \cdot 2SiO_2$）等矿物组成；红砖主要由二氧化硅（石英石 SiO_2）组成；浦东再生砂石主要由二氧化硅（石英石 SiO_2）、碳酸钙（方解石）、碳酸镁（镁方解石）等矿物组成；都江堰再生集料主要由二氧化硅（石英石 SiO_2）、碳酸钙（方解石）、硅酸铝钠（$Na_6Al_6Si_{10}O_{32}$）等组成。五种建筑材料矿物成分均以二氧化硅为主，碳酸钙次之。

（2）建筑材料 XRF 分析

表 5-3 给出了水泥砖、泡沫混凝土、红砖、浦东再生砂石、都江堰再生集料的 XRF 分析数据，水泥砖主要以 SiO_2（34.869%）和 CaO(26.247%）为主；泡沫混凝土以 SiO_2(37.363%)、CaO(20.033%)、Al_2O_3(15.565%）为主；红砖以 SiO_2(66.919%) 和 Al_2O_3(14.263%）为主；都江堰再生集料与浦东再生砂石以 SiO_2 和 CaO 为主。可见五种建筑材料均以 SiO_2 作为主成分。

表 5-3　建筑材料的主要矿物成分　　单位：%

样品	SiO_2	Al_2O_3	Fe_2O_3	MgO	CaO	K_2O	Na_2O
水泥砖	34.869	7.222	2.982	1.989	26.247	1.471	0.761
泡沫混凝土	37.363	15.565	4.003	0.996	20.033	1.269	0.441
红砖	66.919	14.263	5.842	1.115	1.884	1.909	1.385
都江堰再生集料	48.452	11.707	5.492	1.921	12.495	2.091	0.865
浦东再生砂石	50.121	10.348	4.338	1.33	15.553	2.009	1.204

注：以矿物氧化物的百分含量表示。

(3) 建筑材料 SEM 分析

图 5-17 给出了水泥砖、泡沫混凝土、红砖、浦东再生砂石、都江堰再生集料的 SEM 图。在五种材料中，水泥砖表面相比其他孔隙最少，再生集料孔隙率其次，而泡沫混凝土、红砖和再生砂石表面孔隙都较多。

(4) 模拟粒度分析

表 5-4 五种建筑材料的平均粒度（μm）中五种建筑材料粒径分布以 Dv10，Dv50，Dv90 表示。平均粒径分布，首先 100～10 目 90%分布在 1117.4μm 以下，50%分布在 476μm 以下；200～100 目 90%分布在 194.4μm，50%分布在 89.76μm；>200 目 90%分布在 68.54μm，50%分布在 31.76μm。由于 RSD 均在 10%以内，五种材料三种粒径均匀分布。故选取红砖作为代表性材料，进行粒度分级展示（图 5-18）。

表 5-4　五种建筑材料的平均粒度　　单位：μm

粒径	Dv10	Dv50	Dv90
①10～100 目	211±12.06	476±26.66	1117.4±96.54
②100～200 目	23.64±2.69	89.76±4.3	194.4±11.36
③>200 目	8.24±0.99	31.76±3.91	68.54±4.76

5.3.2　不同建筑材料对气态汞吸附分析

五种建筑材料汞含量的本底值分别为水泥砖（10μg/kg）、泡沫混凝土（80μg/kg）、红砖（12μg/kg）、都江堰再生集料（15μg/kg）、浦东再生砂石（20μg/kg），详见图 5-19(a)。恒温室内汞浓度保持在 200ng/m^3 左右（RA-915M 便携式气态汞分析器进行定期监测），样品分别在第 5、第 10、第 20、第 150 天检测汞含量。三种粒径（①10～100 目、②100～200 目、③>200 目）后文均以①、②、③简称。

水泥砖吸附 5 天后测得①、②、③三种粒径汞含量分别为 10.93μg/kg、41.05μg/kg、61.88μg/kg，可见粒径越小吸附量越大。吸附 10 天、20 天后汞含量均逐渐增大，在 150 天后测得三种粒径样品汞含量分别为 50.04μg/kg、173.77μg/kg、

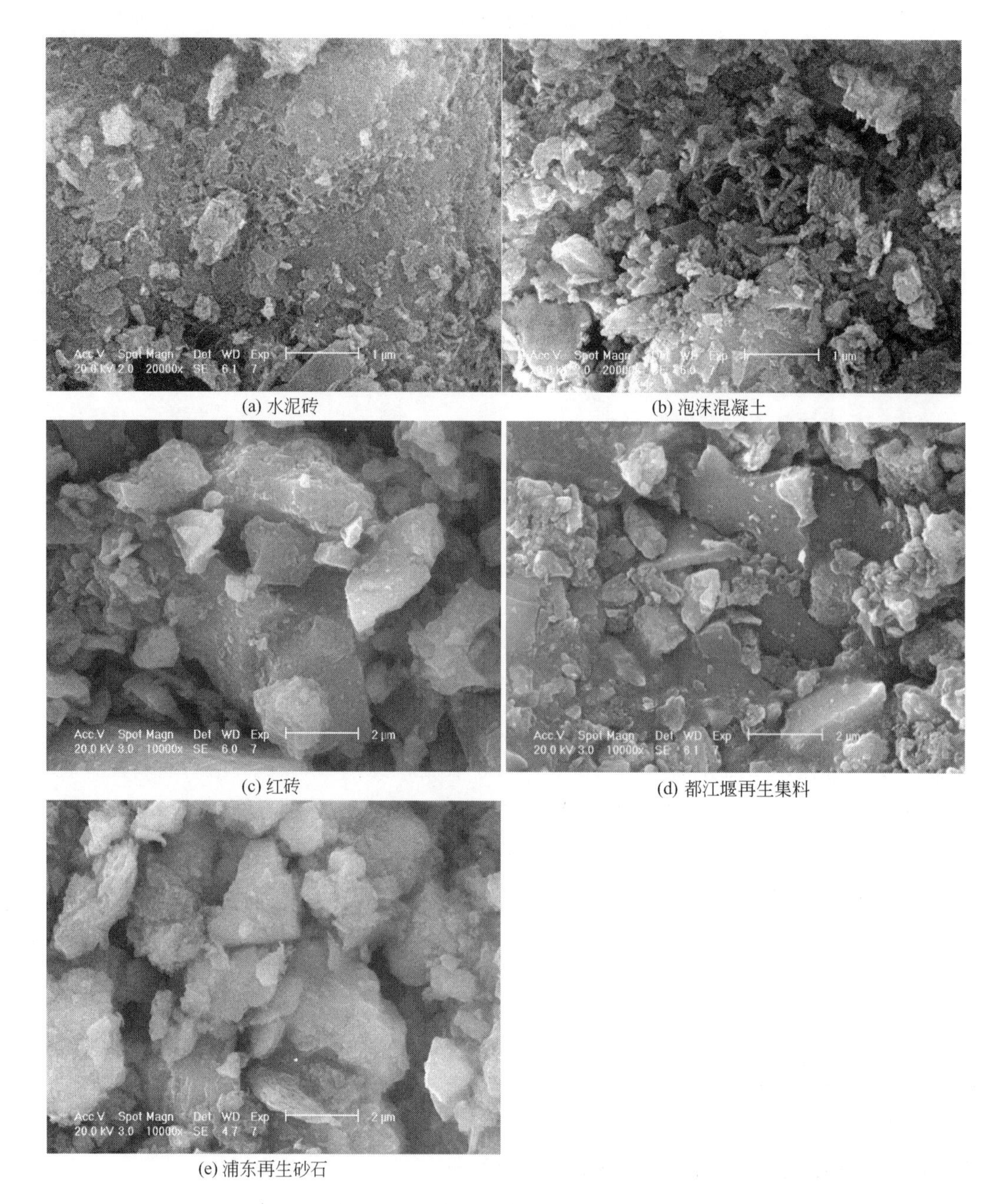

(a) 水泥砖　(b) 泡沫混凝土　(c) 红砖　(d) 都江堰再生集料　(e) 浦东再生砂石

图 5-17　五种不同建筑材料的 SEM 图

168.14μg/kg。相比其本底值 10μg/kg，吸附量分别为 40μg/kg、160μg/kg、158μg/kg。②吸附量反而略大于③，可能是由于两者吸附量均已达饱和，可推断在 150 天后水泥砖细粉 100 目以下均会受到污染。

泡沫混凝土吸附 5 天后测得①、②、③三种粒径汞含量分别为 83.66μg/kg、102.57μg/kg、102.60μg/kg，整体粒径越小吸附量越大，但粒径②和③吸附量差别很小，在吸附 10 天和 20 天后虽然均有增大，但三者吸附量差别很小。直到 150 天后三种粒径吸附量分别为 252.39μg/kg、274.20μg/kg、320.78μg/kg，相比本底值 80μg/kg，

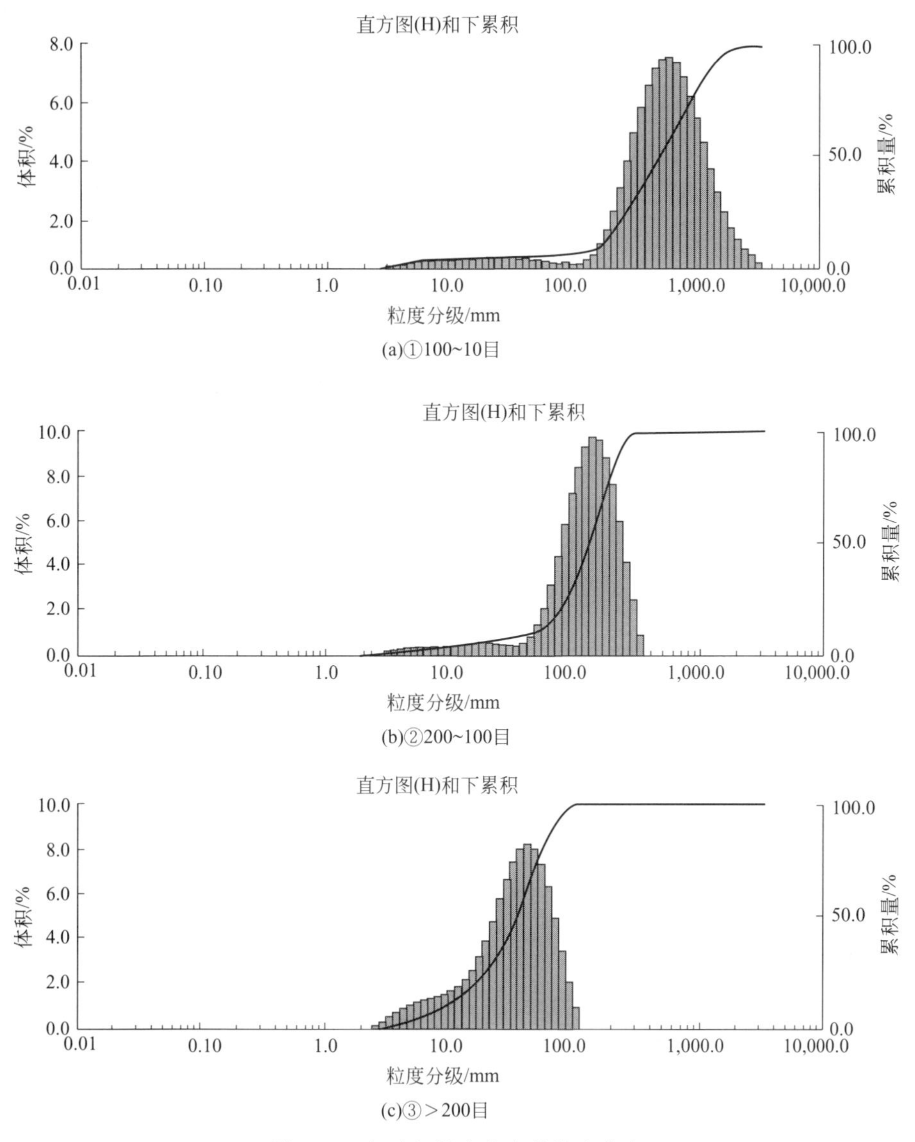

图 5-18　红砖细粉为代表的粒度分布

吸附量分别为 172μg/kg、194μg/kg、240μg/kg。三者差别很小，整体趋势还是粒径越小吸附量越大。

红砖吸附五天后测得①、②、③三种粒径汞含量分别为 15.41μg/kg、33.81μg/kg、497.22μg/kg，粒径③吸附远远高于②、①。粒径①和②吸附 10 天、20 天以后吸附量仍很低，吸附 150 天以后吸附量分别为 95.22μg/kg、140.37μg/kg、1123.57μg/kg。粒径①、②吸附量仍然远远低于粒径③。相比本底值 12μg/kg，吸附量分别为 83μg/kg、128μg/kg、1112μg/kg，粒径③是粒径②的近 10 倍，①的 13 倍，可见红砖 200 目以下的细粉极易受到汞污染。

都江堰再生集料吸附 5d 后测得①、②、③三种粒径汞含量分别为 19.37μg/kg、45.17μg/kg、77.58μg/kg，粒径越小吸附量越大。吸附 10 天 、20 天后粒径①和②吸附量均变化很小。吸附 150 天后汞含量分别为 139.99μg/kg、173.35μg/kg、

198.91μg/kg。相比本底值15μg/kg，吸附量分别为125μg/kg、158μg/kg、184μg/kg，三者差别不大，可见对于再生集料，粒径大小对汞吸附性影响不大。

浦东再生砂石吸附5d后测得①、②、③三种粒径汞含量分别为23.06μg/kg、41.00μg/kg、54.19μg/kg。吸附10天、20天后吸附量均有所增加，但增幅很小。吸附150d后汞含量分别为88.13μg/kg、318.75μg/kg、629.12μg/kg，相比本底值20μg/kg，吸附量分别为68μg/kg、299μg/kg、609μg/kg，粒径越小吸附量越大，且粒径③吸附量是②的近2倍，①的近10倍。

图5-19(b)对吸附150天的五种建筑材料汞含量进行对比，整体上粒径越小吸附量越大，但不同材料之间存在差异性，粒径①含量最大的是泡沫混凝土，粒径②含量最大的是浦东再生砂石，粒径③含量最大的是红砖。粒径③中红砖汞含量与其他几种材料相比，其含量是水泥砖的6.7倍、泡沫混凝土的3.5倍、都江堰再生集料的5.7倍、浦东再生砂石的1.8倍，红砖是最容易受污染的建筑材料。总体上看，水泥砖与再生集料受污染程度与其他材料相比较低，可能是这两种材料表面孔隙率较低，这与扫描电镜的结果具有一致性。吸附150d后五种材料汞含量与土壤《土壤环境质量标准》（GB 15618—1995）标准二级标准阈值相比较，粒径②中浦东再生砂石超过阈值，粒径③中泡沫混凝土、红砖、浦东再生砂石均超过阈值。建筑物在拆迁改建过程中会产生建筑废物细粉，其中泡沫混凝土、红砖和砂石可能受到汞污染。

5.3.3 水泥混凝土立方体标准试块汞模拟吸附

强度为C15的水泥混凝土标准试块，制成边长为15cm的立方体块，置于汞浓度为200ng/m^{3}恒温室内暴露1.5年（RA-915M便携式气态汞分析器进行定期监测），其汞的侵入深度剖面见图5-20。水泥混凝土块初始汞含量为（39±12）μg/kg，可能水泥混凝土原料搅拌过程中汞含量分布不均，故存在一定的波动。从图中可看出水泥混凝土标准试块对汞的吸附在0～0.5cm范围达到1020.21μg/kg，0.5～1.0cm急剧下降为377.40μg/kg，汞污染主要集中在0～0.5cm范围内。1.0～1.5cm为174.79μg/kg，1.5～2cm为55.02μg/kg。由图5-20可知，汞污染集中在0.5～1.5cm范围内，此范围内汞含量远高于初始含量（39±12）μg/kg。因此当水泥混凝土服役结束之后，特别在汞污染严重的工厂、车间等拆迁、改建过程中，需对其表层进行剥离，去除汞污染。

通过XRD和XRF对水泥砖、泡沫混凝土、红砖、再生砂石、再生集料分析，五种建筑材料以二氧化硅为主，其次是碳酸钙。通过SEM对五种建筑材料表面进行显微结果分析，图像表明水泥砖与再生集料的孔隙率大于红砖、再生砂石和泡沫混凝土。对五种建筑材料的汞吸附模拟实验表明，整体上粒径越小吸附量越大，不同建筑材料表面结构也能影响其汞吸附能力，红砖是最容易受污染的建筑材料，其次是泡沫混凝土和再生砂石对汞也有较大吸附能力。水泥混凝土立方体标准试块汞吸附模拟实验表明主要污染存在于表层0～1.5cm范围内，在汞污染严重的工厂和车间等在拆迁、改建过程中，可对其表层剥离，去除汞污染。

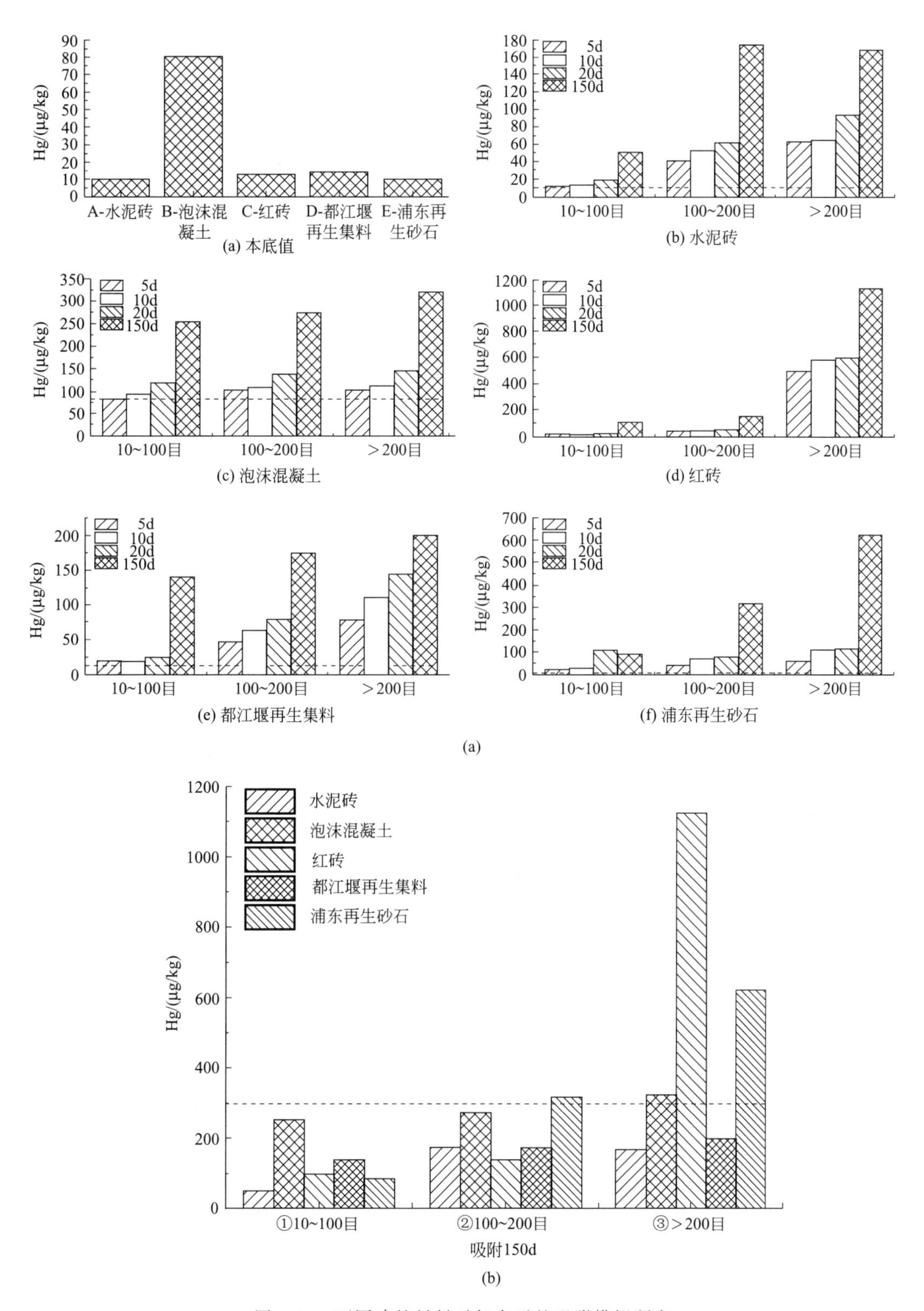

图 5-19 不同建筑材料对气态汞的吸附模拟研究

注："---" 表示各种建筑材料本底值，"——" 表示土壤 GB 15618—1995 标准二级标准阈值

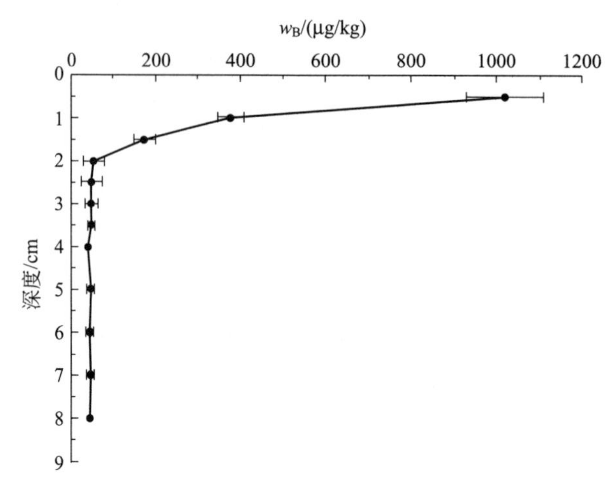

图 5-20 水泥混凝土立方体标准试块中汞的剖面分布

5.4 外源有机物污染物与建筑废物的交互作用

5.4.1 有机污染物在建筑废物表面的嵌合机制

许多物质在加热或冷却过程中除了产生热效应外，往往还伴有质量的变化。质量变化的大小及变化时的温度与物质的化学组成和结构密切相关。本研究所用有机污染建筑废物的热重曲线如图 5-21 所示，测试样品由室温升温至 800℃，升温速率 15℃/min。由于有机污染物沸点差异，以及不同污染物与建筑废物结合方式的不同，建筑废物出现失重温度有所差异，200℃左右的明显失重来源于有机污染物的挥发和降解。墙体废物以及地面废物中水泥水化产物 CH（六方板状氢氧化钙）开始分解，在 700℃出现比较明显的失重，而砖块废物构造与水泥混凝土差异较大，在该温度下未出现明显失重。升温至 800℃后，剩余 75%重量，大部分物质以灰分形式存在建筑废物中。

图 5-22 为受重金属/有机物污染建筑废物扫描电镜照片，其中图 5-22(a)、(c) 为重金属污染建筑废物 5000 倍和 20000 倍照片，图 5-22(b)、(d) 为有机污染建筑废物 5000 倍和 20000 倍照片，由图可以看出，受重金属污染的建筑废物形貌破坏严重，质地疏松孔隙较多，且建筑废物颗粒被类晶装的物质包裹，前述分析认为可能为各重金属的氢氧化物、氧化物等。而有机污染建筑废物其形貌相对完好，未受明显的侵蚀，颗粒表面同样包裹一层物质，但以絮状物为主。

使用傅里叶红外分析仪分析有机污染物在建筑废物表面的嵌合机制。图 5-23 为有机污染建筑废物红外分析图谱，识谱可知，2974cm^{-1} 和 2875cm^{-1} 处为 C—H 键的对称和非对称伸缩振动（str vib）；1457cm^{-1} 处的峰为 C—H 键弯曲振动（def vib），表明存在—CH_3 和—CH_2—官能团。对比洁净几乎未受污染的建筑废物 BK-5（未在图中标出），污染建筑废物红外图谱中额外出现了 950cm^{-1} 和 820cm^{-1} 等几处峰，其可能是 P—O—C 和 C—O—S 官能团的对称收缩振动。在污染建筑废物谱图和标准有机磷农药红外特征谱图中均出现的 1393cm^{-1} 处的强峰，可能代表有机磷农药中 R^1 O—SO_2—

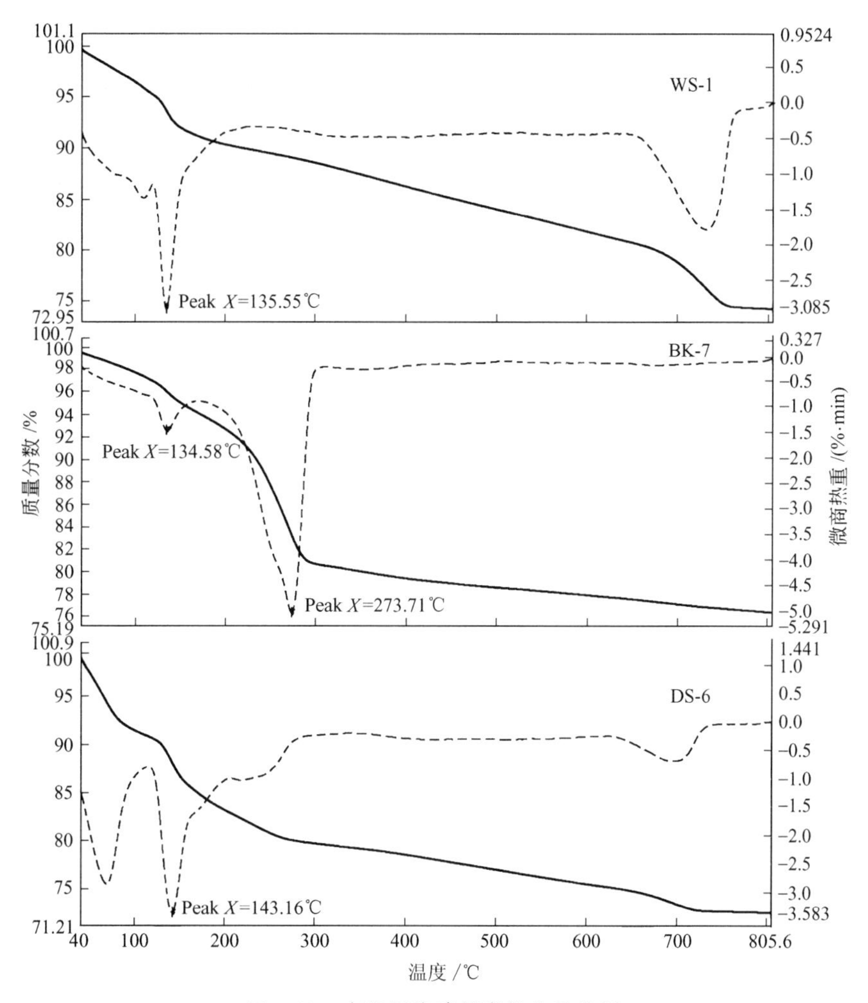

图 5-21　有机污染建筑废物热重分析

OR^2 官能团的非对称伸缩振动。污染建筑废物谱图中，870～872cm^{-1}处的部分峰，可能为硅及有机环组成的 Si—O—CH 复合键。对比谱图可知，污染建筑废物红外谱图和洁净建筑废物谱图相比，其基础结构未发生明显改变，可能是由于建筑废物中二氧化硅组分含量极高，而这一组分惰性相对较大。从图 5-23 中的放大部分谱图可以看到，受到污染后，有一些峰发生了比较明显的平移（1007cm^{-1}到 980cm^{-1}），有一些峰消失了，而出现了一些新的较小的峰；另外，704～660cm^{-1}处出现了明显的新峰，识图可知这些峰是包含 P═S 或 C—S 的复杂峰，这些变化表明，建筑废物受有机农药污染，其表面可能发生了化学变化，产生了新的化学组合键。不过物理吸附仍然是有机污染物与建筑废物主要的交互作用方式。

5.4.2　建筑废物对重金属-有机复合污染物的吸附

研究化工厂重金属特征污染物（Zn、Pb、Cu、Cr、Cd）和农药化工厂有机特征污染物（敌敌畏、甲拌磷、二硫代磷酸二乙酯、三乙基硫代磷酸酯）在建筑废物表面的吸

图 5-22　受污染建筑废物扫描电镜图

附规律，具体包括：a. 建筑废物对重金属在不同吸附时间、建筑废物量及性质、平衡浓度等条件下的平衡吸附量；b. 建筑废物对有机特征污染物在不同吸附时间、建筑废物量及性质、平衡浓度等条件下的平衡吸附量；c. 受重金属污染建筑废物在相应环境因素下对有机污染物的平衡吸附量；d. 对实验结果进行拟合，确定相应的动力学和热力学吸附机制。

所用到的实验药剂如表 5-5 所示。

表 5-5　实验中用的各种药剂

药剂品种		来源
重金属药剂	$CdN_2O_6 \cdot 4H_2O$	阿拉丁
	$Cu(NO_3)_2 \cdot 3H_2O$	国药
	$Pb(NO_3)_2$	国药
	$Zn(NO_3)_2 \cdot 6H_2O$	国药
	$Cr(NO_3)_3 \cdot 9H_2O$	国药

续表

药剂品种		来源
有机物药剂	甲拌磷乳油	江苏某国际化工
	甲拌磷标准品（100μg/mL 于丙酮）	上海安谱
	二硫代磷酸二乙酯，90%	阿拉丁
	三乙基硫代磷酸酯标准品（100mg，固体）	上海安谱

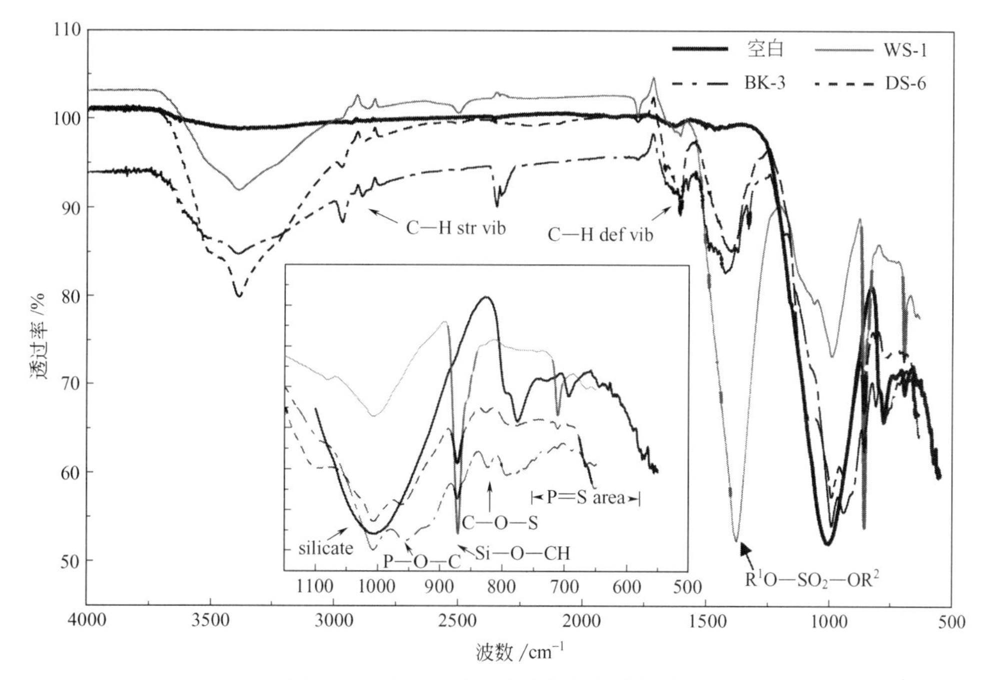

图 5-23　有机污染建筑废物红外分析谱图

所用建筑废物为自取砖，经破碎后制成粒径均匀的建筑废物颗粒或粉末。将建筑废物进行水洗以脱除表面泥质和尘土，烘干后待用。重金属污染建筑废物吸附质，所有建筑废物颗粒或粉末，浸泡于一定浓度的重金属溶液 2 天，于 80℃条件下烘干后待用。

称取 5g 建筑废物颗粒或粉末样品于一系列 100mL 棕色广口瓶，依次加入 25mL 去离子水，5mL 甲拌磷或 5mL 二硫代磷酸二乙酯稀释水溶液，配成相应浓度已知的吸附体系。封口后置于摇床内，于（25±2）℃，150r/min 条件下振荡数小时，取上清液以 1000r/min 离心 1min，过膜后用正己烷萃取 3 次（5mL、3mL、2mL），合并萃取液净化浓缩至 1mL，GCMS 测定。以上步骤重复做 2 次，并以空白作为对照。建筑废物对于有机污染物平衡吸附量公式为

$$q_e=(C_0-C_e)V/W \tag{5-1}$$

式中　q_e——平衡吸附量；

C_0——溶液原始浓度；

C_e——溶液平衡浓度；

V——溶液体积；

W——建筑废物质量。

图 5-24 为重金属离子在建筑废物中的吸附情况。图 5-24(a) 为不同样品 pH 经人工加酸（65%浓 HNO_3）调节后稳定所需要的时间，S_1～S_6 分别为石膏粉、再生渣粉、砖粉、混凝土粉末、泡沫混凝土粉末以及石块粉末，可以看到，石膏粉和砖粉废物溶于水，pH 呈中性至弱酸性，无需调节 pH，而其余建筑废物溶于水后均呈强碱性，而以混凝土和石块粉末碱性最强，直接用于吸附试验将由于重金属氢氧化物沉淀而造成极大干扰，使用 pH 调节则所需酸量较大，对体积造成影响。因此，试验选取建筑废物组分中更为常见的砖粉作为研究对象。

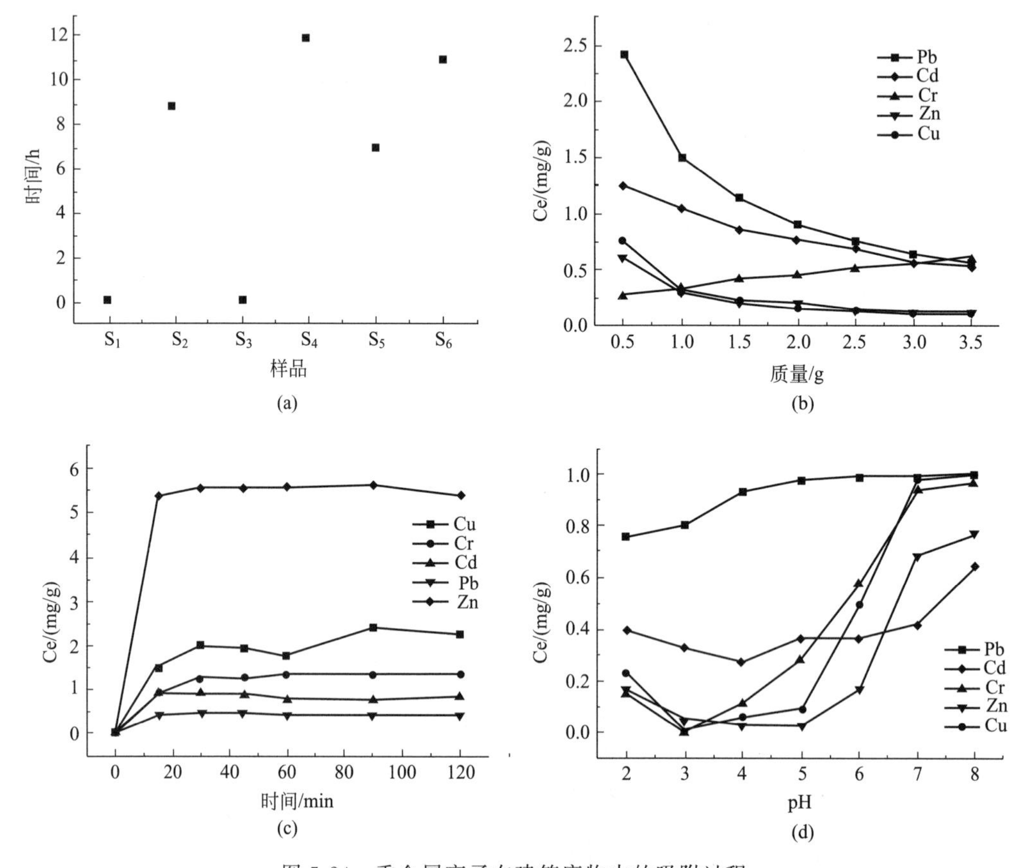

图 5-24　重金属离子在建筑废物中的吸附过程

图 5-24(b) 为建筑废物量对 Pb(Ⅱ)、Zn(Ⅱ)、Cu(Ⅱ)、Cd(Ⅱ) 和 Cr(Ⅲ) 的吸附量的关系，当投加量增加时，总重金属吸附量毫无疑问将增大，总去除率提高。然后从图中可以看出，随着建筑废物投加量从 0.5g 增加到 3.5g，其除了 Cr(Ⅲ) 以外的单位吸附量均呈现减少的趋势，Pb(Ⅱ) 的单位吸附量减少得最多，从 2.4mg/g 减少至 0.7mg/g，而 Zn(Ⅱ)、Cu(Ⅱ)、Cd(Ⅱ) 单位吸附量同样减少，减少幅度较小。原因可能是随着建筑废物粉末投加量的增加，粉末颗粒之间的相互作用增强，其单位颗粒与重金属溶液在振荡过程中接触时间和接触面积减少，导致了单位吸附量的减少。

图 5-24(c) 为 Pb(Ⅱ)、Zn(Ⅱ)、Cu(Ⅱ)、Cd(Ⅱ) 和 Cr(Ⅲ) 的吸附量随时间变化的曲线。建筑废物对五种重金属吸附极快，振荡 20min 后其吸附量已经接近最大值，30min 后基本达到吸附平衡。

建筑废物对有机污染物随时间的吸附见图 5-25，吸附容量的计算方法同样采用差减法。由图可以看出，二硫代磷酸二乙酯的吸附，在 120min 左右可达到平衡，最高吸附容量为 251μg/g，三乙基硫代磷酸酯吸附随粒径的不同差异较大，同样在 120min 左右达到平衡。对甲拌磷吸附容量较低，最高为 90μg/g，且随时间变化规律不明显。与其他吸附质吸附规律相反的是，颗粒状建筑废物（D2）对有机磷污染物吸附容量要大于粉末状建筑废物（D1），说明建筑废物对于有机农药污染物的吸附与比表面积关系不大。

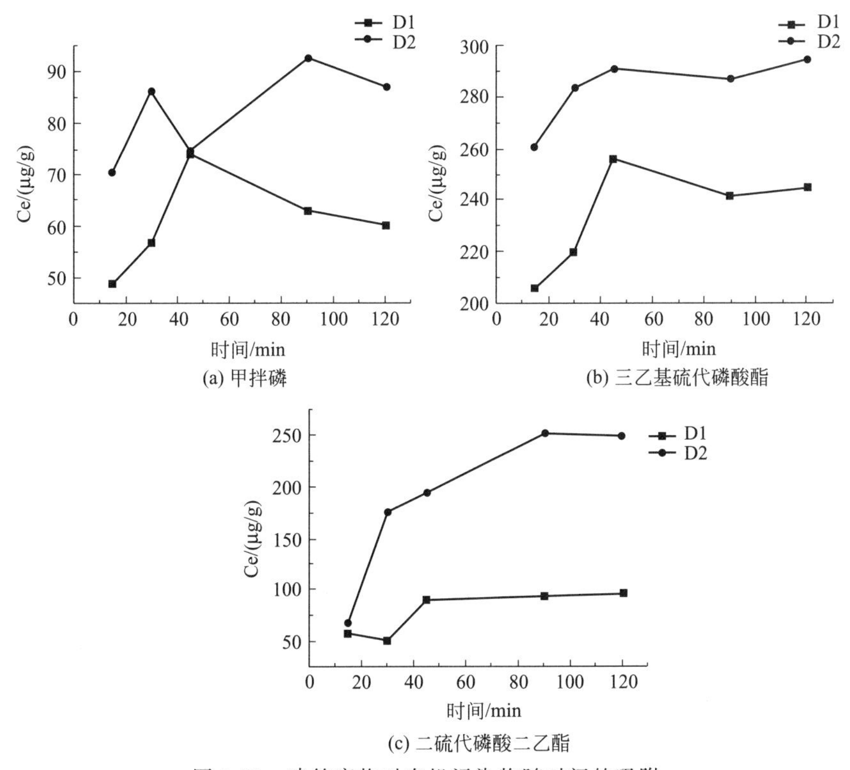

图 5-25　建筑废物对有机污染物随时间的吸附

5.4.3　挥发性有机污染物的吸附和解吸

研究化工厂挥发性有机物（甲拌磷、二硫代磷酸二乙酯、三乙基硫代磷酸酯、苯、二甲苯等）在建筑废物粉末颗粒及石膏板表面的吸附和解吸规律，具体包括：a. 有机气体在建筑废物粉末颗粒上的吸附速率、吸附饱和容量和穿透时间；b. 污染建筑废物粉末颗粒表面挥发性有机物的解吸速率；c. 挥发性有机物在密闭石膏板容器内的挥发和吸附特性；d. 有机气体石膏板表面的动态吸附和解吸特征。

挥发性有机污染物动态吸附实验装置如图 5-26 所示。

建筑废物粉末或颗粒样品均为现场取得的混凝土石块经实验室颚式破碎机-行星式球磨机-电磁粉碎机破碎过筛物，样品于 105℃烘箱中加热 10h 后，转移至干燥器中冷却至室温，实验前进行吸附柱/反应室的装填。

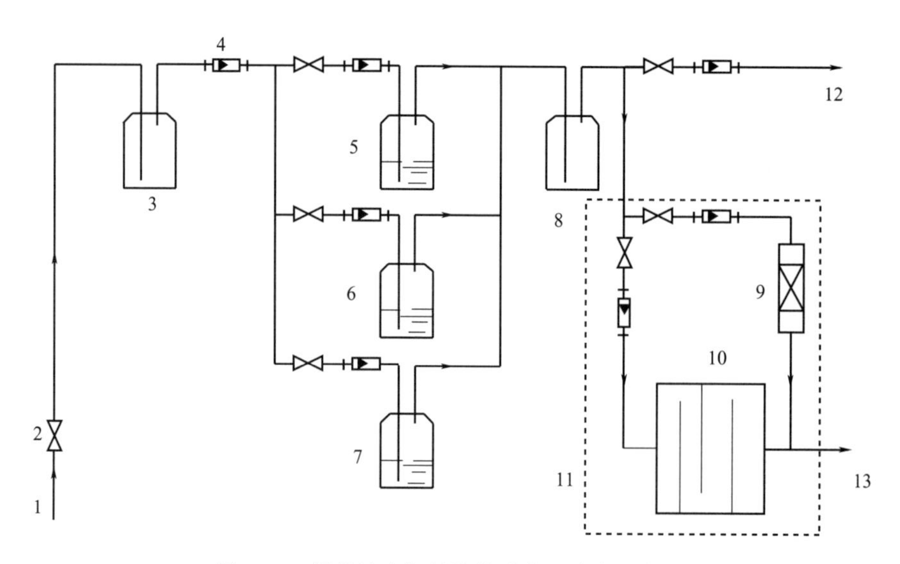

图 5-26　挥发性有机污染物动态吸附实验装置

1—洁净氮气源；2—阀门；3—缓冲瓶；4—转子流量计；5～7—VOC 发生器；8—混合室；9—粉末、颗粒吸附柱；10—石膏板密闭反应室；11—恒温水浴；12—排气或连接聚氨酯泡沫管；13—连接聚氨酯泡沫管

安装管路，与 VOC（挥发性有机化合物）气体直接接触的管道均使用聚四氟乙烯（PTFE）管，其余部分使用弹性更好的橡胶管。检查气密性后，开启氮气源，气体经氮气减压阀进入管道，经缓冲瓶后使用转子流量计测量并控制进气流量。

根据使用的 VOC 污染源情况，开启相应的阀门和转子流量计，开始试验前首先在 VOC 气体发生器后增设一流量计，通过调节进气流量改变 VOC 气体浓度，监测进出 VOC 液体灌中的气体流量，经本实验发现，通气 30min 左右后，进出气流量可达稳定。

此时，卸去后设流量计并连通后续管路，支路产生的 VOC 气体经混合室混合后，进入吸附柱/反应室，通过改变恒温水浴调节反应室温度，根据采用的吸附试验（粉末/颗粒吸附或是石膏板吸附），开启相应的阀门和转子流量计。

吸附柱/反应室后设置三通管，出气直接连接聚氨酯泡沫采样管收集。使用方法介绍如下。聚氨酯泡沫采样管两端开口并套有密封套，中间装填有 2 段高 2cm，直径 1cm 的聚氨酯泡沫吸附柱。使用时，开启密封套，连接出气管，采样数分钟后立即加盖密封，转入冷藏室冷藏并于 24h 内提取完毕。提取时，用镊子小心夹取泡沫吸附柱于顶空瓶中，加入 2～5mL 甲醇超声提取 30min，收集提取液过 PTFE 滤膜后直接进入气象色谱进行测定。

本次试验使用了苯溶液和二甲基硫代磷酸酯 VOC 溶液进行试验，如图 5-27 和图 5-28所示。从图可以看出，苯 VOC 溶液效果较好，有比较明显的穿透时间，可能是由于苯 VOC 较纯，挥发性能好。而二甲基硫代磷酸酯溶液杂质较多，比较混杂，其吸附曲线规律性较差。

静态吸附装置如图 5-29 所示。

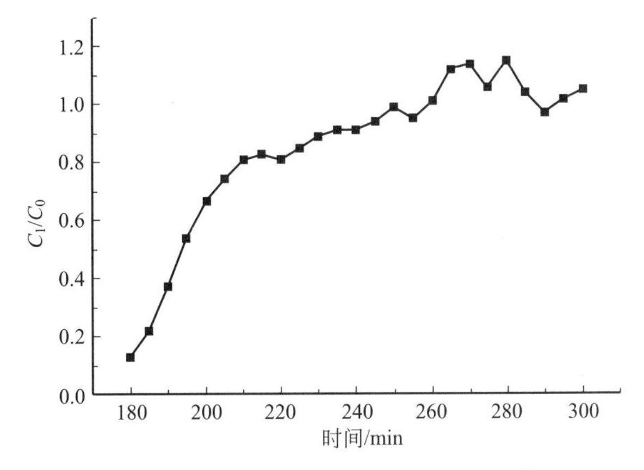

图 5-27　苯在建筑废物粉末表面的吸附

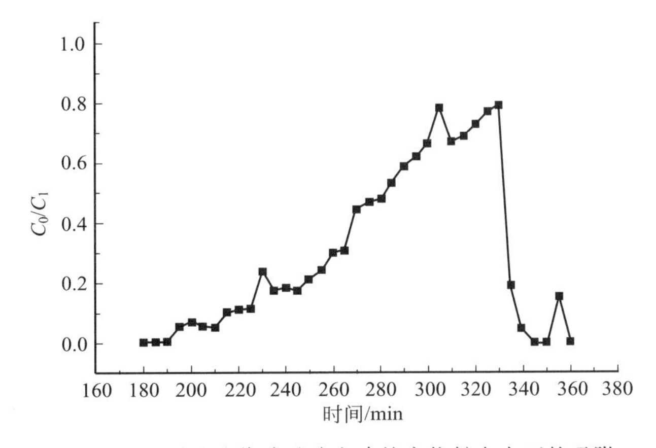

图 5-28　二甲基硫代磷酸酯在建筑废物粉末表面的吸附

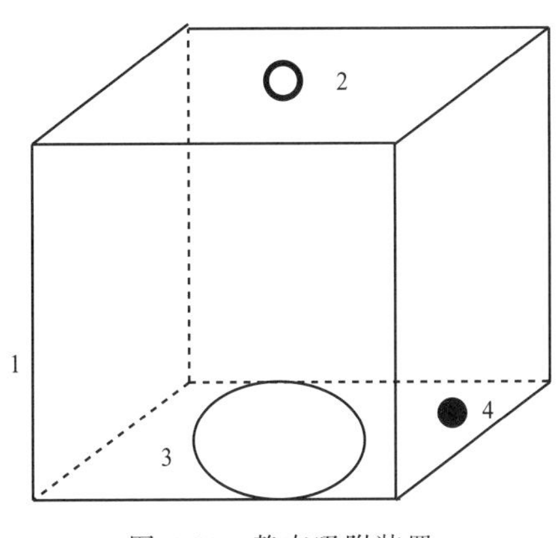

图 5-29　静态吸附装置

1—玻璃密闭盒（内壁石膏板）；2—VOC 入口；3—VOC 接收皿；4—温度计

向开口 2 处滴加 VOC 溶液后迅速密闭，待一段时间扩散后，开启密闭装置，测定内部空气、接收皿 VOC 浓度，使用差减法计算石膏板上所吸附 VOC 的量。如图 5-30 所示。

由图 5-30 可以看出，有机污染物在挥发的过程中更倾向于附着在石膏板上，其上

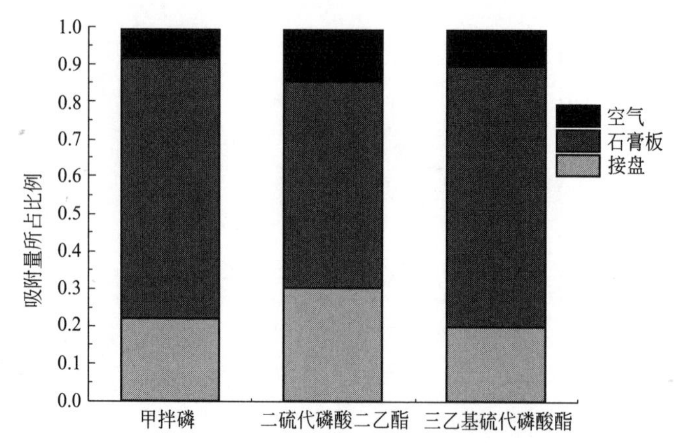

图 5-30　有机污染物在石膏板上的静态吸附

的比例较接盘剩余有机物和密室内部大气中的比例都要高。

第6章 建筑废物中污染物在环境中的迁移转化

6.1 酸中和容量(ANC)与重金属浸出研究

参考Chen和Lampris等学者推荐的酸中和容量（ANC）方法测定建筑废物的ANC和重金属浸出性。实验样品为普通建筑废物及经重金属浸泡污染后的建筑废物，均于100℃烘干后，采用电磁粉碎机粉碎样品并过筛（<150μm），粉末样品置于表面皿中100℃烘干，取4g置于50mL离心管中进行浸提实验。以硝酸溶液为浸提剂，浸提剂投加量按照一定梯度逐级递增。在固液比为1∶10(kg/L)的条件下，于水平震荡器震荡频率为（110±10)r/min的条件下连续浸提24h，浸提液经4000r/min离心20min，0.22μm滤膜过滤，测定pH，采用HNO_3调节浸提液pH至2以下，测定重金属Zn、Cu、Pb、Cr、Cd的浓度。

6.1.1 酸中和容量

pH是影响重金属浸出的关键因素之一，测定建筑废物的酸中和容量（ANC）可以考察建筑废物对酸溶液的中和及抵抗能力，以及建筑废物中重金属在酸性环境下的稳定性能。酸中和反应中伴随着样品中多种矿物质的溶解反应。ANC与样品中$CaCO_3$、C-S-H以及SiO_2凝胶的溶解有关。

图6-1为建筑废物的酸中和容量（ANC）曲线，其中纵坐标酸中和容量（ANC）

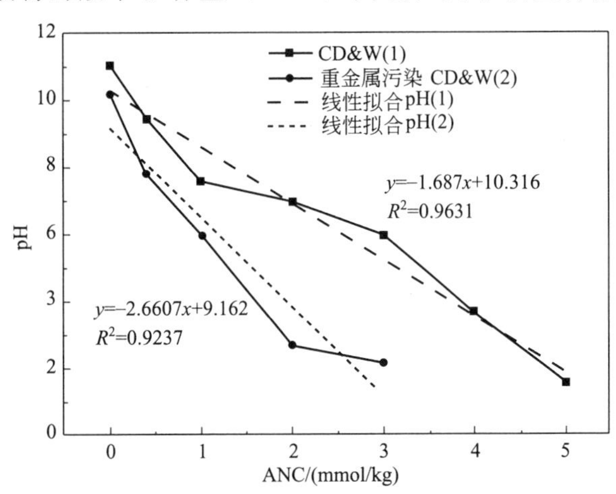

图6-1 建筑废物的酸中和容量曲线

的单位为 HNO_3 酸当量即 H^+ 消耗量。由图中可看出，普通建筑废物（1）初始 pH 较高，达 11.02。随着硝酸的加入，pH 呈直线下降趋势，酸中和容量（x）与 pH（y）的线性回归方程为 $y=-1.687x+10.316$，其 $R^2=0.9631$，在 $\alpha=0.05$ 的置信水平下 R 的临界值为 0.754，x、y 显著相关，拟合方程可信。

受重金属污染建筑废物（2）pH 低于普通建筑废物，因样品制备时经过重金属硝酸盐的浸泡，中和了部分碱性物质，其酸中和容量（ANC）曲线斜率小于普通建筑废物，随着硝酸的加入 pH 相比普通建筑废物的下降速率大。酸中和容量（x）与 pH（y）的线性回归方程为 $y=-2.660x+9.162$，其 $R^2=0.9237$，在 $\alpha=0.05$ 的置信水平下 R 的临界值为 0.878，x、y 显著相关，拟合方程可信。

一般建筑废物在 H^+ 当量大于 2mmol/kg 以后继续升高，pH 降低至 7 以下，H^+ 当量为 3.7mmol/kg 时，pH 降低至 4。受重金属污染的建筑废物在 H^+ 当量大于 0.8mmol/kg 以后继续升高，pH 降低至 7 以下，H^+ 当量为 1.9mmol/kg 时，pH 降低至 4。

6.1.2 重金属浸出行为

不同 pH 下一般建筑废物中重金属的浸出毒性如图 6-2 所示，由图可看出，重金属浸出性受酸加入量影响显著。在 ANC≤2（浸出溶液 pH≥7）时，浸出液中未检出重金属 Zn、Cu、Pb、Cr、Cd，ANC＞2（浸出溶液 pH＜6 时），浸出液中重金属 Zn、Cu、Pb、Cr 的浓度随 pH 降低逐渐升高。

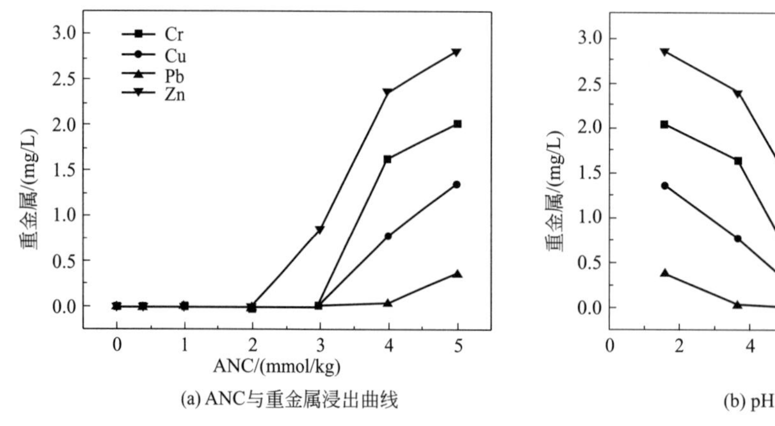

(a) ANC与重金属浸出曲线

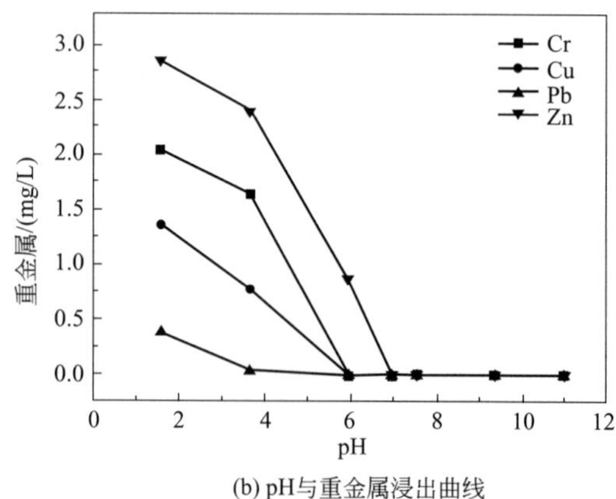

(b) pH与重金属浸出曲线

图 6-2 一般建筑废物的重金属浸出行为

重金属建筑废物在不同 pH 下重金属的浸出性如图 6-3 所示，重金属浸出性受酸加入量影响显著。在 ANC≤0.4（浸出溶液 pH＞7）时，浸出液重金属 Zn、Cu、Pb、Cr、Cd 浓度较低，1≤ANC≤4（浸出溶液 pH≤6 时），浸出液中重金属 Zn、Cu、Pb、Cr 的浓度随 pH 降低逐渐升高，ANC＞4 后，浸出液中重金属浓度不再显著上升。

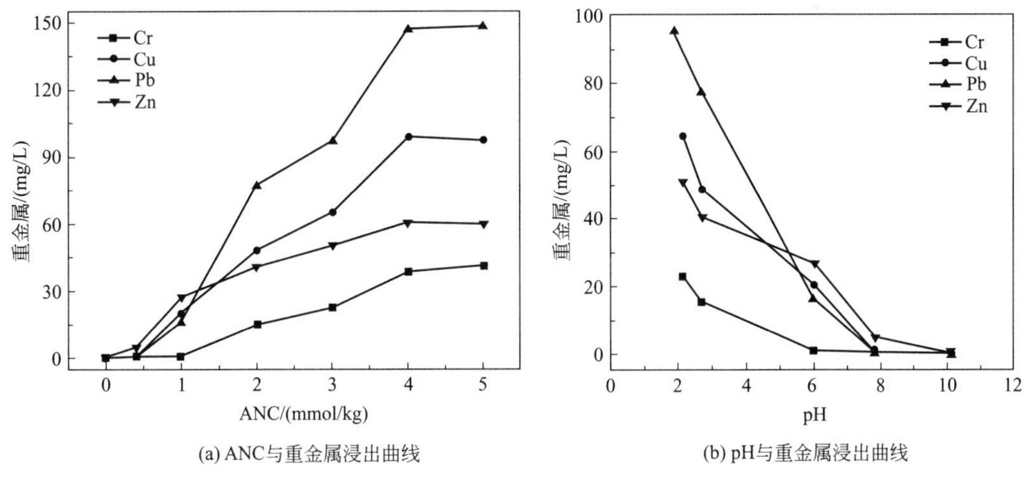

图 6-3　受重金属污染建筑废物的重金属浸出行为

6.2　重金属污染建筑废物在不同酸雨条件下的污染迁移

采用有机玻璃制作的填埋柱作为建筑废物模拟填埋的装置，如图 6-4 填埋装置示意图所示。其高度 1.6m，外直径 21cm，有机玻璃厚 2cm，即降雨面积为 0.028m^2。每个填埋装置的建筑废物填埋量均为 46.1kg。

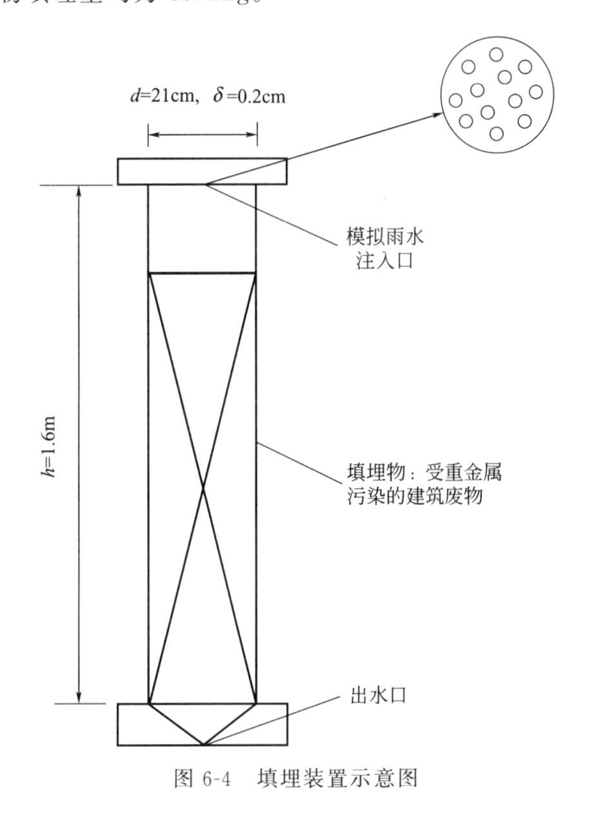

图 6-4　填埋装置示意图

根据我国酸雨相关研究，我国酸雨区 74 个站点平均降水 pH 基本分布在 4.0～7.5

范围内，1993～2004 年间华东地区降水 pH 均值为 4.96，全国同期降雨 pH 均值为 5.39，降水中阴离子以 SO_4^{2-} 和 NO_3^- 为主。国家环境保护部制定的酸雨强度分级标准如表 6-1 所示。

表 6-1 酸雨强度分级标准

pH	酸雨强度
≤4.00	强酸性
>4.00 且≤4.50	较强酸性
>4.50 且≤5.60	弱酸性
>5.60 且≤7.00	中性
>7.00	碱性

综上所述，本研究选取三种酸雨条件，对比受重金属污染的建筑废物在中性降雨条件、弱酸性降雨条件、强酸性极端降雨条件下的迁移转化。模拟酸雨的配置参考《固体废物 浸出毒性浸出方法 硫酸硝酸法》（HJ/T 299—2007），以 H_2SO_4：HNO_3 = 2：1分别配置 pH=5.8、4.8、3.2 的模拟酸雨。

降雨量数据来源于 2003～2012 年各年中国统计年鉴。填埋前期（填埋前 50 天，5 月中旬至 6 月月底，）降雨量采用上海地区 2003～2012 年间月降雨量最大值计算，每 2 天降雨 1 次。填埋中后期降雨量采用上海地区 2003～2012 年间月降雨量 95%置信区间上限值计算，填埋第 51～82 天每 3 天降雨 1 次，填埋第 83～114 天每月降雨 6 次，平均每 5 天降雨 1 次，填埋第 115～206 天每月降雨 4 次，平均每 7 天降雨 1 次。

每种酸雨环境采用一个填埋装置进行模拟研究，各装置实验条件见表 6-2。

表 6-2 填埋装置实验条件

填埋装置编号	填埋量/kg	降雨 pH	酸雨强度
1	46.1	5.8	中性
2	46.1	4.8	弱酸性
3	46.1	3.2	强酸性

初次填埋，28 天后开始流出渗滤液，此后每次模拟降雨前出水一次。每次出水，测量出水量，检测渗滤液 pH、电导率、溶解性总固体含量、重金属（Zn、Cu、Pb、Cr、Cd）含量以及钙含量。

1）pH：美国奥豪斯 STARTER 3C 台式 pH 计。

2）电导率：雷磁 DDS-307 型电导率仪。

3）溶解性总固体：称量法《生活饮用水标准检验方法 感官性状和物理指标》（GB 5750.4—2006）。

4）重金属：电感耦合等离子体发射质谱仪 Agilent 7700（ICP-MS）。

5）钙：电感耦合等离子体发射光谱仪 Agilent 720ES（ICP-OES）。

6.2.1　渗滤液产量

模拟雨水进入填埋堆体，先被建筑废物吸收，建筑废物固体饱和后，形成渗滤液流出。模拟降雨第 28 天，开始流出渗滤液，填埋过程渗滤液产生量与模拟降雨量关系如图 6-5 所示。

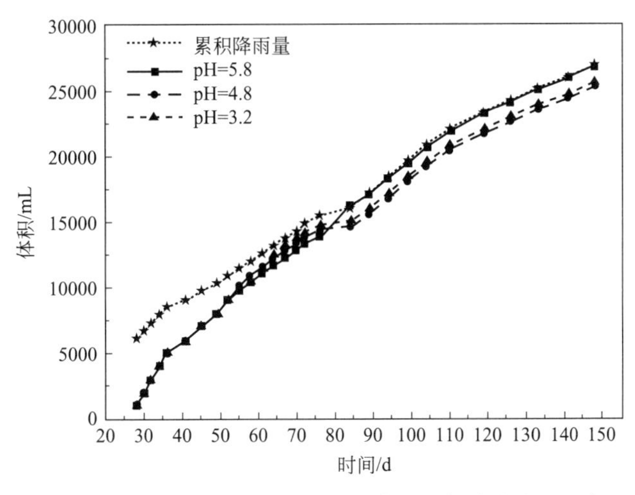

图 6-5　重金属建筑废物填埋过程累积降雨量与渗滤液累积产生量

由图 6-5 可看出，填埋第 28 天开始产生渗滤液，第 28～36 天，渗滤液累积产生量与累积降雨量之间存在固定差值，该差值为 10710mL，主要为建筑废物本身所吸收的降雨，平均吸收量为 232.3mL/kg。随后，渗滤液累积产生量与累积降雨量之间的差值逐渐减小。在填埋 50～80 天后，三个填埋装置的渗滤液产生量之间出现差别，中性降雨（pH＝5.8）＜弱酸性降雨（pH＝4.8）＜强酸性降雨（pH＝3.2）。分析原因为强酸性降雨条件下，填埋堆体内的建筑废物粉末逐渐被腐蚀，产生较大的孔隙度，导致被吸收的降雨逐渐变少，而这种酸腐蚀作用在弱酸性降雨和中性降雨条件下依次减弱，因此渗滤液产生量依次减小。填埋后期 84～149 天，中性降雨（pH＝5.8）下渗滤液产量接近降雨量，前期蓄存的水分释放。

6.2.2　pH 变化

混凝土中存在大量强碱性物质，水泥水合产物如硅酸盐、铝酸盐、氢氧化钙等随降雨释放于渗滤液中，最终导致渗滤液 pH 上升。三种降雨条件下，建筑废物填埋渗滤液的 pH 变化趋势一致，均在 11～12 间波动，pH 随时间的变化规律如图 6-6 所示。随着填埋时间的增加，pH 整体呈现先下降后上升的多次循环微小波动。第二次出流渗滤液较第一次出流渗滤液的 pH 有所下降，随后三种酸雨条件下渗滤液的 pH 分别缓慢上升至 11.55、11.59、11.49。

《地表水环境指标标准》（GB 3838—2002）中要求Ⅰ～Ⅴ类水体的 pH 标准值为6～9，《城镇污水处理厂水污染物排放标准》（GB 18918—2002）和《污水综合排放标准》

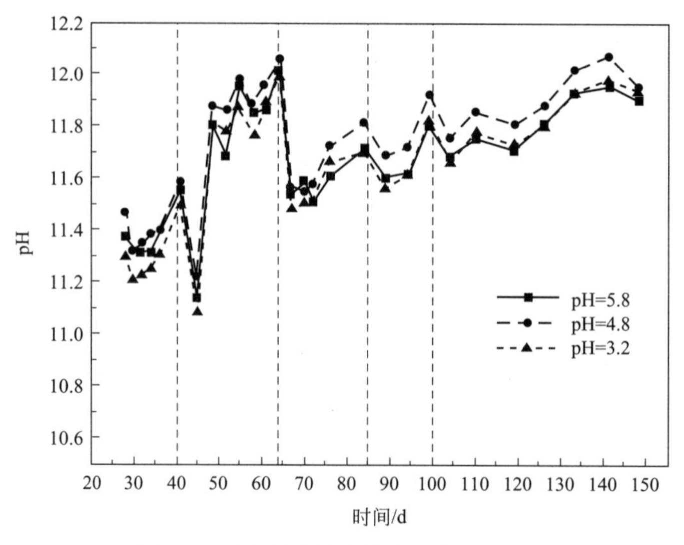

图 6-6 重金属建筑废物填埋渗滤液 pH

（GB 8978—1996）中各级排放标准对排放污水的 pH 要求也为 6～9，建筑废物填埋渗滤液的 pH 始终标准，需要进行中和处理后才能排放。

6.2.3 电导率与溶解性总固体含量

渗滤液的电导率与溶解性总固体含量如图 6-7 所示。建筑废物渗滤液电导率整体呈现中性降雨（pH＝5.8）＜弱酸性降雨（pH＝4.8）＜强酸性降雨（pH＝3.2）的规律，但相互间差异并不显著。其中，中性降雨（pH＝5.8）、弱酸性降雨（pH＝4.8）、强酸性降雨（pH＝3.2）条件下第一次出流的渗滤液电导率分别为 34300μS/cm、34700μS/cm、39100μS/cm。此后，随着填埋进程的推进，建筑废物渗滤液的电导率逐渐降低，在填埋 41 天后，渗滤液电导率较第一次出流下降一个数量级。

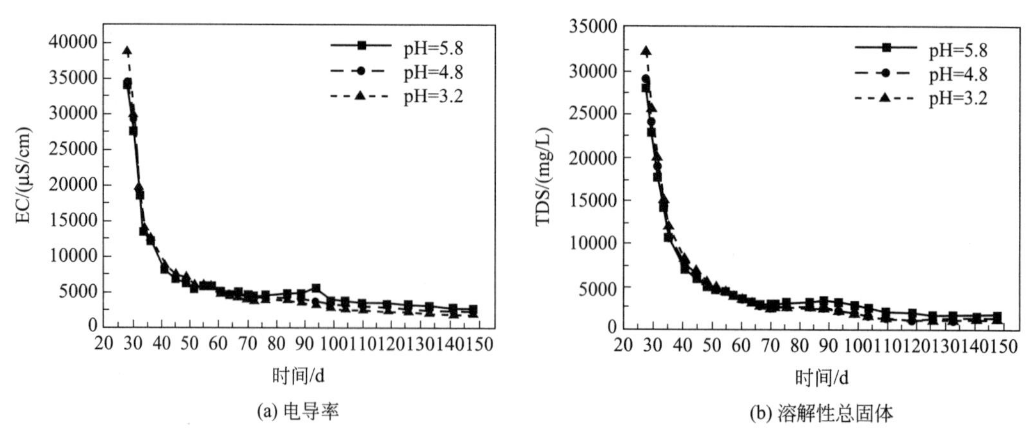

图 6-7 重金属建筑废物填埋渗滤液电导率与溶解性总固体含量

水样经过滤后，在一定温度下烘干，所得到的固体残渣称为溶解性总固体，包括不易挥发的可溶性盐类、有机物及能通过过滤器的不溶性微粒等。溶解性总固体含量的变化与电导率变化规律相似，中性降雨（pH=5.8）<弱酸性降雨（pH=4.8）<强酸性降雨（pH=3.2）。三种酸雨条件下，渗滤液中溶解性总固体含量最初为 28084mg/L、29084mg/L、322236mg/L，同样，随着填埋进程的推移，渗滤液中溶解性总固体含量逐渐降低，在填埋 40 天后，渗滤液电导率较第一次出水下降了一个百分点，三种填埋条件下渗滤液中溶解性总固体含量的差异逐渐减小。

溶解性总固体含量（TDS）和电导率（EC）之间存在较好的相关性，各降雨条件下 28 次渗滤液 TDS、EC 测定值的线性回归结果如表 6-3 所列。降雨 pH 越小，TDS 与 EC 的比例越大，表明重金属建筑废物填埋过程中降雨酸性越强，无机组分的释放越多。

表 6-3　重金属建筑废物填埋渗滤液的溶解性总固体含量与电导率线性回归结果

降雨条件	回归方程	R^2
pH=5.8	TDS=0.853EC	0.9817
pH=4.8	TDS=0.859EC	0.9819
pH=3.2	TDS=0.870EC	0.9798
合计	TDS=0.861EC	0.9809

其他研究表明，一般工业废水中溶解性总固体含量与电导率值的比值约为 0.64，该系数对于一般生活污水约为 0.55，对于自然水体中约为 0.54，在一般自来水厂出水中为 0.60。重金属建筑废物填埋渗滤液中溶解性总固体含量与电导率线性的总回归方程为 TDS=0.861EC(R^2=0.9809)，重金属建筑废物大部分为无机物，在填埋过程中各无机组分的溶出，导致了溶解性总固体含量与电导率的比值较一般生活污水及工业废水都更高。在渗滤液的处理方面应该尤其注重无机组分的去除。

6.2.4　重金属与钙的迁移

重金属建筑废物填埋堆体内重金属 Zn、Cu、Pb、Cr、Cd 随降雨迁移至水体，同时，大量 Ca 也进入水体。

（1）锌

受重金属污染建筑废物填埋渗滤液中 Zn 的浓度变化规律如图 6-8(a) 所示，Zn 的累积释放量如图 6-8(b) 所示。随着填埋时间的延长，渗滤液中锌浓度不断波动。由图可看出，三种酸雨条件下，渗滤液中锌浓度差异不显著，三者均在 90～2000μg/L 间波动，在填埋 50～60 天出现最高浓度峰，超出《地表水环境指标标准》（GB 3838—2002）中Ⅲ类水标准限值。随后 Zn 浓度逐渐减低，可满足Ⅲ类水质要求，在监测结束时 Zn 浓度小于 100μg/L。就 Zn 的累积释放量而言，填埋 50 天前，三种填埋环境的差异较小，此后，强酸性降雨下 Zn 的累积释放量明显低于中性降雨和弱酸性降雨，填埋堆体的锌累积释放量整体呈现强酸性降雨<中性降雨<弱酸性降雨。

采用一级动力学方程式(6-1)、Elovich 方程式(6-2) 和负指数衰减方程式(6-3)，对填埋堆体的 Zn 累积释放量（y，单位 mg）与时间（x，单位 d）进行回归分析，结果

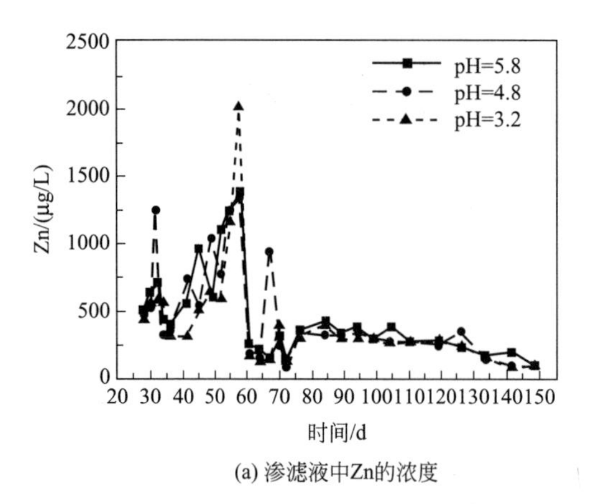

(a) 渗滤液中Zn的浓度

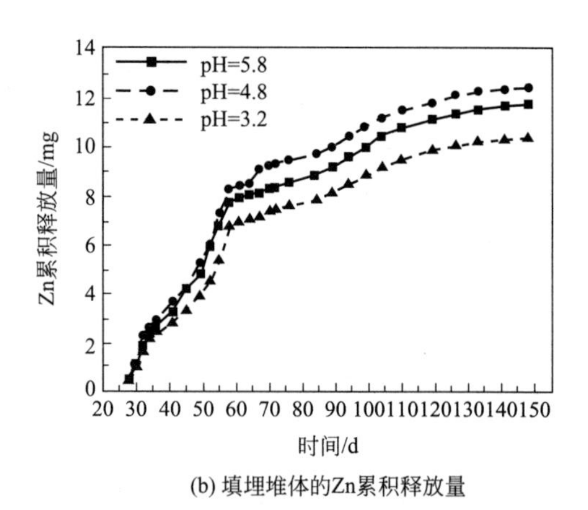

(b) 填埋堆体的Zn累积释放量

图 6-8　重金属建筑废物填埋过程锌的迁移转化规律

如表 6-4 所列。

$$y=A(1-e^{-bx}) \tag{6-1}$$

$$y=y_0+A\ln x \tag{6-2}$$

$$y=y_0+Ae^{-x/t} \tag{6-3}$$

表 6-4　重金属建筑废物填埋过程 Zn 的累积释放量与时间的回归分析结果

填埋条件	一级动力学模型		Elovich 模型		负指数衰减模型	
	拟合方程	R^2	拟合方程	R^2	拟合方程	R^2
pH=5.8	$y=23.56(1-e^{-0.005x})$	0.886	$y=-21.61+6.89\ln x$	0.964	$y=12.11-24.01e^{-x/38.419}$	0.987
pH=4.8	$y=23.98(1-e^{-0.006x})$	0.875	$y=-23.12+7.38\ln x$	0.958	$y=12.83-26.68e^{-x/36.434}$	0.988
pH=3.2	$y=23.16(1-e^{-0.005x})$	0.886	$y=-19.61+6.19\ln x$	0.966	$y=10.95-20.65e^{-x/51.487}$	0.984

从表 6-4 中可看出，一级动力学模型的回归结果 R^2 均小于 0.9，Elovich 模型和负指数衰减模型的回归结果 R^2 均大于 0.9，相比之下，负指数衰减模型更符合建筑废物填埋中 Zn 累积释放规律，回归方程显著。此外，中性降雨（pH=5.8）和弱酸性降雨（pH=4.8）下，负指数回归方程中各系数十分接近，表明该两种情况下填埋体中 Zn 的累积释放规律差异极小。相对而言，强酸性降雨（pH=3.2）条件下，Zn 累积释放速率和释放量低于中性降雨和弱酸性降雨条件下相应值。

（2）铜

铜的释放规律如图 6-9 所示，中性降雨、弱酸性降雨、强酸性降雨条件下，第一次出流渗滤液中 Cu 浓度分别为 1828.6μg/L、1776.1μg/L、2252.4μg/L，超过《地表水环境指标标准》(GB 3838—2002) Ⅲ类水质标准。此后，Cu 浓度显著降低，且波动较小，低于Ⅲ类水质标准值，整体呈现出中性降雨<弱酸性降雨<强酸性降雨。然而，填埋堆体的 Cu 累积释放量呈现弱酸性降雨<中性降雨<强酸性降雨，渗滤液产生量的差异导致了浓度与累积释放量的差异。强酸性降雨下堆体对 Cu 的累积释放量明显高于中性降雨和弱酸性降雨环境。

采用一级动力学方程式(6-1)、Elovich 方程式(6-2) 和负指数衰减方程式(6-3)，对

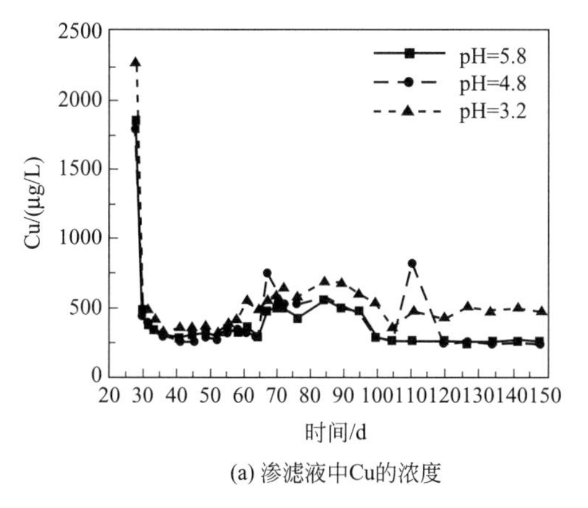

(a) 渗滤液中Cu的浓度

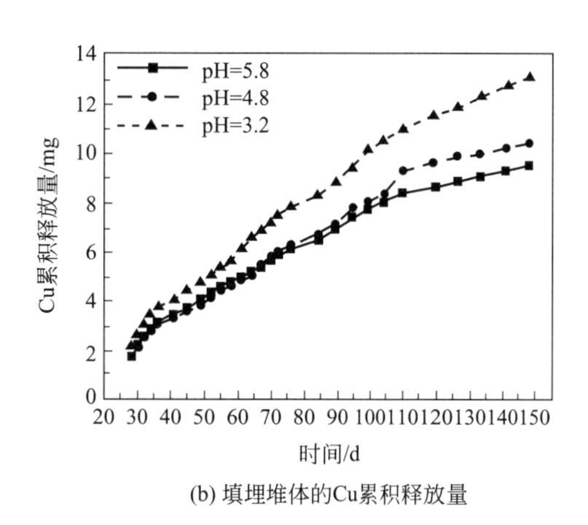

(b) 填埋堆体的Cu累积释放量

图 6-9　重金属建筑废物填埋过程铜的迁移转化规律

填埋堆体的 Cu 累积释放量（y，单位 mg）与时间（x，单位 d）进行回归分析，结果如表 6-5 所示。一级动力学模型、Elovich 模型和负指数衰减模型的回归结果 R^2 均大于 0.9，相比之下，负指数衰减模型更符合建筑废物在酸雨条件下的 Cu 累积释放规律，回归方程显著。

表 6-5　重金属建筑废物填埋过程 Cu 的累积释放量与时间的回归分析结果

填埋条件	一级动力学模型		Elovich 模型		负指数衰减模型	
	拟合方程	R^2	拟合方程	R^2	拟合方程	R^2
pH=5.8	$y=20.77(1-e^{-0.005x})$	0.989	$y=-15.04+5.02\ln x$	0.989	$y=14.18-15.68e^{-x/105.32}$	0.987
pH=4.8	$y=46.81(1-e^{-0.002x})$	0.987	$y=-18.02+5.79\ln x$	0.974	$y=20.02-21.48e^{-x/158.70}$	0.988
pH=3.2	$y=57.38(1-e^{-0.002x})$	0.990	$y=-22.19+7.13\ln x$	0.978	$y=24.75-26.52e^{-x/159.54}$	0.984

（3）铅

铅的迁移转化规律如图 6-10 所示。从渗滤液第一出水至监测期结束，Pb 在中性降雨条件下的释放浓度始终显著高于弱酸性降雨和强酸性降雨，与 pH 呈现负相关。重金属累计释放量与渗滤液中重金属浓度和渗滤液产生量相关，不同降雨条件之间重金属浓度的差异和渗滤液产量的差异共同导致在中性降雨条件下 Pb 的累计释放量远高于弱酸性降雨和强酸性降雨，且在填埋监测期间弱酸性和强酸性条件下 Pb 的累计释放量十分接近。

渗滤液中 Pb 浓度始终超出《地表水环境指标标准》（GB 3838—2002）中Ⅲ类水对总铅 0.05mg/L 的限值，但在填埋 89 天后可满足《污水综合排放标准》（GB 8978—1996），前期仍然需要经一定的处理方可排放。

采用一级动力学方程式(6-1)、Elovich 方程式(6-2) 和负指数衰减方程式(6-3)，对填埋堆体的 Pb 累积释放量（y，单位 mg）与时间（x，单位 d）进行回归分析，结果如表 6-6 所列。一级动力学模型、Elovich 模型和负指数衰减模型的回归结果 R^2 均大于 0.9，相比之下，负指数衰减模型更符合建筑废物在酸雨条件下的 Pb 累积释放规律，回归方程显著。弱酸性降雨（pH=4.8）和强酸性降雨（pH=3.2）条件下，回归方程各系数十分接近，表明该两种情况下填埋体中 Pb 的累积释放规律差异性小。相对而

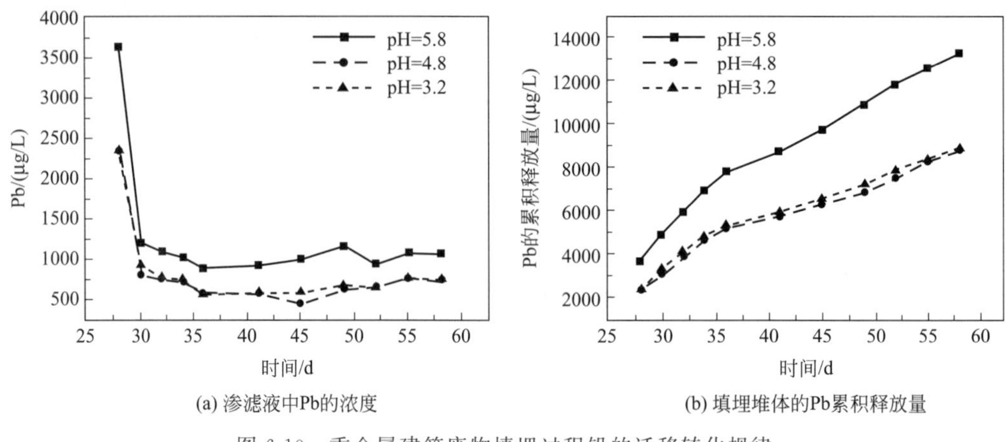

(a) 渗滤液中Pb的浓度　　(b) 填埋堆体的Pb累积释放量

图 6-10　重金属建筑废物填埋过程铅的迁移转化规律

言，中性降雨（pH＝5.8）条件下，Pb 累积释放速率和累积释放量高于弱酸性降雨和强酸性降雨条件下的相应值。

表 6-6　重金属建筑废物填埋过程 Pb 的累积释放量与时间的回归分析结果

填埋条件	一级动力学模型		Elovich 模型		负指数衰减模型	
	拟合方程	R^2	拟合方程	R^2	拟合方程	R^2
pH＝5.8	$y=58.12(1-e^{-0.004x})$	0.977	$y=-41.26+13.5\ln x$	0.997	$y=32.51-39.73e^{-x/80.46}$	0.997
pH＝4.8	$y=48.68(1-e^{-0.003x})$	0.979	$y=-28.92+9.34\ln x$	0.994	$y=23.72-28.16e^{-x/92.48}$	0.997
pH＝3.2	$y=39.45(1-e^{-0.004x})$	0.976	$y=-27.91+9.13\ln x$	0.996	$y=22.08-26.91e^{-x/80.97}$	0.996

（4）铬

重金属建筑废物填埋渗滤液中 Cr 的浓度变化规律如图 6-11(a) 所示，Cr 的累积释放量如图 6-11(b) 所示。填埋前期，三种降雨下渗滤液中 Cr 浓度同时波动上升至 500μg/L 左右（55～58 天），浓度经历陡降后又缓慢升高，并且强酸性降雨下 Cr 的浓度开始高于另两种填埋条件。在第 61 天后，强酸性降雨作用下 Cr 的累计释放量高于中

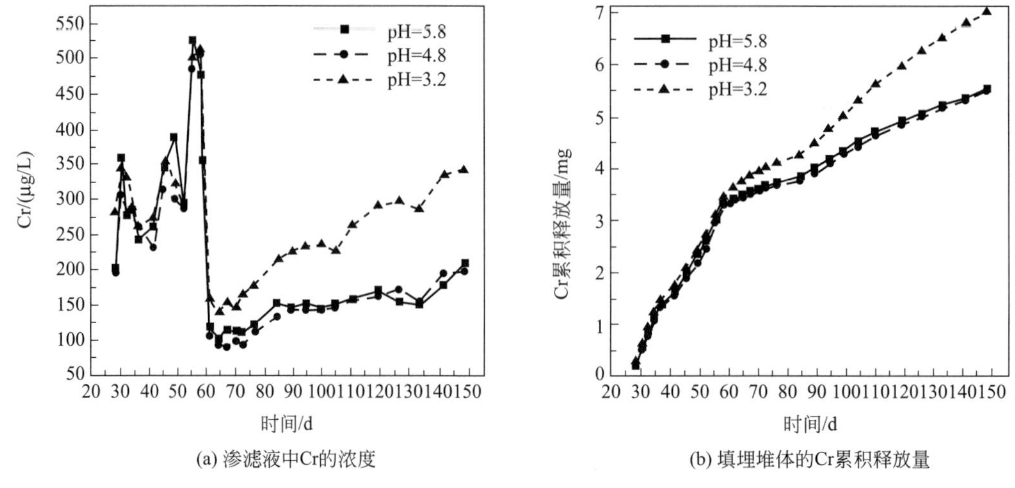

(a) 渗滤液中Cr的浓度　　(b) 填埋堆体的Cr累积释放量

图 6-11　重金属建筑废物填埋过程铬的迁移转化规律

性降雨和弱酸性降雨，后两者差异很小，且变化规律一致。Christian J. Engelsen 等的再生集料浸出实验中也出现相似结果，pH 在 4～6 范围内，Cr 以 CrO_4^{2-} 的形式固定于钙矾石或 $CaCrO_4$ 内，浸出最低。

由于《地表水环境指标标准》（GB 3838—2002）对总铬没有标准限值，不便进行对比，本研究中重金属建筑废物填埋渗滤液的 Cr 浓度始终满足《污水综合排放标准》（GB 8978—1996）。

采用一级动力学方程式(6-1)、Elovich 方程式(6-2) 和负指数衰减方程式(6-3)，对填埋堆体的 Cr 累积释放量（y，单位 mg）与时间（x，单位 d）进行回归分析，结果如表 6-7 所示。一级动力学模型、Elovich 模型和负指数衰减模型的回归结果 R^2 均大于 0.9，相比之下，负指数衰减模型更符合建筑废物在酸雨条件下的 Cr 累积释放规律，回归方程显著。中性降雨（pH＝5.8）和弱酸性降雨（pH＝4.8）条件下，回归方程各系数十分接近，表明该两种情况下填埋体中 Cr 的累积释放规律差异小。相对而言，强酸性降雨（pH＝3.2）条件下，填埋体中 Cr 的累积释放速率和累积释放量略高于中性降雨和弱酸性降雨条件下的相应值。

表 6-7　重金属建筑废物填埋过程 Cr 的累积释放量与时间的回归分析结果

填埋条件	一级动力学模型		Elovich 模型		负指数衰减模型	
	拟合方程	R^2	拟合方程	R^2	拟合方程	R^2
pH＝5.8	$y=11.30(1-e^{-0.005x})$	0.909	$y=-9.47+3.03\ln x$	0.977	$y=5.56-9.85e^{-x/43.35}$	0.985
pH＝4.8	$y=12.07(1-e^{-0.004x})$	0.907	$y=-9.55+3.04\ln x$	0.976	$y=5.55-9.74e^{-x/44.58}$	0.983
pH＝3.2	$y=62.82(1-e^{-0.0008x})$	0.951	$y=-12.51+3.87\ln x$	0.991	$y=8.68-26.91e^{-x/81.45}$	0.987

（5）镉

重金属建筑废物填埋过程渗滤液中 Cd 的变化规律如图 6-12 所示。中性降雨、弱酸性降雨、强酸性降雨条件下，第一次出流渗滤液的 Cd 浓度分别为 39.1μg/L、39.8μg/L、40.5μg/L，由图可看出，此后渗滤液中 Cd 浓度显著降低，均低于《地表水环境指标标准》（GB 3838—2002）中Ⅲ类水限值，随时间推移在 0～5μg/L 间略微波动，填埋 61 天后，渗滤液中未能检出 Cd。从填埋堆体的 Cd 累积释放量图可看出，Cd

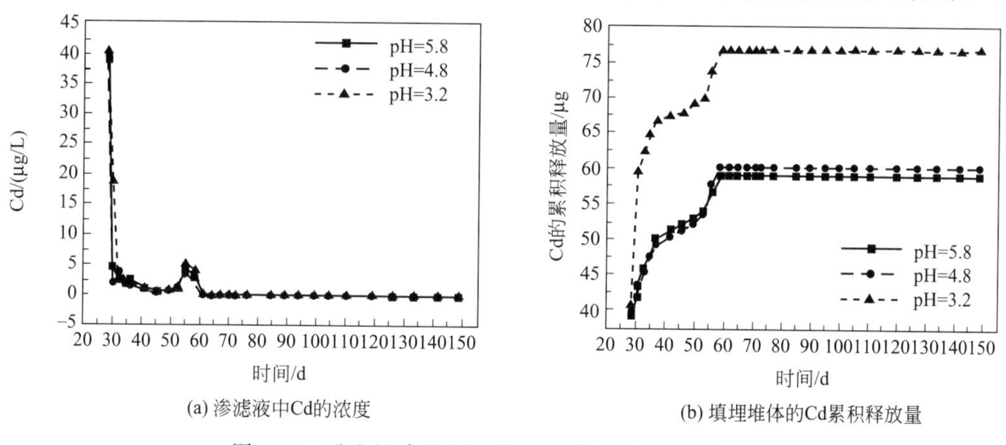

(a) 渗滤液中Cd的浓度　(b) 填埋堆体的Cd累积释放量

图 6-12　重金属建筑废物填埋过程镉的迁移转化规律

的累计释放量按照中性降雨、弱酸性降雨、强酸性降雨的顺序递增，且强酸性降雨条件下堆体对 Cd 的累积释放量显著高于弱酸性降雨和中性降雨条件下的相应值。用于填埋的受重金属污染建筑废物中 Cd 的含量较其他重金属更低，Cd 迁移至渗滤液中的浓度和累计量均低于其他几种重金属，前期研究也表明在混凝土中 Cd 的迁移性最差。

采用一级动力学方程式(6-1)、Elovich 方程式(6-2) 和负指数衰减方程式(6-3)，对填埋堆体的 Cr 累积释放量（y，单位 μg）与时间（x，单位 d）进行回归分析，结果如表 6-8 所列。一级动力学模型拟合失败，Elovich 模型拟合结果 R^2 小于 0.8，效果不佳，负指数衰减模型的回归结果 R^2 均大于 0.8，相比之下，负指数衰减模型更符合建筑废物在酸雨条件下的 Cd 累积释放规律，回归方程显著。pH 对 Cd 的累积释放规律的影响与 Cr 相似，中性降雨（pH=5.8）和弱酸性降雨（pH=4.8）条件下，Cd 累积释放量与填埋时间的回归方程各系数接近，表明该两种情况下填埋体中 Cd 的累积释放规律差异小。相对而言，强酸性降雨（pH=3.2）条件下，填埋体中 Cd 的累积释放速率和累积释放量略高于中性降雨和弱酸性降雨条件下的相应值。

表 6-8　重金属建筑废物填埋过程 Cd 的累积释放量与时间的回归分析结果

填埋条件	一级动力学模型		Elovich 模型		负指数衰减模型	
	拟合方程	R^2	拟合方程	R^2	拟合方程	R^2
pH=5.8	—	—	$y=15.63+9.47\ln x$	0.695	$y=59.26-143.95e^{-x/13.77}$	0.967
pH=4.8	—	—	$y=10.30+10.87\ln x$	0.717	$y=60.64-122.51e^{-x/15.80}$	0.955
pH=3.2	—	—	$y=19.27+12.57\ln x$	0.580	$y=76.12-844.00e^{-x/8.28}$	0.884

（6）钙

由图 6-13 重金属建筑废物填埋过程钙的迁移转化规律可看出，中性降雨、弱酸性降雨、强酸性降雨条件下，建筑废物填埋渗滤液中 Ca 浓度变化趋势一致，均随填埋时间逐渐降低。在废旧混凝土中，碳酸钙伴随炭化作用出现，其控制了 Ca 的溶解。渗滤液中含有大量的 Ca，以 pH=3.2 的酸性降雨条件为例，Ca 浓度从最初 7372mg/L 逐渐降低至 226mg/L。填埋 110 天以前，Ca 的累计释放量变化次序为中性降雨＜弱酸性降雨＜强酸性降雨，110 天后，呈现弱酸性降雨＜中性降雨＜强酸性降雨。

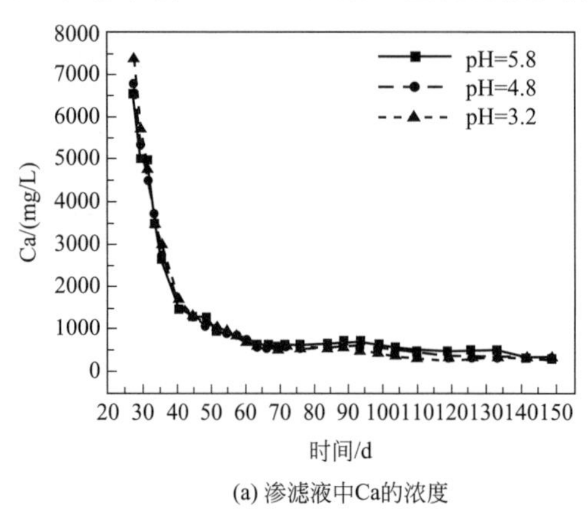

(a) 渗滤液中Ca的浓度

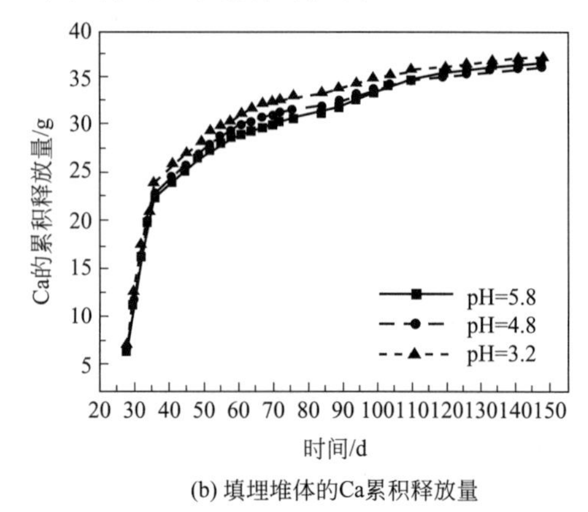

(b) 填埋堆体的Ca累积释放量

图 6-13　重金属建筑废物填埋过程钙的迁移转化规律

一级动力学方程式(6-1)、Elovich方程式(6-2)和负指数衰减方程式(6-3)，对填埋堆体的Ca累积释放量（y，单位g）与时间（x，单位d）的回归分析结果如表6-9所示。一级动力学模型和Elovich模型的回归结果R^2在0.8～0.9，负指数衰减模型的回归结果R^2均大于0.9，相比之下，负指数衰减模型更符合建筑废物在酸雨条件下的Ca累积释放规律，回归方程显著。

表6-9　重金属建筑废物填埋过程Ca的累积释放量与时间的回归分析结果

填埋条件	一级动力学模型		Elovich模型		负指数衰减模型	
	拟合方程	R^2	拟合方程	R^2	拟合方程	R^2
pH=5.8	$y=39.67(1-e^{-0.02x})$	0.872	$y=-30.37+13.99\ln x$	0.857	$y=34.87-93.17e^{-x/20.53}$	0.938
pH=4.8	$y=38.89(1-e^{-0.02x})$	0.854	$y=-27.73+13.46\ln x$	0.822	$y=34.40-128.9e^{-x/16.66}$	0.955
pH=3.2	$y=39.86(1-e^{-0.02x})$	0.850	$y=26.96+13.55\ln x$	0.811	$y=35.49-144.1e^{-x/15.80}$	0.957

6.3　不同气候条件下有机污染物的迁移和转化规律

6.3.1　光照、通风、温度和湿度的影响

农药等非持久性有机污染物，其浓度及释放潜力随环境变化大，复合因素复杂。对于同一工艺段同一有机污染源建筑废物，外界环境对其污染程度影响最为密切。项目组对不同气候环境因子进行调控，开展不同自然环境下建筑废物表面菊酯类污染物降解规律，在有机污染物难以实现原位鉴定的前提下，旨在建立不同车间环境下废弃的建筑废物有机污染物污染风险评估体系，快速准确地定位可能的高危污染面，进行源头削减和分类分离，为工业企业有机污染建筑废物管理提供必要的技术支撑。

持久性有机污染物，其衰减时间极长，在土壤、底泥中可能存在数年难以降解。以DDT为典型代表的高持久性、高污染类农药已经于20世纪80年代在我国被禁止使用，随着生产企业拆迁，DDT污染物逐渐沉积在部分河道底泥、土壤中，对于建筑废物污染已经很小。鉴于此，本研究采用目前产量极大，使用较广的菊酯类农药开展研究。

针对极端恶劣环境，以及经项目组现场调研，模拟实地废弃工业企业建筑车间内部环境，将受菊酯类农药污染建筑废物置于阴凉、干燥、不通风的封闭环境放置，120天后测定农药残留，旨在探寻菊酯类农药的降解规律，其残留率如表6-10所列。

表6-10　建筑废物表面几种菊酯类农药120d残留率　　单位：%

农药	联苯菊酯	甲氰菊酯	高效氟氯氰菊酯	氟氯菊酯	氯氰菊酯	氰戊菊酯	溴氰菊酯
残留率	73.3	84.4	71.8	76.7	61.2	78.5	92.1

从上表可见，阴凉干燥密闭极端环境下，即使是挥发性较强的农药在建筑废物表面衰减速率仍较慢，120天残留率普遍可达70%以上，部分种类农药几乎没有衰减。实际废弃工业企业内，透风透光性差、隔热好的幽闭车间内农药罐体、反应池与该极端条件类似，是高污染风险区域，具有严重的安全隐患。

为了进一步探究其他气候条件对其衰减规律的影响，选用了通风、日照为调控因子进行对比研究，分别置于不同通风和日照环境下48h，每6h取一次样，分析农药残留，结果如图6-14所示。

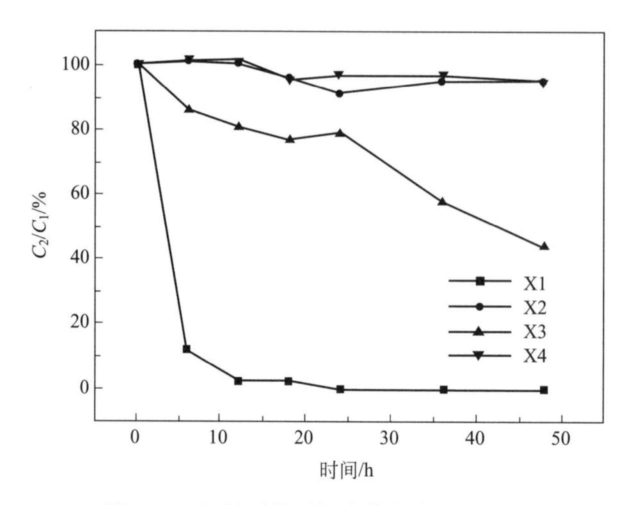

图6-14 气候环境对氰戊菊酯残留的影响

X1—60℃排风；X2—室内阴凉，鼓风；X3—室外，白天暴晒；X4—室外阴凉

由图6-14可见，一定条件下衰减速率持续延缓；随着通风条件变好，农药衰减速率呈现先增大后减小的规律。阴凉干燥密闭极端环境下，挥发性较强的农药衰减速率仍较慢，这与之前极端环境中菊酯类农药的残留率实验结果相吻合。光照和气温条件是重要的挥发和衰减调控因子。日光直射的宽敞的仓库内，固体表面几乎无残留，部分残存于大气中。

6.3.2 迁移柱的搭建和取样

采用与重金属填埋模拟装置类似的搭建方法，该装置基础上，柱顶增加水封装置以防止有机污染物的挥发和减少柱外气温的影响。

渗滤液采集方法与重金属类似，在该装置基础上，增加大气采样工作，即使用抽吸式大气采样器后接聚氨酯泡沫气体收集柱，操作方法见5.4部分相关内容。

6.3.3 农药的迁移规律

通风条件差、阴暗环境下建筑废物表面农药污染物残留时间长，具有潜在的环境污染风险。针对此类建筑废物，开展可能造成污染物迁移的水洗脱除研究，进一步探寻其污染转化途径，是有必要的。仍选用水溶性相对较差的菊酯类农药（7种）作为分析对象，将受其污染的建筑废物（5cm级）置于玻璃管柱，上端模拟注水以模拟屋顶渗水作用，降水强度为中雨强度，下端设置采样口，注水1天后，停止注水24h，继续注水1天，收集不同时间段水样进行分析。选用了4种较为典型的联苯菊酯、甲氰菊酯、高效氟氯氰菊酯以及氯氰菊酯，其单位时间内水样中浓度分布及建筑废物中农药总量随时间的衰减如图 6-15 所示。

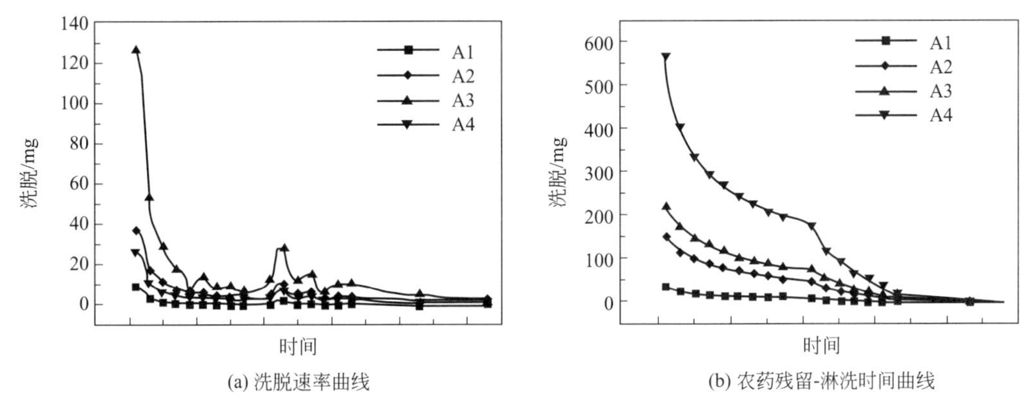

(a) 洗脱速率曲线　　(b) 农药残留-淋洗时间曲线

图 6-15　农药污染建筑废物洗脱规律

A1—联苯菊酯；A2—甲氰菊酯；A3—高效氟氯氰菊酯；A4—氯氰菊酯

由图可见，注水初期，水体可带走大量农药，随着注水时间增加，单位时间内水体带走的农药量先是迅速减少，然后逐渐趋于稳定，即在流量不大的情况下，农药洗脱速率趋于恒定。

当流动停止后，建筑表面持水性对于农药迁移有一定影响，见图 6-15(a) 曲线突起处。停止注水的 24h 内，未被冲洗的农药不断溶解于建筑废物表面的残留水体，建筑废物本身的持水性使这一部分水驻留在废物表面，当重新注水后，该部分水体优先被冲洗下去，该部分水体比停止注水前带走了更多溶解农药。随着重新注水的进行，单位时间水体携带的农药继续减小。

对比不同类型菊酯类农药曲线，发现释放量差异显著，这可能与农药本身的溶解性及黏度、张力有关。然而其随注水时间的释放规律变化总体与农药种类、溶剂介质及初始浓度相关性不大。

实际车间环境中，建筑废物往往与地表土壤混合在一起，在与水体接触的条件下，形成水体-建筑废物-土壤复合体系。为了进一步研究该复合体系环境污染风险，在菊酯农药污染建筑废物洗脱实验基础上，增加水体-建筑废物-土壤体系洗脱实验，污染物选用氰戊菊酯，具体装置见图 6-16。

收集注水 5～10min，15～20min，30～35min 水样并进行气相色谱分析，发现相同时间，系统 2 内单位水体氰戊菊酯浓度较低，推测建筑废物-土壤-流动水体混合体系降低了污染物洗脱量（表 6-11）。

表 6-11　系统 1、2 各时间段淋洗液中氰戊菊酯浓度

注水时间/min	浓度/(mg/L)	
	系统 1	系统 2
5～10	11.37	9.18
15～20	7.32	7.12
30～35	5.50	4.83

重复以上实验，关闭出水阀，淋洗 15min 后，打开出水阀，分别收集所有淋洗液

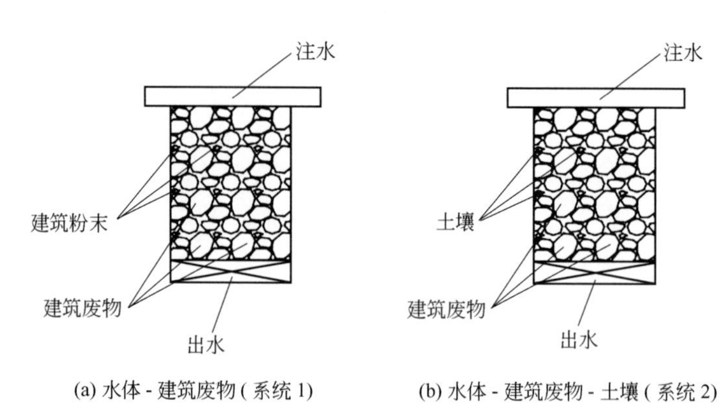

(a) 水体 - 建筑废物 (系统 1)　　(b) 水体 - 建筑废物 - 土壤 (系统 2)

图 6-16　实验装置

及装置内固体废物，固体废物转移至盛有正己烷溶液的 200mL 玻璃瓶内超声提取 30min，收集提取液，与淋洗液合并，过滤后移至分液漏斗剧烈摇晃萃取，弃去水层，收集有机相与氮气浓缩仪浓缩至 1mL，过滤，使用气相色谱-质谱仪分析。结果表明，系统 2 内氰戊菊酯总量较系统 1 相比，降低了约 7%，推测土壤系统对农药有一定的减量效果。

第7章 受污染建筑废物再生利用浸出毒性及污染控制

7.1 重金属污染建筑废物再生混凝土试块-浸出毒性特征

通过对五种不同来源建筑废物重金属含量测试，挑选出每种重金属含量最高，污染最严重的样品（Cu-CI8-镀铜车间；Zn-MI1-锌电解车间；Pb-MI29-黄色耐火砖；Cr-CI9-镀铬车间；Cd-MI2-锌清洗车间；Ni-CI10-镀镍车间），用其做原材料制作成再生混凝土标准试块，揭示重金属污染物的浸出特性，以评价其环境安全性。

选取六个样品，其重金属含量见表7-1。各重金属最高含量分别为Cu(59434.02mg/kg)、Zn(49280mg/kg)、Pb(1054.34mg/kg)、Cr(7511.03mg/kg)、Cd(15.40mg/kg)和Ni(2867.77mg/kg)。

表7-1 污染最严重建筑废物样品重金属含量 单位：mg/kg

样品	重金属						
	Cu	Zn	Pb	Cr	Cd	Ni	As
Cu-CI8-镀铜车间	59434.02①	3685.82	7.56	97.36	2.24	591.11	132.50
Zn-MI1-锌电解车间	3743.74	49280	412.45	113.33	13.65	101.12	155.09
Pb-MI29-黄色耐火砖	82.72	467.59	1054.34	461.87	ND②	68.69	18.37
Cr-CI9-镀铬车间	309.66	290.55	438.90	7511.03	ND	10.21	18.84
Cd-MI2-锌清洗车间	476.36	29738.72	879.45	83.29	15.40	34.09	232.31
Ni-CI10-镀镍车间	3190.11	312.83	58.84	306.46	ND	2867.77	17.20
Max	59434.02	49280	1054.34	7511.03	15.40	2867.77	232.31
Min	82.72	467.59	7.56	83.29	ND	10.21	17.20
De/An③	6/6	6/6	6/6	6/6	3/6	6/6	6/6
TVHM④	35	100	35	90	0.2	40	15
TVHM⑤	100	250	300	200	0.6	60	25
TVHM⑥	400	500	500	300	1	200	40

①结果表示为平均值±标准偏差；②未检出；③检出样品个数/分析测试样品总数；④一级标准阈值（Level-Ⅰ）；⑤二级标准阈值（Level-Ⅱ）；⑥三级标准阈值（Level-Ⅲ）。

注：CI—化工；MI—冶金；TVHM＝“《土壤环境质量标准》（15618—1995）”三级标准阈值。

再生混凝土标准试块的配合比设计以普通混凝土配合比设计规程为基准。用受污染建筑废物再生集料全部取代基准配合比中的天然集料（即碎石），即取代率（建筑废物再生集料占总集料百分比）为100%进行试验。

采用《固体废物　浸出毒性浸出方法　硫酸硝酸法》（HT/T 299—2007）进行浸出实验，污染最严重样品制作成再生混凝土块前后，重金属浸出率见表7-2。Cu污染最严重样品取自化工行业电镀厂镀铜车间，Cu含量高达59434.02mg/kg，其浸出浓度为4.19mg/L，此浓度高于污水综合排放标准限值（2.0mg/L），但低于危险废物填埋污染控制标准限值（75mg/L）。故不能随意堆置，但可进入危险废物填埋场进行填埋。制作成再生混凝土块后，浸出浓度为0.75mg/L，此浓度低于生活饮用水卫生标准限值和地表水环境质量标准Ⅲ类标准限值。其他样品仅冶金行业冶锌厂电解车间Cu初始浸出浓度为1.19mg/L，超过生活饮用水卫生标准限值和地表水环境质量标准Ⅲ类标准限值（1mg/L）。其他浸出液浓度均低于生活饮用水卫生标准限值和地表水环境质量标准Ⅲ类标准限值。

表7-2　污染最严重建筑废物再生利用前后重金属浸出浓度　　单位：mg/L

样品	重金属						
	Cu	Zn	Pb	Cr	Cd	Ni	As
Cu-CI8 再生前	4.19	5.17	ND①	ND	ND	1.80	ND
Cu-CI8 再生后	0.75 (82%)②	ND (100%)	ND	0.14 (—)	ND	ND (100%)	ND
Zn-MI1 再生前	1.19	4.29	0.50	ND	ND	ND	0.93
Zn-MI1 再生后	0.49 (60%)	1.19 (72%)	ND (100%)	0.10 (—)	ND	ND	2.71 (−191%)
Pb-MI32 再生前	0.05	0.64	0.04	ND	ND	ND	ND
Pb-MI32 再生后	ND (100%)	ND (100%)	ND (100%)	0.89 (—)	ND	ND	ND
Cr-CI9 再生前	ND	ND	ND	450.10	ND	ND	ND
Cr-CI9 再生后	ND	ND	ND	154.31 (66%)	ND	ND	ND
Cd-MI2 再生前	0.29	4.82	2.13	ND	ND	ND	3.09
Cd-MI2 再生后	0.15 (48%)	1.09 (77%)	ND (100%)	2.29 (—)	ND	ND	6.00 (−94%)
Ni-MI10 再生前	0.50	ND	ND	5.32	ND	ND	ND
Ni-MI10 再生后	0.10 (80%)	ND	ND	1.75 (67%)	ND	ND	ND
De/An③	9/12	6/12	3/12	8/12	0/12	1/12	4/12
生活饮用水卫生标准限值④	1.0	1.0	0.01	0.05	0.005	0.02	0.05
地表水环境质量标准Ⅲ类标准限值⑤	1.0	1.0	0.05	0.05	0.005	—	0.05
污水综合排放标准限值⑥	2.0	5.0	1.0	1.5	0.1	1.0	0.5
危险废物填埋污染控制标准限值⑦	75	75	5	12	0.5	15	2.5
危险废物鉴别标准限值⑧	100	100	5	15	1	5	5

①未检出；②固定效率（浸出率降低百分比）；③检出样品个数/分析测试样品总数；④《生活饮用水卫生标准》（GB 5749—2006）；⑤《地表水环境质量标准》（GB 3838—2002）Ⅲ类标准；⑥《污水综合排放标准》（GB 8978—1996）；⑦《危险废物填埋污染控制标准》（GB 18598—2001）限值；⑧《危险废物浸出毒性鉴别标准》（GB 5085.3—2007）。

注：1. CI—化工；MI—冶金。

2. 括号内的数指相对标准偏差（RSD）。

Zn污染最严重的样品取自冶金行业冶锌厂电解车间，Zn含量高达49280mg/kg，初始浸出浓度为4.29mg/L。6个样品初始浸出浓度最高为5.17mg/L，其浓度高于污水综合排放标准限值（5mg/L），该样品取自电镀厂镀铜车间，其次为4.82mg/L，取自冶锌厂清洗车间，均高于地表水环境质量标准Ⅲ类标准限值（1mg/L），其余样品初始浸出浓度均低于此限值。再生利用后浸出液浓度最高为1.19mg/L，样品取自MI1冶锌厂电解车间，清洗车间样品再生后浸出浓度为1.09mg/L，均略高于地表水环境质量标准Ⅲ类标准限值，对地表水有环境风险。其余样品再生浸出液Zn均未检出。

Pb污染最严重样品为冶金行业宝钢黄色耐火砖，Pb高达1054.34mg/kg，初始浸出浓度为0.04mg/L，此浓度高于生活饮用水卫生标准限值（0.01mg/L），低于地表水环境质量标准Ⅲ类标准限值（0.05mg/L）。初始浸出浓度Pb最高为2.13mg/L，样品取自冶锌厂清洗车间，此浓度高于污水综合排放标准限值（1.0mg/L），低于危险废物填埋污染控制标准限值（5mg/L）。若随意堆置，将会造成水体污染，但可进入危险废物填埋场填埋处置。再生利用后浸出浓度均低于仪器检出限，说明制作成再生混凝土块后可降低其环境危害性。

Cr污染最严重样品取自电镀厂镀铬车间，含量高达7511.03mg/kg，初始浸出浓度为450.10mg/L，高达危险废物鉴别标准限值的30倍和危险废物填埋污染控制标准限值的38倍，具有极高的环境风险，填埋前需先进行无害化处理。取自电镀厂镀镍车间的样品，其浸出浓度为5.32mg/L，高于污水综合排放标准限值1.5mg/L，但低于危险废物填埋污染控制标准限值12mg/L。其余样品初始浸出Cr均未检出。六个样品再生利用后浸出液均有检出，电镀厂镀铬车间样品再生利用后重金属浸出浓度为154.31mg/L，为危险废物鉴别标准限值的10倍，浸出率下降66%，对再生利用前，必须先进行无害化处理。镀镍车间样品再生后浸出浓度为1.75mg/L，高于污水综合排放标准限值，低于危险废物填埋污染控制标准限值。另外四个样品原始样品浸出液Cr浓度低于检出限，但再生后浸出率反而上升。镀铜车间、镀锌车间和宝钢耐火砖再生后浸出液虽有检出，但低于污水综合排放标准限值1.5mg/L。冶锌厂清洗车间样品再生后浸出液浓度为2.23mg/L，高于污水综合排放标准限值，再生利用过程中会造成水体污染。

Cd污染最严重的样品取自冶金行业某冶锌厂清洗车间，Cd含量为15.4mg/kg，高达土壤环境质量标准三级标准阈值的15倍，但六个污染最严重样品再生前后浸出液Cd均未检出。可见建筑废物中Cd较难浸出，环境风险较小。

Ni污染最严重样品取自电镀厂镀镍车间，含量高达2867.77mg/kg，为土壤环境质量标准三级标准阈值的14倍；其次为电镀厂镀铜车间样品，其Ni含量为591.11mg/kg。初始浸出液仅镀铜车间检出，浓度为1.80mg/L，此浓度高于污水综合排放标准限值，低于危险废物填埋污染控制标准限值；其余样品再生前后浸出液Ni均未检出，再生混凝土块Ni环境风险较小。

As污染最严重样品为冶锌厂清洗车间样品，含量高达232.31mg/kg，为土壤环境质量标准三级标准阈值的6倍；其次为电解车间样品，含量为155.09mg/kg。初始浸出浓度仅这两个车间样品检出，其含量分别为3.09mg/L和0.93mg/L，均低于危险废物鉴别标准限值；再生利用后浸出浓度有所增大，浸出浓度分别为6.0mg/L和

2.71mg/L。清洗车间样品再生利用后，浸出液浓度高于危险废物鉴别标准限值(5mg/L)；电解车间样品再生利用后，浸出液浓度高于危险废物填埋污染控制标准限值，但低于危险废物鉴别标准限值。建筑废物再生利用过程中，As可能存在较大环境风险，需要先对其无害化处理。

综上所述，受污染建筑废物再生利用过程中，Cr和As具有较大的环境风险。

7.2 六种不同建筑材料制备再生混凝土块-浸出毒性特征

7.2.1 受重金属污染建筑材料的制备

选取了六种不同建筑材料，其重金属本底含量见表7-3。制备受污染建筑材料：污染浓度设计为5000mg/kg。通过第四章对不同来源建筑废物中重金属污染特征研究，重金属平均含量均低于5000mg/kg，平均含量分别为Cu(1133.68mg/kg)、Zn(2284.93mg/kg)、Pb(141.32mg/kg)、Cr(310.96mg/kg)、Cd(5.28mg/kg)和Ni(131.25mg/kg)。

表7-3 六种不同建筑材料初始重金属含量 单位：mg/kg

样品	重金属						
	Cu	Zn	Pb	Cr	Cd	Ni	As
水泥砖-RS1	24.98	1057.45	26.03	245.16	ND①	27.98	68.68
泡沫混凝土-RS5	28.22	846.09	34.03	39.91	ND	10.58	54.94
红砖-RS3	40.24	328.18	20.19	74.20	ND	5.29	2.08
都江堰再生集料-RC3	28.67	1292.15	25.69	82.64	ND	21.07	76.93
浦东再生砂石-RC4	21.74	115.50	17.95	52.96	ND	ND	ND
宝钢耐火砖-MI32	11.47	35.72	0.85	269.64	ND	51.4	20.27
Max	40.24	1292.15	34.03	269.64	ND	51.4	76.93
Min	11.47	35.72	0.85	39.91	ND	ND	ND
De/An②	6/6	6/6	6/6	6/6	0/6	5/6	5/6
TVHM③	35	100	35	90	0.2	40	15
TVHM④	100	250	300	200	0.6	60	25
TVHM⑤	400	500	500	300	1	200	40

①未检出；②检出样品个数/分析测试样品总数；③一级标准阈值（Level-Ⅰ）；④二级标准阈值（Level-Ⅱ）；⑤三级标准阈值（Level-Ⅲ）。

注：MI—冶金；RS—生活区建筑废物；RC—再生集料；TVHM＝“《土壤环境质量标准》（CEPA，GB 15618—1995）三级标准阈值”。

重金属污染样品制备：根据表7-3中建筑材料重金属本底含量进行计算，接着分别用$Zn(NO_3)_2 \cdot 6H_2O$、$Cu(NO_3)_2 \cdot 3H_2O$、$Cr(NO_3)_3 \cdot 9H_2O$、$Pb(NO_3)_2$和$Cd(NO_3)_2 \cdot 4H_2O$等重金属盐溶液对六种不同建筑材料进行污染以制备成各重金属含量为5000mg/kg的受污染建筑材料。

7.2.2 再生混凝土试块的制备及浸出毒性特征

六种不同建筑材料经污染后制作成再生混凝土块，再生混凝土标准试块的配合比设计同样以普通混凝土配合比设计规程为基准。用六种不同建筑材料再生集料取代基准配合比中的天然集料，以取代率为100%进行试验。

掺加椰壳纤维以固定混凝土块中重金属，椰壳纤维通过2% NaOH碱溶液处理后，表面角质层被除去，在表层形成孔隙和凹坑，提高了椰壳纤维与水泥混凝土界面的黏合。故常掺加椰壳纤维制备水泥混凝土，其对重金属固定、耐热性、抗弯强度和抗压强度等力学性能的增强效果最为明显。澳大利亚ZHIJIAN LI和巴西Gisela Azevedo Menezes Brasileiro等也发现椰壳纤维制备混凝土可以增强其力学性能，可见将椰壳纤维用于水泥混凝土复合材料有非常好的前景。

制备了普通再生混凝土块、普通椰壳纤维再生混凝土块和碱处理椰壳纤维再生混凝土块三种试件。通过其浸出毒性来考察受污染建筑材料再生利用的环境风险以及椰壳纤维对重金属的固定效果。

重金属浸出毒性实验：分别对六种不同建筑材料污染前、普通再生混凝土块、普通椰壳纤维再生混凝土块、碱处理椰壳纤维再生混凝土块进行重金属浸出实验。浸出毒性采用《固体废物浸出毒性浸出方法　硫酸硝酸法》（HJ/T 299—2007）进行实验。浸出毒性实验结果见表7-4。

表7-4 六种不同建筑材料再生混凝土试块重金属浸出毒性　　单位：mg/L

样品	重金属						
	Cu	Zn	Pb	Cr	Cd	Ni	As
A1-水泥砖	ND①	ND	ND	ND	ND	ND	ND
A2-标准再生混凝土	0.009	ND	ND	0.346	ND	ND	ND
A3-椰壳再生混凝土	0.019	ND	ND	0.467	ND	ND	ND
A4-碱处理椰壳再生混凝土	ND	ND	ND	0.21	ND	ND	ND
B1-泡沫混凝土	ND	ND	ND	ND	ND	ND	ND
B2-标准再生混凝土	ND	ND	ND	0.178	ND	ND	ND
B3-椰壳再生混凝土	ND	ND	ND	0.128	ND	ND	ND
B4-碱处理椰壳再生混凝土	ND	ND	ND	0.069	ND	ND	ND
C1-红砖	ND	ND	ND	0.344	ND	ND	ND
C2-标准再生混凝土	ND	ND	ND	0.013	ND	ND	ND
C3-椰壳再生混凝土	ND	ND	ND	0.005	ND	ND	ND
C4-碱处理椰壳再生混凝土	ND	ND	ND	0.016	0.019	ND	ND
D1-都江堰再生集料	ND	ND	ND	ND	ND	ND	ND
D2-标准再生混凝土	ND	ND	ND	0.121	ND	ND	ND
D3-椰壳再生混凝土	ND	ND	ND	0.078	ND	ND	ND
D4-碱处理椰壳再生混凝土	ND	ND	ND	0.107	ND	ND	ND
E1-浦东再生砂石	ND	ND	ND	ND	ND	ND	ND

续表

样品	重金属						
	Cu	Zn	Pb	Cr	Cd	Ni	As
E2-标准再生混凝土	ND	ND	ND	0.147	ND	ND	ND
E3-椰壳再生混凝土	ND	ND	ND	0.138	ND	ND	ND
E4-碱处理椰壳再生混凝土	ND	ND	ND	0.112	ND	ND	ND
F1-宝钢耐火砖	ND	0.389	ND	ND	ND	ND	ND
F2-标准再生混凝土	0.018	31.017	0.524	ND	58.925	ND	ND
F3-椰壳再生混凝土	ND	ND	ND	ND	32.672	ND	ND
F4-碱处理椰壳再生混凝土	0.055	41.823	0.632	ND	68.642	ND	ND
生活饮用水卫生标准限值②	1.0	1.0	0.01	0.05	0.005	0.02	0.05
地表水环境质量标准Ⅲ类标准限值③	1.0	1.0	0.05	0.05	0.005	—	0.05
污水综合排放标准限值④	2.0	5.0	1.0	1.5	0.1	1.0	0.5
危险废物填埋污染控制标准限值⑤	75	75	5	12	0.5	15	2.5
险废物鉴别标准限值⑥	100	100	5	15	1	5	5

①未检出；②《生活饮用水卫生标准》(GB 5749—2006)；③《地表水环境质量标准》Ⅲ类标准(GB 3838—2002)；④《污水综合排放标准》(GB 8978—1996)；⑤《危险废物填埋污染控制标准》(GB 18598—2001)限值；⑥《危险废物浸出毒性鉴别标准》(GB 5085.3—2007)。

注：A—水泥砖；B—泡沫混凝土；C—红砖；D—都江堰再生集料；E—浦东再生砂石；F—宝钢耐火砖；1—污染前；2—标准再生混凝土；3—普通椰壳纤维再生混凝土；4—碱处理椰壳纤维再生混凝土。

六种不同建筑材料制备再生混凝土块后浸出毒性分析，结果如表7-4所示。总体而言，宝钢耐火砖制备的再生混凝土块重金属浸出毒性相对偏高，其次为水泥砖制备的再生混凝土块，但泡沫混凝土、红砖、都江堰再生集料和浦东再生砂石制备的再生混凝土块浸出率均较低。不同重金属的浸出潜能明显不同：Cd浸出液浓度最高，其次是Zn，而Cr虽检出样品个数达16个，但浓度整体较低，Cu、Ni和As几乎未检出。

浸出液环境风险可以参照不同标准进行对比分析。

1）重金属Cu，其浸出液浓度均低于国家《生活饮用水卫生标准》限值（1mg/L），且仅有四个样品检出，分别是A2（水泥砖-再生混凝土块）、A3（水泥砖-椰壳再生混凝土）、F2（宝钢耐火砖-再生混凝土块）、F4（宝钢耐火砖-碱处理椰壳再生混凝土）。受污染泡沫混凝土、红砖、都江堰再生集料、浦东再生砂石浸出液中Cu均低于检出限，表明受污染不同建筑材料再生利用后，重金属Cu的环境风险很小。

2）重金属Zn，浸出液浓度与国家《生活饮用水卫生标准》限值和《地表水环境质量标准》Ⅲ类标准限值（1mg/L）相比，有2个样品超标，分别为F2（宝钢耐火砖-再生混凝土块）和F4（宝钢耐火砖-碱处理椰壳再生混凝土），其含量为31.017mg/L和41.823mg/L，该浓度高于《污水综合排放标准》限值（5.0mg/L），但低于危险废物填埋污染控制标准限值（75mg/L）。受Zn污染水泥砖、泡沫混凝土、红砖、都江堰再生集料和浦东再生砂石这几类材料制备的再生混凝土块环境风险很小，但受Zn污染耐火砖制备的再生混凝土块具有较大的环境风险，在实际利用中可能会污染水体和土壤，甚至影响人体健康。

3）重金属Pb，浸出液浓度绝大部分样品未检出，仅F2（宝钢耐火砖-再生混凝土块）和F4（宝钢耐火砖-碱处理椰壳再生混凝土）检出，含量分别为0.524mg/L和0.632mg/L，该浓度高于《地表水环境质量标准》Ⅲ类标准限值（0.05mg/L），但低于《污水综合排放标准》限值（1.0mg/L）。表明受Pb污染建筑材料制备再生混凝土块环境风险较小，但耐火砖制备的再生产品会污染水体。

4）重金属Cr，浸出液有16个样品检出，其浓度与国家《生活饮用水卫生标准》限值和《地表水环境质量标准》Ⅲ类标准限值（0.05mg/L）相比，有13个样品超标，但均远低于《污水综合排放标准》限值（1.5mg/L）。表明受铬污染的建筑材料再生混凝土在服役过程中，可能会对生活饮用水和地表水产生环境风险。

5）重金属Cd，有4个样品检出，分别为C4（红砖-碱处理椰壳再生混凝土块）、F2（耐火砖-标准再生混凝土）、F3（耐火砖-椰壳再生混凝土）和F4（耐火砖-碱处理椰壳再生混凝土）。其中C4浓度为0.019mg/L，高于国家《生活饮用水卫生标准》限值和《地表水环境质量标准》Ⅲ类标准限值（0.005mg/L），但低于《污水综合排放标准》限值（0.1mg/L），而F2、F3和F4含量分别为58.925mg/L、32.672mg/L和68.642mg/L，远远超出《危险废物填埋污染控制标准》限值（0.5mg/L）和《危险废物鉴别标准》限值（1.0mg/L），受Cd污染的耐火砖制备再生混凝土，在实际使用过程中具有极大的环境风险。

6）重金属Ni和重金属As，其浸出液均未检出。受镍和砷污染建筑材料在再生利用过程中环境风险较小。

由上述分析可以看出，添加椰壳和碱处理椰壳纤维后，水泥砖、泡沫混凝土、红砖、都江堰再生集料和浦东再生砂石这五种材料制备的再生混凝土块，重金属浸出浓度均降低，固定效果较好；对宝钢耐火砖制备的再生混凝土块重金属固定效果较差。不同建筑材料再生混凝土试样的浸出毒性差异较大，其浸出毒性与《危险废物鉴别标准　浸出毒性鉴别》（GB 5085.3—2007）规定的阈值相比（Zn为100mg/L；Pb为5mg/L；Cd为1mg/L；Ni为5mg/L；Cr为15mg/L；Cu为100mg/L），其中耐火砖制备的再生混凝土块重金属Cd远远超过了此标准，具有很大的环境危害性。

第8章 建筑废物无害化处理技术

8.1 重金属污染建筑废物处理技术

为了节约土地，增加建筑废物再生利用率，国家鼓励从建筑废物中进行再生集料和细粉的利用。然而，来源于化工和冶金行业的建筑废物受到了 Zn、Cu、Cr、Pb、Cd 和 As 等重金属的严重污染。这些受重金属污染的建筑废物若不经处理直接利用，将会带来极大的环境危害，甚至影响人体健康。目前对于重金属污染的修复技术主要为固定稳定化和洗脱。本书研究比选了适宜的重金属污染建筑废物洗脱试剂、固定稳定化试剂，并给出适宜工艺流程。

8.1.1 柠檬酸洗脱

众多有机酸和无机酸均可用于重金属洗脱，然而，建筑废物中含有大量碱性物质，在洗脱过程中与浸取剂的相互作用下重金属被洗脱，同时其他物质也被浸出，导致无机酸的消耗量大，此外，经无机酸处理后的建筑废物可能发生较大的特性变化，不利于后续利用及处置。有机酸中乙二胺四乙酸（EDTA）、乙二胺二琥珀酸（EDDS）、草酸（OA）、柠檬酸（CA）等可与重金属螯合，常被用于处理重金属废物，综合考虑各药剂对重金属的去除效果、经济成本和环境影响三方面因素，柠檬酸可达到较好的平衡与兼顾。选取浓度为 0.05mol/L 和 0.1mol/L 柠檬酸作为洗脱剂，按照固液比 1∶10（kg/L），以 120r/min 速度水平震荡 24h，洗脱建筑废物中的重金属。洗脱参数及洗脱后溶液的 pH 如表 8-1 所示。

表 8-1 酸洗重金属建筑废物工艺参数

编号	柠檬酸浓度/(mol/L)	废物粒径/mm	固液比/(L/kg)	转速/(r/min)	接触时间/h	洗脱后溶液 pH
1	0.05	<20	1∶10	120	24	5.34±0.8
2	0.05	<0.2				5.66±0.5
3	0.1	<20				3.72±0.3
4	0.1	<0.2				5.13±0.9

建筑废物粒径相同时，柠檬酸浓度越高，洗脱后溶液的 pH 越低，高浓度柠檬酸对建筑废物中碱性物质溶出的缓冲能力更强。柠檬酸浓度相同时，建筑废物粒径越大，洗

脱后溶液的 pH 越小，原因是建筑废物粒径减小，其中碱性物质的溶出也随之增强。

柠檬酸对含重金属建筑废物的洗脱效果如图 8-1 所示，图中可看出，0.1mol/L 柠檬酸对含重金属建筑废物中 Zn、Cu、Pb、Cr、Cd 的去除效果在相同废物粒径条件下优于 0.05mol/L 柠檬酸。利用 Microsoft Excel 进行可重复双因素方差分析，柠檬酸浓

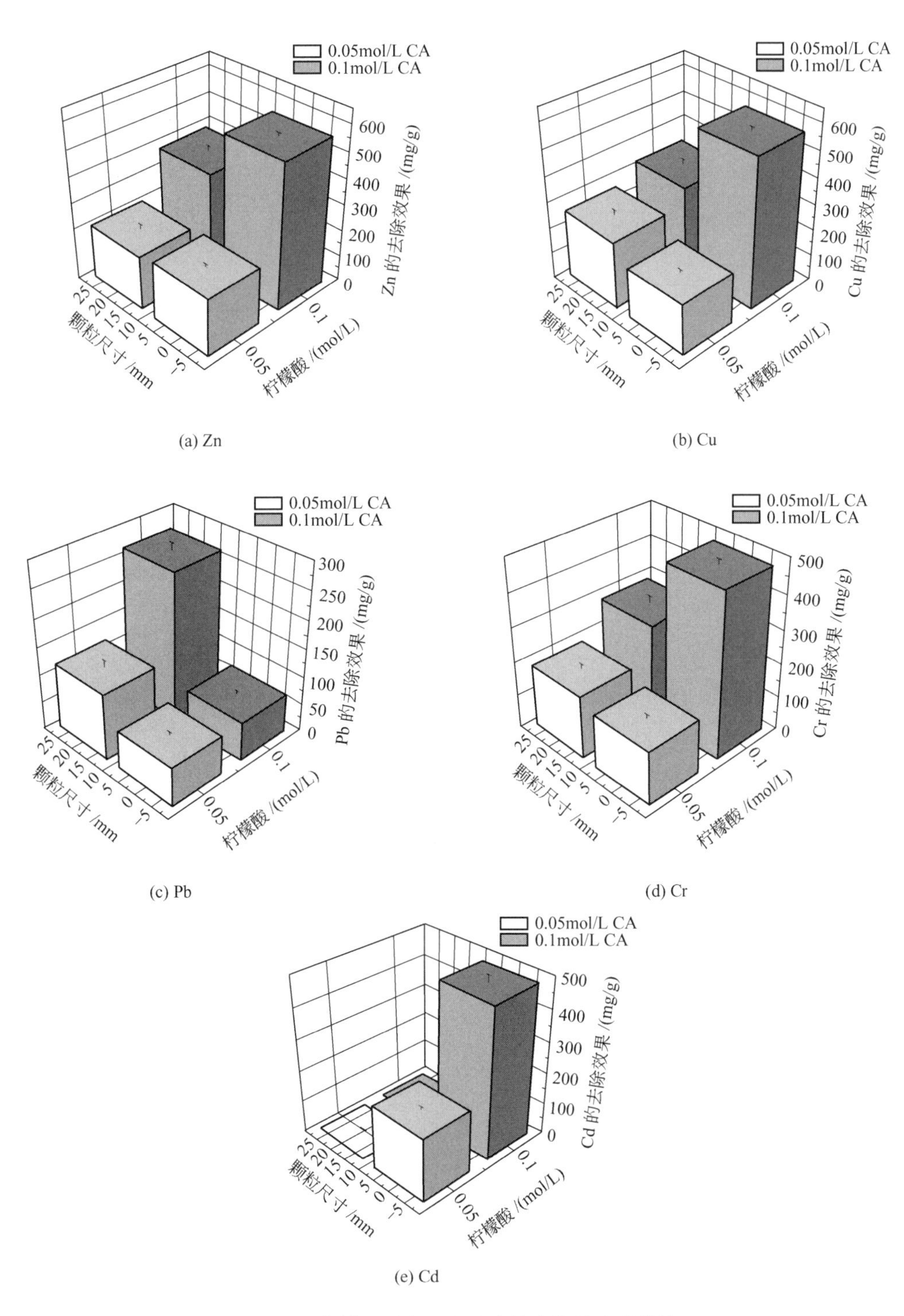

图 8-1　柠檬酸对含重金属建筑废物的洗脱效果

度对 Zn、Cu、Pb、Cr、Cd 去除效果的显著性检验 F 值分别为 4319.3、4693.9、830.1、1362.2、526.2，均大于临界值 $F_{crit}=5.3$，该结果表明，柠檬酸浓度对重金属去除效果影响显著。

采用相同浓度的柠檬酸洗脱建筑废物中的重金属，在废物粒径小于 0.2mm 条件下，重金属 Zn、Cr、Cd 的去除效果优于废物粒径小于 20mm 的情形，Pb 的去除情况却恰好相反。柠檬酸浓度和建筑废物粒径在重金属洗脱中存在一定程度的交互作用，主要表现在 Cu 的去除中，采用 0.1mol/L 柠檬酸洗脱时，建筑废物粒径小于 0.2mm 条件下去除效果优于建筑废物粒径小于 20mm，而采用 0.05mol/L 柠檬酸洗脱时，建筑废物粒径小于 20mm 条件下去除效果优于建筑废物粒径小于 0.2mm。双因素方差分析的结果表明，建筑废物粒径对重金属去除效果影响显著，其对 Pb、Cd 去除效果的影响较柠檬酸浓度更为显著，而对 Zn、Cu、Cr 去除效果的影响相反。

图 8-2 所示为重金属建筑废物与经柠檬酸洗后的重金属建筑废物（粒径小于 0.2mm）的扫描电镜对比图，由图中可明显看出，柠檬酸将原本包裹于建筑废物表面的重金属混合物洗脱，在 0.05mol/L 柠檬酸的洗脱下重金属建筑废物显露出建筑废物本身的形貌特征，而在 0.1mol/L 柠檬酸的洗脱下，除了建筑废物显示出原始的形貌之外，还形成了结晶物质，可能为柠檬酸锌、柠檬酸铅等柠檬酸重金属

(a) 重金属建筑废物

(b) 0.05mol/L 柠檬酸洗后建筑废物

(c) 0.1mol/L 柠檬酸洗后建筑废物

图 8-2 重金属建筑废物扫描电镜图

螯合物。

综合考虑重金属的去除效果、建筑废物的破碎成本及浸出毒性，选用 0.1mol/L 柠檬酸，在建筑废物粒径<20mm 条件下，去除重金属建筑废物中的 Zn、Cu、Pb、Cr；去除 Cd 则需要将建筑废物破碎至粒径 0.2mm 以下。

8.1.2　草甘膦洗脱

重金属与有机物配位体的络合反应能够减少重金属在矿物表面的吸附量。有机物和螯合剂/络合剂常被用作重金属洗脱修复剂。有报道指出草甘膦与金属有较强的络合能力，如 Fe、Al、Cu、Ca、Co、Mg、Pb、Cd 和 Zn 等均可与其络合，由于草甘膦分子的氨基、羧基和磷酸基能够与金属离子络合反应，络合能力按照由大到小顺序排列为 $Fe^{3+}>Cu^{2+}>Zn^{2+}>Mn^{2+}>Mg^{2+}\approx Ca^{2+}$。周垂帆等研究了 Cu 和草甘膦的急性毒性，草甘膦的存在能够显著降低 Cu 对蚯蚓的急性毒性，主要是草甘膦和 Cu 的螯合作用能够改变 Cu 的溶解度和生物可利用性。Cu^{2+} 和草甘膦特定、强大的亲和力，Liu 等用它来修饰荧光探针以进行 Cu^{2+} 的测定。由于草甘膦的螯合行为，常被用来作为敏感的土壤健康指示器。总之，草甘膦能够与金属阳离子形成络合物，这与其他螯合剂/络合剂类似，如 EDTA、EDDS、MGDA、DTPA、NTA、柠檬酸和腐殖酸等。目前没有文献报道草甘膦用于重金属污染的修复，它将是一种很有前景的新型重金属洗脱剂，其作用类似于 KH_2PO_4、石灰、纳米铁粉和腐殖酸等。

对比了草甘膦和腐殖酸溶液的洗脱效果。草甘膦和腐殖酸溶液的洗脱效率见图8-3。氰戊菊酯和敌敌畏均为农药，与草甘膦有相似的环境条件，但没有能够络合重金属的分子结构，故用其作空白对照。氰戊菊酯和敌敌畏洗脱重金属的效率均低于 10%。

腐植酸与金属离子的络合能力意味着它能够降低重金属的生物可利用性，在酸性和中性条件下，腐植酸是一种高度有效的重金属吸附剂。然而受污染再生砂石集料是碱性材料，洗脱过程中腐植酸可能被中和而降低其络合能力，致使其清洗效率低于草甘膦。草甘膦对 Zn 和 Cu 的去除率是腐植酸的 2～3 倍，对 Cr、Pb 和 Cd 的去除率是腐植酸的 4～5 倍。

腐植酸对重金属洗脱率见图 8-3，去除率最高的 Cu 为 31.3%，其次是 Zn（27.5%），最低是 Cd（13.5%）。腐植酸重金属洗脱率从高到低排序为 Cu>Zn>Cr>Pb>Cd。草甘膦对 Cr、Cu 和 Zn 的洗脱率均超过 80%，Cr 去除率高达 85.9%，最低为 Cd（66.7%）。草甘膦能够与重金属络合，比如能够与金属离子 Fe(Ⅲ)、Cu(Ⅱ)、Ca(Ⅱ)、Mg(Ⅱ)、Pb(Ⅱ)、Cd(Ⅱ)和 Zn(Ⅱ)络合。草甘膦对金属离子有很强的吸附能力，能够洗脱被绑定的铜，与 Cu 形成 Cu-草甘膦的络合物。草甘膦也桥架了土壤与 Cd/Zn 之间的联系，形成了 Cd/Zn-草甘膦的络合物。草甘膦与重金属的络合能力按照递减顺序排列为 Cr>Cu>Zn>Pb>Cd，其对三价金属离子的络合能力强于二价离子。总之，对于受污染的建筑废物，草甘膦是一种有效的重金属洗脱剂。

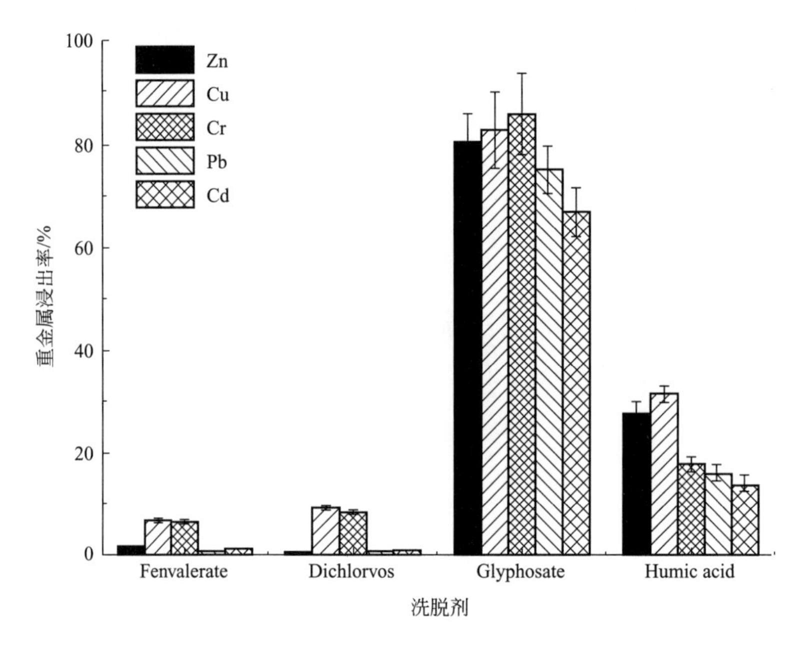

图 8-3 受污染再生砂石集料不同洗脱剂清洗后重金属的浸出率

Fenvalerate—CRG 经氰戊菊酯洗脱后重金属浸出率；Dichlorvos—CRG 经敌敌畏洗脱后重金属浸出率；Glyphosate—CRG 经草甘膦洗脱后重金属浸出率；Humic acid—CRG 经腐植酸溶液洗脱后重金属浸出率；CRG—受污染再生砂石集料

8.1.3 固定稳定化

固定稳定化主要使用磷酸盐化合物、石灰材料和金属材料等阻止废物中污染物的自由迁移。KH_2PO_4能够通过升高 pH 和表面电荷以有效地增强离子固定并降低其生物可利用性，通常用来修复 Cd、Cu、Pb、Ni 和 Zn 污染的土壤。石灰能够降低金属的溶解度并通过升高 pH 来增强金属化合物的吸附和/或沉淀，如常见的 Cr、As、Zn、Pb、Ni、Cd、Cu 和 Co 等重金属化合物。纳米铁粉由于其自身较大的比表面积，是一种合适的重金属原位修复的材料，对受重金属 Zn(Ⅱ)、Cu(Ⅱ)、Cd(Ⅱ)、Cr(Ⅵ)和 Pb(Ⅱ)等均有较好的修复效果。

比较了 KH_2PO_4、石灰和纳米铁粉三种固定剂对重金属污染建筑废物的固定稳定化效果，将受重金属污染建筑废物与固定药剂以质量比（100∶1）混合均匀，通过 EA NEN7371 浸出法，比较三种固定剂固定稳定化后的重金属浸出率（图 8-4）。

通过 KH_2PO_4 处理后，Zn、Cu、Cr、Pb 和 Cd 的浸出率分别为 1.1%、2.3%、4.4%、0.8%和未检出。石灰固定处理后，Zn、Cu、Cr、Pb 和 Cd 的浸出率分别为 2.1%、1.1%和未检出、4.1%和未检出。石灰是一种非常有效的重金属污染修复剂，尤其是 Cr 和 Cd。前人研究表明，石灰对 Cr(Ⅲ) 去除率能够达到 46%～72%，是一种廉价的修复剂。用纳米铁粉固定后，Zn、Cu、Cr、Pb 和 Cd 的浸出率分别为 1.2%、0.6%、1.0%、0.5%和未检出。纳米铁粉通过封存并提高 pH 而使金属沉淀，降低其迁移性，其反应如下。

$$2Fe^{0}_{(s)} + O_{2(g)} + 2H_2O \longrightarrow 2Fe^{2+}_{(aq)} + 4OH^{-}_{(aq)}$$

$$Fe^{0}_{(s)} + 2H_2O \longrightarrow Fe^{2+}_{(aq)} + H_{2(g)} + 2OH^{-}_{(aq)}$$

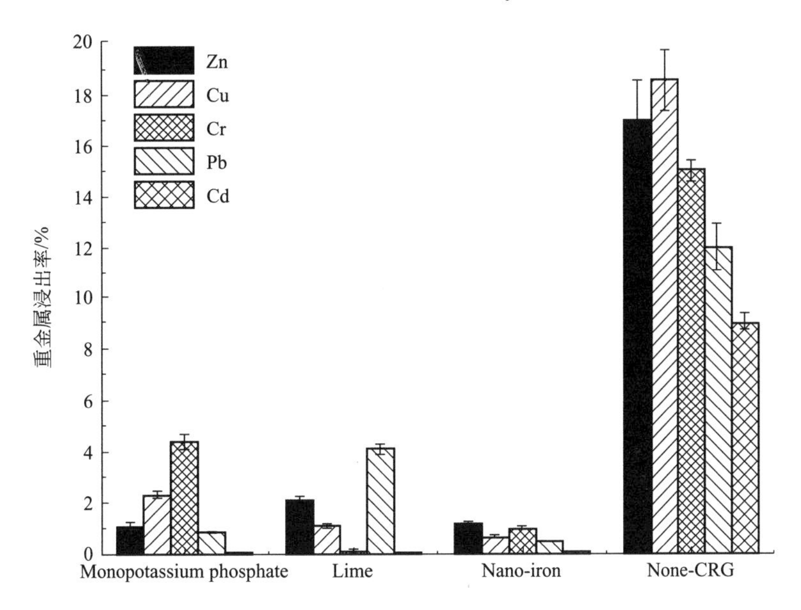

图 8-4 受污染再生砂石集料用不同药剂固定处理后重金属浸出率（EA NEN 浸出法）

Monopotassium phosphate—CRG 经 KH_2PO_4 处理后的重金属浸出率；

Lime—CRG 经石灰处理后重金属浸出率；Nano-iron—CRG 经纳米铁粉处理后重金属浸出率；

None-CRG—CRG 未被处理的浸出率；CRG—受污染再生砂石集料

8.1.4 草甘膦和纳米铁粉重金属处理的对比

（1）处理效果对比

处理后的受污染再生砂石集料进行 EA NEN7371 浸出是为了比较草甘膦和纳米铁粉的处理效果，结果见图 8-5 和表 8-2。

表 8-2 处理后再生砂石集料重金属浸出浓度 单位：mg/L

重金属	Zn	Cu	Cr	Pb	Cd
草甘膦	0.13±0.007	0.12±0.008	0.12±0.002	0.03±0.001	0.03±0.002
纳米铁粉	0.19±0.010	0.09±0.006	0.15±0.011	0.07±0.003	ND①
污水(Ⅲ)②	20	5.0	1.5	1.0	0.1
填埋 HW③	75	75	12.0	5.0	0.5
鉴定 HW④	100	100	15.0	5.0	1.0

①未检出；②《污水综合排放标准》(GB 8978—1996)；③《危险废物填埋污染控制标准》限值（GB 18598—2001)；④《危险废物浸出毒性鉴别标准》(GB 5085.3—2007)。

对纳米铁粉固定后的样品浸出，其浸出率最高为 Zn(1.18%)，其次是Cr(0.96%)，接着分别是 Cu(0.61%)，Pb(0.45%)，Cd 未检出；对草甘膦洗脱后样品浸出，Zn、Cr 和 Pb 的浸出率低于纳米铁粉处理后的样品。总体来看，纳米铁粉和草甘膦处理效果并无明显差别，且所有的浸出率均低于 1.2%。

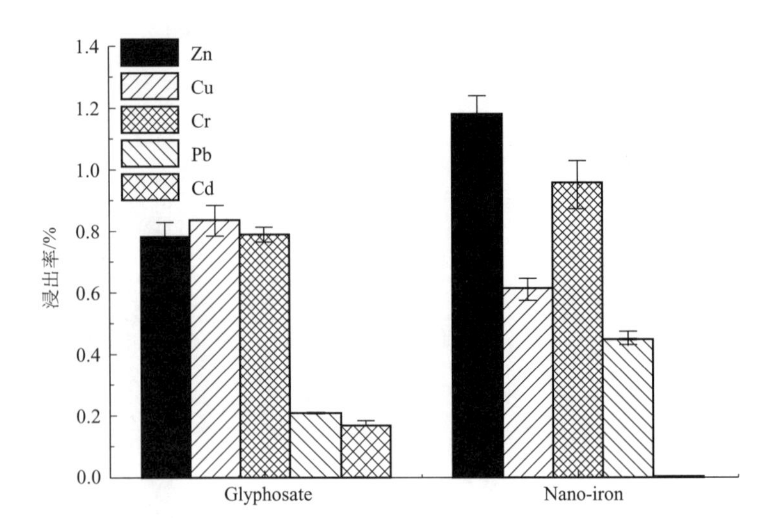

图 8-5　受污染再生砂石集料修复后重金属浸出率（EA NEN 7371 浸出法）

Glyphosate—CRG 经草甘膦洗脱后重金属浸出率；Nano-iron—CRG 经纳米铁粉固定后重金属浸出率；CRG—受污染再生砂石集料

浸出液中重金属浓度均远低于《污水综合排放标准》（GB 8978—1996）、《危险废物填埋污染控制标准》（GB 18598—2001）和《危险废物鉴别标准-浸出毒性鉴别标准》（GB 5085.3—2007）。

（2）X 射线粉末衍射（XRD）分析

XRD 旨在分析受污染再生砂石集料处理前后的晶体变化特征，五组普通再生砂石集料（IRG）和受污染再生砂石集料（CRG）分别受到重金属（Zn/Cu/Cr/Pb/Cd）污染。每组 S_0 为普通再生砂石集料（IRG）；S_1 为受污染再生砂石集料（CRG）；S_2 为受污染再生砂石集料（CRG）经固定处理后样品；S_3 为经草甘膦洗脱处理后样品（图 8-7）。普通再生砂石集料（IRG-S_0）主要晶相为石英（SiO_2）、二氧化硅（SiO_2）和少量的碳酸钙（$CaCO_3$）和镁方解石［$Ca_{(1-x)}Mg_xCO_3$］（图 8-6 和图 8-7）。

XRD 分析样品 Zn-（S_0、S_1、S_2、S_3）（图 8-7 Zn）发现，Zn-S_1 样品中检出 $CaZn_2(OH)_6 \cdot 2H_2O$，可能是 Zn^{2+} 同 $CaCO_3$ 或 $Ca_{(1-x)}Mg_xCO_3$ 的反应产物。经纳米铁粉固定后，它仍然存在于 Zn-S_2 样品中。$CaCO_3$ 和 $Ca_{(1-x)}Mg_xCO_3$ 在污染过程（Zn-S_1）和固定（Zn-S_2）时，大量钙离子被释放且通过如下反应式与 Zn^{2+} 发生反应如下。样品 Zn-S_3 和 S_0 的矿物组成是一致的，暗示草甘膦清洗效果较好。

$$CaCO_{3(s)} + H^+_{(aq)} \longrightarrow HCO^-_{3(aq)} + Ca^{2+}_{(aq)}$$

$$Ca_{(1-x)}Mg_xCO_{3(s)} + H^+_{(aq)} \longrightarrow (1-x)Ca^{2+}_{(aq)} + xMg^{2+}_{(aq)} + HCO^-_{3(aq)}$$

$$Ca^{2+}_{(aq)} + 2\,Zn^{2+}_{(aq)} + 8H_2O \xrightarrow[25℃]{} CaZn_2(OH)_6 \cdot 2H_2O_{(s)} + 6\,H^+_{(aq)}$$

样品 Cu-（S_0、S_1、S_2、S_3）通过 XRD 分析得出（图 8-7 Cu），在 Cu-S_1 里识别出 $Cu_4(SO_4)(OH)_6(H_2O)$、$KCuCl_3$ 和 $Li_2Cu(P_2O_7)$。当在室温 25℃下与 Cu^{2+} 溶液浸泡，将会形成 $Cu_4SO_4(OH)_6H_2O$，反应如下。

$$Cu^{2+}_{(aq)} + 0.25\,SO^{2-}_{4(aq)} + 1.5OH^-_{(aq)} + 0.25H_2O \xrightarrow[25℃]{} 0.25\,Cu_4(SO_4)(OH)_6(H_2O)_{(s)}$$

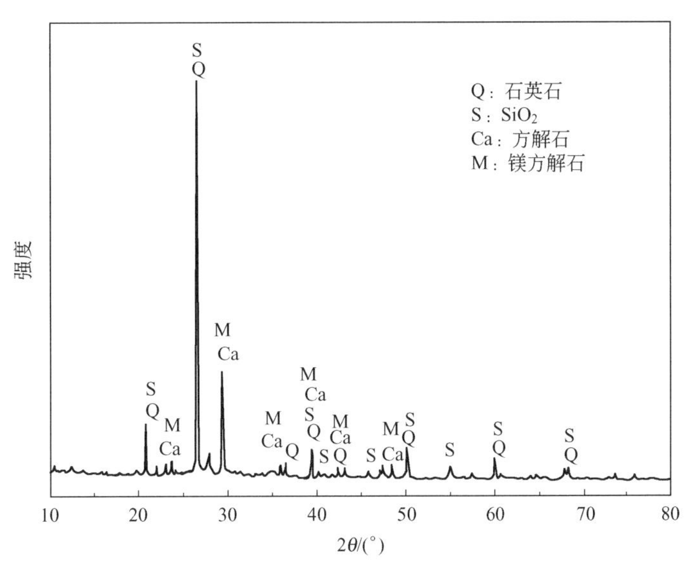

图 8-6　普通再生砂石 XRD 谱图

$Cu\text{-}S_2$ 样品中检出 $Cu_4(SO_4)(OH)_6(H_2O)$、$Li_2Cu(P_2O_7)$、$BaCa_2Al_6Si_9O_{30}(H_2O)_2$ 和 $CuFe_2(PO_4)_2(OH)_2$，但 $KCuCl_3$ 的结晶相消失了。草甘膦洗脱以后，$Cu\text{-}S_0$ 和 $Cu\text{-}S_3$ 结晶特性相似。铜的结晶相被草甘膦破坏而消失，形成了 Cu-草甘膦的络合物，具有良好的清洗效果。

在图 8-7 $Cr\text{-}S_1$ 和 S_2 样品中检出 $MgCrO_4$，推测并通过反应方程（8-1）生成的。普通再生砂石集料的强碱性能够促进该反应进行。$Cr\text{-}S_1$ 和 $Cr\text{-}S_2$ 晶体特征一致，图 8-4中 Cr 浸出率差异很大，这意味着使用纳米铁粉固定以前，$MgCrO_4$ 具有很强的迁移性，仅通过范德华力与受污染再生砂石集料结合松散。草甘膦洗脱后，除有少量 $Fe_4(PO_4)_3(OH)_3$ 外，$Cr\text{-}S_0$ 和 $Cr\text{-}S_3$ 晶体特征相似。

$$Cr_2O_{7(aq)}^{2-}+H_2O+2Mg_{(aq)}^{2+}\longrightarrow 2MgCrO_{4(s)}+2H_{(aq)}^{+} \tag{8-1}$$

通过 XRD 分析 Pb-(S_0、S_1、S_2、S_3) 样品（图 8-7 Pb），Pb-(S_1、S_2、S_3) 检出了砷酸铅和硫酸铅水合物。纳米铁粉固定后，形成了一种新物质 $Pb_5[B_3O_8(OH)_3](H_2O)$；经草甘膦洗脱后，除存在少量 $Pb(As_2O_6)$ 外，XRD 图谱与 S_0 类似。显然草甘膦对 Pb 的清洗效果没有草甘膦对 Zn、Cu 和 Cr 的清洗效果好。

根据图 8-7 Cd，$Cd\text{-}S_1$ 里检出了硫酸镉水合物$[(CdSO_4)_3(H_2O)_8]$和氯化镉水化物$[CdCl(H_2O)_4]$。$Cd\text{-}S_2$ 图谱仍保留了氯化镉水合物，同时形成了 $CdFeP_2S_6$。经草甘膦清洗后，含镉化合物的相关图谱峰消失了，意味着草甘膦破坏了其晶体结构，能够有效地去除受污染再生砂石集料中的镉。

草甘膦能够去除受污染再生砂石集料绝大部分重金属（Zn、Cu、Cr 和 Cd），仅残留了少量砷酸铅。纳米铁粉基本能够保留原来的晶体物质，或形成一种更加稳定的晶相。草甘膦和纳米铁粉对受污染再生砂石集料都有一个较好的修复效果。

（3）扫描电镜（SEM）分析

关于普通再生砂石集料（IRG）和受污染再生砂石集料（CRG）在不同处理条件下

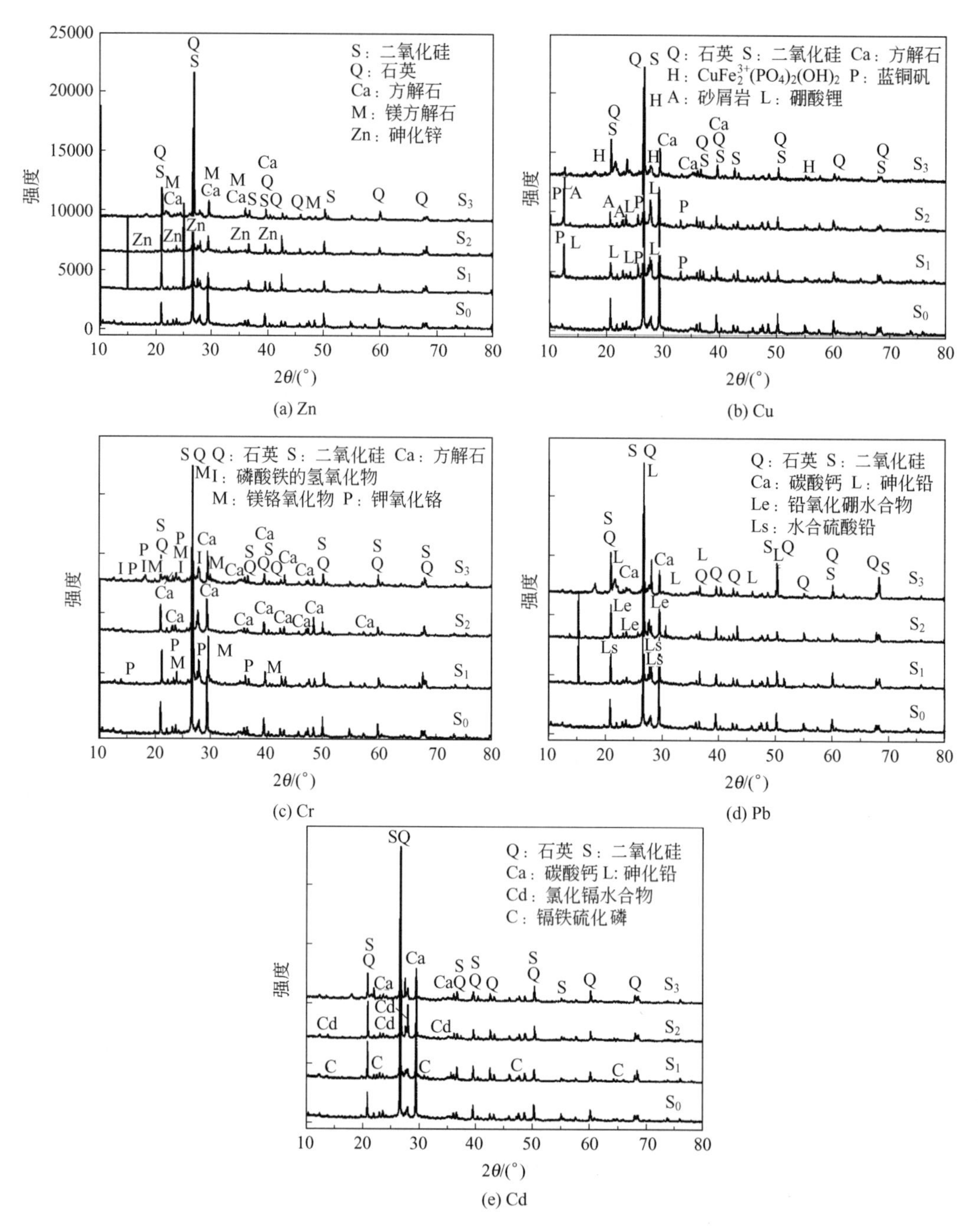

(a) Zn (b) Cu

(c) Cr (d) Pb

(e) Cd

图 8-7 普通再生砂石集料和受污染再生砂石集料 XRD 谱图

S_0—IRG-普通再生砂石集料；S_1—CRG-Zn、Cu、Cr、Pb 和 Cd 污染再生砂石集料；

S_2—纳米铁粉固定后的再生砂石集料；S_3—草甘膦洗脱后的再生砂石集料

的表面形态和晶相特征，通过 SEM 与 XRD 分析进行相互验证。

图 8-8 阐释了 IRG 和 CRG 的 SEM 图谱。

普通再生砂石集料（IRG）浸泡重金属溶液前散落、不规则断裂面见图 8-8(a)。图 8-8(b) 是普通再生砂石集料（IRG）浸泡接触 Zn^{2+} 溶液的图谱，其表面形貌严重受

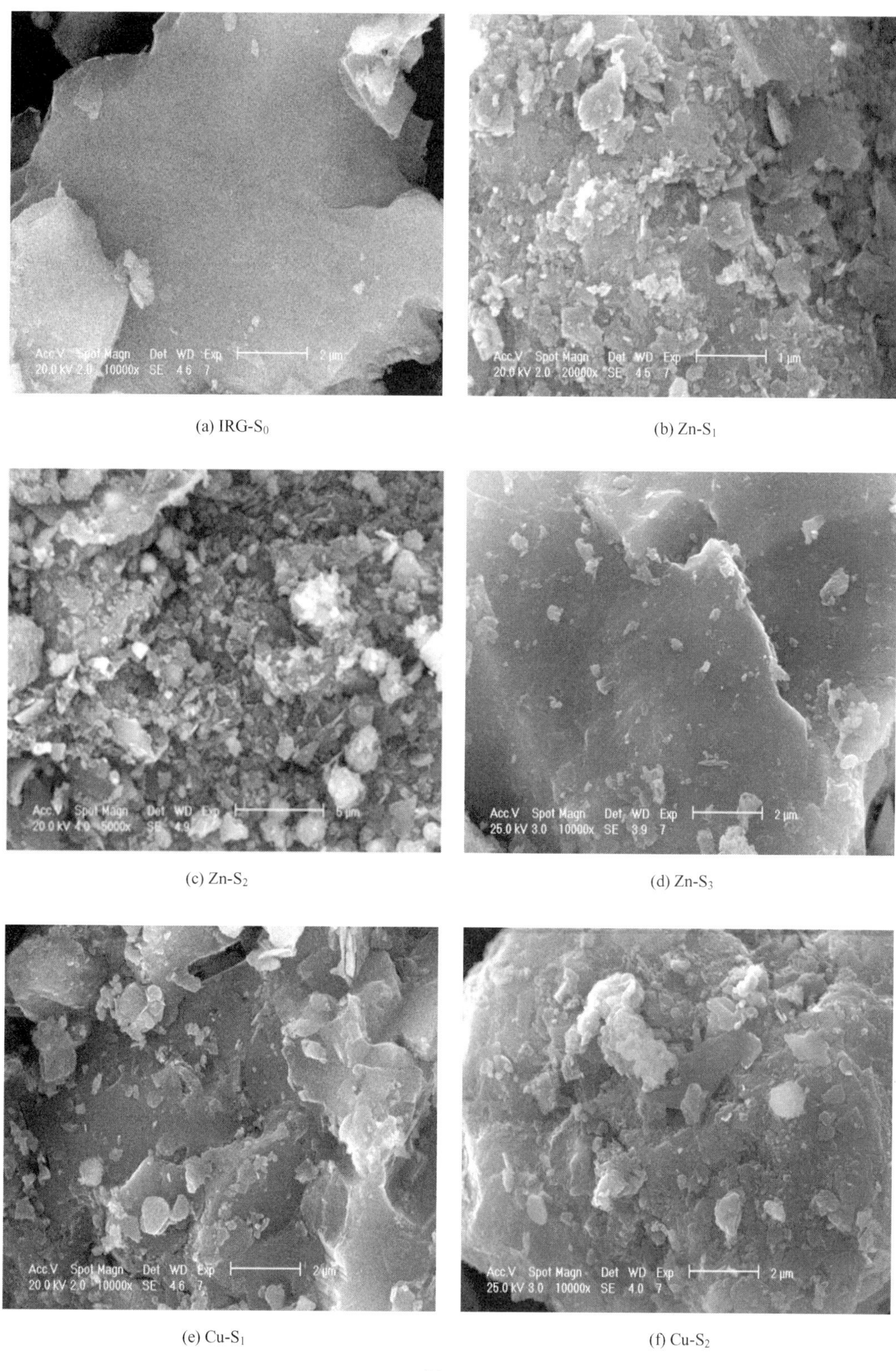

(a) IRG-S_0　　(b) Zn-S_1

(c) Zn-S_2　　(d) Zn-S_3

(e) Cu-S_1　　(f) Cu-S_2

图 8-8

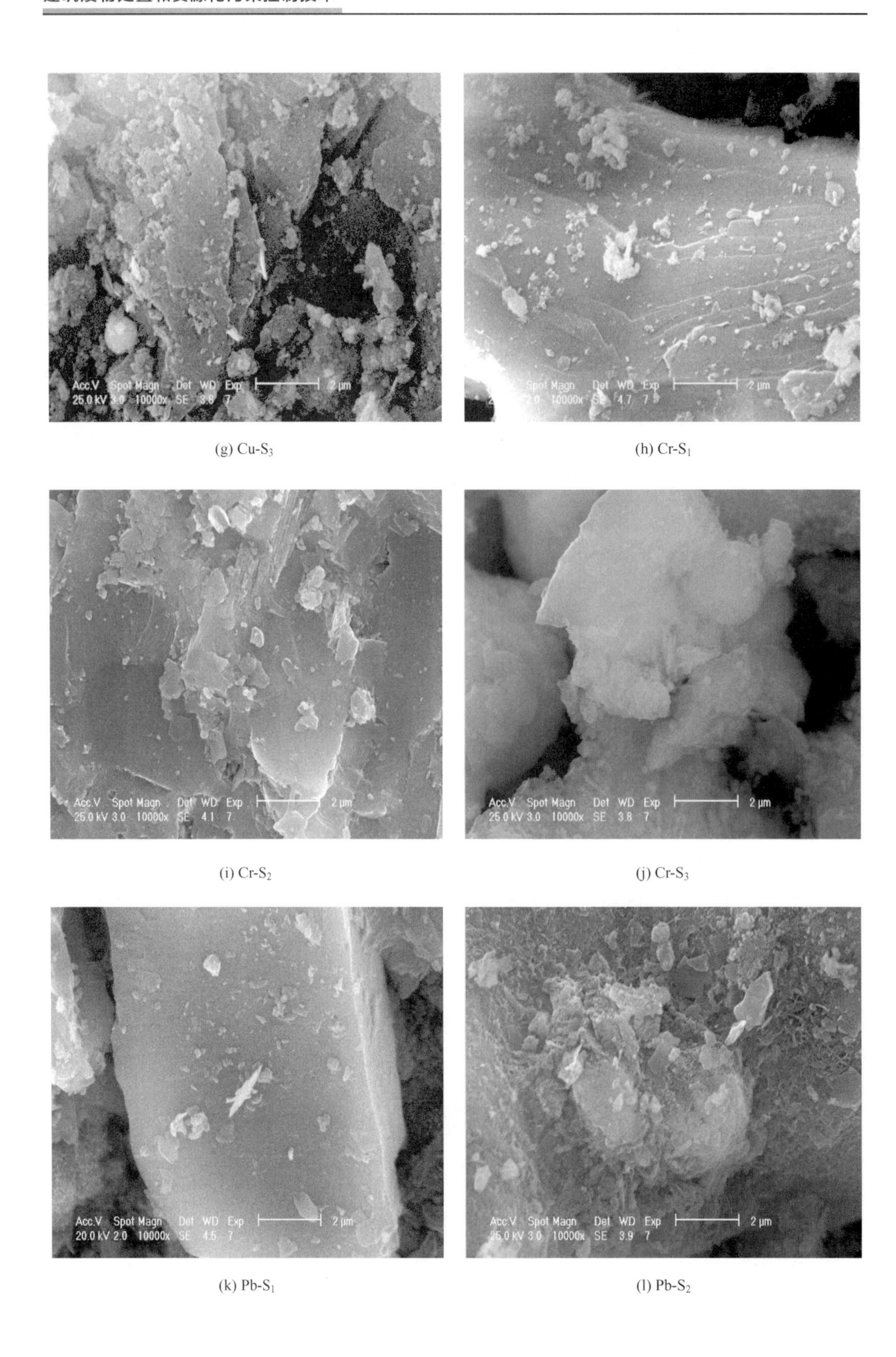

(g) Cu-S_3　　(h) Cr-S_1

(i) Cr-S_2　　(j) Cr-S_3

(k) Pb-S_1　　(l) Pb-S_2

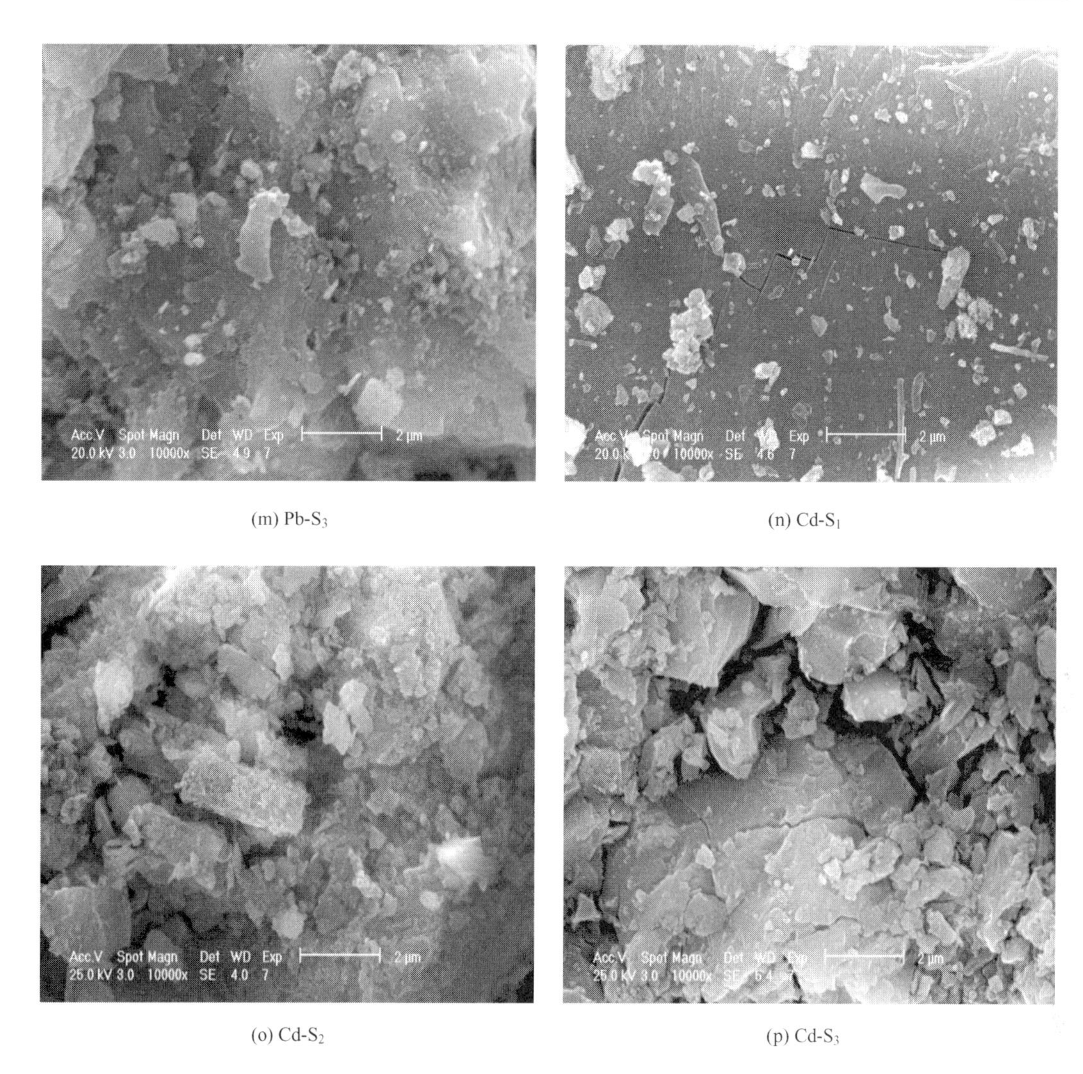

(m) Pb-S_3　　(n) Cd-S_1

(o) Cd-S_2　　(p) Cd-S_3

图 8-8　普通再生砂石集料和受污染再生砂石集料的 SEM 图像

S_0—IRG-普通再生砂石集料；S_1—CRG-Zn、Cu、Cr、Pb 和 Cd 污染再生砂石集料；

S_2—纳米铁粉固定后的再生砂石集料；S_3—草甘膦洗脱后的再生砂石集料

损。接着是经纳米铁粉固定后的受污染再生砂石集料（CRG）表面形貌特征，可见其遭到了进一步破坏。经草甘膦清洗后，S_0 与 Zn-S_3 的表面形貌和晶体特征几乎相同［图 8-8(a) 和(d)］。

受污染再生砂石集料（CRG）观察到三种不同含铜图谱［图 8-8(e)、(f)、(g)］。IRG 的矿物表面形貌遭到严重破坏［图 8-8(e)］，特别是纳米铁粉对受污染再生砂石集料（CRG）表面形貌的改变有至关重要的作用，Cu-S_2 出现球面密集型包裹［图 8-8(f)］；经草甘膦清洗后，仍可见 Cu-S_0 和 Cu-S_3 表面的侵蚀痕迹。

图 8-8(h) 存在一些明显小白点。受污染再生砂石集料（CRG）的表面形貌并没被破坏，仅表面可见沉积物，与 XRD 晶体变化一致。经纳米铁粉固定后，白色斑点更加密集［图 8-8(i)］。经草甘膦清洗后，大部分含铬化合物被去除［图 8-8(j)］，侧面证明了 CRG 中含铬化合物已被洗脱。

图 8-8（k）、（l）、（m）显示 Pb-CRG 样品的表面形貌。$Pb-S_1$ 虽在表面出现了一些小洞，但整体形貌较完整［图 8-7(k)］。经纳米铁粉固定后，表面形貌更加致密，CRG 里含 Pb 化合物可能被包裹或再沉淀。经草甘膦清洗后，仍可见表面形貌被严重破坏。

图 8-8(n) 可清晰地看见比较完整的表面结构，仅可见一些小裂缝，$Cd-S_2$ 样品形貌在固定修复阶段发生了改变。草甘膦洗脱后的样品 $Cd-S_3$ 相比 $Cd-S_2$，表面形貌仍破损很严重［图 8-8(p)］。

8.1.5 柠檬酸洗-水洗-固化稳定工艺

经过柠檬酸洗的重金属建筑废物中仍会残存含重金属的柠檬酸液，再进行一次水洗，将其中柠檬酸液脱除。此外，电镜图显示 0.1mol/L 柠檬酸洗后，建筑废物中形成了结晶物质，这些物质的存在可能带来潜在的环境风险。因此，将柠檬酸洗-水洗后的建筑废物进行固化处理以达到稳定化，提高建筑废物在堆填或利用中的环境安全性(表 8-3)。

表 8-3　重金属建筑废物的固化工艺参数

编号	固化剂名称	固化剂用量/(g/kg)	调和水用量(质量分数)/%	震荡时间/h	转速/(r/min)	固化时间/d
1	皂土	25	50	24	30	7
		80				
2	磷酸二氢钙	25				
		80				
3	过磷酸钙	25				
		80				
4	石灰	25				
		80				
0	空白对照	0				

重金属建筑废物先经不同浓度柠檬酸洗，用蒸馏水洗一遍（固液比为 1∶10），固液分离。往待稳定化处理的建筑废物中添加固化剂，按照建筑废物的重量加入调和水用量的 50%的蒸馏水调和建筑废物与固化剂，以 30r/min 的速度在摇床中震荡 24h，静置稳定一周。按照《固体废物　浸出毒性进出方法 硫酸硝酸法》（HJ/T 299—2007）检测经酸洗-水洗-固化稳定化处理的建筑废物的浸出毒性，结果如图 8-9 所示。

经过固化剂稳定化处理的重金属建筑废物，其浸出毒性明显低于未经固化剂稳定化处理的重金属建筑废物。单因素方差分析结果表明，各固化剂对重金属稳定化的效果存在显著性差异。图中可看出，两种添加量条件下，磷酸二氢钙和石灰对建筑废物中重金属的稳定化均效果明显优于其他两种固化剂。

0.05mol/L 柠檬酸洗后，固化剂用量为 25g/kg 和 80g/kg 时，磷酸二氢钙的 F 值分别为 4.720、4.927，均大于 $\alpha=0.05$ 下的临界值 $F_{crit}=3.458$，且小于 $\alpha=0.1$ 下临界值 $F_{crit}=5.318$，其稳定化效果较无固化剂的空白一般显著；两种用量下石灰的 F 值分别为 6.006、5.5583，均大于 $\alpha=0.05$ 下临界值 F_{crit}，其稳定化效果较为显著。

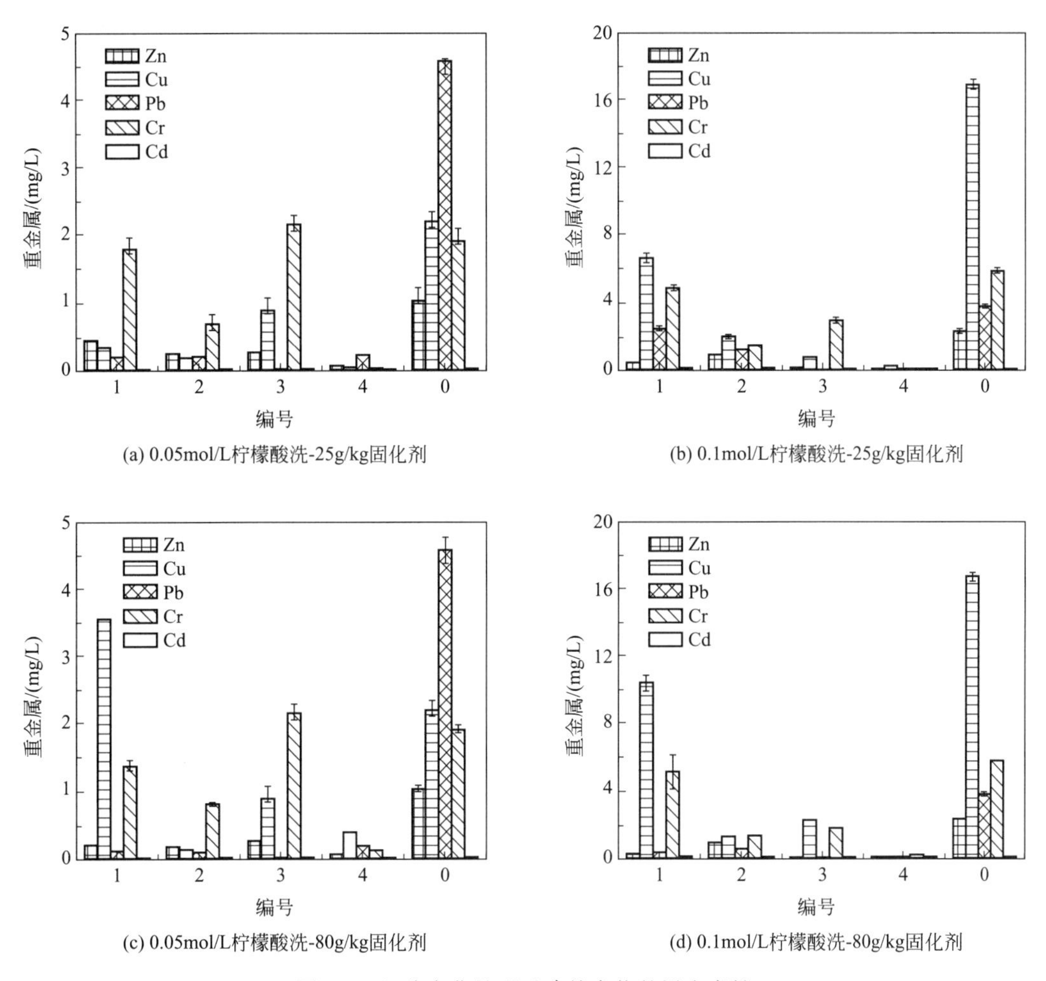

(a) 0.05mol/L柠檬酸洗-25g/kg固化剂　(b) 0.1mol/L柠檬酸洗-25g/kg固化剂

(c) 0.05mol/L柠檬酸洗-80g/kg固化剂　(d) 0.1mol/L柠檬酸洗-80g/kg固化剂

图 8-9　经稳定化处理后建筑废物的浸出毒性

0.1mol/L 柠檬酸洗后，石灰的稳定化效果较空白对照一般显著，主要原因是空白对照各元素的浸出特性差异较大，造成了较大的组内误差，然而，从固定比例上看，磷酸二氢钙的平均固定率为 87.0%，石灰的平均固定率为 98.2%，可达到较好的稳定化效果，其余两种固化剂的固定率均小于 70%（表 8-4）。

表 8-4　重金属固化剂固化效果的单因素方差分析结果

固化剂用量 / 固化剂名称	0.05mol/L 柠檬酸洗		0.1mol/L 柠檬酸洗		F_{crit}	
	25g/kg	80g/kg	25g/kg	80g/kg	$\alpha=0.05$	$\alpha=0.1$
皂土	2.817	0.776	0.821	0.489	3.458	5.318
磷酸二氢钙	4.720	4.927	2.479	2.796		
过磷酸钙	2.193	2.189	2.863	2.758		
石灰	6.006	5.583	3.859	3.845		

综上所述，重金属建筑废物经柠檬酸洗、水洗后，采用磷酸二氢钙和石灰可达到较好的稳定化效果，采用 0.1mol/L 柠檬酸洗-水洗-25g/kg 石灰固化或 0.05mol/L 柠檬酸洗-水洗-80g/kg 磷酸二氢钙固化的处理方法，重金属建筑废物的浸出液中重金属浓度可

达到《地表水环境质量标准》(GB 3838—2002) 中Ⅲ类水质标准限值。

8.1.6 草甘膦洗脱工艺

针对化学洗脱法在受多种重金属(Cu/Zn/Cr/Ni)污染建筑废物污染修复领域上的空白，克服了以EDTA、无机盐、无机酸和有机酸为洗脱剂且现有洗脱技术成本高、破坏大且易产生二次污染等问题，使处理后的建筑废物重金属含量低于《土壤环境质量标准》(GB 15618—1995) 三级标准阈值(由于在建筑废物重金属总含量方面尚无相关标准)，用HJ/T 229浸出方法对处理后建筑废物进行浸出实验，浸出液中重金属浓度低于《危险废物标准》(GB 5085.3—2007) 阈值。

采用草甘膦异丙胺盐溶液作为洗脱剂。其中草甘膦分子结构中含有磷酸基、羧基、氨基等，这些基团能与重金属形成比例不同、电荷不同的络合物，如草甘膦的氨基与Cu^{2+}有较强亲和力，这些基团含量将决定其络合能力，草甘膦分解后的降解产物氨甲基膦酸仍具有较强的重金属络合能力。多数重金属离子会被草甘膦螯合形成无效态和稳定态，这将大大降低其毒性。草甘膦与三价金属离子络合力最强，二价次之，一价最弱。二价金属离子中，与Cu^{2+}络合能力最强，Ca^{2+}络合能力最弱。

(1) 草甘膦洗脱工艺流程

草甘膦洗脱重金属污染建筑废物的工艺流程如图8-10所示。

① 表层剥离　将受高浓度重金属污染的建筑废物表层进行剥离，表层剥离深度为3～6mm；交下一步破碎，或将剥离下来的表层建筑废物浸入市售工业级2～8mol/L烧碱溶液中，将烧碱溶液重金属浸出液进行电解处理，回收重金属。

② 破碎　将表层剥离后的建筑废物，及经过烧碱溶液浸出后的建筑废物破碎至粒径小于4～5mm。

③ 洗涤和固液分离　将破碎后的建筑废物用水洗涤，液固比5∶1，然后固液分离，得到水溶性重金属洗涤废水和清洗后的建筑废物；洗涤废水加20nm纳米铁粉对重金属进行去除处理，废水达标回用；清洗后的建筑废物用草甘膦溶液洗脱。

④ 草甘膦溶液洗脱和固液分离　清洗后建筑废物中加入草甘膦溶液，液固比2∶1，洗涤1～3次，建筑废物中重金属离子被草甘膦螯合形成无效态和稳定态络合物，将pH调节至中性后固液分离，得到洗脱后建筑废物和洗脱废水；洗脱废水经重金属去除处理，达标后回用；洗脱后建筑废物继续用水洗涤。

⑤ 洗脱建筑废物　将洗脱后建筑废物用清水洗涤(液固比5∶1)，再固液分离，清洗废水经重金属去除处理，达标回用；建筑废物固体风干，经检测其重金属含量均低于《土壤环境质量标准》(GB 15618—1995) 三级标准阈值，用HJ/T 229浸出方法对其进行浸出，浸出液中重金属浓度远低于《危险废物标准》(GB 5085.3—2007) 阈值，可直接进行填埋，或用作再生建筑材料或混凝土集料。

(2) 草甘膦洗脱工艺效果

① 电镀厂受污染建筑废物洗脱净化处理　以广东某化工厂不同车间建筑废物为例，

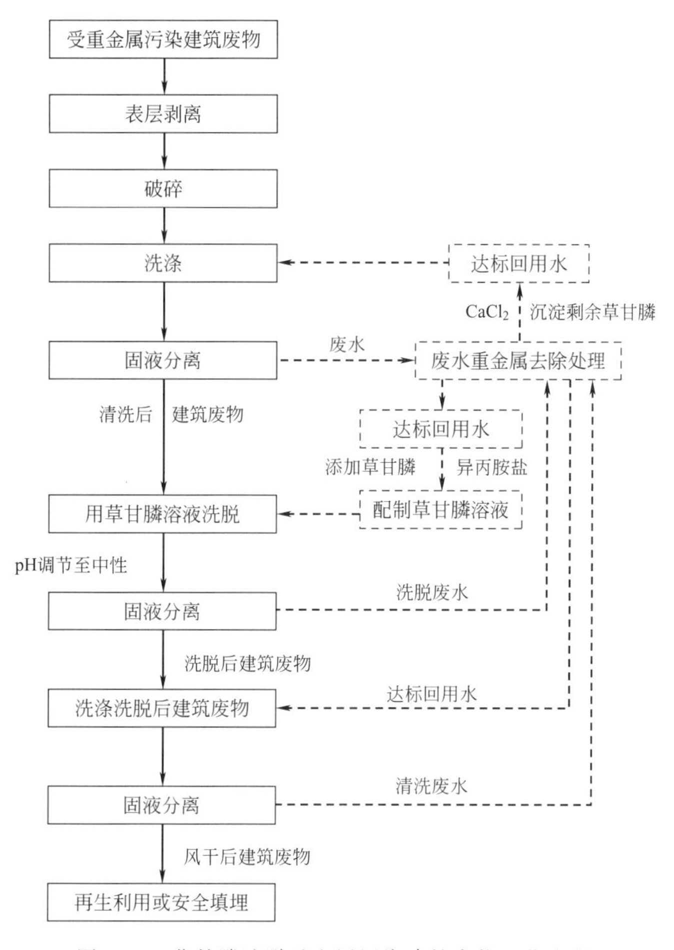

图 8-10 草甘膦洗脱重金属污染建筑废物工艺流程

该电镀厂运行 13 年，目前几个常规车间墙体和砖块受到严重污染。用建筑废物四个不同车间的墙体混凝土块和砖块，建筑废物重金属含量为车间 a(Zn)2122.31mg/kg、车间 b(Cu)59434.02mg/kg、车间 c(Cr)7511.03mg/kg、车间 d(Ni)2867.77mg/kg(表 8-5)。

表 8-5 不同车间建筑废物洗脱前后重金属总量变化 单位：mg/kg

样品车间	车间 a(Zn)	车间 b(Cu)	车间 c(Cr)	车间 d(Ni)
原始浓度	2122.31	59434.02	7511.03	2867.77
清水洗涤后	553.74	21369.78	2086.25	1818.15
草甘膦洗脱后	137.92	384.11	299.26	169.70

洗脱结果：对受污染建筑废物混凝土块及红砖洗脱后，重金属总量变化和洗脱率结果如表 8-5 和表 8-6 所示。洗脱后重金属含量均低于《土壤环境质量标准》(GB 15618—1995) 三级标准阈值。采用 HJ/T 299 进行浸出毒性测试，测得结果如表 8-7 所示：车间 a(Zn)25.37mg/L、车间 b(Cu)19.08mg/L、车间 c(Cr)9.12mg/L、车间 d(Ni)1.21mg/L，均低于《危险废物标准》(GB 5085.3—2007)阈值。

表 8-6　不同车间建筑废物洗脱完成后去除率

样品车间	车间 a(Zn)	车间 b(Cu)	车间 c(Cr)	车间 d(Ni)
总去除率/%	93.50	99.35	96.02	94.08

表 8-7　洗脱处理后进行毒性浸出实验结果　　单位：mg/L

样品车间	车间 a(Zn)	车间 b(Cu)	车间 c(Cr)	车间 d(Ni)
浸出液浓度/(mg/L)	25.37	19.08	9.12	1.21

② 冶锌厂受污染建筑废物洗脱净化处理　以云南某冶锌厂受污染建筑废物为例，该厂电解车间和清洗车间均受到严重的锌污染，样品来源主要是墙体混凝土块，电解车间和清洗车间 Zn 含量分别为 49280.00mg/kg、29738.72mg/kg（表 8-8）。

表 8-8　不同车间建筑废物洗脱前后 Zn 含量变化、去除率和浸出液浓度

样品车间	原始含量/(mg/kg)	清水洗脱后/(mg/kg)	草甘膦洗脱后/(mg/kg)	总去除率/%	浸出液浓度/(mg/L)
电解车间	49280.00	32146.32	493.49	98.99	39.27
清洗车间	29738.72	16385.18	498.91	98.32	17.42

洗脱结果：对受污染建筑废物草甘膦洗脱后重金属含量如表 8-8 所示。洗脱后重金属含量均低于《土壤环境质量标准》（GB 15618—1995）三级标准阈值，并采用 HJ/T 299 浸出，电解车间和清洗车间浸出液中 Zn 含量分别为 39.27mg/L、17.42mg/L。均远远低于《危险废物浸出标准》（GB 5085.3—2007）阈值。

③ 某厂房受污染建筑砂石洗脱净化处理　以某厂房受污染混凝土砂石废物为例，该砂石废物主要受到 Cu、Zn 污染，剥离表层建筑废物后，测得 Cu、Zn 含量分别为 27155.32mg/kg、4087.06mg/kg（表 8-9）。

测试结果：对受污染混凝土砂石洗脱后重金属含量如表 8-9 所示。洗脱后重金属含量均低于《土壤环境质量标准》（GB 15618—1995）三级标准阈值，HJ/T 299 浸出液中 Cu、Zn 含量分别为 1.19mg/L、50.58mg/L，均远低于《危险废物浸出标准》（GB 5085.3—2007）阈值。

表 8-9　建筑砂石废物洗脱前后重金属总量变化、去除率和浸出液浓度

重金属	原始含量/(mg/kg)	清水洗脱后/(mg/kg)	草甘膦洗脱后/(mg/kg)	去除率/%	浸出液/(mg/L)
Cu	27155.32	7234.35	391.69	98.56	1.19
Zn	4087.06	1536.62	217.41	94.68	50.58

8.2　有机物污染建筑废物热处理修复技术

目前，对于受有机物污染建筑废物的修复尚处于空白，参照土壤修复，有机物的去

除方法主要有生物法、化学氧化法、化学淋洗法、热处理。

生物法主要是利用微生物的代谢过程将有机污染物转化成为二氧化碳、水、脂肪酸和生物体等无毒物质的修复过程。此方法处理周期较长，且对环境要求较为严格，不易控制，一些难生物降解有机物及一些对微生物有毒害作用的有机物很难用生物方法进行处理。此外，微生物的生产需要碳源，建筑废物主要由无机物构成，无法提供微生物生长所需的营养物质。综上所述，生物法对于有机物污染建筑废物处理的适用性不是很好。

化学氧化法是通过投加化学氧化剂——Fenton 试剂、高锰酸钾、过硫酸盐等，使其与有机污染物质发生氧化反应来实现去除有机物的目的；化学淋洗法指将含有助溶剂的溶液直接引入被污染建筑层，将有机污染物从建筑中洗脱。这两种方法都需消耗大量的化学试剂且存在由于化学试剂添加造成的二次污染问题。

本研究推荐使用热处理方法处理受有机物污染的建筑废物。热处理方法主要是通过加热使有机污染物在高温条件下变成气体挥发出来并在高温条件下被氧气氧化分解。如图 8-11 所示，在升温程序 340℃（菲的沸点）条件下处理 30min，不同粒径菲污染建筑废物的去除效果。由图 8-11 中可以看出菲的去除率（挥发量和氧化分解量占原含量的比例）和净去除率（氧化分解量占原含量的比例）不受粒径的影响，受有机物污染建筑废物经简单颚式破碎，便可直接进行热处理。在温度 340℃ 条件下菲的去除率高达 95%，但净去除率较低不足 40%。由图 8-12 可以看出提高处理温度菲的净去除率随之提高，温度 600℃时能达到较为满意的净去除效果。为了防止二次污染建议尾气经活性

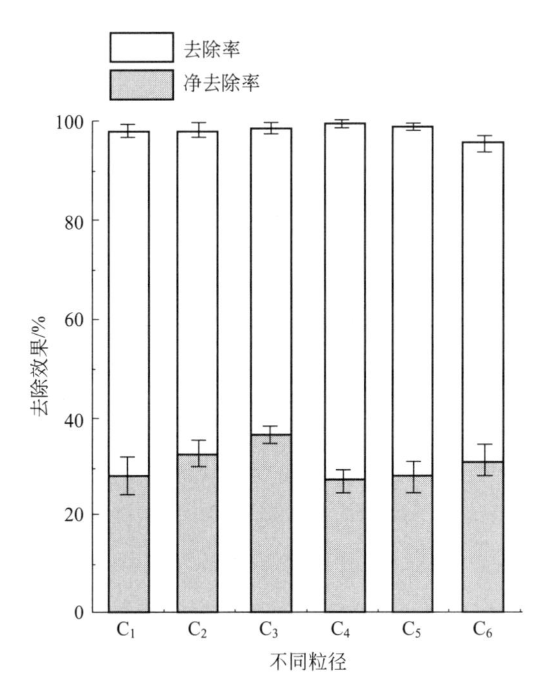

图 8-11　最终温度 340℃时菲污染建筑废物处理效果

注：C_1～C_6 表示不同粒径范围的样品：C_1（<0.2mm）、C_2（0.2～0.45mm）、C_3（0.45～1.25mm）、C_4（1.25～2.5mm）、C_5（2.5～5mm）和 C_6（5～10mm）

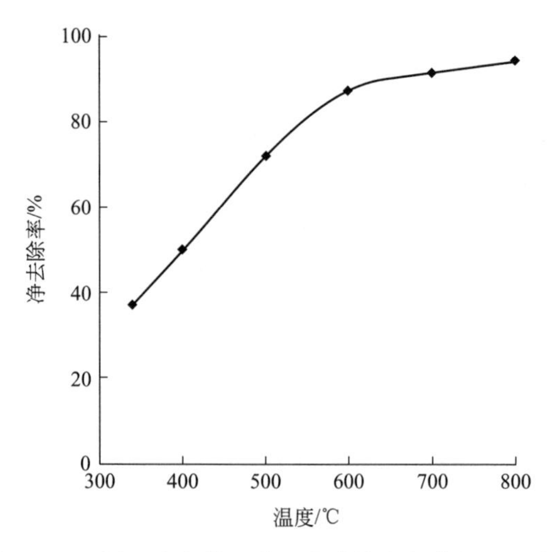

图 8-12　不同温度条件下菲污染建筑废物菲的经去除率

炭吸收处理后再排放。

受有机物污染建筑废物的热处理工艺流程图如图 8-13 所示，受污染建筑废物经简单颚式破碎后，直接送入高温炉进行高温热处理，炉温设定一般约为有机污染物沸点的两倍，处理 20～40min，处理后的建筑废物送入带有除尘装置的通风设备中冷却至室温，尾气经活性炭吸收处理。

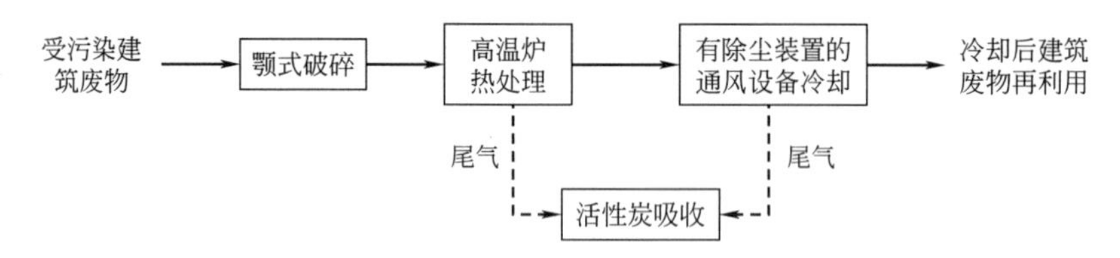

图 8-13　受有机物污染建筑废物的热处理工艺流程

8.3　超高压液压压制大密度污染建筑废物

建筑废物拆除、运输过程将产生大量扬尘，而填埋处置过程的输运、装卸等环节同样对周边环境影响大，也被认为是雾霾的重要组成因素，8.4 节针对粉尘控制措施进行了工艺方面的介绍。此外，本项目在前期研究成果“超高压液压压制大密度飞灰模块”的基础上，探讨了超高压液压压制在建筑废物中的作用特点和效果。具体试验方法介绍如下。

将洁净或受污染的建筑废物（主要以颗粒、粉末状）装填至液压模具中，控制液压机压强范围为 10～21MPa，保压时间数分钟，脱模后即得建筑废物压制模块，压制成块的建筑废物在运输、填埋过程产生的粉尘量显著减少，此外其密度和体积分别得到增大和减小，更有利于规范化运输和处置管理。

图 8-14　高静压压制设备

(a)

(b)

图 8-15　建筑废物颗粒压制效果实物图

实验装置如图 8-14 所示，所用液压机型号为 YQ32-500，公称力 5000kN。压制效果见图 8-15。

对污染建筑废物压制前和压制后浸出毒性进行了测试，压制后的模块打碎后进行浸出毒性测试，测试方法为美国 EPA 规定的 TCLP 方法，结果列于表 8-10。

由表中压制前后浸出毒性数据对比可以看出，压制后，污染物浸出浓度均得到降低，相比于重金属、有机复合污染建筑废物，单一污染源浸出浓度削减率更高，说明压制过程中污染物可能存在的耦合/固定等作用存在竞争效应。

表 8-10　浸出毒性效果

重金属/有机单一污染 CDW	浸出毒性/(mg/L)		重金属/有机复合污染 CDW	浸出毒性/(mg/L)	
	压制前	压制后		压制前	压制后
甲拌磷	8.3	5.9	甲拌磷	8.1	6.2
二硫代磷酸二乙酯	10.7	4.9	二硫代磷酸二乙酯	11.6	5.6
三乙基硫代磷酸酯	1.7	0.7	三乙基硫代磷酸酯	1.5	0.7
氯氰菊酯	0.7	0.7	氯氰菊酯	0.7	—
Cd	39.8	32.4	Cd	31.5	29.2
Cr	23.9	29.6	Cr	22.8	18.7
Cu	36.5	37.2	Cu	28.5	30.1
Pb	47.9	44.8	Pb	36.9	33.5
Zn	19.6	19.2	Zn	18.5	16.2

8.4　粉尘控制措施

建筑废物从拆毁至末端处置过程粉尘产生的途径主要有以下几点：

1）废弃建筑在拆迁、改建、拆毁过程中因施工产生的扬尘；

2）拆毁建筑废物在装置开敞的车载运输过程中因大风、超载、泄漏等产生的扬尘；

3）建筑废物在预处理过程，尤其是破碎、装卸和输送过程中散逸的扬尘；

4）填埋和其他无害化处置过程产生的扬尘。

项目组与上海德滨环保科技有限公司合作，初步研发了用于都江堰灾区现场建筑废物预处理过程粉尘的控制措施，具体为采用 SEF 技术封闭模块式建筑垃圾处置系统，设备立体布局、模块组合，建筑垃圾整个处置过程在封闭模块里进行。同时：

1）建筑垃圾预处理生产线的破碎筛分设备设置收尘器；

2）散装水泥卸车作业采用气力设备输送，全程采用密封式管道，转接点设收尘器；

3）在胶带输送机上设置罩壳，防止粉尘飞扬；

4）在搅拌楼系统设置（含水泥、矿粉、粉煤灰筒仓）设置袋式除尘器；

5）建筑垃圾贮库、预处理车间及再生集料贮库设计采用封闭式结构减少沙尘飞扬；

6）尽可能采用密闭的输送设备，在胶带输送机上设置密封罩，尽量减少物料输送中的转运点，且在设计中尽量降低物料落差，加强各设备间连接件的密封性。

第9章 含重金属建筑废物重金属富集回收

9.1 风选富集含铅锌建筑废物

风选实验装置包括一个昆西螺杆式空气压缩机（QGF30）、一个圆柱桶状重力沉降仓（6m×1m）以及一个文丘里管（ZH15DS/L—10-12-12）。沉降仓均匀分布五个取样单元a、b、c、d、e，如图9-1所示。

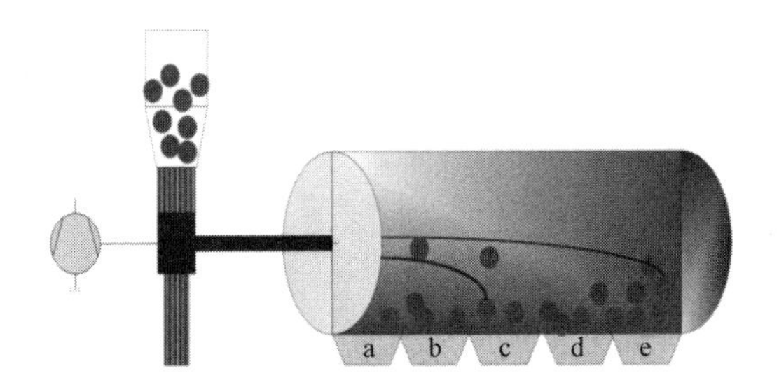

图9-1 风力分选装置示意图

将含铅锌建筑废物球磨粉碎到粒径小于0.5mm，进行风选，进料物流的固气比小于1/1000，流量为438m³/h。当颗粒物沉降集中后，从五个测样点取出混合物料，并分析其粒度分布和化学成分，结果如图9-2和表9-1中所示。

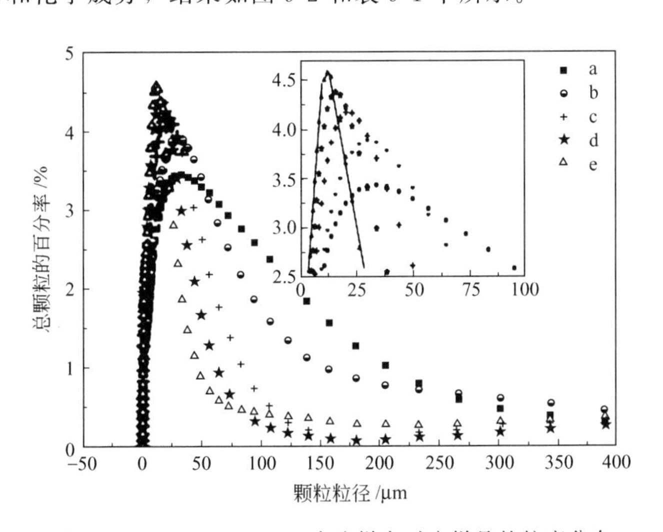

图9-2 a、b、c、d、e五个取样点对应样品的粒度分布

a点对应的固体物料中50%的颗粒粒径（D_{50}）小于22.4μm，比表面积平均粒径

D 为 5.82μm；b、c、d、e 四个取样口的颗粒粒径依次减小；以 e 点为例，D_{50} 为 9.35μm，D 为 4.01μm。五个取样点样品对应的元素组成（表 9-1）进一步验证了富集分离效果。a、b 两个取样单元收集的样品含锌量超过了 30%（质量分数），同时硅含量高达 6%～10%。样品特性与常规含铅锌粉尘存在显著差异，因此需由浸出实验考察锌回收效率。

表 9-1　不同取样点颗粒物成分

质量分数/%	取样点				
	a	b	c	d	e
Zn	34.35	32.17	19.22	8.55	6.72
Si	6.18	9.52	16.33	30.09	43.36
Ca	3.67	5.24	9.25	17.71	26.30

取出沉降仓中 a、b、c 点的样品，利用 5mol/L NaOH、在 L/S 为 10∶1 的条件下浸出，锌回收率随时间的变化如图 9-3 所示。

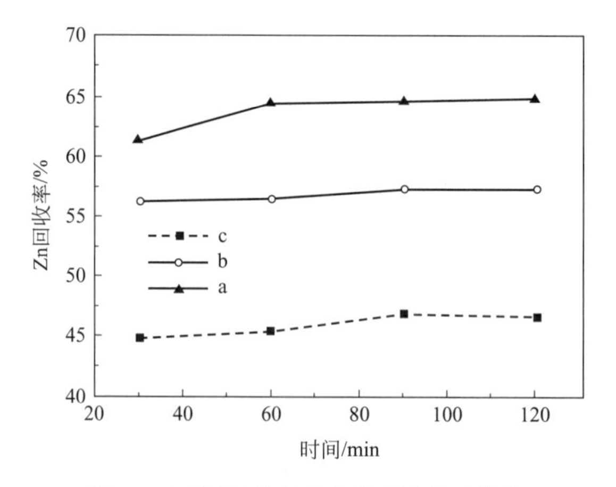

图 9-3　不同取样点采集样品的锌回收率

从实验数据可以看出，a 点采集的样品锌回收率最高，1h 浸取可以回收约 65%的锌；而 c 点对应的样品，含硅钙较高，锌浸出过程受到抑制。浸出过程随时间变化的差异，主要体现在浸出峰值前移。这种现象与建筑废物中浸出的废物有关，它们不断积累，从而占据孔隙，阻碍锌的进一步溶出。

为了详细地考察浸出过程，测量了浸出液中的主要杂质含量，结果见表 9-2。溶液中铝和硅的浓度值都小于 300mg/L，而钙浓度大约为 50mg/L。通过计算硅的浸出率不到 2%，这是由于一部分硅与钙结合以硅酸钙形式存在，此种化合物不溶于氢氧化钠；同时锌的大量存在，抑制了硅的碱溶出。本部分研究中也利用氨水浸取了沉降仓中收集的样品，实验确定的最佳氨浸条件为 4mol/L 氨水；L/S 为 50∶1；浸出时间为 70min。通过与 NaOH 浸出液比较，可以发现，氨浸溶液中的硅铅含量较低，但是钙浓度升高了约 75mg/L；锌回收率降低 20%～30%。

表 9-2　不同取样点采集样品的杂质含量　　单位：mg/L

杂质	取样点		
	c	b	a
Al	140±8	119±15	103±7
Ca	46±7	47±13	40±1.3
Si	262±19	235±29	169±15

综上所述，含铅锌建筑废物富集工艺为先将含铅锌受污染建筑废物破碎粉碎至粒径 <0.5mm，后采用如图 9-1 所示文丘里风选装置操作条件为固气比小于 1/1000，流量为 $438m^3/h$ 进行风选取距离进样口 3m 以内的样品，为锌铅富集样品。

9.2　富集含锌铅建筑粉尘中分离去除杂质氯

氯在金属回收流程中的危害分为多种，在火法工艺中氯会造成二噁英的产生及高温下的设备腐蚀；在湿法工艺中酸性介质里会损坏阳极板，同时氯气的阳极析出也会影响到操作人员健康。在碱性环境下，氯对阳极的腐蚀作用较小，所以在氢氧化钠电解液中氯的限值要求高于常规酸性介质。然而在长周期工业运行中，极板表面同样存在氯腐蚀极板的问题。此现象主要是由于原料中的氯含量不稳定，以及电解液的循环往复利用。因此本部分内容将研发一种脱除废烟尘中氯的方法。

通常在冶金、电镀及其他工业领域，常用的氯脱除方法包括水洗法、热处理法、电解法；也有一些报道介绍了浓硫酸法和氯化亚铜法等。采用酸法时，强碱溶液耗酸量过大；氯化亚铜法和电解除氯法也不适用于氢氧化钠介质；热处理法则存在工艺复杂、周期长的问题。因此以水洗脱氯法为基础，再利用微波预加热和超声强化溶解等优化手段，图 9-4 为不同水洗时间下，温度对氯的脱除率的影响。根据经验设定液固比为大于

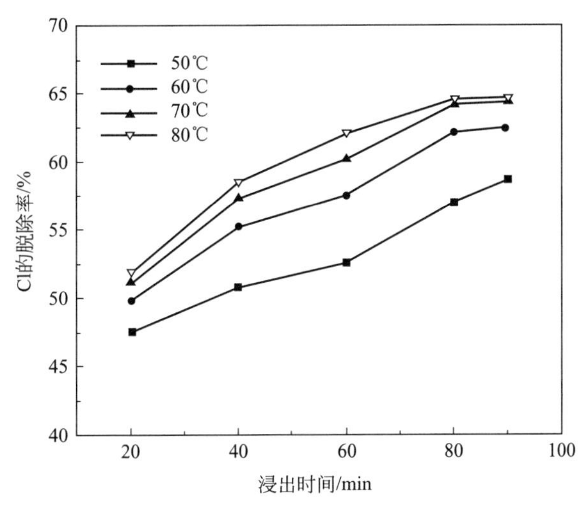

图 9-4　温度及反应时间对建筑废物水洗脱氯过程的影响

10∶1。

在50～80℃，40min的水洗时间内，氯的脱除率均较低；随时间延长，氯的脱除率逐渐升高，到60min时，升高至约53%（50℃）～62%（80℃）；在80min时，脱氯率达到最大值，继续增加水洗时间对脱除效果没有显著影响；同时在这个条件下，70～80℃间的温度变化也未使实验结果产生明显差异。在此基础上得出了水洗脱氯的最佳条件，液固比（L/S）10∶1，温度70℃，反应时间80min，最高脱氯率为63%～64%。在王明辉等的研究中，利用水洗法可以除铸锌废渣中85%以上的氯。脱氯效率偏低的原因主要与两个因素有关，一方面是物料在表面特性上的差异，另一方面则是风化产物中的氯含量高低。进一步分析，前者与水洗的动力学过程有关，后者则是因为风化含氯物（如PbOHCl、$Pb_2CO_3Cl_2$）等难以水洗。

传统水洗流程存在操作温度高（70～80℃），反应时间长（80min）等问题，因此采用超声波辅助水洗脱氯。图9-5为超声对水洗脱氯优化后的实验结果，超声功率为100～200W。与无超声时的水洗脱氯相比，超声作用加快了脱除速率，在40min内即达到其最大值。超声功率的增加也可对脱氯过程产生积极影响，100W时脱氯率为60%，150W时脱氯率达到最大值64%，但是继续增加超声功率不会显著改变脱氯效果。因此超声优化水洗的最佳条件为：L/S=10∶1，50℃，超声功率150W，超声波辅助反应时间40min。

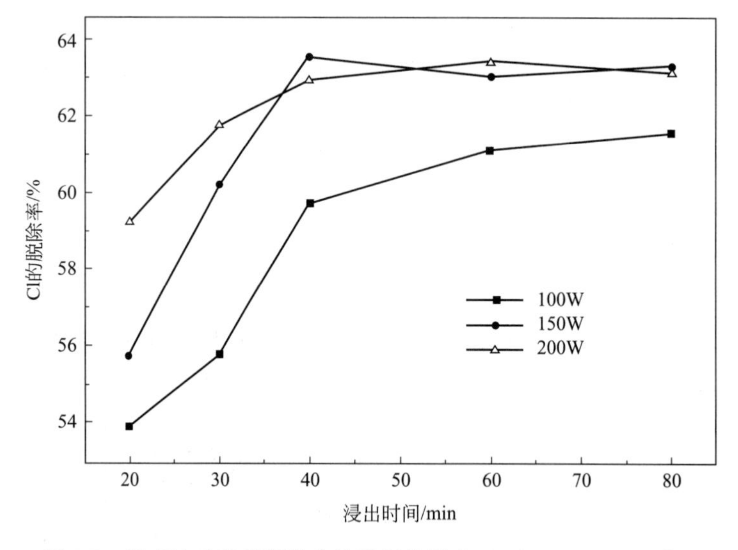

图9-5　超声波对建筑废物水洗脱氯的影响（L/S=10∶1，50℃）

超声作用使反应温度降低了约20℃，操作时间缩短了40min。然而，设备所提供的超声波能量并不能提高总的脱氯效率值（图9-5），因此进一步探索微波预加热烟尘在水洗脱氯过程中的强化作用。

为进一步提高氯的脱除率，采用微波（1kW，2.45GHz）预处理样品。选用的容器及装置参见第3章中介绍。微波加热功率为100～800W，时间为1～5min。微波预处理后的样品再进行超声辅助水洗过程。图9-6显示了微波功率及加热时间对样品脱氯效果的联合作用。首先，1min的微波加热对实验结果无显著影响，仅仅在800W功率下

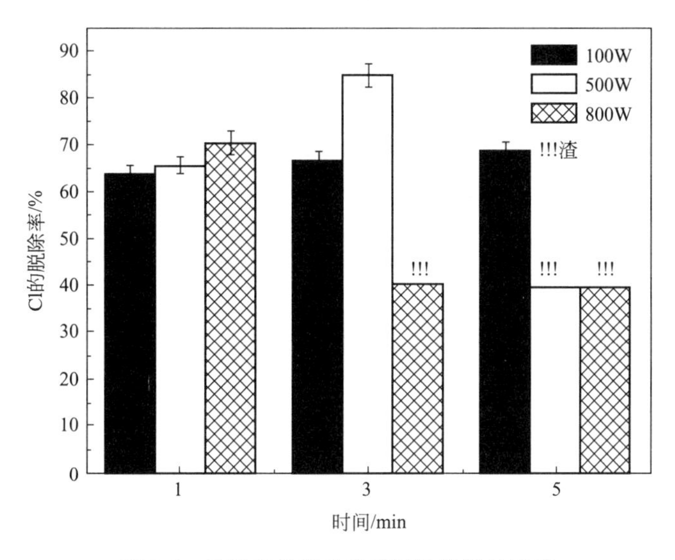

图 9-6　微波预处理对建筑废物脱氯的影响

使脱氯量增加 5%；其次，在 3min 时，使微波功率从 100W 升高到 500W 大幅度提高了脱氯量，并在 500W 时达到最佳值（85%），但是进一步提升功率则会使脱氯率出现下降；若加微波预处理加热延长至 5min，则只有 100W 时的水洗脱氯效果符合要求，其值为 70%，高功率值情况下可能出现熔融等变化降低了氯的脱除率。水洗前先用微波加热原料，一方面可以通过表面裂纹效应在动力学改善脱氯过程，另一方面也可能是局部高温改变了风化产物特性。

在此基础上，进一步考察水洗脱氯的过程中溶出的金属，主要分析的元素为 Na、K、Ca、Cd 和 Zn，实验结果如图 9-7 所示。取样背景为最佳脱氯条件，即 500W 微波预加热 3min+150W 超声辅助水洗 40min。

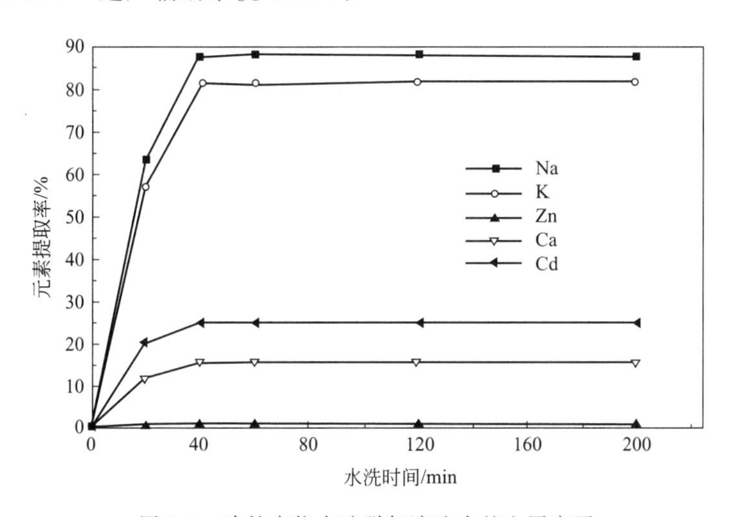

图 9-7　建筑废物水洗脱氯溶液中的金属离子

利用 ICP-OES 测量水洗液金属组成及水洗渣消解后的元素组成，数据显示：80%～90%的 Na、K 被洗掉，而渣中的 Na、K 减少到 0.59%和 0.25%；Ca 和 Cd 去除率为15%～25%，同时有微量的Cu、Pb和Al被洗脱；最后，低于1%的Zn随氯一起进入水洗液，而渣中的锌质量百分比则升高了约8%。

综上所述，建立组合式水洗脱氯流程，先采用500W微波预加热样品3min；再取出加热后样品，在150W超声波辐射下，水洗40min（50℃，10∶1 L/S）。此优化后的水洗脱氯流程可脱除掉样品中85%的氯，比普通水洗脱氯效率高约20%。

9.3 含铅锌建筑粉尘强碱浸出工艺

与传统火法工艺和强酸浸取工艺相比，利用强碱溶液浸取法回收固体废物中的锌铅具有选择性好、能耗低的优点。然而，较高的NaOH浓度和较长的反应时间对此湿法流程的应用带来不利影响。因此，分别采用微波、超声、压力浸取等新技术优化强碱浸出工艺，并分析这些辅助优化技术对浸取时间、总浸出率、氢氧化钠使用量和选择性等方面的影响。

9.3.1 浸出影响因素分析

浸取剂碱浓度、浸出温度、液固比（L/S或L∶S）和浸取操作时间等是影响金属元素碱浸回收率的主要控制变量。本小节将分别对上述参数进行研究，并在此基础上分析浸出过程动力学规律和最优浸取条件。

首先在液固比为10∶1，温度90℃，浸出时间1.5h的条件下，讨论不同碱浓度对金属浸出率的影响（图9-8）。在浸出液碱浓度小于3mol/L时，锌和铅的回收率都小于40%，而随着碱浓度的升高，锌、铅的浸出率逐渐增加；在NaOH浓度为5mol/L时，锌和铅的回收率可达80%以上。这主要是由于碱浓度的增加，促进了铅和锌的溶解，

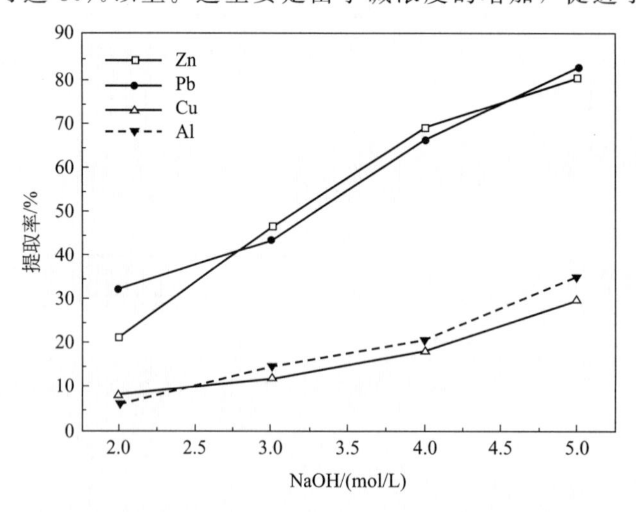

图9-8　NaOH浓度对建筑废物中各金属离子溶出过程的影响（90℃，L/S=10∶1，1.5h）

有利于转化和浸出反应的进行。在浸出过程中，固体废物中的铝和铜由于受到锌、铅的抑制，总溶出率较低，均小于30%。

其次在液固比为10∶1，碱浓度为5mol/L，浸出时间1.5h的条件下，反应温度在25～90℃时对金属锌和铅浸出的作用结果见图9-9。在室温时，锌和铅的回收率较低，其值为60%左右，而温度的逐渐升高将显著增加锌铅浸出率，例如，在65℃时回收率均达到80%。在80～90℃，温度变化对锌铅浸出率影响微弱，为避免高温蒸发造成的浸取剂损耗，选择80℃作为浸出温度。

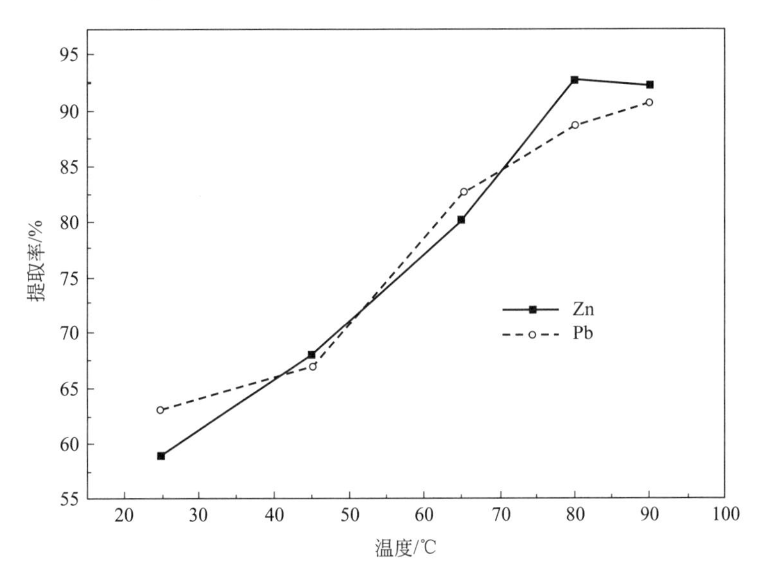

图9-9 反应温度对建筑废物中各金属锌铅溶出过程的影响（L/S=10∶1，5mol/L NaOH，1.5h）

除了上述操作参数，液固比和浸取时间也对金属回收率有着重要影响。在碱浸工艺中，液固比的增加有利于金属的浸出。这主要是由于一方面可使溶液溶解更多的锌和铅，另一方面提高了颗粒表面和溶液接触的概率，有利于反应的进行。然而过高的液固比会减少浸出液中的锌浓度，不利于电解回收，同时也会增加碱的总使用量。因此，选取10∶1作为操作液固比。

在反应的前30min，金属浸出率低（小于50%）；溶出约1.5h，金属离子浓度趋于恒定，进一步延长反应时间并没有显著改善金属的浸出过程。

9.3.2 微波辅助浸取

微波是波长0.001～1m，频率300～300000MHz的电磁波，它能直接从矿石内部选择性加热矿物，使得加热过程可以控制。在5mol/L NaOH浓度和L/S为10∶1的条件下，研究微波辐射时间（循环操作次数）对金属元素浸出的影响。在图9-10中，单次微波辐射时，锌铅的浸出率较低，其值在30%～40%；随着循环次数增加，锌铅回收率逐渐升高；在循环次数为4时，锌铅浸出率分别达到约82%和约60%；进一步延长微波作用时间，锌铅浸出没有明显变化。从图9-11和图9-12可发现，利用微波优化强碱浸取，最佳NaOH浓度和液固比仍为5mol/L和10∶1。

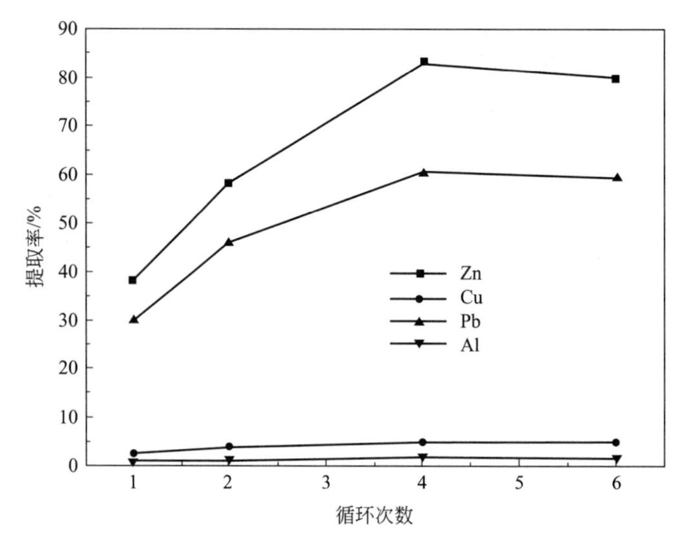

图 9-10 微波循环次数对建筑废物中金属溶出的影响（5mol/L NaOH，L/S=10∶1）

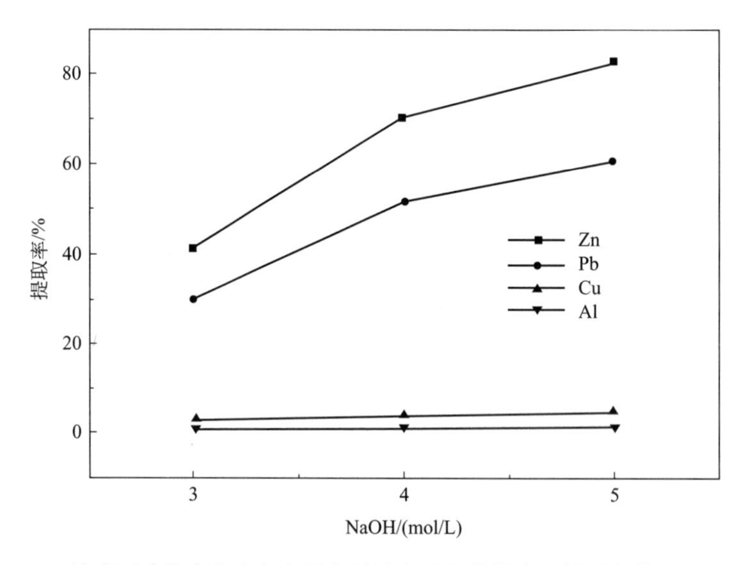

图 9-11 NaOH 浓度对建筑废物中各金属离子溶出过程的影响（循环次数=4，L/S=10∶1）

这些实验数据显示出了微波辅助浸取在反应时间及选择性上的优势，如 8min 的微波作用就可以回收约 82%的锌，同时铜和铝的浸出量约是 5%；在低浓度碱液和低液固比时，微波辐射对浸出效率则有明显的提高。这主要是因为在微波场作用下，极性分子迅速改变方向进行高速振动，不仅产生热量促使溶液温度升高，而且增加了物质间的相互碰撞，强化了反应速率，同时颗粒的局部受热，会使颗粒周围的流体产生较强的热对流，使流体中的传质速率加快；另一方面，在本工艺采用的微波辐射方法中，密封的 PFTE 罐子内部产生高压，也促进了金属溶出。

微波强化浸取的最佳工艺条件：微波辐射循环次数为 4，NaOH 浓度为 5mol/L，液固比为 10∶1。在此基础上利用因素分析方法——耶茨算法来研究主要控制变量以及各变量之间的交互作用（以锌的总浸出率作为响应值）。三个影响因素为 NaOH 浓度

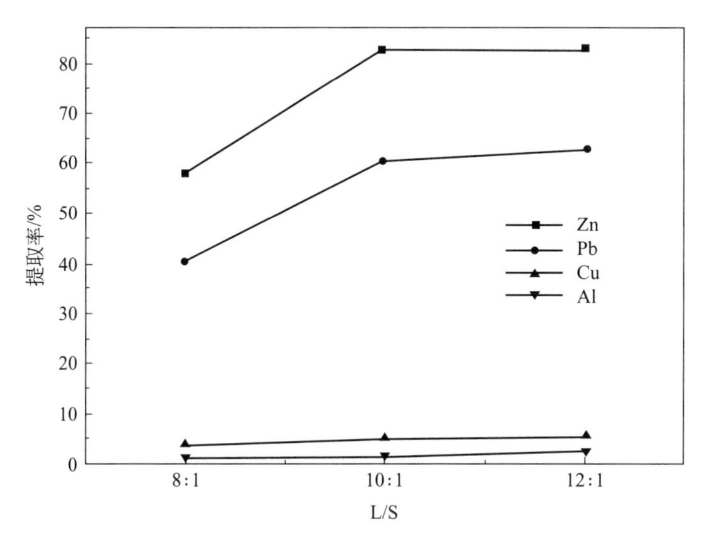

图 9-12　液固比对建筑废物中各金属离子溶出过程的影响（循环次数=4，NaOH=5mol/L）

（A）、微波辐射循环次数（B）和液固比（C），其水平选择范围如下：A[4(－),5(＋)] mol/L,B[2(－),4(＋)]次,C[8∶1(－),10∶1(＋)]g/L。具体计算步骤如下：将试验结果记为（0）列；由（0）列中的 8 个数依次两两相加，得出（1）列中前 4 个数，再依次两两相减得出（1）列后 4 个数；按照类似步骤得到第（2）列和第（3）列；最后第（3）列后 7 行数值分别除以 4 得到各因素响应值。分析结果见表 9-3，主要因素对响应值的影响可排序为：液固比＞NaOH 浓度、微波循环次数＞（微波循环次数×液固比）。其他影响因素如（NaOH 浓度×液固比）、（NaOH 浓度×微波循环次数）和三因素的交互作用等只对响应值产生微弱影响。

表 9-3　微波强化浸出过程的耶茨分析

编号	控制变量			Zn/%	耶茨分析			响应
	A	B	C	(0)	(1)	(2)	(3)	
1	－	－	－	37.48	91.94	191.61	456	—
a	＋	－	－	54.46	99.67	264.39	49.6	12.4
b	－	＋	－	42.11	111.34	32.43	49.44	12.36
ab	＋	＋	－	57.56	153.05	17.17	5.44	1.36
c	－	－	＋	53.12	16.98	7.73	72.78	18.19
ac	＋	－	＋	58.22	15.45	41.71	－15.26	－3.81
bc	－	＋	＋	70.49	5.1	－1.53	33.98	8.495
abc	＋	＋	＋	82.56	12.07	6.97	8.5	2.12

9.3.3　超声辅助浸取

超声波为频率大于 20kHz 的机械波，超声波可通过声空化作用对反应介质产生机械效应和化学效应，从而加速或引发化学反应，因此，在金属浸取回收工艺中，超声波已引起众多科技工作者的重视。采用 Design Expert 8.0 软件进行实验设计，并对所得数据进行二次多项式回归分析；根据中心组合设计（central composite design）原理，以决定系数（R^2）考察模型的拟合度，并预测最佳点。以锌浸出率为响应值，设计选取了三因素五水平以及五个零点，具体数值及对照的实验结果见表 9-4，在选取的参数范围内，锌回收率为 35%～81%。

表 9-4　超声浸出实验设计矩阵及浸出结果

序列	控制变量			锌回收率/%
	NaOH 浓度/(mol/L)	超声时间/h	L/S	
1	4	1	8	70.68
2	4	1	8	72.31
3	3	1.5	6	54.66
4	5	1.5	6	64.74
5	5	1.5	10	80.76
6	4	1	4.64	35.46
7	2.32	1	8	38.80
8	4	1	8	71.36
9	3	0.5	10	60.88
10	3	1.5	10	62.02
11	3	0.5	6	40.82
12	4	0.16	8	36.53
13	5	0.5	6	54.48
14	4	1	8	71.19
15	4	1.84	8	73.31
16	4	1	8	72.25
17	5	0.5	10	71.55
18	5.68	1	8	74.42
19	4	1	8	71.93
20	4	1	11.36	73.02

根据上述步骤拟合得到多元回归模型方程为：

$$Y=71.39+8.28X_1+7.05X_2+9.06X_3-3.84X_1^2-4.43X_2^2-4.67X_3^2$$

式中　X_1——氢氧化钠浓度；

X_2——超声辅助浸出时间；

X_3——液固比。

表 9-5 为该回归模型的方差分析表。通过方差分析，回归方程 $R^2=0.91$，信噪比

为 10.584，说明该模型的拟合效果较好，可以用该回归方程代替试验真实点对试验结果进行分析。

表 9-5　超声辅助浸出响应面模型的方差分析

方差来源	平方和	自由度	均方差	F	$P>F$
模型	3442.35	9	3442.35	9.22	0.0009
X_1	935.91	1	935.91	22.57	0.0008
X_2	679.14	1	679.14	16.38	0.0023
X_3	1120.04	1	1120.04	27.01	0.0004
X_1X_2	2.52	1	2.52	0.061	0.8103
X_1X_3	4.02	1	4.02	0.097	0.7620
X_2X_3	23.63	1	23.63	0.57	0.4677
X_{12}	211.95	1	211.95	5.11	0.0473
X_{22}	283.14	1	283.14	6.83	0.0259
X_{32}	314.69	1	314.69	7.59	0.0203

由 F 检验中 $P>F$ 值小于 0.05，可知回归是显著的，因此判断此二次模型近似于真实的曲面。因素一次项 X_1、X_2、X_3 和二次项 X_1^2、X_2^2、X_3^2 是显著的，而交互项 X_1X_2，X_1X_3 和 X_2X_3 是不显著因素。

一方面超声波极大地降低了浸出过程所需温度，即将机械搅拌所需的温度从 80℃降低为 50℃；另一方面超声辅助浸取回收 81%～83%的锌所需液固比为 8.7∶1，此数值也明显小于机械搅拌回收同样锌量所需液固比。这些现象是因为超声改善了传质条件，从而降低了对过程温度和氢氧化钠使用量的要求。在液固比为 10∶1、氢氧化钠浓度为 5mol/L 时，超声波辐射对金属溶出率的提升作用不显著，然而在低碱浓度（3～4mol/L）和低液固比［(6∶1)～(8∶1)］时可明显改善浸出过程。

液固比为 8∶1，反应温度为 50℃，NaOH 浓度为 3～4mol/L 时的比较结果见图 9-13。在 NaOH 浓度为 4mol/L 时，超声辅助作用可以使锌的浸出率提高约 10%；而

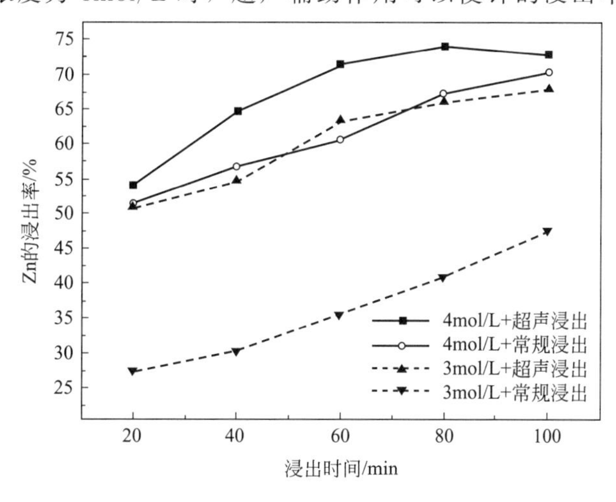

图 9-13　重金属建筑废物超声浸出及常规浸出过程中液固比的影响（4mol/L NaOH，50℃）

当NaOH浓度低至3mol/L时，超声波的强化作用更加显著，可使传统机械搅拌所得浸出率提高约25%。从图9-13还可发现，超声辅助浸出至80min时，浸出率数值变化趋于平缓，而对于无超声的常规浸取过程，却没有出现此趋势。

图9-14反应了NaOH浓度为4mol/L，温度为50℃时，不同液固比对锌浸出率的影响，并分析了超声辅助浸取与机械搅拌浸取在此范围内的差异，以进一步研究超声强化的潜在优势。为便于比较，四种条件的锌浸出过程均列为随时间变化的函数。各种情况下的锌回收率都随着时间的延长而逐步升高，当超声辅助浸出反应时间达到80min时，液固比为6∶1和8∶1时超声强化可分别使浸出效率提高约15%和约10%。

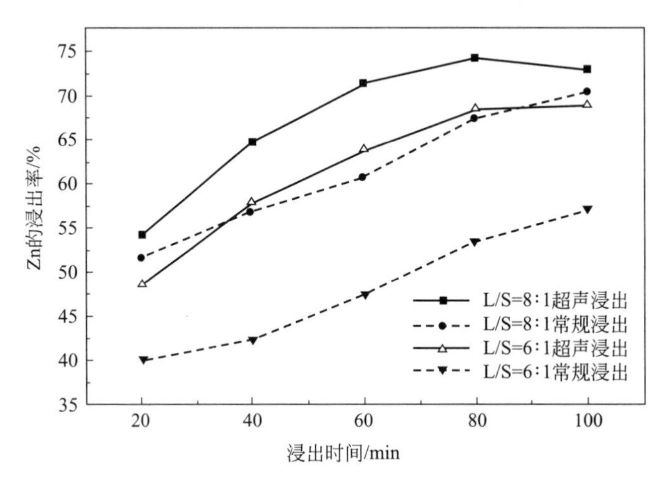

图9-14　NaOH浓度在重金属建筑废物超声辅助浸出及常规浸出过程中的影响（L/S＝8∶1，50℃）

这些现象主要是由于超声波辐射产生搅动，增强了固液间的传质，加快了反应速率；同时其对颗粒表面的冲洗、粉碎作用和空化产生的微射流对固体表面的侵蚀作用，以及所形成的活性基团和局部高温，有利于增大浸出剂与颗粒的接触面积，从而加快反应的进行。

超声波辐射对浸出动力学的增强作用在低液固比和低氢氧化钠浓度时更为显著，以低氢氧化钠浓度浸取为例，可用以下机理解释：低氢氧化钠浓度时，浸出剂的黏度较小，容易产生空化泡，而且在传质过程中能量损失也小，促进超声波实现空化作用，在固体颗粒附近空穴的不对称崩溃加速了颗粒内扩散，从而缩短反应时间。

9.3.4　压力强化浸取

除了微波和超声波可优化金属的浸取回收过程之外，高压也能作为一种强化浸出的手段。本研究中利用高压反应釜提供高压，从而使反应体系维持相对高的温度以改善过程的动力学和热力学特性。在NaOH浓度为3～5mol/L时，比较了不同压力下的浸出情况，其中2.0atm[❶]和5.8atm时对应的反应温度为120℃和150℃，锌的回收结果见图9-15。

❶ 1atm＝1.013×10^5MPa，下同。

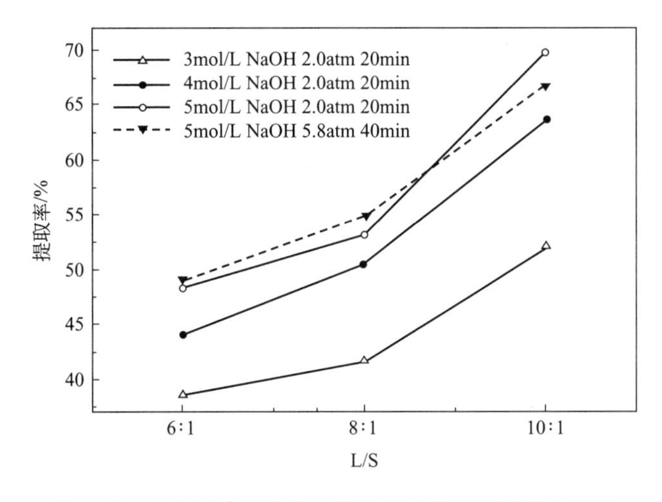

图 9-15　重金属建筑废物中锌的压力辅助强碱浸出过程

[20～40min，3～5mol/L NaOH，L/S=(6∶1)～(8∶1)，120～150℃]

在所研究的范围内，锌的最大浸出率出现在 20min，2.0atm 时，其值约为 70%。增加浸出过程压力至 5.8atm，延长反应时间到 40min 未对溶出率产生显著作用。

在此基础上，采用双因素重复性试验方差分析法，并选取 NaOH 浓度和液固比两个主要参数，研究其变化对锌浸出效率的影响，以及这些因素之间可能存在交互作用的影响，方差分析的结果如表 9-6 所列。

表 9-6　压力强化浸出过程的方差分析

方差来源	平方和	自由度	均方和	F	$P>F$
NaOH 浓度	1239.55	2	619.775	213.41	2.61×10^{-8}
液固比	700.3	2	350.152	120.57	3.18×10^{-7}
交互作用	322.31	4	80.579	27.75	4.48×10^{-5}
误差	26.14	9	2.904		
总和	2288.3	17			

利用方差分析，得出各个因素的 F 值。压力强化碱浸工艺中，各控制参数对锌浸出的影响符合如下顺序：NaOH 浓度（F 值 213.41）>液固比（F 值 120.57）>二者的交互作用（F 值 27.75）。

再将压力浸出率同机械搅拌对比，在 4～5mol/L NaOH，L/S=(8∶1)～(10∶1)，压力浸出与机械搅拌浸出的金属回收率相近，但其缩短了反应需要时间；当氢氧化钠浓度为 3mol/L 时，压力强化浸出显著地提升了金属溶出率。例如，用 3mol/L NaOH 以 8∶1 的液固比压力浸出 20min 可回收约 40%的锌（图 9-15）；相同反应条件下，机械搅拌可溶出原料中 25%的锌。

9.3.5　各种工艺的浸出渣及最佳条件下的金属离子浸出率

在上述研究基础上，进一步利用 PHILIPS XL 30 扫描电镜测量压力强化浸出渣的形貌，以及其他浸出工艺得到的浸出渣形貌（机械搅拌强碱浸出，微波辅助强碱浸出和超声辅助强碱浸出），其结果见图 9-16。

(a) 机械搅拌浸出
(5mol/L NaOH, L/S=10:1, 1.5h)

(b) 超声辅助浸出
(5mol/L NaOH, L/S=9:1, 80 min)

(c) 微波辅助浸出
(5mol/L NaOH, L/S=10:1, 4 微波循环)

(d) 压力强化浸出
(5mol/L NaOH, L/S=10:1, 20min, 2atm)

图 9-16　重金属建筑废物不同浸出工艺下的浸出渣扫描电镜图

在图 9-16 中，对于超声及微波辅助强碱浸取所产生的浸出渣，其形貌与常规强碱浸出对应的渣形貌接近。然而，压力强化强碱浸出的产渣则呈现明显不同的形貌，与上述三种渣相比，其颗粒表面粗糙。这种现象也验证了各工艺在浸出效率上的差异。另外，对这些强碱浸出产生的渣进行浸出毒性测试，未有离子超出相应标准。

在图 9-17 中，比较了其他微量金属的溶出情况。采用机械强碱浸出工艺时，当浸出条件设定为锌的最佳回收条件时（5mol/L NaOH，L/S＝10∶1，1.5h），样品中约 80％ Pb，约 37％ Al 和约 29％ Cu 被溶出。

在微波辅助强碱浸出工艺中，最佳条件下 Pb、Al 和 Cu 的回收率则分别降低到约 20％、约 1.5％和约 5％。这种现象主要是由于微波作用所造成的各金属浸出动力学过程上的差异。在研究条件下，ZnO 受微波辐射升温速率要比 PbO 和 CuO 要快，此时含锌氧化物的固液界面温度高于其他化合物，溶出过程加快。另一方面，超声辅助和压力强化所引起的动力学改变也在一定程度上降低了这些微量金属的溶出率。

机械强碱浸出时，最佳锌溶出条件为 5mol/L NaOH，80℃，L/S＝10∶1，1.5h；

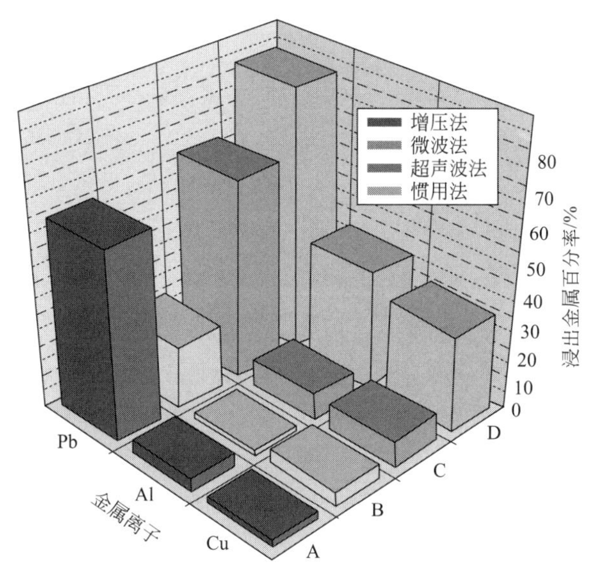

图 9-17　重金属建筑废物四种浸出工艺在锌最佳浸出条件下，
其他金属离子（Pb、Al、Cu）的溶出规律

锌回收率超过 80%。采用微波辐射、超声波能、高压等手段辅助浸出，在偏离最佳条件时［L/S=(6∶1)～(8∶1)，3～4mol/L NaOH］，锌溶出率提高 10%～25%。微波辅助强碱浸出和压力浸出可有效缩短浸出时间分别至 2min 和 20min，而超声辐射降低液固比至 9∶1，从而减少氢氧化钠使用量。在几种辅助工艺作用下，铅、铜和铝的溶出受到抑制，渣中铜的富集量升高。

9.4 “低电压直流电解-活性锌粉置换”两步法回收铅

9.4.1 低电压电解回收

根据析出过程的平衡电位计算，浸出液中的锌与铅析出电位差值约为 0.6V，此电位差异符合选择性电化学回收的条件。为进一步验证理论计算的可行性，利用循环伏安法研究强碱浸出液中锌铅电解过程，并比较了不同铅浓度的影响。图 9-18 中为 1g/L Pb 和 4g/L Pb 对应的阴极循环伏安曲线。

在铅浓度分别为 1g/L 和 4g/L，锌浓度为 30g/L，NaOH 浓度为 5mol/L，扫描速度为 5mV/s 条件下测量循环伏安曲线。首先以 4g/L 铅（红色曲线）为分析对象，初始电位为−0.5V(vs. SCE)，负向扫描到达−2.0V(vs. SCE)后，电位向反方向扫描返回到初始电位。从图 9-18 可以看出，电位从−0.5V(vs. SCE) 到−0.73V(vs. SCE) 的一段范围内，电流数值一直为零；而铅的理论计算平衡电位为−0.64V(vs. SCE)。因此，铅在不锈钢电极上的析出存在过电位。此过电势的产生与极板金属本身特性及沉积表面粗糙度有关。

当电位进一步向负向扫描时，电流数值逐渐增大，铅开始在阴极上析出；到达

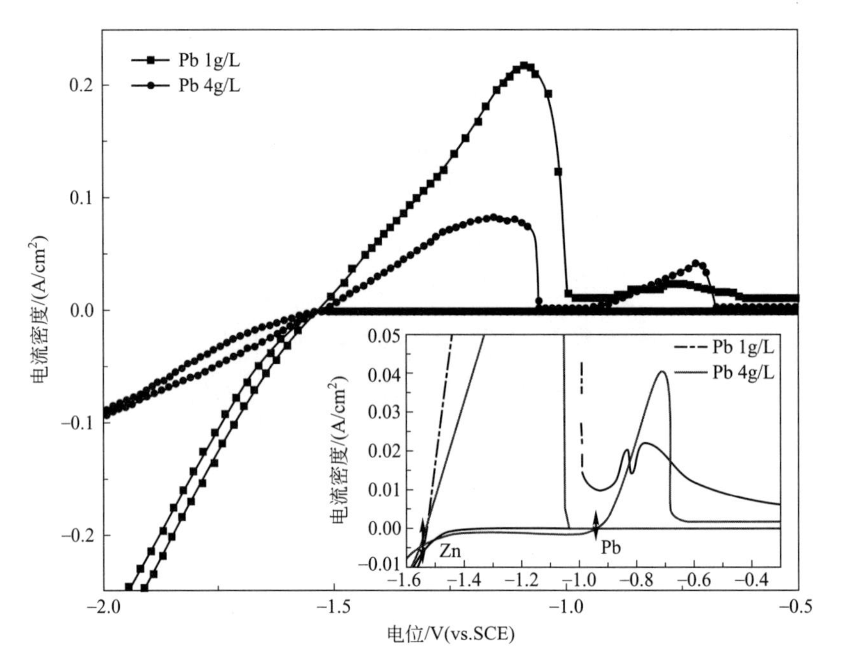

图 9-18　强碱浸出液中铅和锌阴极还原的循环伏安曲线

（锌浓度：30g/L；铅浓度：1～4g/L；氢氧化钠浓度：5mol/L）

－1.0V(vs. SCE)时，出现还原铅的峰值，此时铅的析出速率达到最大值。此后电位进一步变负，由于传质过程影响，电极表面铅的浓度降低，使得电流减小。在电位到达－1.4V(vs. SCE) 时，电流却再次开始随着电位负向移动而逐渐升高。这个阶段代表着锌的析出过程，此后电流增加且未出现平台期和衰减期，此现象是由于在高电位阶段出现氢的析出。从－2.0V(vs. SCE) 开始，电位转换方向朝正向扫描，受表面沉积金属层影响，表面积增大；因此在电位数值相等时，电流密度都要小于负向扫描时对应的数值。当电流密度过零点后，继续朝正方向扫描，最早出现的第一个小峰表征着氧的析出过程；随后出现两个阳极峰，前一个对应的是沉积锌溶解，后一个峰则是铅的溶解。其次，对比1g/L Pb 和 4g/L Pb 时的曲线，还可发现铅浓度的升高会显著加大锌电解成核的极化程度，并且抑制氢的析出，阳极氧析出也受到影响。同时，在测量过程中发现，当调低强碱液中铅浓度，使其小于 1g/L 时，铅的析出曲线难以测量，不利于研究分析和过程控制。

根据上述机理分析，可通过电势差选择性电解回收锌、铅，即在较低分解电压时还原铅，然后再提升分解电压获得锌。在工业实践运行中，利用控制电流密度的方法可有效改变电解池中的分解电压，因为当电解液介质固定时，分解电压值只受电流大小影响。

电解液温度设为 30℃，极间距为 3cm 时，分别考察 150A/m² 和 250A/m² 时的铅电解过程，并计算相应的电流效率、产品铅比能耗、铅沉积层增长速率，结果如表 9-7 所示。其中电流效率根据公式（9-1）计算：

$$CE=\frac{W_{Pb}}{Itq_{Pb}}\times 100\% \tag{9-1}$$

式中　W_{Pb}——电解出的铅质量，g；

I——电流强度大小，A；

t——电解时间，h；

q_{Pb}——铅的电化当量，g/C。

然后基于CE值和测量出的槽电压（V）可以计算出铅的比能耗（PC），求解步骤见公式（9-2）：

$$PC=\frac{V}{q_{Pb}\times CE} \tag{9-2}$$

表9-7 锌铅回收的电解条件

项目	槽电压/V	电流密度/(A/m²)	CE/%	PC/(kW·h/kg)	K_d/(μm/h)
Pb	1.58	150	74	0.55	37.7
Pb	1.90	250	85	0.58	72.2
Zn	2.70～3.18	1000～1500	80～93	2.38～3.26	—

从表9-7中还可以分析铅沉积层增长速率k，按公式（9-3）和式（9-4）计算：

$$L=\frac{W_{Pb}}{S\rho_{Pb}} \tag{9-3}$$

$$k=\frac{L}{t} \tag{9-4}$$

式中 L——铅沉积层厚度，m；

ρ_{Pb}——铅的密度，g/m^3。

当电解进行至溶液中铅浓度小于1g/L时，停止铅电解回收过程，此时约80%的铅从电解液中回收。最后利用ICP-OES测量产品铅的纯度，结果如下（质量分数）：Pb约97.18%；Cu约1.18%；Zn约0.72%；Al约0.87%。

9.4.2 活性锌粉置换回收铅

锌的标准电位较负、金属活性强，它能够从溶液中置换除去大部分较正电性的金属杂质且置换反应的产物进入溶液而不会造成二次污染，也不会影响到电解回收锌工序的进行，故可采用锌粉作为铅的置换剂。

在湿法冶金的研究领域内，关于锌粉在酸性电解液中作为置换剂的报道较多，而在强碱性电解液中置换除铅的研究还不够深入和系统。Orhan虽然得出了锌粉置换铅的最佳工艺条件，却没有对所使用的锌粉进行表征和介绍。因此，为进一步获取适合于强碱介质的置换除铅条件，置换过程充分利用了自产电解锌粉，并使结果与市场所销售的雾化工艺生产的锌粉进行对比。

置换过程由两个步骤组成：a. 金属离子的扩散，包括待置换金属离子通过扩散边界层和双电层到达阴极表面的扩散以及置换剂金属离子离开阳极表面的扩散；b. 电化学反应，包括待置换金属离子在阴极表面的放电反应和置换剂金属在阳极表面上的电化学溶解反应。

根据相关研究，置换过程的速度控制步骤可采用Evans图分析，即通过比较待置换金属和置换剂的标准电极电位差 $\Delta\varphi^0$。当差值大于 0.36V 时，属于扩散控制；当差值小于 0.06V 时，电化学反应为控制步骤。在本工艺的强碱浸出液体系中，$\Delta\varphi^0[Pb(OH)_4^{2-}/Pb]$ 与 $\Delta\varphi^0[Zn(OH)_4^{2-}/Zn]$ 差值为 0.74V，根据经验法，锌粉置换强碱浸出液中的铅属于扩散控制。

该过程的动力学公式可按如下步骤推导：

$$-\frac{dC_{Pb}}{dt}=K\frac{S}{V}C_{Pb} \tag{9-5}$$

$$-\int_{C_{Pb}^0}^{C_{Pb}^t}\frac{1}{C_{Pb}}dC_{Pb}=K\frac{S}{V}\int_0^t dt \tag{9-6}$$

$$\lg\frac{C_{Pb}^t}{C_{Pb}^0}=\frac{-KS}{2.303V}t \tag{9-7}$$

式中 K——质量传递系数，mol/(s·m²)；

S——固液接触面积，m²；

V——强碱浸出液体积，m³；

C_{Pb}^0——溶液中铅的起始浓度，mol/L；

C_{Pb}^t——t 时刻溶液中铅的浓度，mol/L；

t——置换反应时间，s。

在置换反应进行过程中，扩散速率常数 K 受到诸多因素影响，当溶液温度、搅拌速度、反应物浓度固定时，起主要作用的就是置换剂的表面特性。由于缺乏理论依据，建立影响因素与速率常数之间的数学关系还存在困难，但是根据经验法则，粒度细小、比表面积大的锌粉有着更好的除铅效果。

置换过程共比较了三种不同类型锌粉的应用特性，其中两类为多孔树枝状锌粉，一类为卵石片状锌粉。多孔树枝状锌粉由强碱电解法制备，粒度较大的锌粉［图 9-19(a)］比表面积平均粒径为 58μm，粒度较细的锌粉［图 9-19(c)］比表面积平均粒径为 32.9μm（表 9-8）；而标准锌粉为国药集团采用火法雾化工艺生产（63.3μm）。

三种锌粉的粒度分布对比表明（表 9-8），由碱法电解工艺生产的普通树枝状锌粉［图 9-19(a)］，其粒度分布与国药集团制备的标准锌粉比较接近。然而进一步分析其形貌（图 9-19）发现，树枝状锌粉呈多孔状，具有更大的活性和比表面积。工艺优化可使碱法工艺的产品锌粉粒度减小至约 30μm。

表 9-8 三类置换用锌粉的粒度分布对比

粒度分布/μm	置换用锌粉		
	A 型	B 型	C 型
$D[3,2]$	58.0	63.3	32.9
$D[4,3]$	94.0	118.0	48.8
$D[50]$	82.7	92.0	44.6
$D[90]$	174	235	86.3

BET 法测量的比表面积结果进一步验证了此结论，雾化锌粉比表面为 0.2360m²/g，

(a) A 型锌粉 (58μm)

(b) C 型锌粉 (32.9μm)

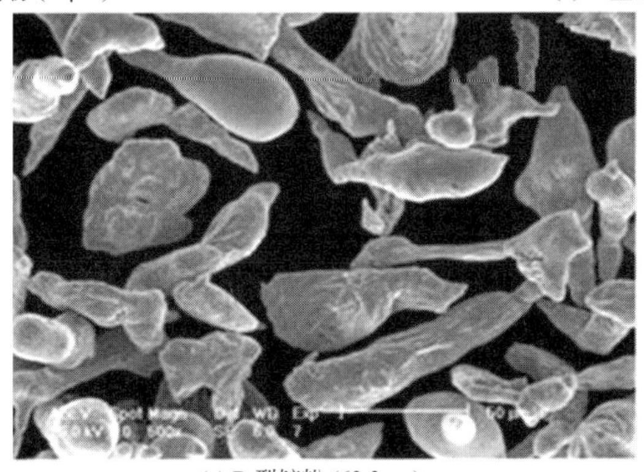
(c) B 型锌粉 (63.3μm)

图 9-19　三类锌粉的扫描电镜图

普通电解树枝状锌粉比表面积为 1.5000m^2/g。在所选用的三种锌粉中，超细树枝状锌粉有着最大的比表面积（47.9709m^2/g），颗粒更为细小，粒度分布也较均匀。

表中 A 型锌粉为本湿法流程在常规电解条件生产的树枝状锌粉，B 型锌粉为国药集团采用火法技术（雾化工艺）制备的锌粉，C 型锌粉为优化电解工艺后得到的超细锌粉。

9.4.3　置换过程的影响因素

（1）搅拌速度

置换反应是液相与固相之间的反应，提高搅拌速度有利于增加溶液中铅离子与锌粉相互接触的概率；搅拌还能促使已沉积在锌粉表面的沉积物脱落，暴露出锌粉的新鲜表面，从而促进反应的发生。同时，加强搅拌更有利于被置换离子向锌粉表面扩散，起到降低锌粉使用量的作用。然而搅拌强度过高对反应速度的提高并无明显改善，反而增加了能耗。实验结果显示，最佳的搅拌速度 300～400r/min。

（2）温度

升高温度可以加快锌粉置换铅的反应速率，也会加强反应进行的程度，但是高的温度也会增加已析出铅的复溶。因此，在氢氧化钠溶液中，锌粉置换除铅应控制适当的反应温度。根据实验结果，应当使温度在 50～60℃。

（3）锌粉用量

在 20～30℃，转速在 150～300r/min 时，增加锌粉用量（即将 Zn、Pb 摩尔比从 1.2 提高到 1.5～2.0），可以明显地提高铅的置换回收速率。然而，当温度和搅拌速度设定到优化范围时，锌粉用量对置换过程的影响减小。另一方面，最佳锌粉用量也受所用锌粉特性影响。按照经验分析，选用比表面积小、粒度大且活性低的锌粉时，需要较大的锌铅比才可以置换回收碱液中的铅。因此固定 Zn/Pb 为 1.2，再进一步比较三种锌粉的置换效果。

（4）锌粉性质

基于（1）～（3）得出的条件值，在 50～60℃、转速为 350r/min、Zn/Pb 摩尔比为 1.2 时，研究三种锌粉（A 型、B 型和 C 型）的置换效果，溶液为低电流密度电解回收铅后的碱液。

从图 9-20 中可以看出，当置换反应时间小于 1h 时，A、B 和 C 三种锌粉所对应的铅置换效率都比较小；随着反应时间的延长，铅置换率明显升高，以 120min 时为例，利用 C 型锌粉和 B 型锌粉分别可回收 84％和 66％的铅，而采用 A 型锌粉置换出约 58％的铅；至置换反应进行 3h 后，停止实验；此时超细锌粉所对应的铅回收率已经超过了 91.5％。对比三条曲线的规律可以发现，超细树枝状锌粉的置换效果最佳，而普通树枝状锌粉的使用效果略优于卵石片状锌粉。此实验结果可能与三种锌粉在比表面积和形貌上的差异有关。

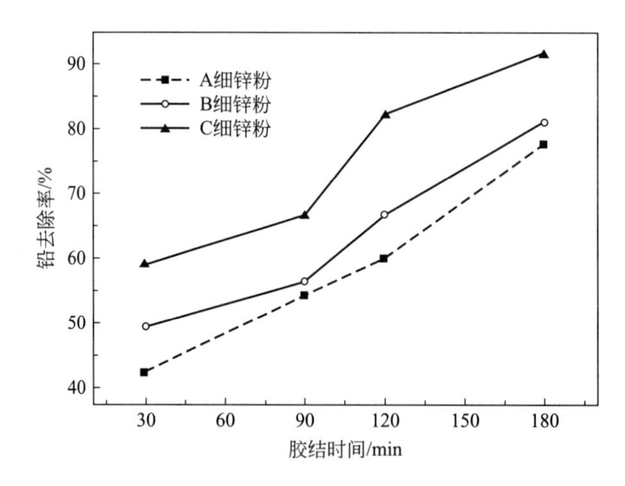

图 9-20　NaOH 溶液中三类锌粉置换除铅效率对比

电流密度电解回收铅后，溶液中仍存在 1g/L 的铅，此浓度水平的铅会在电解锌粉阶段影响到锌粉纯度。当利用锌粉进一步置换碱液中的铅后，溶液中的剩余铅水平显著降低，尤其是加入自产的超细树枝状锌粉时，可以使铅浓度小于 100mg/L。

综上所述，“低电压直流电解-活性锌粉置换”两步法回收铅，首先在 150～250A/m^2 的条件下，利用低电流密度直流电解分离出 80％的铅；电解结束时，溶液中残存铅浓度约为 1g/L；再用电解工段自产的活性锌粉置换出其余的铅，最佳条件为 300～

400r/min，180min，50～60℃，Zn/Pb=1.2（摩尔比）。

9.5　氧化钙添加法回收建筑废物中的铝

受污染建筑废物中回收铅锌后的浸出液的中的铝元素循环累积到 2g/L 时，添加氧化钙可以去除溶液中的铝。反应原理如下，氧化钙与偏铝酸钠在强碱溶液中生成水合铝酸三钙的反应：

$$3CaO+2Al(OH)_4^-+3H_2O \longrightarrow Ca_3[Al(OH)_6]_2+2OH^-$$

产物水合铝酸三钙可经多种工艺进一步处理，回收其中的氢氧化铝。此方法降低了电解液中的铝浓度，同时也有效回收了受污染建筑废物中的金属铝。在常温下，反应时间为 1～8h 时，考察了不同 CaO 添加量对铝回收效率的影响，结果如表 9-9 所示。

表 9-9　钙铝摩尔比对铝脱除率的影响

Ca/Al	反应时间/h			
	1	2	4	8
1.5∶1	52.49%	56.27%	58.63%	58.32%
2∶1	59.00%	62.54%	62.77%	62.68%
4∶1	61.12%	63.66%	62.91%	63.70%

由表中数据可知：添加 CaO 去除化强碱液体中溶解铝的效果显著；首先考察钙铝摩尔比（Ca/Al）为 1.5∶1 时的除铝结果；可以看出 1h 只能除去 50%左右的溶解铝，当反应进行到 4h 后，铝去除率达到其最高值约 59%；增加钙的添加量可明显改善除铝效率，当 Ca/Al 为 2∶1，反应时间为 4h 的条件下，约 63%的铝可以回收；进一步增加用钙量和延长反应时间对过程没有显著的促进作用。

9.6　锌电解回收工艺

从强碱浸出液中分步回收了铅和铝后，就进入锌电解工序。锌提纯通常可采用萃取法、中和法和电解法。在氢氧化钠介质中，由于析氢过电位高，利用电解法能以近 100%的电流效率生产出高纯度的锌粉。根据一些文献提供的数据，在氢氧化钠溶液中电解锌，可以采用比在其他介质时高的电流密度（约 $1000A/m^2$），从而提高产量，此时比能耗为 1.75kW·h/kg。

锌电解工序的评价指标包括工艺参数和产品性质，其中工艺参数主要指比能耗、效率等；产品性质则与锌粉形貌、粒度分布和纯度有关。在研究过程中，可以考察的控制变量涵盖了电流密度、电解液温度、极间距、电解液组成和杂质种类等。

因此电解工艺研究将考察电流密度、温度等参数对能耗、电流效率、锌粉粒度分布、锌粉形貌等方面的影响；尤其在分析电解液组成时，同时测量氢氧化钠和锌的浓度变化，使研究背景更加具有推广性；再将工艺指标与锌粉品位耦合，讨论操作变量的作用规律。在获取最佳电解范围的基础上，进一步分析杂质金属离子在锌电解过程中的行为，主要围绕铅、铝、镉和锡等金属元素对锌粉品位和工艺指标的影响，利用电化学工具观测成核过程及阴极伏安特性；重点探究添加微量铅、铝制备超细锌粉的可行性和可控性。

9.6.1 电解锌粉的工艺条件

(1) 温度影响

在电解过程中，升高电解液的温度，即升高阴极反应的温度，可以改变锌析出反应的速率，同时影响着锌析出过电势与氢气析出过电势的差异，从而对电流效率大小产生作用。本小节研究中设定电流密度为 $1000A/m^2$，锌和氢氧化钠起始浓度分别为 30g/L 和 200g/L。从表 9-10 可以看出，35～50℃时，电解锌粉的电流效率值都较高，当温度继续升高至 65℃，电流效率出现明显下降趋势。这种现象是由于高温下，析氢反应的活化能降低，过电位减小，从而导致氢气析出使得电流效率降低；可由 Tafel 公式进一步解释：

$$\eta = a + b\ln(J/[J]) \tag{9-8}$$

式中　η——析氢过电位，V；

　　J——电流密度，A/m^2。

在此公式中，对析氢过电位大小起关键作用的是 a 值，而升高温度至 65℃时，a 值减小，因此使过电位降低。

在 35～65℃（表 9-10），随着温度的不断升高，槽电压值逐渐降低；从 35℃时的 2.65V 一直减少到 65℃时的 2.42V。此实验现象与电解液黏度有关，温度的变化影响到电解液的黏度值；再分析高温时的电解液特性发现溶液黏度降低，电导率升高，引起了槽电压的下降。由槽电压和电流效率数值可继续分析比能耗随温度变化的规律，结果如表 9 10 所示。在研究范围内，温度孔高并未导致锌粉晶体成长方向的改变，所对应的产品锌粉晶格参数均为（101）、(002)、(100)。

表 9-10　温度对锌粉电解过程的影响

T/℃	CE/%	槽电压/V	比能耗/(kW·h/kg)	衍射峰强比/%		
				(101)	(002)	(100)
35	94.1	2.65	2.31	100	65.1	26.2
50	97.5	2.53	2.13	100	93.5	31.2
65	80.3	2.42	2.47	100	60.3	23.3

除了对电流效率、槽电压和比能耗的影响，温度的改变也会对锌粉的形貌产生显著作用。锌粉的形貌主要与锌还原过程的过电位及阴极的电化学过程的动力学机理有关。若在阴极电解过程中，电化学反应（电化学极化）是控制步骤，则会出现锌的电镀层，

使锌粉成核受到抑制；若是扩散过程（浓差极化）是控制步骤，则锌颗粒结晶成核，阴极板沉积出锌粉。浓差极化的大小会改变阴极反应过程的机理，即较大的浓差极化是使阴极反应进入扩散控制区的必要条件，也是锌粉正常成核的关键因素。电解液为 5mol/L 的 NaOH 溶液时，扩散控制区域宽；与酸性介质及其他环境相比，成核条件更容易实现。

当电解液组成和电流密度设定后，温度的不断升高会降低浓差极化，从图 9-21(c) 中 65℃所对应的电子显微镜图片可看出，枝状生长减弱，层状生长趋势变强。温度为 35℃时，浓差极化最明显，因此生成的锌粉呈清晰树枝状，如图 9-21(a) 所示。

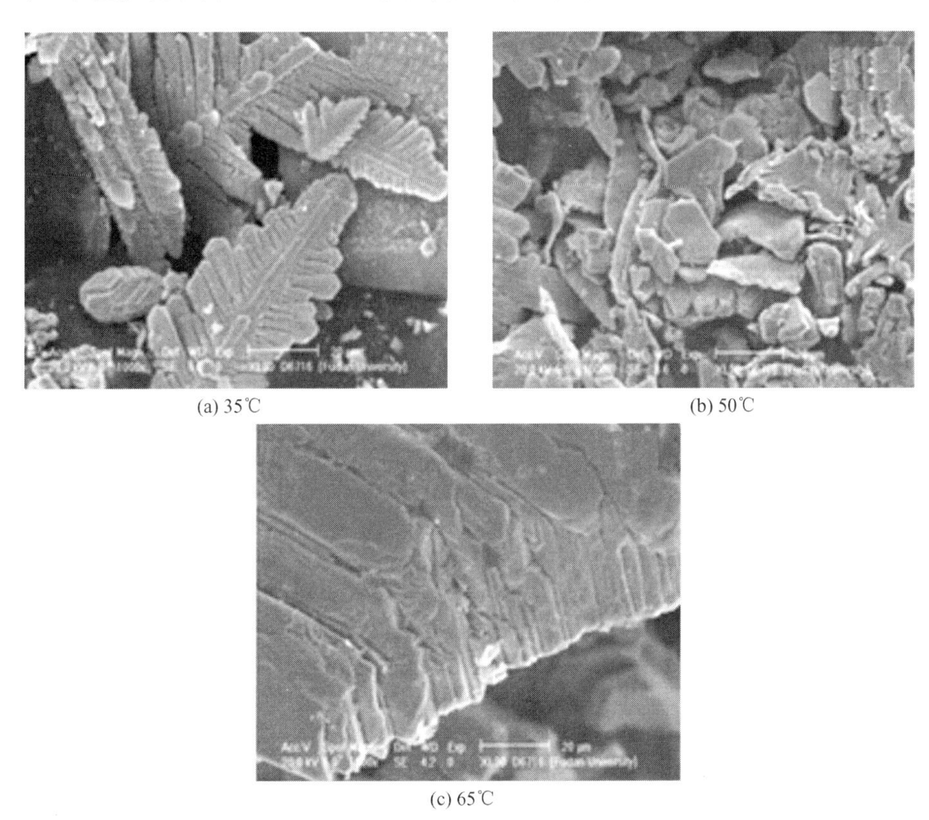

(a) 35℃　(b) 50℃　(c) 65℃

图 9-21　NaOH 溶液中不同温度下的电解锌粉形貌

(Zn=30g/L；NaOH=5mol/L；电流密度=1000A/m^2)

浓差极化，即阴极扩散过电位不仅影响着锌粉形貌，还可以改变成核颗粒的粒径大小。锌粉颗粒的粒径受成核速率与颗粒生长速率控制，当成核速率大而生长速率小时，会结晶生成较细小的颗粒。提高浓差极化可以加快成核速率，从而细化颗粒。利用马尔文激光粒度仪可分析 35℃和 65℃时电解锌粉的粒度分布，验证粒径的变化规律（图 9-22和图 9-23)。35℃时电解出锌粉的一致性指数为 0.688，径距为 2.202，均优于 65℃时电解锌粉所对应的数值。比较图 9-22 和图 9-23 也可看出锌粉粒度分布及均匀性上的差异。从图 9-22 的曲线可以读出，超过 50%的颗粒小于 92μm，超过 90%的颗粒小于 235μm。35℃时对应锌粉的比表面积加权平均粒径 $D[3,2]$ 为 63.3μm，体积加权平均粒径 $D[4,3]$ 为 118μm；而 65℃时生产锌粉的比表面积平均粒径则明显升高，所对应的这两个数值分别为 76.2μm 和 208μm。

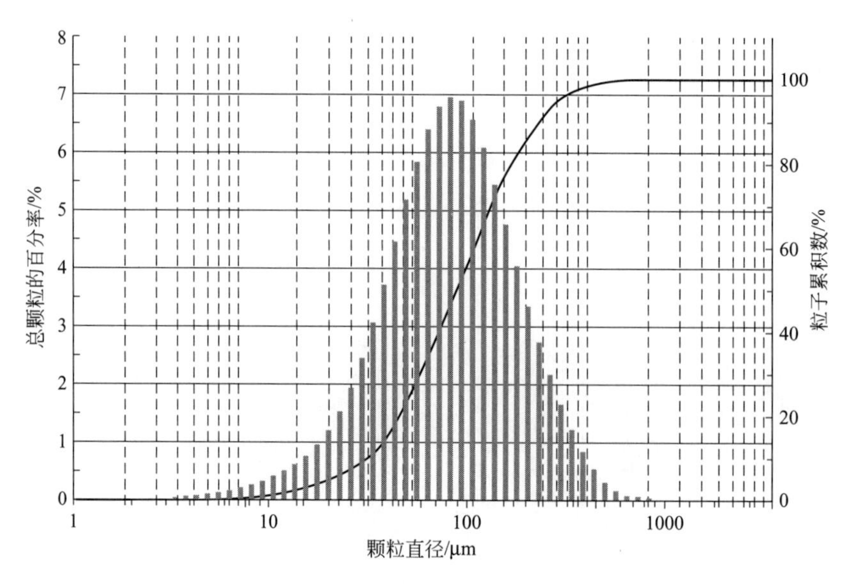

图 9-22　35℃时电解锌粉的粒度分布

（Zn=30g/L；NaOH=5mol/L；电流密度=1000A/m²）

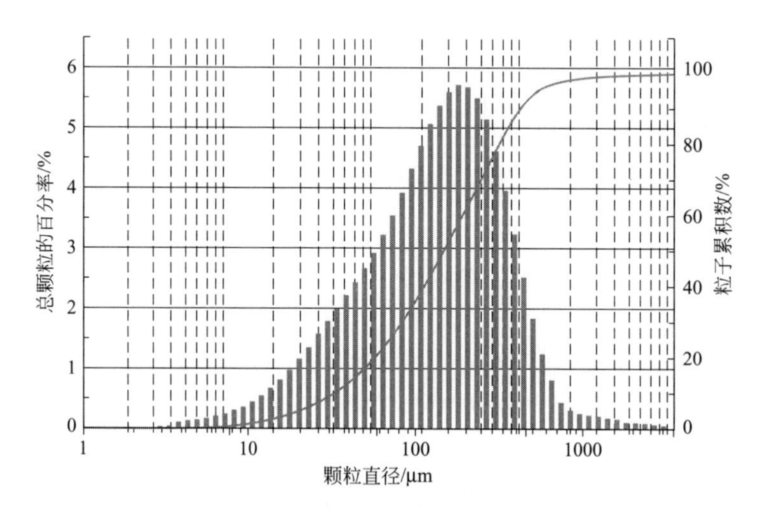

图 9-23　65℃时电解锌粉的粒度分布

（Zn=30g/L；NaOH=5mol/L；电流密度=1000A/m²）

（2）电流密度影响

与酸性溶液电解工艺相比，强碱介质电解锌粉的重要特点是可在高电流密度下运行，并且具有高的电流效率。可见，电流密度是碱法电解锌粉的一个关键控制参数。在传统的酸法工艺中，当电流密度超过锌电解极限电流密度时，溶液中逐渐出现析氢现象，导致电流效率下降。

由工艺能耗和锌粉品位分析，设定电解温度为35℃，锌和氢氧化钠起始浓度分别为30g/L和200g/L。碱法电解使电流密度从500A/m²升高到1000A/m²，电流效率值却从72.3%增长到94.1%（表9-11）。

表 9-11 电流密度对锌粉电解过程的影响

电流密度/(A/m²)	CE/%	槽电压/V	比能耗/(kW·h/kg)	衍射峰强比/%		
				(101)	(002)	(100)
500	72.3	2.50	2.83	100	89.1	21.7
1000	94.1	2.65	2.31	100	65.1	26.2
1500	96.9	3.05	2.58	100	67.2	21.3

此电流密度一方面与沉积层比表面积有关，碱法工艺电解出锌粉形状呈树枝状、多孔且比表面积大，导致沉积层总面积大于极板面积，使得实际电流密度远远小于设定值；另一方面与析氢过电位在不同介质中的差异有关，具体分析过程如下。

锌电解发生的前提条件是锌的析出电位要低于锌的平衡电位，另一个条件是氢气析出过电位需大于 η_{min}（最小析氢过电位）。

$$\eta_{min}=E_{Zn}^{0}-E_{H_2}^{0} \tag{9-9}$$

公式中两个 E^0 分别为锌和氢的析出平衡电位。

计算可得，η_{min}约为 0.4V。

析氢过电位 η_{H_2} 可进一步推算：

$$\eta_{H_2}=\eta_{min}+\eta_{Zn} \tag{9-10}$$

以 1000A/m^{2}时碱液电解锌为例进一步阐述，此时，η_{Zn} 为 80mV，代入式（9-10）得析氢过电位为 480mV。根据析氢过电位值与析氢电流密度的线性关系，可推出此情况下的析氢电流密度为 0.033A/m^2。

$$CE=\frac{1000}{1000+0.033} \tag{9-11}$$

因此，从理论上可验证强碱溶液中（高电流密度），电流效率（CE）处于较高的水平（约 100%）。

在所采用的装置中，主要通过调节电流来控制电流密度的变化，提高电流密度必然会导致槽电压的增加（表 9-11 第三列）。随着电流密度从 500A/m^2 升高到 1000A/m^2，槽电压数值逐渐从 2.50V 升高到 3.05V。电流密度可通过影响锌在阴极成核的动力学机制和浓差极化大小来改变锌粉的形貌，结果见图 9-24。电流密度小时，浓差极化相对较小，虽然控制步骤仍为扩散过程，但是电化学极化的作用也在锌粉形貌和所对应晶型上有所显现，如 500A/m^{2}时，锌粉树枝化弱于高电流密度，且出现贝壳状叠层，002 型增强。

当电流密度由 1000A/m^{2}升高到 1500A/m^{2}时，浓差极化明显加强，导致成核速率升高，锌粉颗粒更加微细和均匀。比较图 9-24(b)、(c) 可发现锌粉的显著细化现象。再利用激光粒度仪分析 1500A/m^{2}时电解锌粉的粒度分布特征，以验证扫描电解图像。1500A/m^{2}时电解出锌粉的一致性指数为 0.479，径距为 1.553；均优于 1000A/m^{2}时电解锌粉所对应的数值（一致性指数：0.688，径距：2.202）。比较图 9-22 和图 9-25 可发现锌粉粒度分布及均匀性上的差异，对于高电流密度下的锌粉，其粒度正态分布图更加集中。从图 9-25 中的曲线可以发现，超过 50%的颗粒小于 44μm，超过 90%的颗粒小于 86.3μm；而 1000A/m^{2}时电解锌粉所对应的此两数值分别为 154μm 和 423μm。在

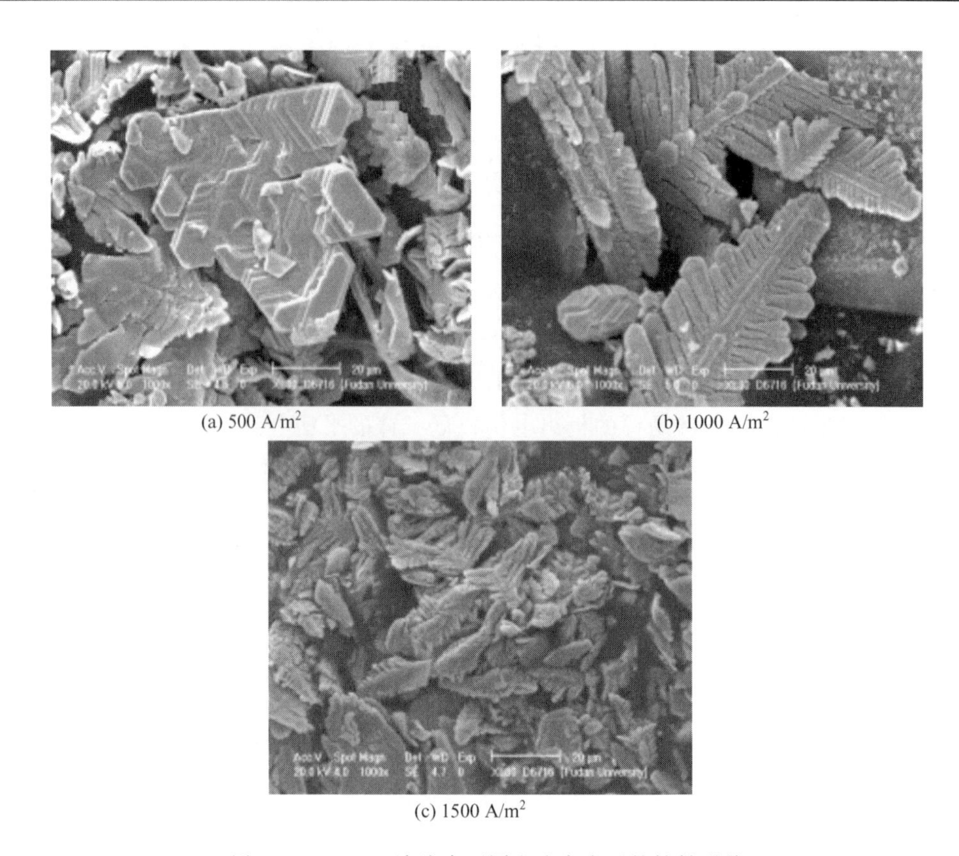

(a) 500 A/m^2　　(b) 1000 A/m^2

(c) 1500 A/m^2

图 9-24　NaOH 溶液中不同电流密度下的锌粉形貌

（Zn=30g/L；NaOH=5mol/L；35℃）

1000A/m^2时，产品锌粉的比表面积加权平均粒径 $D[3,2]$ 为 63.3μm，体积加权平均粒径 $D[4,3]$ 为 118μm；而 1500A/m^2时锌粉的比表面积平均粒径和体积加权平均粒径则明显降低，所对应的这两个数值分别为 32.9μm 和 48.8μm；$D[3,2]$ 与 $D[4,3]$ 差异性小，进一步验证锌粉形貌规则、分布集中。因此，提高电流密度至 1500A/m^2是改善产品锌粉性能的有效手段。

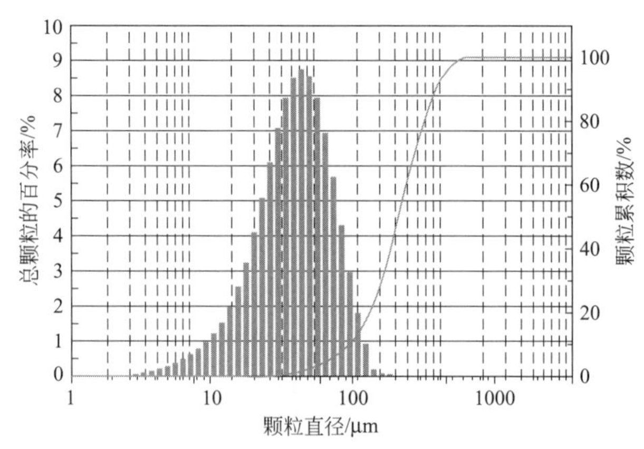

图 9-25　1500A/m^2时电解锌粉的粒度分布

（Zn=30g/L；NaOH=200g/L；35℃）

(3) 电解液组成影响

在电解液温度为35℃，电流密度为1000A/m²的条件下，研究锌浓度和氢氧化钠浓度变化对电解过程的影响。首先分析电流效率在不同电解液组成下的变化规律，设定研究范围 Zn 10～40g/L；NaOH 150～250g/L。从图9-26可以发现，当锌浓度为10g/L时，电流效率的最大值为约75%，且随碱浓度升高而逐渐降低至约65%；提高锌浓度可使电流效率呈增大趋势，Zn浓度为20～40g/L时，不同氢氧化钠浓度下的电流效率值均大于80%；当锌浓度在30～40g/L，氢氧化钠的最佳浓度范围是180～220g/L（电流效率约大于90%）。

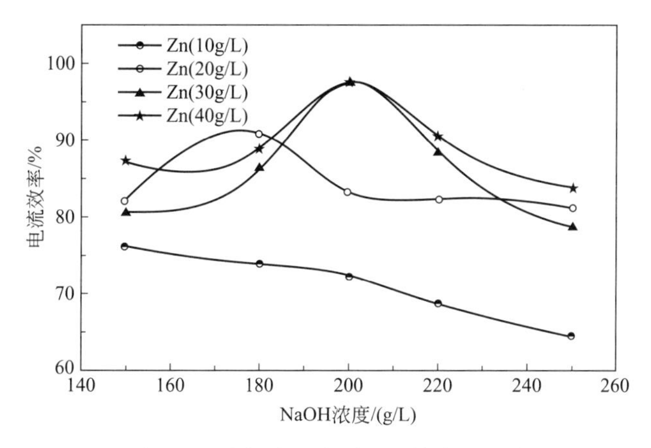

图9-26　电解液组成对电流效率的影响

(1000A/m²；35℃)

图中低浓度锌时（10g/L），氢氧化钠浓度升高使得电流效率下降，此现象可由如下机理解释：

$$Zn + Na^+ + e^- \longrightarrow [NaZn]$$

$$2[NaZn] + H_2O \longrightarrow 2Na^+ + 2H + OH^- + 2Zn$$

$$2H \longrightarrow H_2\uparrow$$

氢氧化钠引入了钠离子，导致还原出的锌粉与钠离子结合，促进了阴极上氢气的析出。从图9-26可发现，随着电解液中锌离子浓度的增加，电流效率逐渐升高；大量锌离子进入碱液，与氢氧根离子结合生成 $Zn(OH)_4^{2-}$，从而降低溶液中 NaZn 以减少 H 的生成而提高电流效率。

锌浓度20～40g/L，氢氧化钠浓度180～220g/L时，槽电压数值恒定；另一方面，电解液组成也未对锌粉的晶格参数产生显著影响。然而锌粉形貌和粒度呈现出不同的变化规律（图9-27和图9-28）。锌浓度较低时（20g/L），成核颗粒较小，这与浓差极化升高有关，且此条件下氢氧化钠的浓度变化（180～220g/L）对颗粒大小无明显作用；高锌浓度时（40g/L），氢氧化钠的作用规律则与锌浓度相反，随着溶液中氢氧化钠量的增加，锌阴极成核过电势变大，生成细锌粉。

粒度分布测量验证了此结论，例如，选取Zn浓度为20g/L，NaOH浓度为220g/L时对电解锌产品进行分析（图9-28），其对应锌粉的比表面积加权平均粒径 $D[3,2]$ 为23.6μm，体积加权平均粒径 $D[4,3]$ 为55.9μm；在相同电流密度和温度下，锌离子

图 9-27　NaOH 浓度和 Zn 浓度对锌电解电流效率的影响

（1000A/m²；35℃）

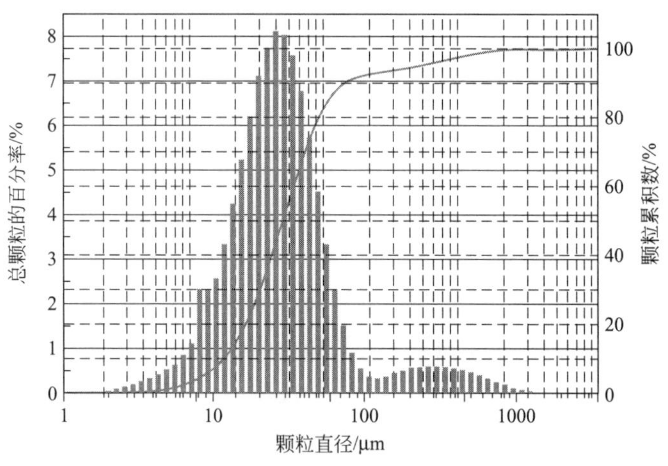

图 9-28　Zn 浓度 20g/L，NaOH 浓度 220g/L 时电解锌粉的粒度分布

（1000A/m²；35℃）

浓度 30g/L 和氢氧化钠浓度 200g/L 时，此两数值分别为 63.3μm 和 118μm。

通过比较图 9-28 与图 9-22，图 9-23 及图 9-25，可以看出低锌浓度产品的均匀度较差，出现了两个分布峰。进一步比较图 9-27 中（a）、（b）、（c）和（d）四种条件下产品粒度分布的一致性和径距（表 9-12）。

在四个样品中，锌粉颗粒均匀度最高的是图 9-27（b），即 40g/L Zn 和 180g/L NaOH 时电解出的锌粉，其一致性和径距值分别为 0.51 和 1.376。因此，电解液中锌的浓度以 30～40g/L 为宜。

表 9-12 不同电解液组成对应产品锌粉的分布集中度对比

锌粉类型	(a)	(b)	(c)	(d)
一致性	1.009	0.51	1.222	0.628
径距	1.585	1.376	2.082	1.923

注：1. （$1000A/m^2$；35℃）。

2. (a) 20g/L Zn，180g/L NaOH； (b) 40g/L Zn(Ⅱ)，180g/L NaOH；(c) 20g/L Zn，220g/L NaOH；(d) 40g/L Zn(Ⅱ)，220g/L NaOH。

9.6.2 碱法电解锌粉工艺中的金属杂质

金属杂质是影响锌离子在阴极放电的主要因素之一，其不仅影响电沉积锌的电流效率，而且能改变锌粉的表面形貌和阴极极化过程。在酸介质电解工艺中，有些杂质如锑、锗、钴、镍及铜会与锌产生共沉积，这些共沉积的杂质使锌返溶；有些共沉积的金属如锡等则导致氢的析出过电位减小，降低电流效率；其他金属如铅等对电流效率影响较小，但是对锌粉形貌作用显著。

氢氧化钠作为浸取剂时，由于氢氧根离子存在，很多杂质金属如钙、镁、铁、铬等难以溶出；其他金属包括镉、锡、锑等浸出率也小于酸法流程中；而在两步耦合除铅工序后，铅浓度可降低至 100mg/L 以内。两性金属铝的浸出受到锌铅的抑制，但其可在电解液中循环累积。由此确定各金属杂质研究的浓度范围：Pb，Cd，Sn＜100mg/L；Sb＜1mg/L；Al＜1g/L。

(1) 铅，镉，锡，锑在强碱电解液中的行为

在电流效率为 $1000A/m^2$、温度为 35℃、电解液锌浓度为 30g/L、氢氧化钠浓度为 200g/L 的条件下，分析 1.5h 的锌电解电流效率随各金属杂质铅、镉和锡浓度的变化规律（图 9-29）。

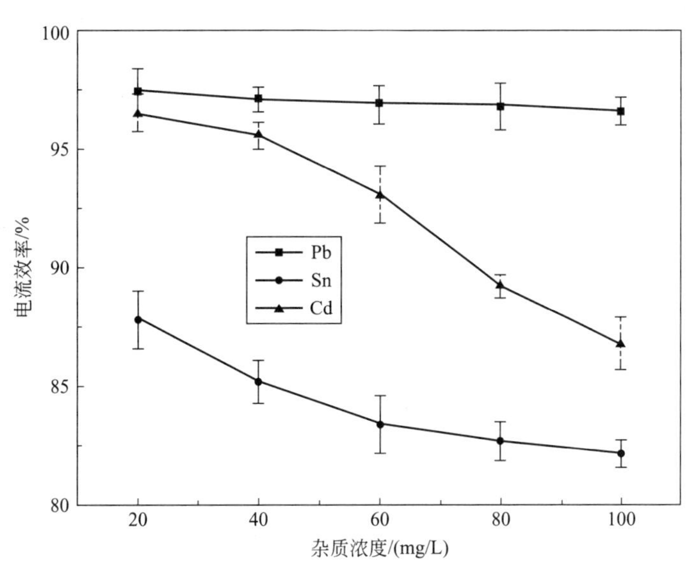

图 9-29 100mg/L 金属杂质 Pb，Sn 和 Cd 对电流效率的影响

（30g/L Zn；200g/L NaOH；$1000A/m^2$；35℃；1.5h）

在强碱电解液中，铅离子在 20～100mg/L 时，电流效率均为无明显变化，其数值都维持在 97%左右；镉对碱介质电解的电流效率作用规律不同于铅，当溶液中镉离子浓度从 20mg/L 逐渐增加到 100mg/L 时，锌电解的电流效率由初始的约 96%下降至约 87%；通过比较可发现，在这三种金属元素中，锡是对电流效率危害最大的杂质，当其浓度为 100mg/L 时，电流效率值减少到约 82%。

根据 R. Ichino 等对含铅电解液电沉积锌的机理进行的动力学方面的研究，由阻抗测量可发现，铅沉积吸附在电极表面，降低了锌的溶解和析氢速率。然而本研究工艺参数和介质环境与此文献研究背景差异性大，一方面电流密度高达 $1000A/m^2$；而酸性介质里，锌电解电流密度控制在 $500A/m^2$ 以内。另一方面在氢氧化钠电解环境中，析氢过电位较高。图 9-29 中所呈现出的铅行为也与这两个因素有关，在高电流密度下，铅析出比率 ω_{Pb} 受到限制［式（9-12）］。

$$\omega_{Pb}=\frac{i_{dl(Pb)}M_{Pb}}{i_{Zn}M_{Zn}CE} \tag{9-12}$$

式中 M_{Pb}——铅的摩尔质量，g/mol；

M_{Zn}——锌的摩尔质量，g/mol；

CE——锌电解的电流效率；

$i_{dl(Pb)}$——铅的极限电流密度，A/m^2；

i_{Zn}——总电流密度，$1000A/m^2$。

在强碱介质中，锡对电流效率的危害作用受到抑制。锡降低电流效率主要是由于其改变析氢过电位，而碱液中析氢过电位高于酸性介质中，抵消了一部分锡引起的不利影响。

在电流密度为 $1000A/m^2$，电解液温度为 35℃，电解液锌浓度为 30g/L，氢氧化钠浓度为 200g/L 的条件下，向溶液中分别添加 100mg/L Sn、Pb 和 Cd 时，锌粉呈现出不同形貌及晶体生长方向（图 9-30、图 9-31）。由图 9-30 可以看出，当碱性电解液中存在 100mg/L 的铅时，与无杂质时电解锌粉的形貌相比，此条件下锌粉颗粒更加细小、均匀；而从镉和锡所对应的锌粉形貌图，均可发现不同程度的颗粒结构的破损和锌粉的返溶，同时锌粉形貌变得不规则。

在 100mg/L 铅、锡和镉存在的条件下，锌粉的主要晶型排序未发生改变，（101）、（102）和（100）为主要晶体生长方向。然而，碱液中的铅和锡可使锌粉晶体生长方向的相对百分含量发生变化。当溶液中无金属杂质离子时，在最佳电解条件下生产锌粉，其各晶型相对百分含量：（101）为 100%；（002）为 65.1%；（100）为 26.2%。当电解液中加入 100mg/L Pb 离子时，部分（002）型转移至（101）型，使得（002）相对百分含量为 30.8%；而当溶液中的金属杂质为 100mg/L Sn 离子时，部分（101）型转移至（002）型，（002）相对百分比因此增长为 72.1%；与同样浓度水平的 Pb 和 Sn 相比，Cd 则对锌颗粒各主要晶型生长规律没有产生显著作用。

图 9-31 中例举对比无杂质存在时锌粉的晶型和 100mg/L Pb 所对应的锌粉晶型，验证了（002）晶型的变化规律，也发现了未正常结晶杂峰的差异。图 9-31(a) 中主峰（不含 002）衍生强度小，未结晶成正常锌颗粒的杂峰较明显；而图 9-31(b) 则呈现出

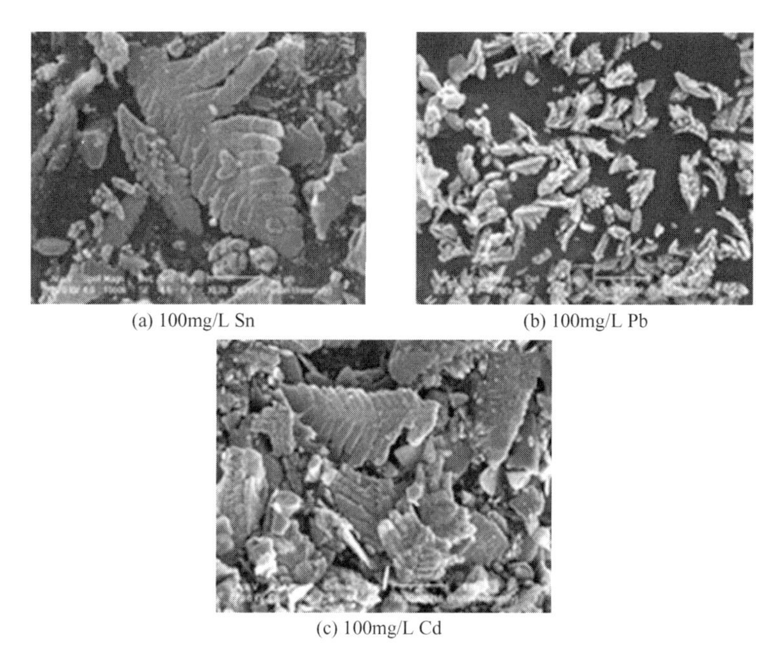

(a) 100mg/L Sn　　(b) 100mg/L Pb　　(c) 100mg/L Cd

图 9-30　杂质金属离子对锌粉形貌的影响

（1000A/m²，35℃，30g/L Zn，200g/L NaOH）

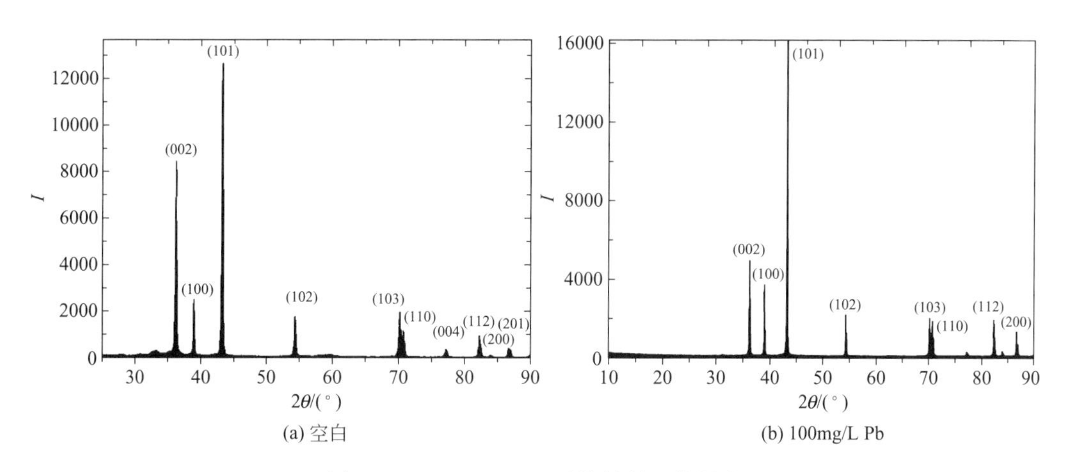

(a) 空白　　(b) 100mg/L Pb

图 9-31　100mg/L Pb 对锌粉晶型的影响

（1000A/m²，35℃，30g/L Zn，200g/L NaOH）

各主峰衍射度加强，杂峰减弱的趋势。此现象与锌粉在铅存在时更加细小、均匀有关。

强碱介质电解锌粉工艺中，铅、锡和镉所引起的产品颗粒形貌及晶型特征上的变化与这些杂质在阴极极化过程中的行为有关。根据操作规程设定扫描速度、起始和终止电位等操作参数，利用辰华 CHI660D 电化学工作站测量金属杂质离子存在下的锌电解阴极极化曲线（图 9-32）。在氢氧化钠电解液中，当电势相同时，100mg/L 的 Pb 所对应的电流密度数值最小，因此铅离子加强了阴极极化过程；与之相反，同浓度锡则引起阴极极化的减弱；而镉在 100mg/L 时，对碱介质电解锌阴极极化过程影响微弱。由于杂质铅促进阴极极化，使得锌颗粒成核速率变大，且颗粒粒径减小，同时引起了（101）

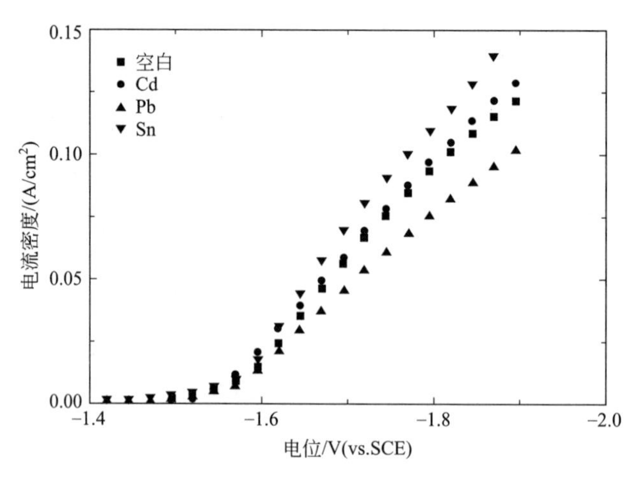

图 9-32 金属杂质离子（Cd、Pb、Sn）存在时，锌粉阴极还原的极化曲线

晶型的快速增长；而同浓度的锡则相应地降低了成核速率，颗粒形貌趋于不规则，促进了（002）晶型的增长。

采用酸法电解锌工艺时，锗和锑是对锌电解过程危害最大的金属杂质，0.25mg/L的锑可使电流效率降低至50%。在强碱介质中，由于析氢过电位高，锑的作用受到抑制，电流效率达80%以上（0.1～1mg/L Sb）；但是锑对工艺及产品的危害作用明显高于其他杂质金属（镉，锡，铅，铝等）。1mg/L 的 Sb 可使电流效率下降 8%～15%。基于电化学理论，此现象与双电层中氢析出被促进有关，因为碱液中 Sb 的中间化合物影响到了析氢路径中的一些关键步骤。锑对锌粉形貌和晶型特征也有重要作用，具体体现在去极化导致的枝状生长减弱，以及（002）型相对百分含量超过（101）型。

（2）铝在强碱电解液中的行为

根据铝的电负性数值，其在碱液中不会在阴极析出。因此，金属铝在电沉积锌过程中不属于共沉积杂质。铝在本工艺中的行为与铅、锡、镉和锑等杂质存在显著差异。

设定 Al 的范围为小于 1g/L，主要是由于铝的浸出过程受到锌铅抑制，同时电解液循环累积的铝中约63%可通过氧化钙添加法高效回收。在强碱溶液电解锌的最佳条件下，0～1000mg/L 的杂质铝未导致电流效率下降；但是当铝浓度较高时，槽电压数值出现上升，能耗增加。低浓度的 Al 对阴极极化无明显作用，当铝浓度达到 500～1000mg/L 时，溶液的黏度变大，极化过程增加。

当溶液中存在低浓度 Al 时，锌粉的晶体生长方向与正常电解条件下无明显差异。逐渐增加 Al 浓度至500～1000mg/L 后，一方面使不规则杂峰减少，此现象与阴极极化加强、成核速率变快有关；另一方面晶体的选择性生长方向发生变化，进一步分析可见（101）型的生长受到促进，而部分（002）型转化为其他晶型。在氢氧化钠电解液中，锌晶体的选择性生长方向的强弱与各晶面在不同电解条件下表面自由能有关，高浓度的铝降低了（101）晶面的表面能（图 9-33）。

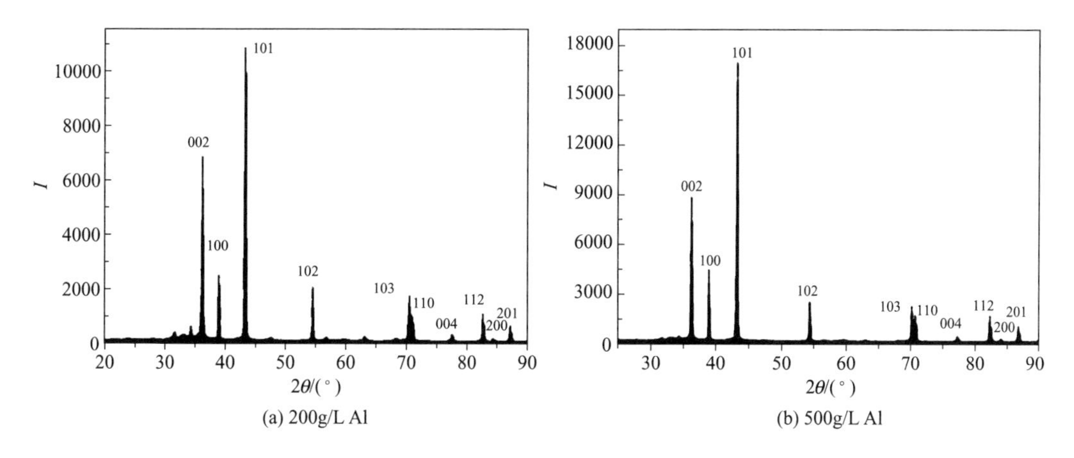

图 9-33　杂质铝对锌粉结晶程度的影响

9.6.3　铅、铝对成核过程的影响

(1) 铅的影响

图 9-34 为锌电解过程的循环伏安曲线，图中 A 点为负向扫描起始点，C 点为阴极成核点，D 点为负向扫描峰值电流密度，B 点为平衡电位，E 点为正向扫描阳极峰值电流密度。100mg/L Pb 使得阴极成核曲线 DC 朝负向移动，增大了阴极成核过电位；自 D 点开始正向扫描时，铅存在时阳极极化也呈现出增加的趋势。因此，碱液中的铅添加剂使得成核速率加快，使得锌粉细化；同时也抑制了电解锌粉的返溶过程。

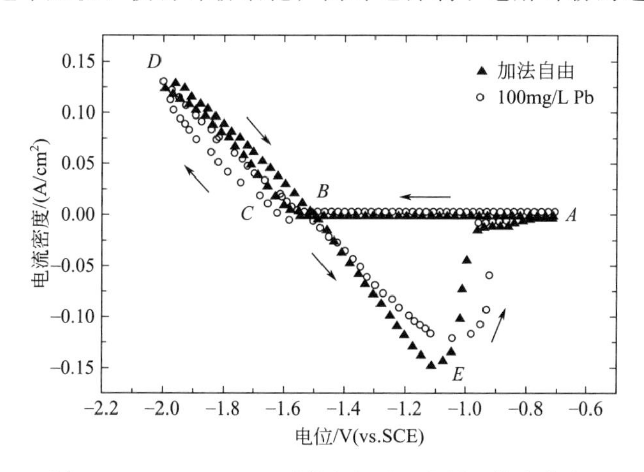

图 9-34　100mg/L Pb 时锌电解过程的循环伏安曲线

根据成核过程分析，碱介质电解工艺的锌成核速率较快，为瞬时成核模式。设定恒电位为－1.48V，取样间隔时间为 0.2s，测量持续时间为 30s，静置时间为 0s，灵敏度为 0.001A/V。利用电化学工作站中的时间-电流模块测量，并根据公式进行无量纲拟合。如图 9-35 所示为添加 100mg/L Pb 后，由时间-电流曲线拟合出的无量纲曲线的变化规律。

如图 9-35 所示，加入 100mg/L Pb 后无量纲曲线的峰变宽，因此成核速率大于未

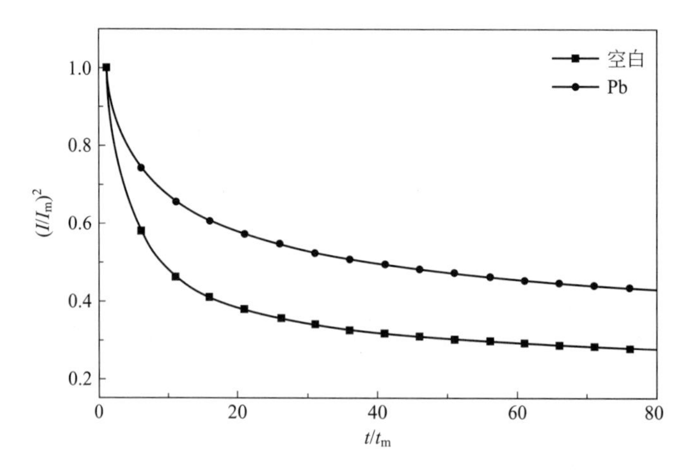

图 9-35　添加 100mg/L Pb 后，锌成核过程的时间-电流暂态曲线的无量纲曲线与空白时的对比

添加的体系；图 9-36 中则进一步显示峰比瞬时成核模式宽，验证了成核速率的增大趋势。这些现象是由于铅增加了锌电解阴极极化，使得成核过电位变大，促进新晶核形成，所以添加铅有利于生产更细的锌粉。

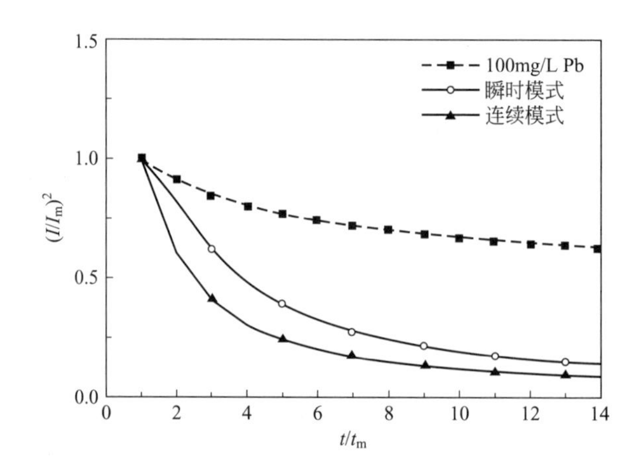

图 9-36　添加 100mg/L Pb 后，锌成核过程的时间-电流暂态曲线的无量纲曲线

当强碱溶液加入 100mg/L 铅时，产品锌粉（1000A/m^2，35℃，30g/L Zn，200g/L NaOH）的一致性指数为 0.705，径距为 2.215；两个数值均与普通电解锌粉所对应的数值接近（一致性指数为 0.688，径距为 2.202）。然而，在一致性以及径距方面，此实验所得锌粉没有 1500A/m^2 时所得锌粉优良。从图 9-37 的曲线可发现，超过 50%的颗粒小于 49μm，超过 90%的颗粒小于 127μm；而 1000A/m^2 时电解锌粉所对应的此两数值分别为 154μm 和 423μm。1000A/m^2 时对应锌粉的比表面积加权平均粒径 $D[3,2]$ 为 63.3μm，体积加权平均粒径 $D[4,3]$ 为 118μm；而添加 100mg/L 铅时，产品锌粉的比表面积平均粒径和体积加权平均粒径则明显降低，所对应的这两个数值分别为 36.5μm 和 64μm。因此在强碱电解工艺中，添加微量铅是细化产品锌粉、提高活性的

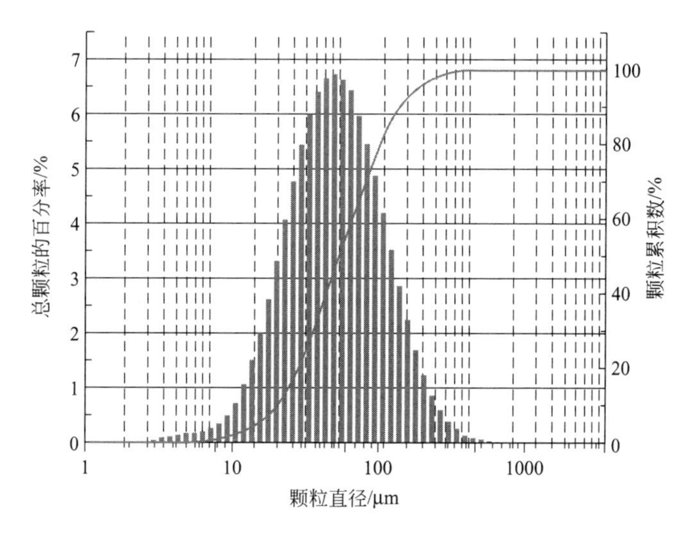

图 9-37　溶液中添加 100mg/L Pb 时产品锌粉的粒度分布

（1000A/m²，35℃，30g/L Zn，200g/L NaOH）

有效手段。

（2）铝的影响

如图 9-38 所示，添加铝也使成核过电位增加，阴极形核速率变大；然而，阳极极化曲线部分，却与添加铅时呈现不同规律，未发现添加铝对产品锌粉返溶的抑制作用。

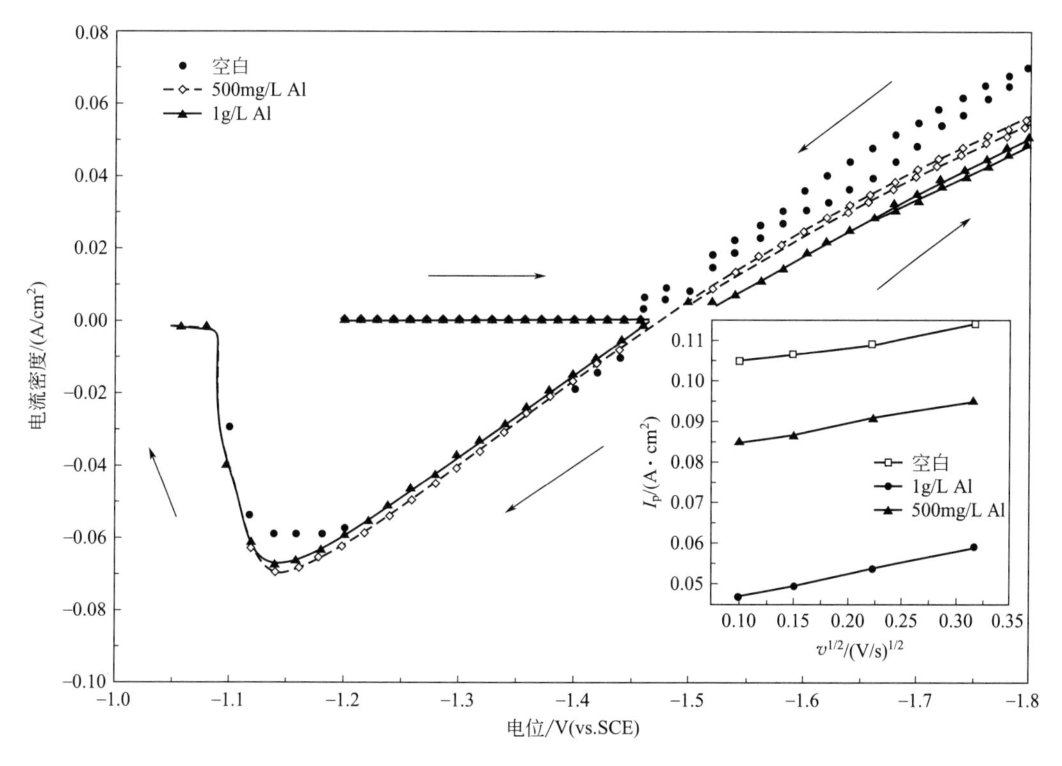

图 9-38　锌电解过程循环伏安曲线

（0、500mg/L、1000mg/L Al）

进一步将扫描速度增加为 10mV/s、20mV/s、50mV/s 和 100mV/s，分别取出空白、500mg/L Al 和 1000mg/L Al 时的峰值电流密度作为 Y 轴，电位扫描速率的平方根（$v^{1/2}$）为 X 轴；图 9-38 的缩微图显示出两者的拟合关系为直线。因此添加铝时，锌在阴极成核为扩散控制模式。

在恒电位为－1.48V、取样间隔时间为 0.2s、测量持续时间为 30s、静置时间为 0s、灵敏度为 0.001A/V 的条件下，利用电化学工作站中的时间-电流模块，测量添加 Al 后的锌电解时间-电流暂态曲线。由于 1g/L Al 会引起槽电压值较大幅度升高，因此成核分析过程设定铝添加量为 500mg/L。测量数值根据公式进行拟合，并将无量纲曲线绘制于图 9-39 和图 9-40。

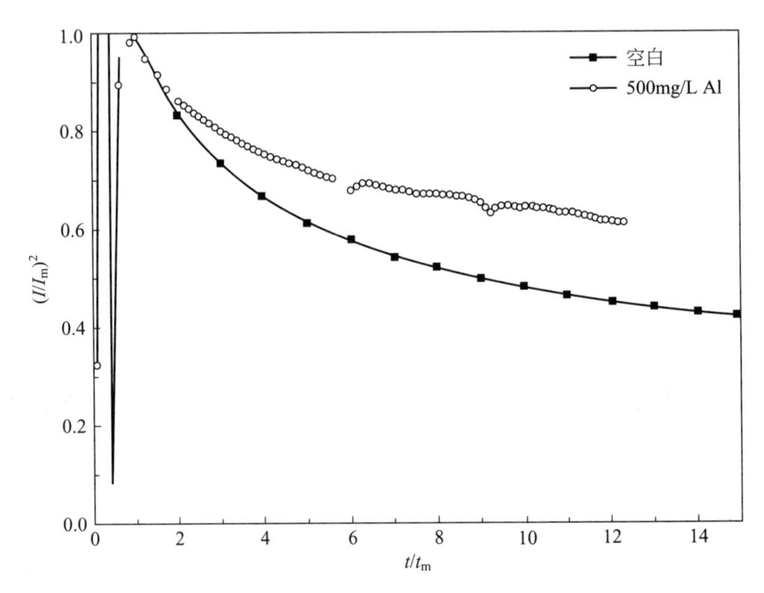

图 9-39　添加 500mg/L Al 后锌成核过程的时间-电流暂态曲线的无量纲曲线与空白时的对比

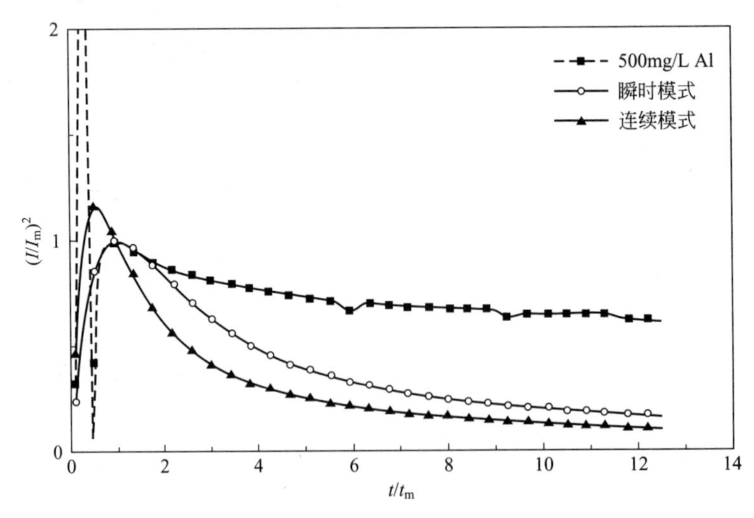

图 9-40　添加 500mg/L Al 后锌成核过程的时间-电流暂态曲线的无量纲曲线

如图 9-39 所示为添加 500mg/L Al 与空白强碱电解液的无量纲曲线。与添加 100mg/L Pb（图 9-35）时现象相近，随着 Al 的加入，$(I/I_m)^2$-t/t_m的无量纲拟合曲线的峰变宽，成核速率增大。然而，同添加 Pb 时的差异在于电结晶初期到达峰电流的时间延长。

图 9-40 中描绘的三条曲线分别为实验测量点的 $(I/I_m)^2$-t/t_m无量纲曲线、由连续成核公式拟合出的无量纲曲线以及由瞬时成核公式拟合出的无量纲曲线。对比上述三条曲线可以发现，连续成核曲线在电结晶初期到达峰值电流的时间最短，且其对应的峰值也较大；0～2s 时间段实验测量与瞬时成核拟合曲线较吻合；进一步将比较区段扩展至 0～12s 后，添加 500mg/L Al 所对应曲线的整体峰宽比瞬时成核时还要宽，说明在此电解条件下的形核速率较大，所得锌晶粒尺寸更小。加入 500mg/L Al 时，锌在强碱溶液中的成核仍按瞬时模式，且成核速率明显增加，这是由于 Al 对阴极锌成核的极化作用，影响了成核过电位，改变了成核速率与长大速率的相对关系。

从图 9-41 的曲线可以发现，超过 50％的颗粒小于 28.9μm，超过 90％的颗粒小于 59.6μm；而高电流密度（1500A/m²）时电解锌粉所对应的此两数值分别为 44μm 和 86.3μm。1500A/m²时对应锌粉的比表面积加权平均粒径 $D[3,2]$ 为 32.9μm，体积加权平均粒径 $D[4,3]$ 为 48.8μm；而添加 500mg/L 铝时生产锌粉的比表面积平均粒径和体积加权平均粒径则更小，所对应的这两个数值分别为 21.9μm 和 32.2μm。$D[3,2]$ 与 $D[4,3]$ 差异性小，说明形貌规则、分布较集中。因此，通过往强碱电解液中添加微量铝是细化产品锌粉的有效手段，马尔文激光粒度仪的测量结果验证了成核过程的分析结论。

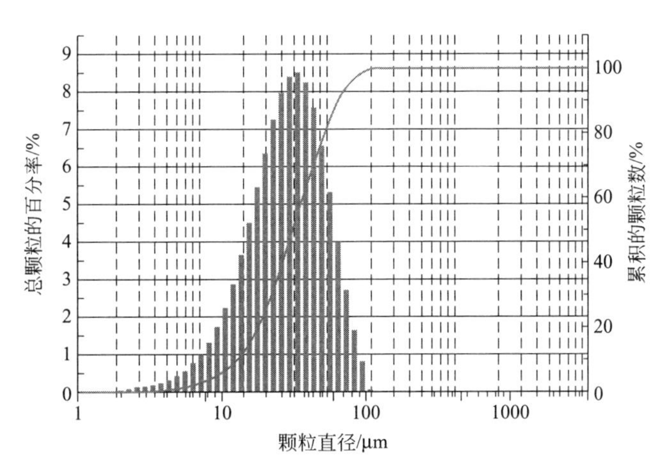

图 9-41　添加 500mg/L Al 后产品锌粉的粒度分布

（1000A/m²，35℃，30g/L Zn，200g/L NaOH）

第10章 建筑废物污染防治管理建议

10.1 工业厂房构筑物重金属污染防护

10.1.1 污染防护设计与施工

建筑废物产生于建筑产品的新建、改扩建和拆除等过程中。建筑产品的生命周期包括“构思设计阶段-施工验收阶段-投入使用阶段-寿命终结阶段-再生处理阶段”。本书以建筑产品的全生命周期为主线，提出重金属建筑废物的管理对策，首先从建筑物与构筑物的设计与施工阶段开始考虑污染控制问题。

重金属建筑废物主要产生于工业厂房改扩建、拆除，其污染源自于建筑物或构筑物与含有重金属的介质间相互接触作用，因此，重金属建筑废物的源头减量化与污染预防密不可分。通过在构（建）筑物的设计和施工阶段配套精良的防污染防腐蚀工程，从源头上避免建筑物与构筑物直接接触重金属，减少重金属暴露的可能性，预防构（建）筑物受重金属污染，有效减少重金属建筑废物的产生。

源头污染预防措施可于工业建筑物和构筑物的防腐工程中配套实施。20 世纪建成的一批工业厂房，规范化程度低，欠缺配套防腐蚀工程，改造后增添的防腐蚀措施在经历数十年的运行，建筑防腐工程的功能失效，导致了污染物的渗透。重金属污染方面，在电镀和冶金行业表现尤为明显。在以往的设计和建设中，建筑防腐以保证工程使用效果为主要目的，往往忽略了污染物的预防。

我国工业防腐工作的开展始于 20 世纪 60～70 年代，1962 年首次批准了关于工业建筑物和构筑物防腐工程规范。随着新材料和新型施工工艺的发展，相关规范不断修订。设计方面，1995 年正式颁布实施国家标准《工业建筑防腐蚀设计规范》（GB 50046—1995），该规范经过全面修订于 2008 年批准实施新版《工业建筑防腐蚀设计规范》（GB 50046—2008），主要内容包括总则、术语、基本规定、结构、建筑防护、构筑物、材料等。建筑防腐施工及验收方面，国家标准《建筑防腐工程施工及验收规范》（GB 50212—2002）于 2003 年 3 月开始施行，为目前最新版本。该规范针对建筑物防腐施工，提出了基层处理及要求，明确了块材防腐蚀工程、水玻璃类防腐蚀工程、树脂类防腐蚀工程、沥青类防腐蚀工程、砂浆防腐蚀工程、涂料类防腐蚀工程、聚氯乙烯塑料板防腐蚀工程施工要求以及安全技术要求、工程验收要求等。

（1）防护等级

为预防重金属污染，在工业建筑材料选择时，应考虑工业中常用的含重金属的液态介质及固体盐类对建筑材料的腐蚀作用，根据《工业建筑防腐蚀设计规范》（GB 50046—2008）中对腐蚀性等级的规定，电镀、冶金等涉及重金属污染的工业中液态介质及固态介质对建筑材料的腐蚀性分别如表 10-1、表 10-2 所列，分为强、中、弱、微共四个等级，防护材料的选择与腐蚀性强度等级有关。

表 10-1　液态介质对建筑材料的腐蚀性等级

介质名称		pH 值或浓度	钢筋混凝土、预应力混凝土	水泥砂浆、素混凝土	烧结砖砌体
无机酸	硫酸、盐酸、硝酸、铬酸、各类酸洗液、电镀液、电解液、酸性水(pH)	<4.0	强	强	强
		4.0～5.0	中	中	中
		5.0～6.5	弱	弱	弱
碱	氢氧化钠、氨水(浓度)/%	>15	中	中	强
		8～15	弱	弱	强
		≥10	弱	微	弱
盐	钠、钾、铵、镁、铜、镉、铁的硫酸盐(浓度)/%	≥1	强	强	强

表 10-2　固态介质对建筑材料的腐蚀性等级

溶解性	吸湿性	介质名称	环境相对湿度	钢筋混凝土、预应力混凝土	水泥砂浆、素混凝土	普通碳钢	烧结砖砌体	木
难溶	—	钡、铅的碳酸盐和硫酸盐，铬的氢氧化物和氧化物	>75	弱	微	弱	微	弱
			60～75	微	微	弱	微	微
			<60	微	微	弱	微	微
—	难吸湿	钡、铅的硝酸盐	>75	弱	弱	中	弱	弱
			60～75	弱	弱	中	弱	弱
			<60	微	微	弱	微	微
—	易吸湿	镉、镍、锰、铜的硫酸盐	>75	中	中	强	中	中
			60～75	中	中	中	中	弱
			<60	弱	弱	中	弱	微

其中，微腐蚀环境可按正常环境进行设计，强、中、弱腐蚀强度下根据不同的现场条件按照《工业建筑防腐蚀设计规范》（GB 50046—2008）中相关要求进行设计。

（2）材料选择

地面面层材料选择如表 10-3 所列。在工业厂房设计时，涉及含重金属介质的相关区域，应加强污染防护，选择适宜的地面层。例如，冶炼厂的电解槽周围地板、墙壁，电镀厂电镀车间槽体及附近地面、墙面等区域，推荐使用耐酸砖、耐酸石材作为面层材料，不适于使用如沥青砂浆、防腐蚀耐磨涂料、树脂自流平涂料、聚合物水泥砂浆、密实混凝土等建筑材料。严重污染区域，如电解、电镀废液处理池的建筑材料选择更加严格，块材宜采用厚度不小于 30mm 的耐酸砖和耐酸石材，砌筑材料可采用树脂类材料、水玻璃类材料，同时应设置较厚的防护涂层。

表 10-3　地面面层材料选择

<table>
<tr><th colspan="3" rowspan="2">介质</th><th colspan="6">块材面层</th><th colspan="7" rowspan="2">整体面层</th></tr>
<tr><th colspan="2">块材</th><th colspan="4">灰缝</th></tr>
<tr><th>类别</th><th>名称</th><th>浓度/%或pH</th><th>耐酸砖</th><th>耐酸石材</th><th>水玻璃胶泥或砂浆</th><th>树脂胶泥或砂浆</th><th>沥青胶泥</th><th>聚合物水泥砂浆</th><th>水玻璃混凝土</th><th>树脂细石混凝土</th><th>树脂砂浆</th><th>沥青砂浆</th><th>树脂自流平涂料、防腐蚀耐磨涂料</th><th>聚合物水泥砂浆</th><th>密实混凝土</th></tr>
<tr><td rowspan="15">无机酸</td><td>硫酸/%</td><td>＞70</td><td rowspan="3">√</td><td rowspan="3">√</td><td rowspan="3">√</td><td rowspan="3">○</td><td rowspan="3">×</td><td rowspan="3">×</td><td rowspan="3">√</td><td rowspan="3">×</td><td rowspan="3">×</td><td rowspan="3">×</td><td rowspan="3">×</td><td rowspan="3">×</td><td rowspan="3">×</td></tr>
<tr><td>硝酸/%</td><td>＞40</td></tr>
<tr><td>铬酸/%</td><td>＞20</td></tr>
<tr><td>硫酸/%</td><td>50～70</td><td rowspan="4">√</td><td rowspan="4">√</td><td rowspan="4">√</td><td rowspan="4">√</td><td rowspan="4">×</td><td rowspan="4">×</td><td rowspan="4">√</td><td rowspan="4">√</td><td rowspan="4">√</td><td rowspan="4">×</td><td rowspan="4">×</td><td rowspan="4">×</td><td rowspan="4">×</td></tr>
<tr><td>盐酸/%</td><td>≥20</td></tr>
<tr><td>硝酸/%</td><td>5～40</td></tr>
<tr><td>铬酸/%</td><td>5～20</td></tr>
<tr><td>硫酸/%</td><td>＜50</td><td rowspan="5">√</td><td rowspan="5">√</td><td rowspan="5">√</td><td rowspan="5">√</td><td rowspan="5">√</td><td rowspan="5">○</td><td rowspan="5">√</td><td rowspan="5">√</td><td rowspan="5">√</td><td rowspan="5">√</td><td rowspan="5">○</td><td rowspan="5">○</td><td rowspan="5">×</td></tr>
<tr><td>盐酸/%</td><td>＜20</td></tr>
<tr><td>硝酸/%</td><td>＜5</td></tr>
<tr><td>铬酸/%</td><td>＜5</td></tr>
<tr><td>酸洗液、电镀液、电解液(pH)</td><td>＜1</td></tr>
<tr><td rowspan="3">酸性水</td><td>1.0～4.0</td><td>√</td><td>√</td><td>○</td><td>√</td><td>√</td><td>√</td><td>○</td><td>—</td><td>√</td><td>√</td><td>√</td><td>√</td><td>×</td></tr>
<tr><td>4.0～5.0</td><td>—</td><td>—</td><td>—</td><td>—</td><td>—</td><td>√</td><td>—</td><td>—</td><td>√</td><td>√</td><td>√</td><td>√</td><td>○</td></tr>
<tr><td>5.0～6.5</td><td>—</td><td>—</td><td>×</td><td>—</td><td>—</td><td>√</td><td>×</td><td>—</td><td>√</td><td>√</td><td>√</td><td>√</td><td>√</td></tr>
<tr><td rowspan="3">碱</td><td rowspan="2">氢氧化钠/%</td><td>＞15</td><td>√</td><td>√</td><td>×</td><td>√</td><td>○</td><td>○</td><td>×</td><td>—</td><td>√</td><td>○</td><td>○</td><td>○</td><td>○</td></tr>
<tr><td>8～15</td><td>—</td><td>—</td><td>×</td><td>—</td><td>—</td><td>—</td><td>×</td><td>—</td><td>√</td><td>√</td><td>√</td><td>√</td><td>√</td></tr>
<tr><td>氨水/%</td><td>≥10</td><td>—</td><td>—</td><td>×</td><td>—</td><td>—</td><td>—</td><td>×</td><td>—</td><td>√</td><td>√</td><td>√</td><td>√</td><td>√</td></tr>
<tr><td>盐</td><td>铜、镉的硫酸盐/%</td><td>≥1</td><td>√</td><td>√</td><td>○</td><td>√</td><td>○</td><td>○</td><td>○</td><td>—</td><td>√</td><td>×</td><td>○</td><td>√</td><td>×</td></tr>
<tr><td rowspan="3">固态</td><td>难溶盐</td><td>任意</td><td>—</td><td>—</td><td>—</td><td>—</td><td>—</td><td>—</td><td>—</td><td>—</td><td>—</td><td>—</td><td>—</td><td>—</td><td>√</td></tr>
<tr><td>固态盐</td><td>任意</td><td>—</td><td>—</td><td>—</td><td>—</td><td>—</td><td>—</td><td>—</td><td>—</td><td>√</td><td>√</td><td>√</td><td>√</td><td>○</td></tr>
<tr><td>碱性固态盐</td><td>任意</td><td>—</td><td>—</td><td>×</td><td>—</td><td>—</td><td>—</td><td>×</td><td>—</td><td>—</td><td>√</td><td>√</td><td>√</td><td>√</td></tr>
</table>

注：1. 表中“√”表示可用；“○”表示少量或偶尔作用时可用；“×”表示不可使用；“—”表示不推荐使用。

2. 当固态介质处于潮湿状态时，应按照相应类别的液态介质进行选用。

常用材料的耐腐蚀性能如表 10-4 所列。冶金在电镀、冶金行业选择花岗石、耐酸砖作为面层防护材料较为合适。有色湿法冶金基本工序包括浸出、净化、过滤、沉降、蒸发、结晶、氯化、冷凝、洗涤、离子交换、干燥、煅烧、氢还原、熔盐电解、水溶液电解，以及各工序间流体及物料输送等单元操作。其中大部分工艺在酸性或碱性有色金属盐溶液中进行，使用的酸体系有硫酸、盐酸、硝酸，碱体系有氢氧化钠等。因此，含有重金属盐溶液以及其他物料运输段的污染预防尤为重要，依据各工艺段酸、碱、盐的特点选择合适的防腐蚀材料以及表面防护方法。

表10-4 耐腐蚀块材、塑料、聚合物水泥砂浆、沥青类、水玻璃类材料和弹性嵌缝材料的耐腐蚀性能

介质名称	花岗石	耐酸砖	硬聚氯乙烯板	氯丁胶水泥砂浆	聚丙烯酸酯乳液水泥砂浆	环氧乳液水泥砂浆	沥青类材料	水玻璃类材料	氯磺化聚乙烯胶泥
硫酸	耐	耐	≤70%,耐	不耐	≤2%,尚耐	≤10%,尚耐	≤50%,耐	耐	≤40%,耐
盐酸	耐	耐	耐	≤2%,尚耐	≤5%,尚耐	≤10%,尚耐	≤20%,耐	耐	≤20%,耐
硝酸	耐	耐	≤50%,耐	≤2%,尚耐	≤5%,尚耐	≤5%,尚耐	≤10%,耐	耐	≤15%,耐
铬酸	耐	耐	≤50%,耐	≤2%,尚耐	≤5%,尚耐	≤5%,尚耐	≤5%,尚耐	耐	—
氢氧化钠	≤30%,耐	耐	耐	≤20%,耐	≤20%,尚耐	≤30%,尚耐	≤25%,耐	不耐	≤20%,耐
氨水	耐	耐	耐	耐	耐	耐	耐	不耐	—

(3) *表面防护涂层*

根据介质的腐蚀性、构筑物使用年限等因素综合确定工业厂房中混凝土结构和砌体结构的表面涂层，包括底层、中间层、面层或底层、面层。涂层材料包括醇酸底涂料、环氧铁红底涂料、聚氯乙烯萤丹底涂料、富锌底涂料等，可根据不同防护位置的需求选用。

① 混凝土结构的表面防护　当腐蚀强度为强，根据防护层使用年限2～5年、5～10年、10～15年依次设置防护涂层厚度不低于120μm、160μm、200μm。当腐蚀强度为中，防护层使用年限2～5年时，防腐蚀涂层厚度大于或等于80μm，或聚合物水泥浆两遍处理，或普通内外墙涂料两遍处理；使用年限5～10年和10～15年的防护涂层厚度分别不低于120μm、160μm。当腐蚀强度为弱，防护层使用年限2～5年，可不做表面防护，或选择在普通外墙涂料进行两遍涂抹；防护层使用年限5～10年时，设置防腐蚀涂层厚度大于或等于80μm，或聚合物水泥浆两遍，也可采用普通内外墙涂料两遍涂抹；10～15年使用年限应设置防护涂层厚度大于或等于120μm。

② 砌体结构的表面防护　当腐蚀强度为强，根据防护层使用年限2～5年、5～10年、10～15年依次设置防护涂层厚度不低于80μm、120μm、160μm。当腐蚀强度为中，防护层使用年限2～5年时，表面防护方法为采用聚合物水泥浆两遍处理，或普通内外墙涂料两遍处理；使用年限5～10年和10～15年的防护涂层厚度分别不低于80μm、120μm。当腐蚀强度为弱，防护层使用年限2～5年，可不做表面防护，或选择在普通外墙涂料进行两遍涂抹，防护层使用年限5～10年时，表面防护方法为采用聚合物水泥浆两遍处理，或普通内外墙涂料两遍处理；使用10～15年，设置防腐蚀涂层厚度大于或等于80μm。

10.1.2 污染防护措施的运营与维护

构（建）筑物服役期的重金属暴露情况决定了其最终成为建筑废物时的污染物含量，即建筑废物受重金属污染的程度。在合理设计、保质施工的基础上，工业生产运营中安全文明生产、无漏管理、定期保养无疑成为污染防护的重要环节。

重视构（建）筑物服役期的污染控制，生产管理人员负责污染防护措施的运营和维护，生产操作人员具有发现问题及时汇报问题的义务，以使污染防护措施发挥其合理功效。工业过程中将含重金属的相关工序设置于封闭系统内运行，严格避免出现污染物的飞溅、泄漏、滴洒等现象。

日常生产中产生的损坏，应及时修缮，防微杜渐。若发生紧急情况应及时去除污染物，隔离污染物避免污染扩散。如发生防建筑材料腐蚀，污染物渗透现场，应将受腐蚀残余物清除，采用稀碱水进行刷洗、清水冲洗后修复补强。剥离的受污染腐蚀的建筑废物应妥善处理，尤其是含重金属工艺段产生的局部修缮建筑废物，应经过无害化处理方可填埋。

以上这些措施的正常运行要求生产管理和操作人员都应该具备基本的污染防护知识，定期组织安全培训，除生产安全学习外也应包含建筑污染防护知识学习。生产操作人员应了解如何判断防护措施的正常状态与破坏状态，具备发现问题及时上报的责任和义务。生产管理人员应掌握判断防护措施运行状态、妥善处理泄漏等事件的能力，定期检查各类建筑污染防护措施是否运行良好，收到生产人员的汇报应及时处理。

10.2 建筑废物污染鉴别与分离

10.2.1 污染建筑废物的鉴别

工业厂房拆迁或改建前对含有毒有害工艺段的构（建）筑物采取鉴定，以判定污染范围及深度。研究表明，混凝土暴露于一定浓度有毒有害溶液环境中，其固液接触面以下 1cm 内存在严重的污染。现场条件下，较长时间的持续污染，特别是老旧厂房，其污染防护措施欠缺或失效，污染可能深入固液接触面 1cm 以下的建筑内部。本研究编写的《建筑废物重金属含量检测方法标准》和《工业源建筑废物重金属污染程度鉴别技术规范》见附录一和附录二。

（1）重金属鉴别

① 原位鉴定　厂房拆除、改建前，了解厂房平面布置，制定监测方案，对涉及重金属的工艺段污染状况进行现场调研。可使用各类便携式仪器进行样品分析鉴定，如手持式 XRF（X 射线荧光分析仪）。

现场 X 射线荧光分析技术采用便携式 X 射线荧光仪，可在采样现场对样品元素进行快速定性和定量分析。其主要基本原理是利用元素原子发出的特征 X 射线能量与元素原子序数的平方成正比，同时，特征 X 射线强度与样品中目标元素含量呈现正相关关系，通过测定元素特征 X 射线能量和强度实现元素的定性和定量分析。该技术已被广泛应用于地质矿产普查中岩石矿石和化探样品的多元素快速分析、环境污染调查中有毒有害元素的快速分析、工业生产过程中在线或载流分析、合金成分快速分析、文物鉴定等众多领域。现场 X 射线荧光测定中，存在测量面凹凸不平（不平度效应）、样品成本变化（基体效应）、矿化不均匀（不均匀效应）和湿度的变化（湿度效应）等干扰因素，采取最佳测网等技术方法克服干扰因素，可将干扰测量误差减少到 10%以内，新型高灵敏度 XRF 分析仪器检出限可达 10μg/g。

采用便携式 X 射线荧光分析仪在现场可直接对原始状态下的建筑废物进行检测，其准确度、精确度、检出限逊于化学分析方法和实验室大型分析仪器检测，可作为现场污染范围初步鉴定手段。

② 实验室分析　当不具备原位鉴定条件时，采用现场取样-实验室分析的方式鉴定污染状况。当现场污染工艺段的原位鉴定结果表明污染物浓度较低时，以取样实验室分析作为污染鉴定的补充。

实验室分析内容包括全量分析和浸出毒性分析。两种分析方法中，结合颚式破碎机和电磁式制样机对建筑废物进行粉碎，经过颚式破碎机初步破碎后，投加 20g 建筑废物样品在电磁式制样机中密封粉碎 240s。全量分析可采用微波消解-ICP 检测，或混合酸（硝酸、盐酸、氢氟酸）消解-ICP 检测，或 X 射线荧光仪（XRF）检测。浸出毒性方法采用中华人民共和国环境保护行业标准《固体废物　浸出毒性方法　硫酸硝酸法》（HJ/T 299—2007），以质量比 2∶1 的浓硫酸和浓硝酸混合液配置的浸提剂（pH＝3.20±0.05），液固比 10∶1（L/kg）在（30±2）r/min 的条件下翻转振荡（18±2）h，测定浸出液重金属浓度。

（2）鉴别限值

① 全量检测　综合本研究中实测数据及文献数据，以及相关标准，将建筑废物按照其中有毒有害物质含量划分为三类：一是一般建筑废物，无工业源污染，可直接进行资源化利用；二是受轻度污染建筑废物，只需要经过简单处理即可填埋或资源化利用；三是受严重污染建筑废物，需安全填埋，或经过严格处理后才能填埋或资源化利用（表 10-5，表 10-6）；后两者统称为受污染建筑废物。

表 10-5　受重金属污染建筑废物分类限值　　单位：mg/kg

元素	一般建筑废物	受重金属轻度污染建筑废物	受重金属严重污染建筑废物
锌	＜500	500～5000	＞5000
铜	＜250	250～2500	＞2500
铅	＜350	350～3500	＞3500
镉	＜3	3～30	＞30
铬	＜300	300～3000	＞3000
镍	＜100	100～1000	＞1000

表 10-6　受有机物污染建筑废物鉴定全量限值　　单位：mg/kg

污染物	一般建筑废物	有机轻度污染建筑废物	有机严重污染建筑废物
总挥发性有机物	≤200	200～8000	≥8000
总石油烃	≤20	20～800	≥800
有机氯农药(总量)	≤1	1～250	≥250
有机磷农药(总量)	≤15	15～500	≥500

续表

污染物	普通建筑废物	有机轻度污染建筑废物	有机严重污染建筑废物
多环芳烃(总量)	≤10	10～200	≥200
多氯联苯	≤0.1	0.1～250	≥250

② 浸出毒性　按照本书 3.1.5 给出的建筑废物毒性浸出方法制备浸出液，其中任何一种有毒有害物质含量超过表 10-7 所列的浓度限值，则判定该建筑废物是具有浸出毒性特征的危险废物，应进行安全填埋，或经严格处理后方可进行卫生填埋或资源化利用。

表 10-7　浸出毒性鉴别标准值

序号	危害成分项目	浸出液中危害成分浓度限值/(mg/L)
1	铜(以总铜计)	100
2	锌(以总锌计)	100
3	镉(以总镉计)	1
4	铅(以总铅计)	5
5	总铬	15
6	铬(六价)	5
7	镍(以总镍计)	5

当全量检测和浸出毒性分析的判定结果不一致时，判定为受污染建筑废物，需要经过处理方可处置或资源化利用。

10.2.2　受污染建筑废物的分离

在鉴别的基础上，将受污染建筑废物与一般建筑废物进行分离，避免交叉污染，有效减少最终处理处置环节中受污染建筑废物的量。

(1) 分离基本要求

根据本研究结果，建议工业厂房构（建）筑物在修缮、改扩建、拆除前优先分离污染区域的表层材料，作为受污染建筑废物单独处理。建议具体分离要求包括运行年限超过 5 年的区域，分离与溶液接触面下至少 4cm 以内的混凝土、砖块或其他建筑材料，分离与含污染物的固体介质相接触界面下至少 1cm 以内的混凝土、砖块或其他建筑材料。运行年限不超过 5 年的区域，分离与溶液接触面下至少 2cm 以内的混凝土、砖块或其他建筑材料。

(2) 分离方法建议

基于污染鉴定结果，拆除重度污染构筑物时，采取整体破碎，收集处理；改进目前常用的拆除工程方法，通过增设负压抽吸组件和冷却水收集系统等部件，加强粉尘控制和水污染控制。对于轻度污染的构（建）筑物的表层及亚层，整体拆除前采取平面剥离，收集处理；除使用拆除工程常用的击打、切割、爆破等方法外，推荐使用新型剥离机器，可有效地收集分离界面产生的固体废弃物，并较好地控制粉尘产生。

10.3　建筑废物监管建议

10.3.1　建筑废物污染防治管理建议

（1）尽快制订建筑废物污染防治管理的法律法规及相关标准

针对现有缺乏受污染建筑废物管理法律法规的现状，尽快制订以一般建筑废物和工业企业受污染建筑废物分类管理为原则的《建筑废物分类与污染防治管理法规》，明确一般建筑废物和工业企业受污染建筑废物的界限，同时专门针对工业企业建筑废物制定并颁布《工业企业建筑废物管理规定》。修订完善《城市建筑垃圾管理规定》，明确一般建筑废物的管理以各级环境保护行政管理部门的固体废物管理中心为责任主体，增加建筑垃圾处理处置市场管理等职权内容。

针对我国缺乏建筑废物污染监测标准及污染控制技术规范的现状，应尽快制定《建筑废物取样技术与方法规范》、《建筑废物污染鉴别标准》等相关规范、标准，统筹考虑全国不同地区的经济发展程度及污染水平的适应性，并实施过程中逐步修订和完善。适时修订《国家危险废物名录》，依据《建筑废物污染鉴别标准》和《危险废物鉴别标准》对危险建筑废物进行监管。

本研究编写的《建筑废物污染环境防治管理办法》见附录三。

（2）明确建筑废物污染防治的监管权责，理顺监管模式

为进一步强化环境保护部建筑废物产生及过程管理的调控职能，建议调整地方住房和城乡建设部门与环境保护部门的主要职责和机构。建立由住房和城乡建设行政管理部门及环境保护行政管理部门协作的建筑废物污染防治监管模式，具体以地方固体废物管理中心为管理主体，建议的监管模式和初步方案如图 10-1 和图 10-2 所示。由环境保护部门指定具有相关资质的单位组织开展建筑废物污染鉴别，受污染的有害建筑废物由环境保护部门进行监管，一般建筑废物由住房和城乡建设行政管理部门进行再生利用等。加强固体废物管理中心管理能力建设，增加具备专业技术的管理人员编制，各地固体废物管理中心增设建筑废物管理科室，执行建筑废物污染防治分类管理。

对于所有化工冶金等车间的拆迁改建，均需进行环境影响评价。拆迁改建之前，环境保护部门进行现场勘查、取样、鉴别，提出受污染的容器设备、地板、墙壁等清理范围，住房和城乡建设部门清理完毕后，环境保护部门进一步现场勘查、取样、鉴别，直至确认所有危险废物全部清除，再移交给住房和城乡建设部门拆迁和利用。清除出来的危险废物，按照国家危险废物管理办法处置处理。

拆迁过程依照相关程序和技术方法执行，增设工程环境监理，拆毁的建筑废物进行分类处置。现有废弃无主的工厂车间由地方相应监管部门接管进行统一处置，明确地方环境保护部门在建筑废物污染防治中的监督权力及管理责任，环境执法部门全权负责受

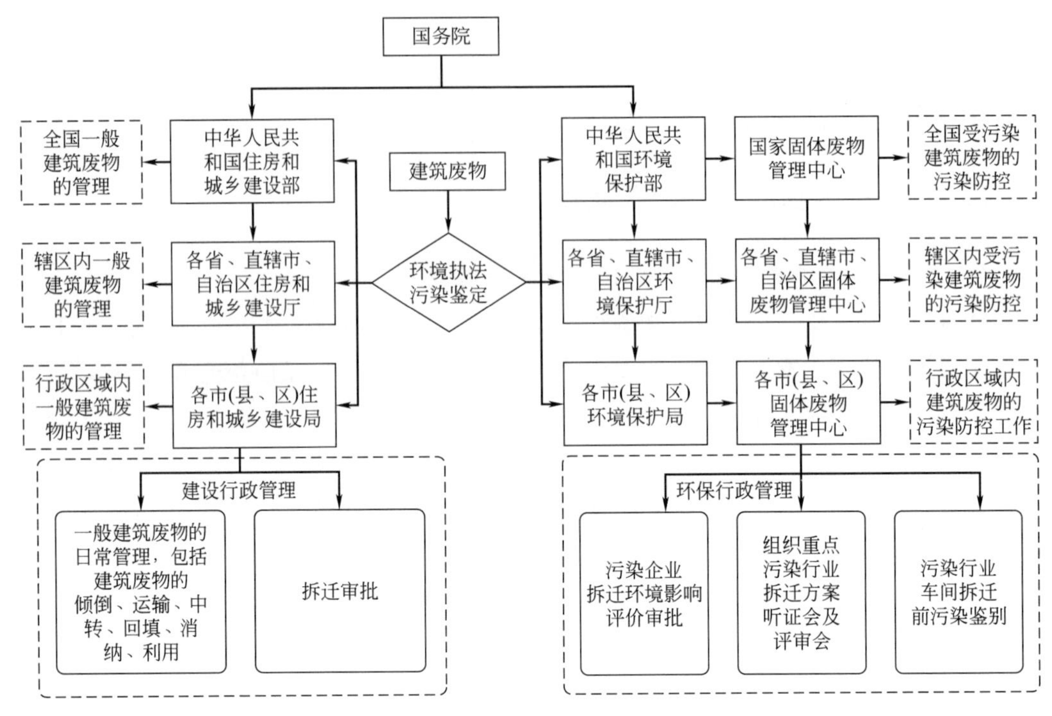

图 10-1 建筑废物污染防治管理中行政部门职责划分建议（一）

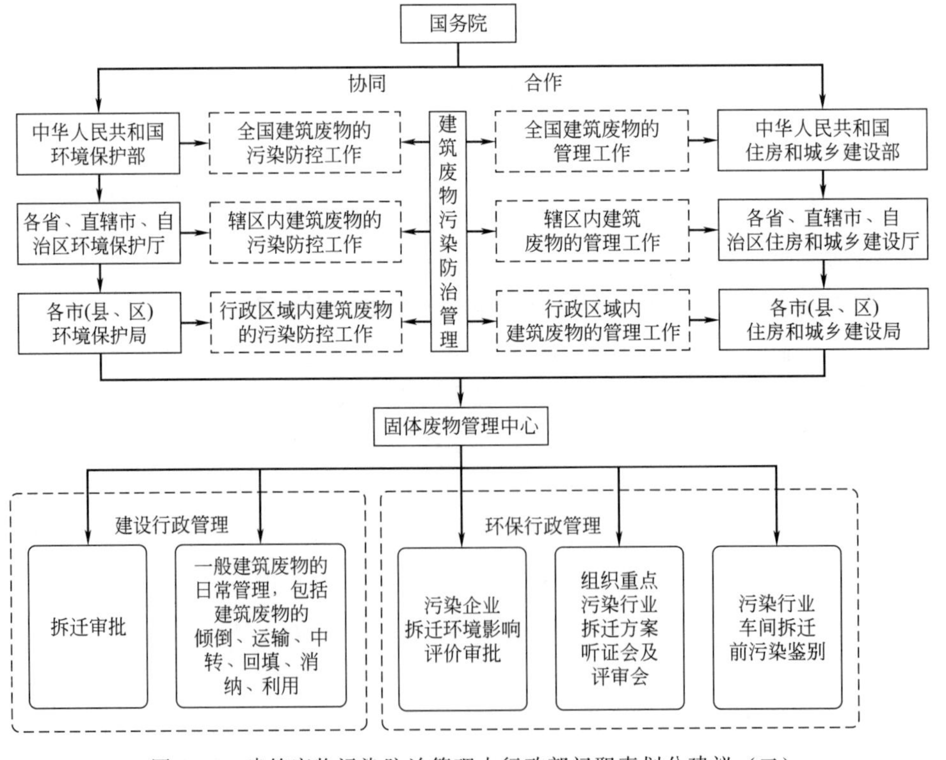

图 10-2 建筑废物污染防治管理中行政部门职责划分建议（二）

污染建筑废物全过程管理，实现建筑废物从污染程度鉴别到落实污染控制措施的完整监管措施。明确地方住房和城乡建设部门按照城镇建设要求对一般建筑废物倾倒、运输、中转、回填、消纳、利用等过程中的监督权力及管理责任。严格执行并逐渐完善建筑废物污染防治监管模式。

(3) 积极推广应用信息化技术，促进建筑废物信息化管理

充分利用现代化信息技术，试点并逐步推广物联网技术，实现管理的信息化。将建筑废物的产生单位、运输单位、处置单位纳入建筑废物物联网监管系统，通过物联网实现申报登记、网上审批、电子联单管理等功能。同时配合使用摄像头监控、定位系统、网络数据传输，监管部门可实时掌握动态数据，为建筑废物的全过程监管打下坚实基础。

10.3.2 工业企业火灾、爆炸建筑废物污染防治问题及对策建议

据不完全统计，仅2015年以来，明确通报的化工厂爆炸事件就有6起。基于当前工业企业火灾爆炸事故频发现象及事后处置工作，结合环境保护部公益性行业科研专项项目《建筑废物处置和资源化污染控制技术研究》研究成果，提出本建议。

(1) 火灾、爆炸污染特征

① 建筑废物组分复杂，特别是来源于化工、冶金、轻工、化肥、农药等污染企业建筑含有大量重金属及有机污染物，污染极其严重，其中达到危险废物标准的污染建筑废物量占这四类企业建筑废物的1%～2%，达100万～200万吨/年，目前未进行任何污染防治，尤其是发生火灾、爆炸等突发事故后，这些建筑废物大量产生，污染将进一步扩散。

② 爆炸导致大量有害物质外泄，其中大部分进入空气，其余附着在建筑废物表面。已有事故应急预案以大气和周边水域监测为主，且局限于氮氧化物、一氧化硫等常规污染物，对污染建筑废物缺乏足够重视，以及对产生的原因和火灾/爆炸复合污染物认识欠缺，基本采用集中堆置后丢弃。灾毁建筑废物污染物清单、污染物控制名录等信息的极度缺乏，导致其无法得到有效管理和处置。

(2) 工业企业火灾、爆炸建筑废物污染防治工作建议

① 制订工厂企业火灾爆炸建筑废物管理法律标准　为填补我国火灾爆炸建筑废物管理空白，应尽快制订相应的火灾爆炸建筑废物管理的法律法规，包括《火灾爆炸事故建筑废物污染防治管理法规》《火灾爆炸事故建筑废物收运条例》《火灾爆炸事故建筑废物鉴别标准》《火灾爆炸事故建筑废物处置办法》等。

② 建立工厂企业火灾爆炸建筑废物鉴别分类管理权责　将火灾爆炸建筑废物分为危险建筑废物和一般建筑废物进行分类管理。对于伴随危险品泄漏的火灾爆炸产生的建筑废物，分类收集强挥发性、低闪点、高毒性污染物残留建筑废物并按危险废物进行收运并单独管理。其余火灾爆炸事故产生的建筑废物，环境保护部门进行现场勘查、取样、鉴别，划分受污染的废墟清理范围和可能的扩散范围，公示污染化学品理化特性，

由住房和城乡建设部门、消防部门联合处理直至环境保护部门确认所有危险废物全部清除。

③ 构建事故后灾毁建筑废物规范化原位处置工艺　基于污染物鉴别，分类集中收集处置灾毁建筑废物。对于普通爆炸废物，含重金属建筑废物利用柠檬酸进行洗脱，有机污染建筑废物，建议选用微波辐照催化氧化法。对于可能含有工业药剂的化学性爆炸建筑废物，应首先采用干粉、泡沫喷洒以防再燃，待稳定后加湿以防止有害粉尘扩散，随后采用原位处置或是统一运输转移。

10.3.3　填埋场污染控制管理建议

相比发达国家，我国建筑废物处置相关技术规范和管理法规制定起步晚，现有标准尚不健全，管理法规较为粗放。

一方面，我国缺乏建筑废物填埋场的污染监测标准及污染控制技术规范。虽然生活垃圾填埋已有系统的相关国家标准及行业技术规范，如《生活垃圾填埋污染控制标准》(GB 16889—2008)、《生活垃圾卫生填埋技术规范》(CJJ 17—2004) 等，但不完全适用于建筑废物填埋场。

另一方面，国家已颁布的多项相关法规《中华人民共和国固体废物污染环境防治法》《城市市容和环境卫生管理条例》《城市建筑垃圾管理规定》等及各地颁布的建筑垃圾管理条例，规范了城市建筑垃圾的倾倒、运输、中转、回填、消纳、利用等处置活动，但并未区分工业源建筑废物与一般建筑废物，建筑废物处置的污染控制要求缺失。建筑废物填埋的相关污染防治管理法规、技术规范和污染控制标准依然处于空白状态。

宏观层面上，国务院建设主管部门负责全国城市建筑垃圾的管理工作，具体到地方由各地建设和城管部门监管建筑废物的收运、处置、利用。建筑废物填埋场作为混杂性污染源，其污染防控已超出建设部门权责范围，但也尚未被纳入环境保护部门的职权，从而导致建筑废物填埋场缺乏有效污染预防和污染排放监管，处于管理盲区。

未分类的建筑废物易混入危险废物、工业源受污染建筑废物等，其中有机物、重金属等污染物在无污染预防的填埋场汇集，随降雨迁移而进入土壤及水体中，给生态安全和人体健康带来危害。建筑废物填埋场不同于生活垃圾填埋场，具有其自身的特殊性，我国在这方面的污染控制技术尚不成熟。

(1) 尽快制订建筑废物填埋场污染控制的法律法规及相关标准

为有效防治我国建筑废物填埋场环境污染，保障生态安全及人民身体健康，基于科学研究和实际调研，建议尽快制订《建筑废物填埋场污染控制标准》《建筑废物填埋处置技术规范》等相关规范、标准。系统全面地建立建筑废物填埋场准入清单及污染物控制名录，逐步修订和完善现有《城市建筑垃圾管理规定》，明确以各级环境保护行政管理部门为责任主体的建筑废物填埋场污染防控工作内容，对建筑废物填埋提出具体要求。

(2) 划分不同功能建筑废物填埋场，促进分类分流污染控制管理

建议将建筑废物填埋场划分为余泥渣土填埋场、一般建筑废物填埋场和工业源建筑

废物填埋场，分类处置建筑废物，按类管理填埋场并进行污染控制。余泥渣土填埋场填埋用于消纳构（建）筑物新建、城市管网新建及改扩建过程中产生的弃土，以土壤、灰土为主要成分。工业源建筑废物填埋场用于填埋诸如化工、冶金、轻工、化肥、农药等污染企业改建、扩建、拆除中产生的建筑废物，含有较高浓度的重金属、有机物等污染物。一般建筑废物填埋场用于填埋除余泥渣土和工业源建筑废物以外的建筑废物资源化利用残渣，以废砂石、废旧混凝土、砖瓦碎瓷为主要成分。

不同类型建筑废物填埋场遵循各自相应的污染控制要求，余泥渣土填埋场不需要特殊防渗，一般建筑废物填埋场需要进行粉尘控制、雨污分流、渗滤液导流收集，工业源建筑废物填埋场还需要配置适当的防渗系统和渗滤液处理设施。

（3）明确建筑废物填埋场污染防控的监管权责，理顺监管模式

为促进我国建筑废物场污染控制工作的有序开展，需理顺建筑废物管理模式，构建建筑废物填埋场污染防控监管体系。建议调整地方住房和城乡建设部门与环境保护部门在建筑废物处置管理中的主要职责，进一步强化环境保护部门在建筑废物填埋场污染控制监管的职能。

建立由住房和城乡建设行政管理部门及环境保护行政管理部门协作的建筑废物填埋场污染防治监管模式，建议的监管模式和初步方案如图10-3所示。一方面，按照现有规定，仍由住房和城乡建设行政管理部门核准建筑废物填埋场处置单位，监督建筑废物分流分类处置；另一方面，一般建筑废物填埋场的环保设计方案报环境保护部门备案，工业源建筑废物填埋场环保设计方案由环保部门组织专家论证。明确地方环境保护部门在建筑废物填埋场污染防治中的监督权力及管理责任，定期检查建筑废物填埋场污染状况，处罚违规。严格执行并逐渐完善建筑废物填埋场污染防控监管模式。

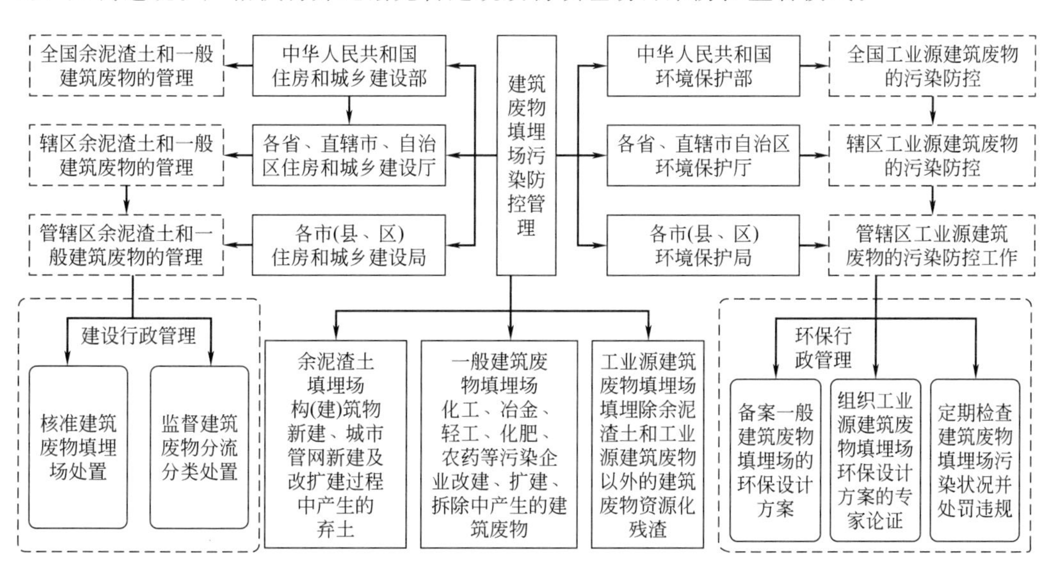

图10-3 建筑废物填埋场污染防控管理行政部门职责划分建议

（4）落实行政和经济管理手段，防控建筑废物填埋场污染

基于现有建筑渣土收费管理，继续对一般建筑废物产生单位进行计量收费，同时，

另行制订工业源的受污染建筑废物收费标准，为建筑废物填埋场的污染控制提供经济支持。根据各地经济发展现状和环境保护需求，对建筑废物填埋场的污染超标排放进行经济惩罚，利用经济杠杆促进环保保护。

（5）加强建筑废物填埋场污染防控技术研发，推广应用信息化技术

加大力度针对性支持建筑废物填埋场污染控制基础理论研究，揭示建筑废物填埋场中污染物迁移转化机制、稳定化规律及环境暴露风险，为建筑废物填埋场的污染防控管理提供科学依据。此外，进一步开发建筑废物填埋预处理技术、防渗和覆盖技术、渗滤液导排和处理技术，为建筑废物填埋场的污染防控提供技术支撑。

应用现代信息化技术，保障建筑废物填埋场污染防控的有效性。试点并逐步推广物联网技术，应用于建筑废物收运、分类、处置等过程，实现管理的信息化。搭建填埋场污染源在线监控系统，促进污染控制的数据化科学化发展。

基于以上分析，本建议提出尽快制订包括《建筑废物填埋场污染控制标准》和《建筑废物填埋处置技术规范》在内的建筑废物填埋场污染防控标准和规范。划分不同功能建筑废物填埋场，促进分类分流污染控制管理，理顺监管模式，在当前住房和城乡建设部门主管建筑废物处理的基础上进一步强化环境保护部门在建筑废物填埋场污染控制的管理职责，具体包括环保方案审批论证、污染物排放检查等。此外，配套落实经济政策，继续支持建筑填埋场污染防控的科学研究及技术研发工作，推广应用现代信息化技术，科学有效地防控建筑废物填埋场污染。

10.3.4 建筑废物再生利用的监管建议

受污染建筑废物再生利用，其再生品具有极大的环境风险，需要对建筑废物再生利用进行合理监管，以规避建筑废物再生品危害人类健康和生态环境。我国在建筑废物再生品利用环境风险监管上尚处于空白，缺乏针对建筑废物拆除、分类、回收、再生利用、污染控制过程中的相关法规。像德国等发达国家已对建筑废物再生集料环境污染控制出台了相应法律标准。德国 LAGA（the regulations of the State Association on Waste）法规，将再生集料分为三等（Z0、Z1 和 Z2）并规定其分类鉴别标准；Z0 不限制使用，Z1 规定区域内可用，Z2 必须经过处理去除污染物方可再用或进行安全填埋；Z1 又分为 Z1.1（可用于水文条件差的区域）和 Z1.2（可用于已受污染区域，污染物环境本底值高于 Z1.1 标准限值）。表 10-8 给出了不同类别建筑废物再生集料毒性浸出实验污染物浓度限值。

（1）尽快制订建筑废物分类及再生利用的法律法规及相关标准

建筑废物的再生利用与其分类、处理密不可分，亟须重视建筑废物的再生利用并制订合理的分类处理技术方案，建立有效的监管体系。为有效提高我国建筑废物的再生利用率，同时减少建筑废物带来的环境压力，节约资源实现可持续性发展。

在实际调研和科学研究的基础上，建议尽快组织制订《建筑废物典型产品技术标准》《异源或同源不同功能区建筑废物再生产品环境保护质量标准》《受污染建筑废物作

表 10-8 LAGA 规定建筑废物再生集料污染物限值

参数	单位	Z0	Z1.1	Z1.2	Z2
pH		6.5～9.5	6.5～9.5	6～12	5.5～12
电导率	mS/cm	<250	250～1500	1500～2000	>2000
氯化物	mg/L	<30	30～40	40～50	>50
硫酸盐	mg/L	<20	20～40	40～100	>100
砷	μg/L	<10	10～30	30～50	>50
铅	μg/L	<10	10～100	100～150	>150
镉	μg/L	<1	1～2	2～5	>5
总铬	μg/L	<10	10～30	30～50	>50
铜	μg/L	<20	20～40	40～100	>100
镍	μg/L	10	10～15	15～50	>50
汞	μg/L	<0.5	0.5～1	1～2	>2
锌	μg/L	<200	200～300	300～1000	>1000

为再生集料、再生砂石、再生砌块的污染控制技术要求（3 类产品）》《建筑废物层压再生技术规范》等相关规范、标准。系统全面地建立建筑废物再生利用典型产品清单及再生利用技术名录，逐步修订和完善现有《建筑垃圾处理技术规范》，明确以各级环境保护行政管理部门为责任主体的建筑废物再生利用过程中污染防控工作内容，对建筑废物再生利用提出具体要求。

本研究编写了《异源或同源不同功能区建筑废物再生产品环境保护质量标准》《受污染建筑废物作为再生集料、再生砂石、再生砌块的污染控制技术规范（3 类产品）》见附录四和附录五。

（2）明确建筑废物拆除、分类、再生利用过程的监管权责

为促进我国建筑废物再生利用工作的有序开展，亟须梳理建筑废物从拆除、分类以及到再生利用整个过程，构建建筑废物拆除、分类、再生的监管体系。建议协调地方住房和城乡建设部门与环境保护部门在建筑废物处理处置及再生利用过程中的主要职责，进一步强化环境保护部门对受污染建筑废物处理处置的监管职权。建立由住房和城乡建设行政管理部门及环境保护行政管理部门协作的建筑物拆除、分类及再生利用的监管机制，并进一步细化监督的责权范围。受污染的建筑废物，诸如化工、冶金、轻工、农药等污染企业改建、扩建、拆除中产生的建筑废物，含有较高浓度的重金属、有机物等污染物。这类工业源的受污染建筑废物的填埋处置或污染控制由环保部门负责监督，而一般建筑废物按材质进行分类回收、清运、再生利用的过程则由建设部门监督，关于更加明确细化的分工需进一步研究、讨论、协调。

（3）加强建筑废物拆除、分类回收、再生利用技术研发，改良再生产品生产工艺

建筑废物再生利用方面，除了监管体系的不完善，技术上的欠缺直接限制了建筑废物再生利用的分级利用。首先，建筑物在拆除时缺乏相应的分类拆除技术方案，导致一般建筑废物与受污染建筑废物混杂，难以对其进行再生回收，因此应大力支持建筑物按

材质有序分解拆除或拆卸的技术开发。此外，应开展受污染建筑废物的污染控制研究，并明确再生产品的环境安全指标，防止对生态环境造成危害。

建筑废物再生产品的加工工艺关系到建筑废物产品的成本、质量、使用范围。针对不同材质的建筑废物开发适用的再生产品加工工艺，加强对工艺改良研究的扶持，并推广低能耗、高质量的加工工艺，从而促进建筑废物再生利用行业的发展。

（4）落实行政和经济管理手段，促进建筑废物回收利用

加强对拆除工程单位施工过程的监管，对各种违规行为实施经济惩罚，如将受污染建筑废物当一般建筑废物处置、对建筑废物不进行分类回收等行为。

在建筑废物再生利用方面，再生材料生产和应用宜先初级、后高级，先低附加值处理、后高附加值处理，循序渐进。在再生利用实施的过程中，通过技术创新推动制度创新，进而实现商业模式创新，实现建筑废物再生利用技术的快速发展。在建筑废物再生产品的推广方面，政府应鼓励在对公共设施采购时优先选用再生产品，同时给予建筑废物再生利用行业适当的扶持，使得再生产品在市场上更具有竞争力。

第11章 建筑废物资源化再利用技术

11.1 建筑废物再生集料制备利用

再生集料是指由建筑废物中的混凝土、砂浆、石、砖瓦或陶瓷等经过分选、破碎等工艺加工而成用于后续再生利用的颗粒。再生集料可用于生产再生集料混凝土、再生集料砂浆、再生集料砌块和再生集料砖等。再生集料，根据来源可分为混凝土再生集料、砖瓦再生集料、废石再生集料、陶瓷再生集料和其他再生集料；根据粒度可分为再生粗集料、再生细集料和再生微粉，再生粗集料指粒径大于4.75mm的颗粒（即4目筛的筛上物），再生细集料是指粒径在0.16～4.75mm的颗粒（4目筛的筛下和12目筛的筛上物）；再生微粉指粒径小于0.16mm的细粉（12目筛的筛下物）。再生集料后续可以直接用于回填、造景、地基铺设、代替天然碎石和砂来制备混凝土和砂浆、制备再生集料砌块和再生蒸压砖等。下面对再生集料的制备工艺及后续利用工艺作简要介绍。

11.1.1 再生集料生产工艺

(1) 常规再生集料生产工艺

再生集料的生产过程包括预处理、破碎和筛分三大工艺环节，工艺流程如图11-1所示。预处理环节是对大块建筑废物进行简单破碎后，分拣提出其中的钢筋、木材和塑料等杂质。经预处理后的建筑废物进行多级破碎和筛分生产不同粒径范围的再生集料。

① 预处理　预处理完成对建筑废物的初级破碎和人工分拣。预处理阶段建筑废物初级破碎一般采用颚式破碎机，该段破碎处置主要是将大块的建筑废物预先破碎，便于后续破碎处置和混凝土块中钢筋的分离。经过初破后，对于未经源头分类的建筑废物需进入人工分拣平台，对于已进行源头分类的建筑废物可以省去人工分拣环节。人工分拣主要分离建筑废物中较大的钢筋、布条、塑料、织物等。未经源头分类的建筑废物成分较为复杂，难以通过单一的机械手段实现杂物的分离，人工分拣程序保证了大块杂物的分离，同时可以使后续的处置过程更为高效。

② 破碎和筛分　破碎和筛分为建筑废物再生集料的主要环节，对建筑废物进行细碎和进一步杂质分离。经二级破碎后的建筑废物进入去泥筛去除1mm以下的粉尘，并经铁磁分离器分离去除细钢筋、铁钉等金属物质，再经风力分选去除物料中的木屑、塑

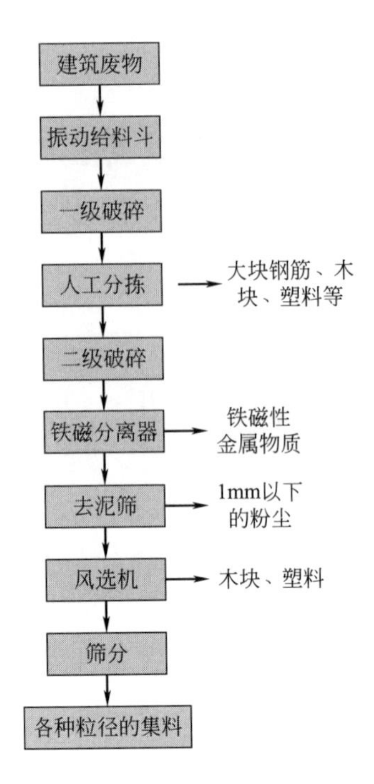

图 11-1　再生集料生产工艺流程

料等轻物质。经过分选去除杂质的物料，经多级筛分出不同粒径的再生集料，对于粒径过大的物料返回二级破碎再次破碎后筛分。

（2）加热磨损工艺

再生集料加热磨损法生产工艺由日本学者 Shima 等提出，工艺流程如图 11-2 所示。在该生产工艺中，废弃混凝土首先通过一级破碎和筛分装置，破碎粒径小于 40mm 的废弃混凝土块并筛分去除粒径小于 5mm 的粉碎料，然后将 5～40mm 粒径的废弃混凝土块在一个竖向加热装置中加热到 300℃。再将加热过的废弃混凝土块送入二级破碎装置中，对其进行机械磨损，将附着的水泥砂浆与废弃混凝土块分离。然后，进行二级和三级筛分，获得再生粗集料（5～20mm）、再生细集料（0.15～5mm）和微细粉料（<0.15mm）。其中，一级破碎处理使用的是颚式破碎机，二级破碎处理使用的是内置竖轴式偏心转筒式碾碎机或水平竖轴式球磨碾碎机。根据这条生产工艺，得到的再生粗、细集料和微细粉料的质量比分别为 35%、30%和 35%。根据 Tateyashiki 等的研究，由该工艺生产的再生集料完全满足日本再生混凝土规程的标准。Shima 等研究表明该工艺生产的微细粉料吸水率很大，可以用作地基的稳定增强材料，也可以用作生产水泥的原材料和代替部分水泥用于配制混凝土。

与其他生产工艺相比，该工艺中增加了加热和机械磨损两道工序。当废弃混凝土加热到 300℃时，附着在废弃混凝土块上的水泥砂浆变脆，再通过机械磨损，可以将水泥砂浆有效分离。由图 11-3 可以看出，当加热温度到 300℃时，高温对再生集料品质影响接近饱和。因此该工艺中，选择 300℃作为最终的加热温度。

在该工艺中，由于含有加热和机械磨损流程，导致需要很大的能量消耗。但是该工

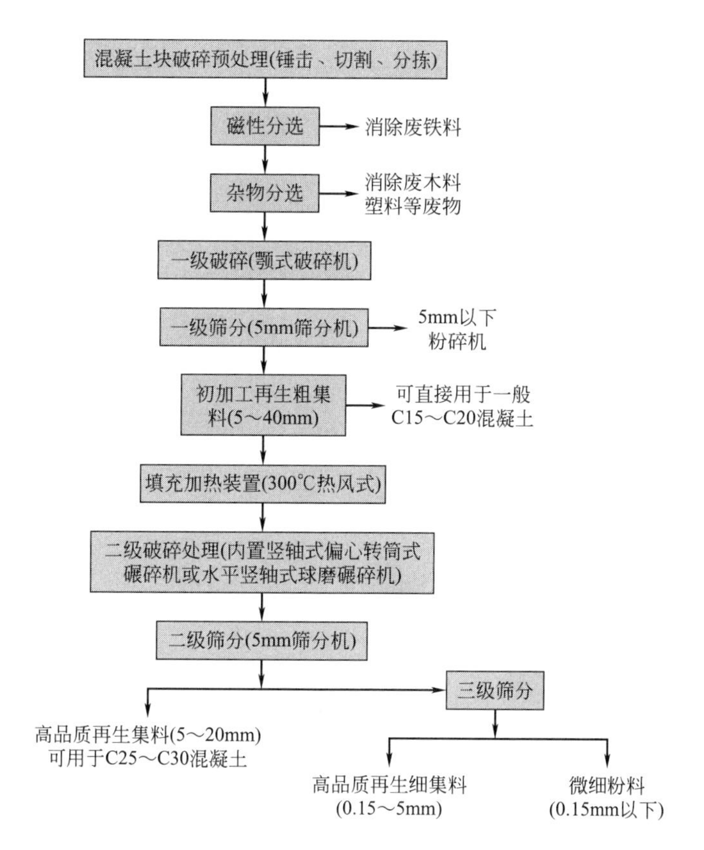

图 11-2　再生集料加热磨损法生产工艺

艺保证了生产的再生集料具有高品质，可以用于配制结构混凝土。同时生产的微细粉料还可以用于地基稳定处理中或作为生产水泥的原材料。该工艺是一个闭合的系统，在混凝土资源利用上形成了一个良好的循环。

（3）湿处理工艺

传统的再生集料生产工艺中大都采用干处理法，即直接对自然状态下的再生集料进行破碎、筛分处理。该法具有简单、造价低等特点，但是干处理法不能够有效分离废弃混凝土块中的杂质，当废弃混凝土中含有的杂质较多时，利用干处理法得到的再生集料品质较差，仅能用于路面用混凝土的配制。

近年来，欧洲和美国开始采用湿处理法生产再生集料，即在处理之前，首先用水对再生集料进行冲洗。荷兰一家公司提出一条采用湿处理法生产高品质再生集料的生产工艺，如图 11-4 所示。该工艺的参数如下，工作能力：120t/h；处理废弃混凝土的粒径范围：0～32mm；水的消耗量：290m^3/h。与一般的干处理法相比，该方法可以有效消除废弃混凝土中的泥屑、有机物质以及碎砖等杂质。该工艺具有两个明显优点：获得的再生集料中所含杂质较少；该生产工艺也是一个闭和的循环系统。

该工艺生产的再生粗集料的基本性能，详见表 11-1。由表中可以看出，该工艺生产的再生集料可以满足相应的标准要求，具有较高的品质。

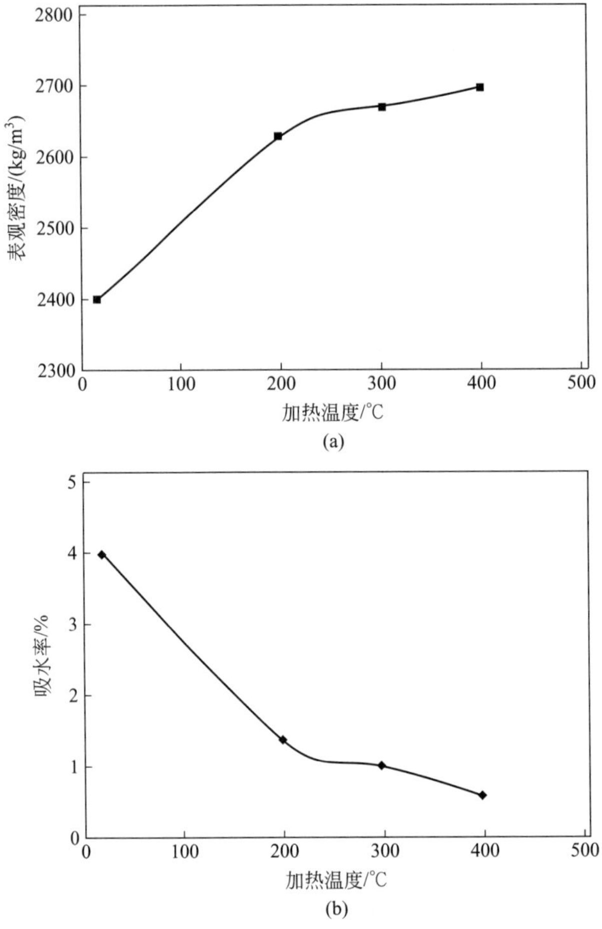

图 11-3　加热温度对再生集料品质影响

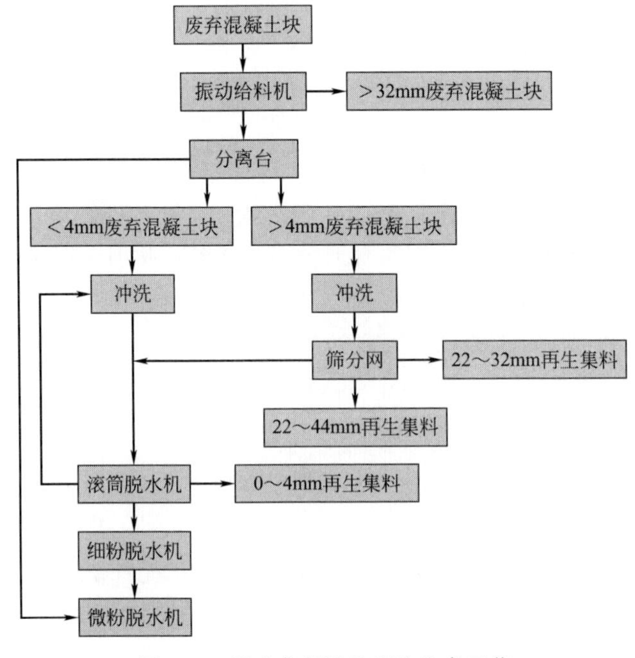

图 11-4　再生集料湿处理法生产工艺

表 11-1　再生集料基本性能

项目	性能	SKK 标准要求
表观密度/(kg/m^3)	＞2400	＞2400
超细粉末含量/%	＜0.6	＜3.0
有机物含量/%	＜0.01	＜1.0
硫化物含量/%	0.0046	＜1.0
氯化物含量/%	0.0096	＜0.015

11.1.2　再生集料后续利用

(1) 再生集料混凝土

再生集料混凝土（再生混凝土）是指用再生集料部分或全部代替天然集料（砂、石），按一定配合比配置成的混凝土。经济可行的再生集料生产工艺是废弃混凝土能够进行充分再利用的前提。目前再生集料的生产工艺大都是将切割破碎设备、传送机械、筛分设备和清除杂质设备有机结合，完成破碎、去杂、分级等工序。不同设计者和生产厂家只在生产细节上稍有不同。再生集料的生产需要解决一系列问题，包括对废弃混凝土块或钢筋混凝土块的回收、破碎与分级等。由于再生集料各方面的性能不同于天然集料，根据再生集料的特点，对再生混凝土的配合比设计进行专门研究，是合理有效地推广再生混凝土的工艺制备关键。

将再生混凝土拌合用水量分为两部分：一部分为集料所吸附的水分，称为吸附水，它是集料吸水至饱和面干状态时的用水量；另一部分为拌合水用量，除了一部分蒸发外，这部分水用来提高拌合物的流动性并参与水泥的水化反应。吸附水的用量根据试验确定，拌合水用量按普通混凝土配合比设计方法确定。在实际操作中，两部分水是一起加入的。

考虑到再生集料的高吸水率特性，采用集料预吸水工艺，将拌制混凝土的用水量分别按不考虑吸水的总用水量和扣除集料吸水消耗的净用水量，计算与之相对应的总水灰比和净水灰比。净用水量这部分水主要对水泥水化和流动性起作用；总用水量则是包括再生集料吸水在内的混凝土总用水量，来分别探讨更合理的经验公式表达式。另一种设计思路是将再生集料视为一类特殊的混凝土集料，确定各主要影响因素和水平，采用正交试验方法可减少试验组合数目，确定最显著的影响因素，并利用回归分析方法确定再生混凝土的强度和各因素间的数学关系，得到设计。

粉煤灰、高效减水剂等外加剂在工程中可有效降低混凝土用水量并提高施工和易性。国内学者对于利用外加剂改善再生混凝土性能提高其强度等方面取得了很多有意义的成果。高效减水剂的运用，可以有效提高再生混凝土的强度，同时应注意减水剂的使用可能导致混凝土强度与现行基于保罗米水灰比公式的配合比设计结果出现较大偏差。

(2) 再生集料砂浆

再生集料砂浆是指用再生细集料替代部分或全部天然砂制备的砂浆。赵焕起等系统地开展了建筑废物再生集料制备干粉砌筑砂浆、干粉抹灰砂浆、干粉地面砂浆工艺方案的设计，其工艺流程如图 11-5 所示。下面将分别进行论述。

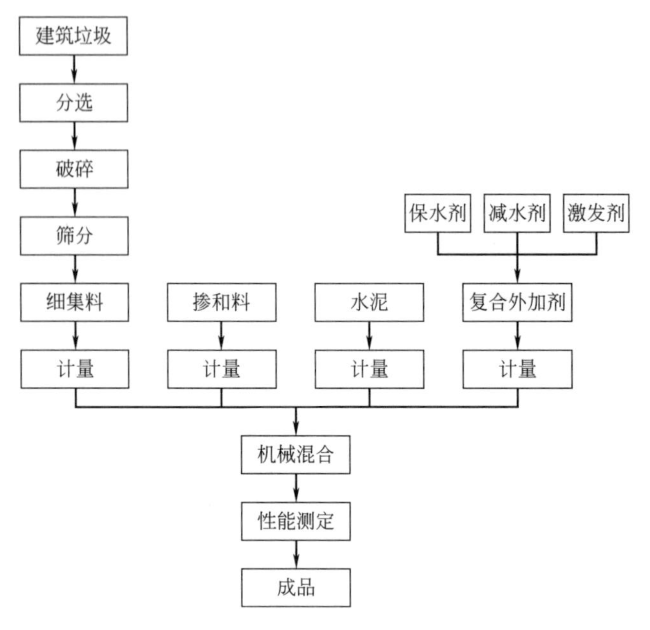

图 11-5　再生集料生产砂浆工艺流程

① 再生集料砌筑砂浆　砌筑砂浆是指将砖、石、砌块等块材等黏结成为砌体的砂浆。细集料是保温砌筑砂浆强度的决定因素。通过不同的细集料的选用，可配制不同强度等级的保温砌筑砂浆。细集料对保温砌筑砂浆热导率影响较大，相同条件下，采用聚苯乙烯泡沫颗粒（EPS）作细集料的砂浆热导率最小，玻化微珠的次之，矿渣的最大。在一定范围内，保温砌筑砂浆的热导率与干密度成线性关系，热导率随干密度的减小而减小；同时强度也随干密度的减小而减小。保温砌筑砂浆采用的细集料不同，其收缩率不同，相同条件下，EPS 作细集料保温砌筑砂浆的收缩率最大，玻化微珠的次之，矿渣的最小。当稠度不变时，随着砂含泥量的增加，需水量增加较大。在砂浆中加入胶粉，一方面由于 VAE 颗粒之间润滑效应，从而改善砂浆的可工作性；另一方面胶粉对空气有诱导效应，使砂浆具有可压缩性，从而改善砂浆的施工和易性。

含泥量对强度的影响主要表现为两方面。一方面是作为惰性掺料降低了水泥的活性，从而降低砂浆的强度；另一方面由于吸水作用降低了水泥净浆的实际水灰比和由于楔入水泥团粒使水泥易于充分水化而有利于强度增长。这两种作用相互制约，在不同的情况下有不同的表现。当砂含泥量不超过某一限值时，两种作用会相互抵消，甚至第二种作用会更大一些，而当含泥量超过某一限值时，第一种作用会大于第二种作用而导致强度的降低。

赵焕起通过改变粉煤灰、复合激发剂、界面增强剂、保水剂、减水剂和再生集料配比，研究其对砌筑砂浆性能的影响。获得的最佳原料配比与性能测试结果如表11-2所列，各项指标均满足《预拌砂浆》（GB/T 25181—2010）中 M10 干粉砌筑砂浆的要求。

表 11-2　再生集料砌筑砂浆最佳配比

灰料比	粉煤灰掺量	复合激发剂掺量	界面增强剂掺量	保水剂掺量	减水剂掺量
1∶5.0	25%	0.9%	1.2%	0.24%	1.2%

② 再生集料抹灰砂浆　抹灰砂浆是涂抹在建筑物和构件表面以及基底材料的表面，同时具有保护基层和满足使用要求作用的砂浆。赵焕起以建筑废物再生集料为集料，水泥为胶凝材料，通过钢渣、羧甲基纤维素保水剂和其他外加剂的添加，制备再生集料干粉抹灰砂浆。获得的最佳原料配比与性能测试结果如表 11-3 所列，各项指标均满足《预拌砂浆》(GB/T 25181—2010) 中 M15 干粉抹灰砂浆的要求。

表 11-3　再生集料抹灰砂浆最佳配比

灰料比	硅灰	钢渣	钢渣激发剂	复合激发剂	界面增强剂	保水剂	减水剂
1∶4.0	4%	18%	0.5%	0.9%	1.2%	0.15%	1.5%

③ 再生集料地面砂浆　地面砂浆是在建筑物的室内外地平涂抹一定厚度的砂浆，硬化后具有一定特性的砂浆。有学者通过改性炉渣的添加，辅以建筑废物再生集料，通过正交试验得出干混地面砂浆的优化方案，结果为机制砂总量 75%；粗砂∶中砂∶细砂为 2∶1∶2；矿渣微粉与粉煤灰为比为 1∶2，外掺纤维素醚量为 0.03%。水泥掺量的增加能够提高再生集料地面砂浆的表观密度和抗压强度，从而制备不同强度等级的地面砂浆。

赵焕起以建筑废物再生集料为集料，水泥为胶凝材料，通过粉煤灰、羧甲基纤维素保水剂和其他外加剂的添加，制备再生集料干粉地面砂浆。获得的最佳原料配比与性能测试结果如表 11-4 所列，各项指标均满足《预拌砂浆》(GB/T 25181—2010) 中 M20 干粉地面砂浆的要求。

表 11-4　再生集料地面砂浆最佳配比

灰料比	硅灰	粉煤灰	复合激发剂	界面增强剂	保水剂	减水剂
1∶4.5	4%	25%	0.9%	1.2%	0.12%	1.2%

(3) 再生集料混凝土空心砌块

再生集料混凝土空心砌块是以再生集料为原料，采用科学的配比和合理的结构性孔洞排列，加入硅酸盐水泥、粉煤灰、天然砂石、工业废渣、水等材料，经搅拌、压制、养护等工序而成的新型节能墙体材料。其生产工艺流程如图 11-6 所示，主要包括原料处理、混凝土搅拌、砌块成型和砌块养护。

① 原料处理　建筑废物再生集料需要经过 5mm 和 10mm 方孔筛筛分处理，5～10mm 为粗集料，小于 5mm 的为细集料，大于 10mm 经破碎后再用。为保证砌块成型质量，集料需要预先加水湿润。掺和料是具有一定活性的工业废渣，主要包括粉煤灰、煤矸石粉、高炉渣等，其中粉煤灰是目前使用最广的一种掺和剂。掺和料不仅可以取代部分水泥、减少水泥用量、降低成本，而且可以改善混凝土拌合物和硬化混凝土的各种性能。复合外加剂主要分为减水剂和早强剂两个品种。减水剂能使

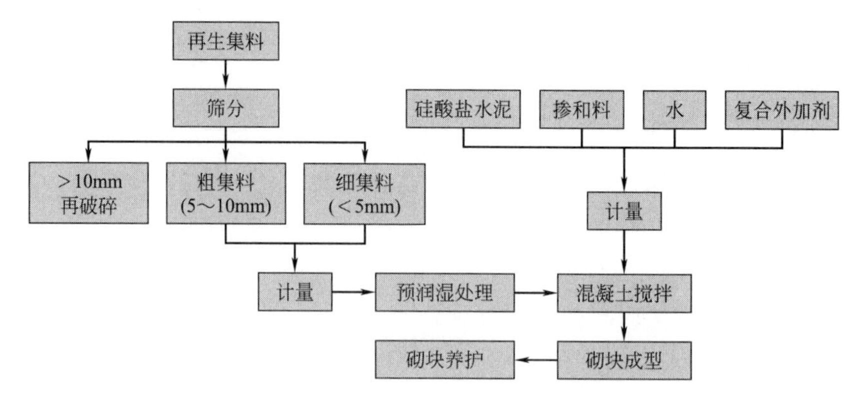

图 11-6　再生集料混凝土空心砌块生产工艺流程

混凝土拌合物在工作性保持不变的情况下，较显著地减少用水量，提高混凝土砌块的强度和改善其抗冻、抗渗和耐久性能，较常用的为聚羟酸和萘系等。早强剂主要促进水泥水化和硬化，提高混凝土砌块的早期强度，较为常用的有可溶性氯化物、硫酸盐类等。

② 混凝土搅拌　搅拌工艺分为一次投料搅拌和二次投料搅拌工艺。一次投料搅拌工艺为提升斗投料顺序为粗集料-水泥-细集料，翻斗投料的顺序为细集料-水泥-粗集料；加入全部拌合水搅拌；复合外加剂应预先加入水中，配料应按重量计算，水泥、水粉料等误差应小于 2%，粗集料误差小于 3%，干搅拌 2min，湿搅拌 2min。二次投料搅拌工艺为细集料-水泥加部分水，搅拌成水泥浆，再加入粗集料和剩余的拌合水搅拌。二次投料搅拌工艺拌合的混凝土具有较好的和易性，强度提高，配制相同强度等级的混凝土，可节省 15%～20%的水泥用量。

③ 砌块成型　混凝土小型空心砌块成型工艺包括布料、振动加压、脱模三个环节。布料是在设备振动的状态下，使混凝土拌合料充填模具至预定布料高度，并形成水平面的过程。在此过程中拌合料要克服与模具的黏附作用力，尽可能地把狭窄的模具空间填实。振动加压是通过强力振动和加压，是模具内的拌合料紧密成型至具有预定高度的胚体。脱模是使坯体从模具中脱出。

④ 砌块养护　混凝土小型空心砌块养护分为低温常压蒸汽养护、自然养护、低温、太阳能光热互补式养护等。

低温常压蒸汽养护，胚体在密闭的养护窑内进行养护，蒸汽养护分为静停、升温、恒温、降温四个工艺阶段。静停时间与水泥的初凝时间相当，夏季约为 2h，冬季曾适当延长，静停时间的计算从关上窑门算起。升温速率不宜过快，通常为 30℃/h 左右，恒温时间为 8～10h，恒温温度为 65～70℃，降温速率不宜超过 10℃/h。

低温蓄热养护，是将胚体放在一个密闭的养护室，不通入蒸汽和暖气，仅仅依靠水化热来提高环境温度。其最高温度一般为 35～40℃，湿度必须保证在 90%以上，养护窑必须做保湿处理。

自然养护，砌块胚体放在室外或室内养护的方法。放在室外养护时，当环境温度低于 20℃，就必须用塑料布覆盖在砌块上，以便保温保湿；在炎热的夏季需要用草布覆盖并洒水养护。

太阳能光热互补式养护，养护窑以阳光板建成，利用太阳能提高养护窑内的温度。在阳光、水化热不足的情况下，利用热源管给养护窑内加热，提高养护窑内的温度，能注意将湿度控制在 90%以上。

养护好的混凝土空隙砌块，达到码垛强度后，应及时码垛，剁高不宜超过 1.6m，码垛后必须洒水养护，蒸汽养护洒水 1～2 次，其他养护需洒水养护 10～14 天。

（4）再生集料蒸压砖

蒸压砖一般指利用粉煤灰、煤渣、煤矸石、尾矿渣、化工渣或者天然砂、海涂泥等为主要原料，不经高温煅烧而制造的一种新型墙体材料。据统计，通过添加粉煤灰制备再生蒸压砖，其排放的 SO_2 和 CO_2 量相比于烧结砖，同比分别减少 20.8 倍以及 5.8 倍。发展再生蒸压砖具有显著的经济和社会意义。

利用建筑废弃物或再生集料生产出标准的砖或普通的空心砖，具有烧结黏土砖和蒸压砖两种材料的优势，抗折强度高、抗震性好、质量轻、节能效果好、砌筑效率高。其中，10～20mm 的建筑中细集料是制备再生蒸压砖的合适材料，我国部分城市 8 成以上的再生免烧砖是由建筑垃圾再生集料制备而成的。

孙彩霞等以建筑垃圾为集料，利用建筑垃圾作集料生产粉煤灰蒸压砖，提出了 3 种体系配合比：a. 建筑垃圾-粉煤灰-石灰体系配合比，具体为碎砖 65%，粉煤灰 25%，生石灰 8%，激发剂 2%；b. 建筑垃圾-粉煤灰-电石渣体系配合比，具体为碎砖 63%，粉煤灰 25%，电石渣 10%，激发剂 2%；c. 建筑垃圾-粉煤灰-石灰体-水泥体系，具体为碎砖 65%，粉煤灰 25%，生石灰 5%，水泥 3%，激发剂 2%。3 种体系配合比下的标准砖的抗压强度均超过国家规定的优等品砖 MU15 的强度等级要求。

万莹莹等利用建筑垃圾生产蒸压砖，并对蒸压砖的抗折强度、抗压强度、炭化、冻融及体积密度等性能进行了测定。具体工艺确定为建筑垃圾集料占 40%，粉煤灰占 40%，工业废渣和外加剂占 20%，原材料本身含有较高的水分，一般控制相对含水率为 20%左右，成型时采用双面加压，压力为 25MPa，砖坯成型后需静停一段时间。对蒸压砖性能的测定结果表明，以建筑垃圾生产的蒸压砖，抗折、抗压强度均达到国家标准，满足工程要求。其中以碎砖为集料的蒸压砖的抗折强度平均值和以天然集料的相等，其值为 3.0MPa；以天然集料的蒸压砖抗压强度最高，相比于以碎混凝土为集料的再生蒸压砖，以碎砖为集料的再生蒸压砖抗压强度要高出 16%，比以天然集料的蒸压砖抗压强度低约 4%。密度和吸水率方面，蒸压砖以碎砖为集料的比天然集料的轻 5.3%，平均吸水率高 0.8%；以碎混凝土为集料的比天然集料的轻 7.0%，平均吸水率高 1.9%。表明以建筑垃圾为集料的蒸压砖在实际工程应用中可减少建筑物的自重 5%～7%。同时还对再生蒸压砖冻融、炭化和干燥收缩性能进行了分析，发现冻融后以碎砖为集料的平均抗压强度比冻融前抗压强度提高约 3%，平均重量损失率为 1.3%。蒸压砖炭化后，以碎砖为集料的平均抗压强度为 11.6MPa，炭化系数 KC＝0.94；以碎混凝土为集料的平均抗压强度为 10.1MPa，炭化系数 KC＝0.97。

微铁军通过改进工艺，采用了砖面加沟槽的办法来提高砖砌体抗剪强度，对蒸压砖性能进行了提升，产品抗压、抗折、抗冻性、干燥收缩等指标均达到JC239-91MU10技术要求。

11.2 建筑废物再生利用工程实例

11.2.1 南通市建筑垃圾资源化处置项目

项目参与单位上海德滨环保科技有限公司于2013年11月启动了南通市区建筑垃圾资源化利用项目，年处理建筑垃圾100万吨；资源循环利用年产再生集料混凝土10万立方米、预拌砂浆20万吨、胶凝材料20万吨、混凝土制品约10万立方米、再生集料40万吨。预处理工段根据工业污染建筑废物含重金属（锌、铅）高的特点，设置基于文丘里管的风力分离分选和富集工段，旨在对废物中重金属进行分离和再生利用，同时实现了无害化，该项目还配有专门的建筑废物试验车间，为南通市城市建筑废物再生资源化的规范管理及建筑废物研究项目的建设、运行提供了支撑。

本项目所选用的工艺为国内已有成功经验与示范典例的先进工艺流程，表11-5列出了建筑垃圾处置技术及资源化产品，适合我国国情、低能耗、高产量、科学合理。

表11-5 建筑垃圾处置技术及资源化产品比较

序号	比较项目	方案一	方案二	方案三
1	可资源化产品	混凝土制品、砂浆、胶凝材料及混凝土集料	混凝土制品、砂浆	路基材料(垫层)
2	预处理工艺	多级破碎、筛分	多级破碎、筛分	单段破碎
3	砖、碎石、混凝土渣的分离	较完全	较完全	混合
4	再生集料用途			
4.1	碎石	5～25mm各种规格；可配制混凝土制品、混凝土集料	5～25mm各种规格；可配制混凝土制品、混凝土集料	粒径大于25mm的占60%以上，仅可配制筑路基层
4.2	砂	0～5mm；可配制混凝土制品、预拌砂浆	0～5mm；可配制混凝土制品、预拌砂浆	
4.3	粉体	≤0.16mm，比表面积约3000cm²/g，可作为胶凝(掺和)材料		
5	建筑垃圾处置资源化产品品种	多元化	较少	单一
6	建筑垃圾资源化产品销售			
6.1	年处置能力30万吨	通畅；各类产品均分，市场占有率低	有风险；量较大，冲击市场	有风险
6.2	年处置能力50万吨	通畅；各类产品均分，市场占有率低	风险大；市场无法容纳	风险大
6.3	年处置能力80万～100万吨	风险较小，有多元化市场	风险巨大	风险巨大

续表

序号	比较项目	方案一	方案二	方案三
7	环境污染	小	小	较大
8	装机容量	大	较大	较小
9	占地面积	大	大	较小
10	投资	大	较大	较小
11	技术先进性	高	较高	低
12	可靠程度	高	高	高
13	资源化产品价值	高	较高	低
14	持续发展、增益	好	一般	差

南通是我国的建筑之乡，地处江海交汇的现代化国际港口城市，目标欲构建长三角北翼经济中心；因此本项目拟采用方案一，采用“三破三筛”工艺干处理技术。建筑垃圾过筛后先使用挑选设备初步去除废料中的杂质，然后送入破碎机将粒径大于 40mm 的材料破碎成较小颗粒；再经过磁性分离机除去铁质、经过空气分离机将各粒组的细小杂质分离；在二级、三级破碎中除去附着于集料表面的水泥浆和砂浆，以求得到较高性能再生集料。

根据本项目年处理量 100 万吨/年的规模，则每小时处理量为 280 吨，处理量较大。金属与非金属材料分类采用电磁除铁等工艺提出金属物，以及采用风选分离其他材料。

建筑垃圾处理工艺确定如下。

(1) 分类堆放和收集

按照砖混结构建筑垃圾、钢筋混凝土结构建筑垃圾和含锌铅等工业污染建筑垃圾分类堆放和收集。

(2) 分类处理

砖混结构建筑垃圾再生处理获得黏土砖再生集料，工艺流程为破碎→除铁→分拣→破碎→筛分→分级处理。

钢筋混凝土结构建筑垃圾再生处理获得混凝土再生集料，工艺流程为破碎→除铁→分拣→破碎→筛分→分级处理→破碎→筛分→分级处理。

低品质混合建筑垃圾再生处理获得混合再生集料，工艺流程为破碎→除铁→分拣→破碎→筛分→分级处理。

含锌、铅等工业污染建筑垃圾无害化处理及再生处理获得混合再生集料，工艺流程为破碎→均质→风力风选分离→富集→筛分→分级处理，具体流程见相关章节。

建筑垃圾处置个别工艺可能根据市场需要略作调整。

(3) 再生集料规格

经预处理的再生集料规格为 0～5mm、5～10mm、10～25mm、25～40mm。

将本处理中心不能处置且有利用价值的钢筋等物料送相关部门综合利用，不可利用的少量生活垃圾采用就地填埋或送垃圾填埋场填埋。

本项目配套工程设年产10万立方米再生集料混凝土制品线（砌块、墙板、多孔砖等）和年产20万吨预拌砂浆、10万立方米混凝土、20万吨胶凝材料生产线，年外供40万吨成品再生集料。

（1）建筑垃圾处理站

建筑垃圾处理主要由破碎、筛选和贮存组成。本工程设置两条建筑垃圾处理线，根据再生集料产品粒度分布要求，两条处理线后端设有三级破碎机。

① 建筑垃圾储存　建筑垃圾储存采用矩形混凝土挡墙加轻质钢屋架的封闭钢结构贮库，沿库长度方向设分隔墙，分别贮存砖混结构建筑垃圾和钢筋混凝土结构建筑垃圾。建筑垃圾由自卸卡车卸入贮存，铲车进行进一步堆垛。

储库面积6768平方米，可贮存建筑垃圾13000吨。

② 建筑垃圾处理（再生集料生产）　建筑垃圾由装载机或自卸卡车运到加料平台，倒入大料斗，通过振动给料机连续均匀地喂入颚式破碎机，颚式破碎机出料口有皮带输送机，输送机前端配置一台电磁除铁器，可将建筑垃圾中遗留的短钢筋清除。输送机两侧可安排值班人员分检木块、塑料等异物。

二级破碎采用冲击式破碎机，该型产品适用于混凝土破碎，具有进料规格大、处理能力强等优点。

二级破碎后的产品，经皮带输送机送入下道工序，筛分分级。筛分系统根据其工艺要求配置了二套振动筛，经过振动筛，可将产品分成三个规格不同的产品；如改变振动筛筛网规格，即可取得不同规格的成品料。设计大于40mm规格的产品仍由皮带输送机送回二级破碎机继续破碎。

经过多级破碎和筛选，可获得的再生集料产品分别为0.16～5mm、5～10mm、10～25mm、25～40mm，由皮带输送机送至再生集料贮存库。其间设泥质预筛选和金属、塑料等异物等分离装置。

其中不能处置且有利用价值的钢筋等物料送相关部门综合利用，不可利用的少量生活垃圾送垃圾填埋场填埋。

生产线每天实际运转12h，年工作日310天，年处理建筑垃圾能力达到100万吨。

生产车间占地面积3564平方米，采用单层全封闭轻质隔声结构厂房。

③ 再生集料贮存　再生集料储存分设在两处。

再生粗集料贮存采用矩形混凝土挡墙加轻质钢屋架的封闭钢结构贮库；沿库长度方向设分隔墙，分别贮存不同规格再生集料。贮库面积3060平方米，贮存量10000吨，由装载机向外供料。

再生细集料贮存采用六个ϕ10m钢板库，单库有效贮量1800吨，贮存0～5mm、5～10mm细集料，主要供混凝土、砂浆、制品生产线使用。采用库底称量配料阀，由螺旋输送机送入搅拌机上方的料仓。

（2）混凝土制品生产线

① 成型　拟选用两条砌块生产线，两班制生产。

砖、砌块等制品生产采用两条QT10-15砌块生产线，相应配置1台1m^{3}卧式双轴搅拌机，并配有 100 吨水泥筒仓，组成独立搅拌、供料系统，用来制备生产混凝土料；一台搅拌机供二条生产线用混凝土料。再生集料、水泥、水等物料经搅拌机搅拌后，通过胶带输送机送入生产车间的成型机。从原料加料，二次面料布料，压制振动成型、产品输送、升板机均为自动化控制。

面料制备选用 2 台主机 0.35m^3 圆筒式搅拌机，并配有 2 个 50 吨水泥筒仓、2 个集料仓和计量秤，组成 2 套独立搅拌、供料系统，原料为水泥或白水泥、砂、颜料等。其中一套供 2 台 QT10-15 成型机生产所需面层材料，一套供路缘石、植草砖成型所需面层材料。

② 养护　QT10-15 砌块生产线配有 1250m^2 养护室，养护室分隔成宽 5.5m 长条形，热源采用太阳能（电加热补充）。砌块由子母运输车送入养护室养护，养护室内设置养护架，层数 20～30 层，存放制品层数应根据制品厚度决定，养护温度 60～70℃，养护时间为 10h 左右。

采用太阳能热水集热式墙壁辐射加热兼热水供应系统。该系统在屋顶设置太阳能热水器，系统包括集热器循环水泵、蓄热水箱、供热水箱、采暖循环水泵、辅助热源、辅助热源热水循环泵、辅助加热换热器和墙壁辐射采热盘管等。太阳能热水器中的热水流过墙壁采暖盘向管养护室供热（70～80℃），返回蓄热水箱后由集热循环水泵送到太阳集热器重新加热；夜间或阴天太阳能不足时则由辅助热源加热系统保证养护室内热量需求。为保证养护室内的湿度的要求，室内每一小时喷一次水雾（2min）。整套系统全自动控制（PLC），控制过程动画显示，养护时间为 8h。该系统主要采用再生能源，节能减排。

③ 成品　完成养护后的制品进降板机，通过输送机、码垛机码垛，并用尼龙带进行捆扎包装，由叉车运至成品堆场叠码堆放。

（3）混凝土生产

集料经一次提升到搅拌站最高层的储料斗，然后配料称量直到搅拌成混凝土而形成的生产流程称为搅拌楼（单阶式）。它具有生产效率高、能耗小、机械化和自动化程度高、布置紧凑等特点，但其设备较复杂、投资较大，常用于大型搅拌工厂。

集料经二次或二次以上提升而形成的生产流程称为搅拌站（双阶式）。它具有设备简单、投资少、建设快等优点，主要用于中小型搅拌工厂。

本项目采用双阶式布置，即将各种集料通过配料称量后，提升至拌合楼最高处的贮存仓与也经称量后的水泥、外加剂等再放至搅拌机进行搅拌，制成混凝土。

① 原材料选择　商品混凝土的主要原材料为水泥、石子、黄砂和外加剂。本项目将主要利用再生粗集料和再生细集料取代石子和黄砂，达到循环再利用。

根据《再生混凝土应用技术规程》（DG/TJ 08-2018—2007）中 1.0.3 规定用作房屋结构工程和道路工程用再生混凝土中再生粗集料取代率宜控制在 30%以下。在有充分试验依据的情况下，再生粗集料的取代率可以适当放宽，但不宜超过 50%。该规程建议再生细集料不宜用作房屋结构工程和道路工程用再生混凝土用集料；有害物质含量经检验应符合表 11-6 要求。

表 11-6 再生集料有害物质含量

放射性物质含量	符合 GB 6566
有机物含量	≤1.0%
SO_3含量	≤1.0%

② 混凝土拌合 混凝土拌合用主机选用双卧轴强制式搅拌机 1 台，出料容积 $2m^3$，理论产能 $120m^3/h$。按《再生混凝土应用技术规程》（DG/TJ 08-2018—2007）要求，再生混凝土净搅拌时间为 2～3min，加上进料、出料时间，平均搅拌周期约 4min，搅拌机平均小时产量约 $30m^3$。本搅拌站按年产量为 10 万立方米计算，年工作天数 250 天，二班制，每班 7.5h，每台搅拌机平均小时产量为 $27m^3$。

拌楼内配有袋式收尘器，捕集各扬尘点的粉尘。

③ 生产控制 本项目再生集料混凝土搅拌生产系统均采用双机双控形式电控系统，该系统各由两台计算机组成，一台作为主控生产系统，另外一台作为管理及监控系统（兼作主控生产机的备份机）。作为主控机系统，具有手动及自动功能。计算机通过外部采样，经过计算、比较、处理，输出控制外部驱动元件，从而真正实现了搅拌楼计算机控制。管理及监控计算机系统作为整套电控系统的备用系统，一旦控制机出现问题时，可以转换到备份机系统工作，保证系统的持续运行。动态面板显示搅拌楼各部件的运行情况，同时可以存储搅拌楼的各种数据，按要求打印各类报表资料，存储配方可达 3 万个以上。

④ 砂石、泥浆回收 本项目设计采用专门的砂石浆分离和泥浆回收设备，将冲洗搅拌机和搅拌车后的砂石浆加以分离。分离后的砂石重新进入生产系统，泥浆水进入沉淀池，泥浆水经沉淀变清后，清水循环冲洗搅拌车，泥浆渣定期清理，作低强度等级混凝土制品的配料。

(4) 预拌砂浆生产

原材料经一次提升到搅拌楼最高层的储料斗，然后配料称量直到搅拌成干混砂浆而形成的生产流程称为高塔式。它具有生产效率高、机械化和自动化程度高、布置紧凑等特点，但其设备较复杂、搅拌楼载荷大、投资费用高。

原材料经计量后提升到搅拌楼上过度仓，再经搅拌成干混砂浆而形成的生产流程称为阶梯式。它具有设备简单、搅拌楼较低高塔式低、投资少、建设快等优点。

本项目采用阶梯式生产工艺流程。

预拌砂浆生产方式为先将含有水分的湿砂进行烘干、筛分、存放于贮仓中。将胶凝材料、集料、粉煤灰、外加剂等分别计量后送入搅拌机中进行搅拌，经包装机包装后为袋装成品或直接通过散装机送入专用散装罐车为散装成品。

① 原料烘干及筛分系统

1）供料。原料输送系统由料仓、斗提机、变频给料计量皮带机组成。

2）干燥冷却。干燥冷却系统由干燥冷却滚筒、燃烧器、供油装置组成。

滚筒为内外双层结构，内筒为加热筒，外筒为冷却筒，物料由内层流到外层，结构紧凑，占地面积小。外筒结构采用与内筒结构相反的导料板，使物料沿干燥方向相反的方向出料；外筒为锥形分段连接，可方便拆穿维护导料板，且易保证同心度。

全自动燃烧器，通过无级调整火焰燃油量及滚筒转速，能够自动调节干燥温度，从而有效控制干燥物料的干燥品质，使出料干砂含水率低于 0.3%，同时控制出料温度在 65℃以下。

干燥冷却系统采用重力＋布袋二级除尘方式，将重力除尘器收到的粗颗粒粉尘通过螺旋输送机送入集料提升机中。布袋除尘器选用大气反吹除灰尘除尘器，采用精制的杜邦耐热布袋，通过一个螺旋输送器，将灰尘输送至粉料提升机。除尘系统采用负压检测控制方式，在烟道上装有温度检测装置和冷风阀，系统有温度安全限定功能，确保除尘布袋工作安全。

3）热料筛分提升。由链式输送机、直线振动筛分机、斗提机组成。

将干燥冷却后的细砂通过链式输送机、斗提机输送到筒仓顶的直线振动筛，直线振动筛分机设三层筛网，筛分粒径为 0.3mm、0.6mm、1.2mm。筛分后的物料进入不同的贮存筒仓。

② 原料贮存系统　原料贮存系统由胶结料、细实料筒仓及掺和料、添加剂料斗组成。

胶结料、细实料筒仓外形与常规粉罐相同，设有连续式料位指示器、除尘器、破拱装置、安全阀、手动闸阀、螺旋输送机、进灰管等，共设 9 个筒仓。

细实料（石粉）及胶结料（水泥、粉煤灰等）的输送为气力输送。

掺量少的掺和料及添加剂一般为袋装，采用吊运，人工拆包投料。

③ 计量搅拌系统

1）搅拌主楼。搅拌楼底层设有包装系统及控制房和气源，并布置一台布袋脉冲除尘器用于包装机的除尘；第二层预留了散装输送的通道；第三层设搅拌主机；第四层平台用于安装过度料仓、小秤，6 个添加剂料斗及脉冲反吹除尘器一台，用于搅拌主机、过度料仓、小秤的除尘。

楼内第四层顶设有电动葫芦，可将袋装添加剂原料从地面吊至第四层平台上。

2）计量配料。生产线配置二个大秤和二个小秤，为累加计量。大秤安装在筒仓底部，主要称量细实料、胶集料，称量后的料通过输送系统提升到主楼的过度料仓中去。小秤安装在搅拌主机上方，主要称量掺和料、添加剂，称量后直接投到搅拌主机中。

过渡料仓上设置一个外置式振动器及除尘器一台。

3）混合机。卧式螺带混合机是高效、应用广泛的单轴混合机，半开管状筒体内的主轴上盘绕蜗旋形式且成一定比例的双层螺带。外螺旋带盘绕形式配合旋转方向把物料从两端向中间推动，而内螺旋带把物料从中间向两端推动，形成对流混合，物料在相对短的时间混合均匀。混合机卧式筒体底部中央开设出料口，外层螺旋带的蜗旋结构配合主轴旋转方向驱赶筒壁内侧物料至中央出料口出料，确保筒体内物料出料无死角。

本项目选用卧式螺带混合机 2 台，混合机有效容积 $6m^3$/台。年产量为 20 万立方米，年工作天数 300 天，二班制，每班 7.5h，则每台搅拌机平均小时产量为 22t。

4）成品包装及散装。成品包装选用 2 台包装机，包装机一般采用阀口式，定量范围在20～50kg，计量精度为±2/10000；包装后的袋装成品由皮带送至成品库堆放。包装系统配有袋式除尘器，主要用于包装机除尘。

散装装置由散装密封皮带机、散装接头组成。散装接头是一个伸缩料斗，带粒位计、双层卸料管，料加满时可及时停止卸料。散装系统配有袋式除尘器，主要用于卸料除尘。

（5）胶凝材料生产

本项目拟采用辊压机粉磨的工艺生产线。

斗提机将再生集料提升卸入稳压仓，稳压仓下方为辊压机，入辊压机的再生集料给料粒度≤25mm。辊压机下的分料阀将大部分物料经皮带机喂入球磨机，少部分物料经斗提机回流至稳压仓。皮带机上设有计量装置，以控制进入球磨机的量。

出磨机的物料，由斗提机提升喂入选粉机，经过选粉机分选，粗颗粒回入球磨机再粉磨。合格的细颗粒由螺旋输送机输送至搅拌机，与掺和料进行充分搅拌配制。配制的成品即为胶凝材料，其比表面积≥300m^2/kg。

出自粉磨系统的胶凝材料采用四个ϕ10m圆库贮存，有效贮量5400t；库底配置汽车散装机，由散装车将成品发送市场。

11.2.2 上饶市建筑垃圾资源化项目

项目参与单位上海德滨环保科技有限公司于2014年上半年承办了上饶市建筑垃圾资源化项目。项目一期年处理建筑垃圾30万吨；资源循环利用年产再生集料5万吨、再生微粉8万吨、再生细砂12万吨、新型再生建材制品6万吨。预留二期扩容空间。

全工艺可减少粉尘扩散，同时还采用砂石分离工艺装置，分离出的固体物质可再作生产原料加以利用，去除固体物质的废水经沉淀处理后，重新作为清洗用水循环使用，同时加入了重金属建筑废物分离分拣和有害物质洗脱工艺，洗脱液实现了零排放，为工业企业建筑废物的无害化处置提供保障，其工艺化处置路线图见图11-7。

本方案工艺路线主要分为六大区域：预处理堆放区、洁净建筑废物破碎分拣区、重金属污染治理区、分级贮存区、深加工联合粉磨区、电气控制系统。

（1）预处理堆放区

预处理堆放区的工艺流程如图11-8所示。

预处理堆放区完成对建筑垃圾的初级破碎、人工分拣、原料堆放工序。

建筑垃圾从场外汽运至处置现场后，进入作业区后，建筑垃圾进入前端颚式破碎机，该段破碎处置主要是将大块的建筑垃圾预先破碎，便于后续破碎处置和混凝土块中钢筋的分离。

进场作业区为运输车辆提供周转的场地，同时也可存放少量建筑垃圾。

建筑垃圾经过初破后，进入人工分拣平台，人工分拣工序主要分离建筑垃圾中较大的钢筋、布条、塑料、织物等。由于建筑垃圾的成分较为复杂，难以通过单一的机械手段实现杂物的分离，人工分拣程序保证了大块杂物的分离，同时可以使后续的处置过程

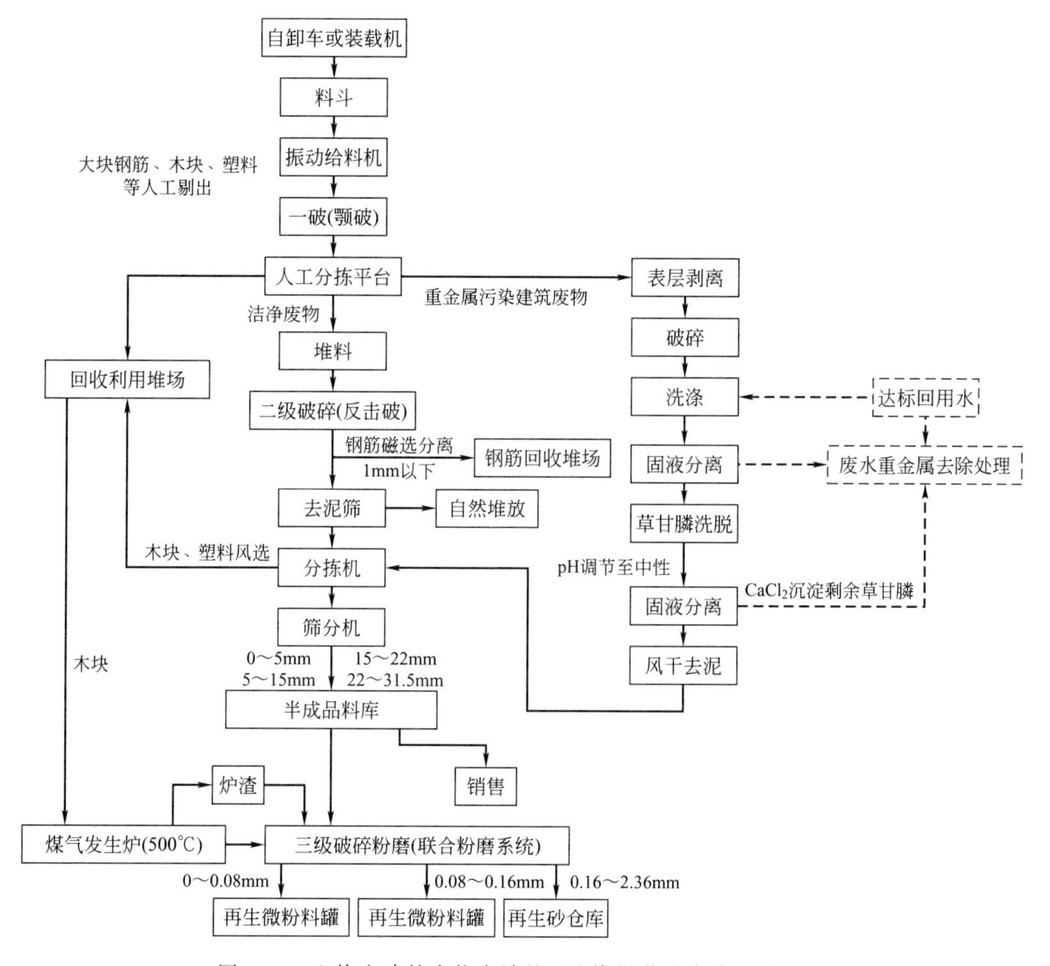

图 11-7　上饶市建筑废物末端处置和资源化生产线工艺流程

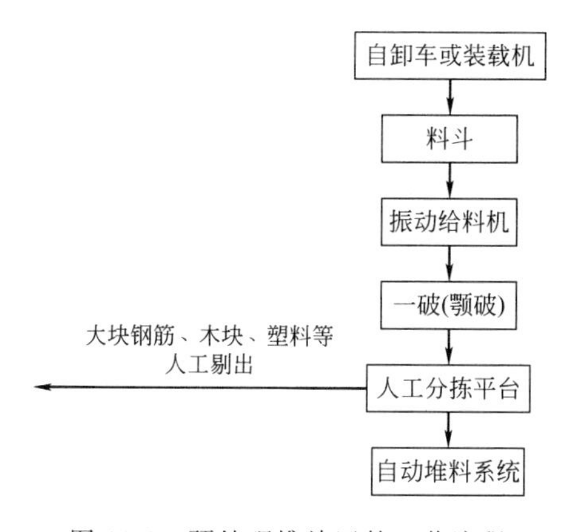

图 11-8　预处理堆放区的工艺流程

更为高效。

物料经过人工分拣平台通过斗提进入自动封闭堆料系统。

自动堆料系统采用行走堆料机，可容纳 18000m^3 物料，基本满足项目生产线一周处置量的存放，保证了建筑垃圾收纳和建筑垃圾处置的一个过渡和缓冲。建筑垃圾的收纳过程不是一个连续的过程，经验表明，某时间段会产生集中收纳，也存在某时间段没有源头建筑垃圾，因此封闭堆料系统的设置是处置原料贮存的必要和有效环节。

自动封闭堆料系统的底部气动式地笼下料口，物料通过下料口直接进入底部的皮带机，无需装载车转运。

（2）洁净建筑废物破碎分拣区

破碎分拣区的工艺示意如图 11-9 所示。

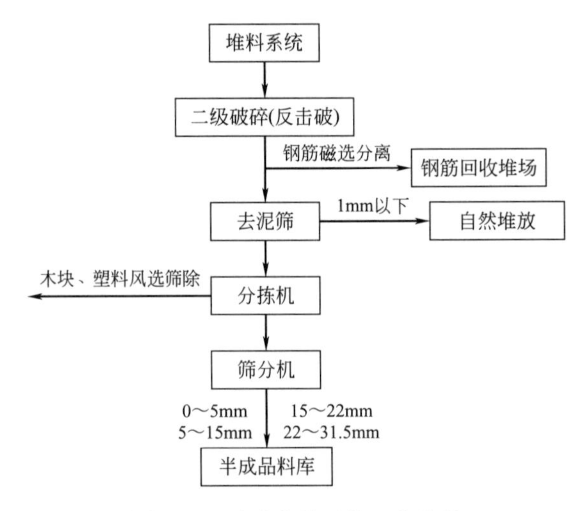

图 11-9　破碎分拣区的工艺流程

破碎分拣区为建筑垃圾处置成为集料的主工作区，承担了建筑垃圾细碎和杂质分离的任务，破碎分拣区配置有反击破、强力吸铁器、直线去泥筛、风道式输送分拣机和圆轨迹筛。

物料从堆料区首先进入反击破，反击破为中破，出料粒度小于 40mm。破碎后物料通过胶带输送机进入三层直线去泥筛，在该段胶带输送机的上方安装有强力吸铁器，去除物料中的细钢筋、铁钉等金属物质。

物料通过直线去泥筛去除下层小于 1mm 的物料，该规格中含泥量较大，再生利用困难；上层物料返料至反击破，中间两层物料进入下一道分拣机。

分拣机采用风道式输送分拣机，分选物料中木屑等轻物质。采用两台风道式胶带分拣机，将不同粒径的物料分开分拣，这避免了由于粒径范围过大，使得大块轻物质和小块集料质量相近，难以剔除的问题。

经过分选的物料进入圆轨迹筛进行筛分，分为四个规格进入分级贮存区存放。

本区域设置一台收尘器，在反击破、直线去泥筛和圆轨迹筛处各设置一个收尘点。

（3）重金属污染治理区

分级贮存区的工艺流程如图 11-10 所示。

① 表层剥离　将受高浓度重金属污染的建筑废物表层进行剥离，表层剥离深度为 3～6mm；交下一步破碎，或将剥离下来的表层建筑废物浸入市售工业级 2～8mol/L 烧

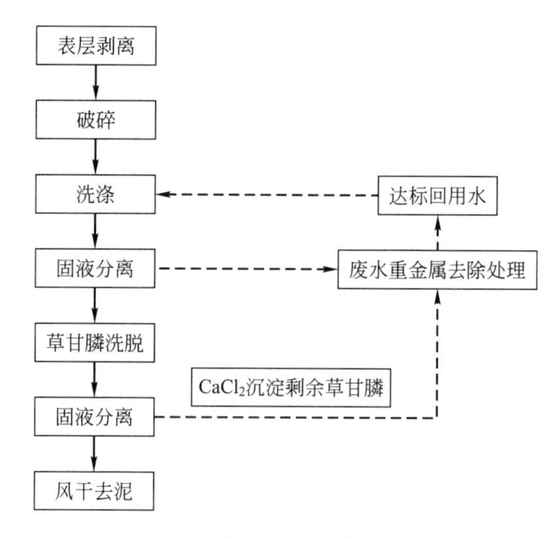

图 11-10　分级贮存区的工艺流程

碱溶液中，将烧碱溶液重金属浸出液进行电解处理，回收重金属。

② 破碎　将表层剥离后的建筑废物，及经过烧碱溶液浸出后的建筑废物破碎至粒径小于 4～5mm。

③ 洗涤和固液分离　将破碎后的建筑废物用水洗涤，液固比为 5∶1，然后固液分离，得到水溶性重金属洗涤废水和清洗后建筑废物；洗涤废水加纳米铁粉（20nm）对重金属进行去除处理，废水达标回用；清洗后的建筑废物用草甘膦溶液洗脱。

④ 草甘膦溶液洗脱和固液分离　清洗后的建筑废物中加入草甘膦溶液，液固比为 2∶1，洗涤 1～3 次，建筑废物中重金属离子被草甘膦螯合形成无效态和稳定态络合物，将 pH 调节至中性后固液分离，得到洗脱后建筑废物和洗脱废水；洗脱废水经重金属去除处理，达标后回用；洗脱后建筑废物继续用水洗涤。

⑤ 洗脱建筑废物　将洗脱后的建筑废物用清水洗涤（液固比 5∶1），再固液分离，清洗废水经重金属去除处理，达标回用；建筑废物固体风干，经检测其重金属含量均低于《土壤环境质量标准》（GB 15618—1995）三级标准阈值，用 HJ/T 229 浸出方法对其进行浸出，浸出液中重金属浓度远低于《危险废物标准》（GB 5085.3—2007）阈值，可直接进行填埋，或用作再生建筑材料或混凝土集料。

(4) 分级储存区

分级储存区的工艺流程如图 11-11 所示。

破碎分拣区所生产物料为半成品，分为四个规格：0～5mm；5～15mm；15～22mm；22～31.5mm，半成品进入分级储存区的封闭式地笼半成品料库贮存。

贮存料库每个库的容量为 350m^3，通过料库底部的气门和两条公共输送带实现两个功能：给联合粉磨系统连续供料、半成品单独装车销售。

(5) 深加工联合粉磨区

该项目使用的联合粉磨系统是建筑垃圾资源化成套设备的关键系统。针对建筑垃圾原料的特点而专门研发的联合制粉系统，具有效率高、能耗低、磨耗少，所得再生微粉

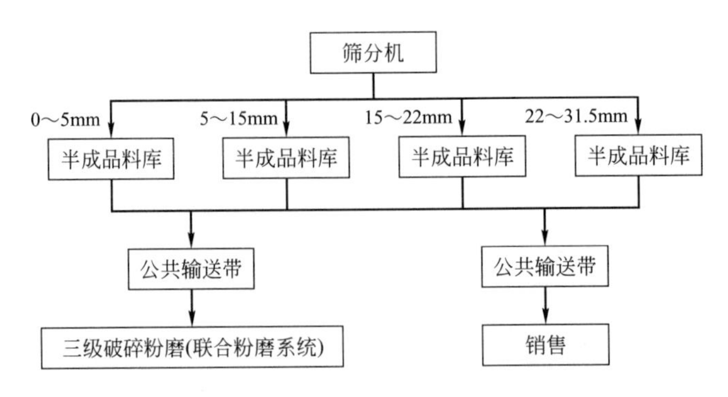

图 11-11　分级储存区的工艺流程

活性指标高，所得再生细集料粒型好，生产时无粉尘噪声污染等诸多优点。

进入联合粉磨系统的物料已经过分拣、除泥、除杂、除铁等工序，物料品质高，基本不含土（少于1%）。物料首先通过自加压料斗进入中压辊压机，辊压机的主要功能是对物料的预粉磨，把物料挤压研磨成小于5mm以下，并把一部分容易研磨成粉体的物料磨成微粉。

小于5mm的物料进入热旋流烘干型锥腔磨机，烘干炉所产生的热气流也随物料一同进入锥腔磨机。该锥腔磨机的研磨室设有进料口及出料口，研磨室的中心设有一由电动机驱动的主轴，主轴上套设有多组磨盘，各磨盘上分别设有一组径向分布的磨头，各组磨头离主轴中心的径向距离沿进料口到出料口方向递增，形成锥形磨腔。高速旋转的动磨体既有冲击破碎作用，又有搅拌磨、碾压磨、振动磨研磨特征。高速旋转的动磨体带动物料层高速旋转，磨头不断地对料层碾压，高速旋转的同时带动物料层高频振动，实现石打石、石打铁，碎石子的破碎、研磨，和石打砖、石打水泥石颗粒，实现碎石子（研磨介质）对碎砖、水泥石进行研磨。锥腔磨机前端以击打粉碎为主，后端以挤压研磨为主。利用混凝土石子与水泥石、砖头强度差及建筑垃圾混合物料研磨过程中产生的选择性粉碎现象，将建筑垃圾中强度低的烧结砖和水泥石碾磨成微粉，而且强度低的材料是具有火山灰活性的；将强度高的天然石子和河砂碾磨成细砂，其实质就是达到了建筑垃圾分类回收的目的。

另外，该建筑垃圾制粉专用磨机带有烘干功能，其烘干属于粉体瞬间烘干，能耗低。由于进入锥腔磨机的潮湿物料粒径较细，在400～600℃的热磨体里瞬间实现烘干，烘干效率高。

粉磨后的物料进入复合选粉机，分离出大于2.36mm的物料回料继续研磨，0～0.08mm、0.08～0.16mm的再生微粉和0.16～2.36m的再生细砂分别收集进入贮罐。

联合粉磨系统工艺流程如图11-12所示。

（6）制品生产区

再生制品的生产以破碎分拣区生产的再生集料为原料，一般选用0～5mm和5～15mm规格的再生集料，不同的再生制品采用不同的配比，所生产的再生制品主要为再生砌块、再生砖、道路转、透水砖等墙体材料、路面材料，具体的产品规格可根据客户需要生产。

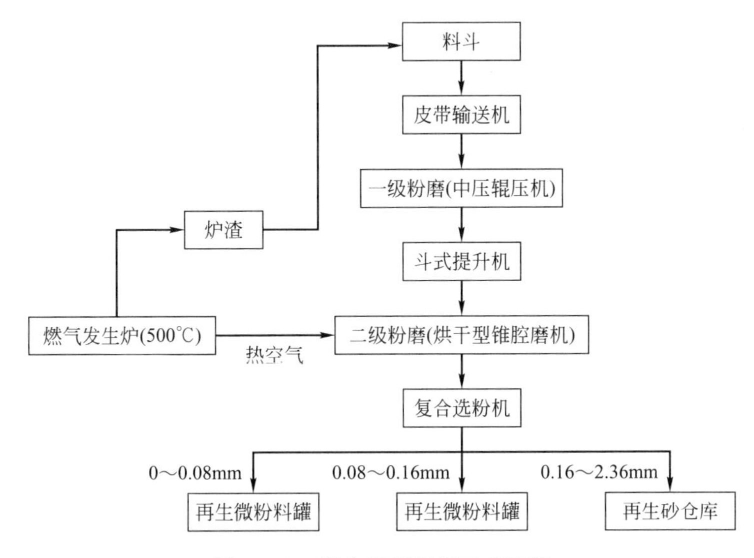

图 11-12　联合粉磨系统工艺流程

制品生产设计主线采用 1 台 $1m^3$ 卧式双轴搅拌机，并配有 1 个 100t 水泥筒仓，组成搅拌、供料系统，用来制备生产混凝土料。再生集料、水泥、水等物料经搅拌机搅拌后，通过胶带输送机送入生产车间的成型机。采用全自动生产线，从原料加料，二次面料布料，压制振动成型、产品输送、升板机均为自动化控制。

再生制品在特定的车间进行太阳能养护（电加热补充），养护时间为 10h 左右。完成养护后的制品进降板机，通过输送机、码垛机码垛，并用尼龙带进行捆扎包装，由叉车运至成品堆场叠码堆放。再生制品生产工艺流程见图 11-13。

11.2.3　苏州市建筑材料再生资源利用中心工程

项目参与单位上海环境卫生工程设计院参与了苏州市建筑材料再生资源利用中心工程建筑废弃物的综合处理工艺设计，生产出新型节能建材产品。目前已初步建立了相应的申报、管理体系。参照国际上较先进的标准进行实施，逐步建立和健全质量保证体系。

该项目加强技术革新，采取了不产生或少产生粉尘的施工工艺、施工设备和工具。采用机械化或密闭隔离操作。如挖掘机、推土机等施工机械的驾驶室密闭隔离，并在进风口设置滤尘装置。采取湿式作业，在施工现场配备洒水车，定时进行洒水作业。根据粉尘的种类和浓度为施工人员配备合适的呼吸防护用品，并定期更换。生产过程中原材料的运输、装卸、粉碎、筛分过程中会有扬尘产生，同时，原料堆放区也会有少量的无组织粉尘产生。应用有机污染物原位鉴定和分离分拣技术，并设置有机物高温热脱附热降解工艺，可对混合有有机污染建筑废物的废弃物进行分段处置和再利用，无害化工艺后段设置活性炭吸附塔，实现有机废气零排放。本项目原料堆放区采用喷淋的方式抑尘，生产过程中的扬尘经负压收集后采用微米级干雾抑尘和布袋除尘器处理。根据类比调查可知，粉尘有组织排放浓度小于 $120mg/m^3$，无组织排放周界外浓度最高点小于

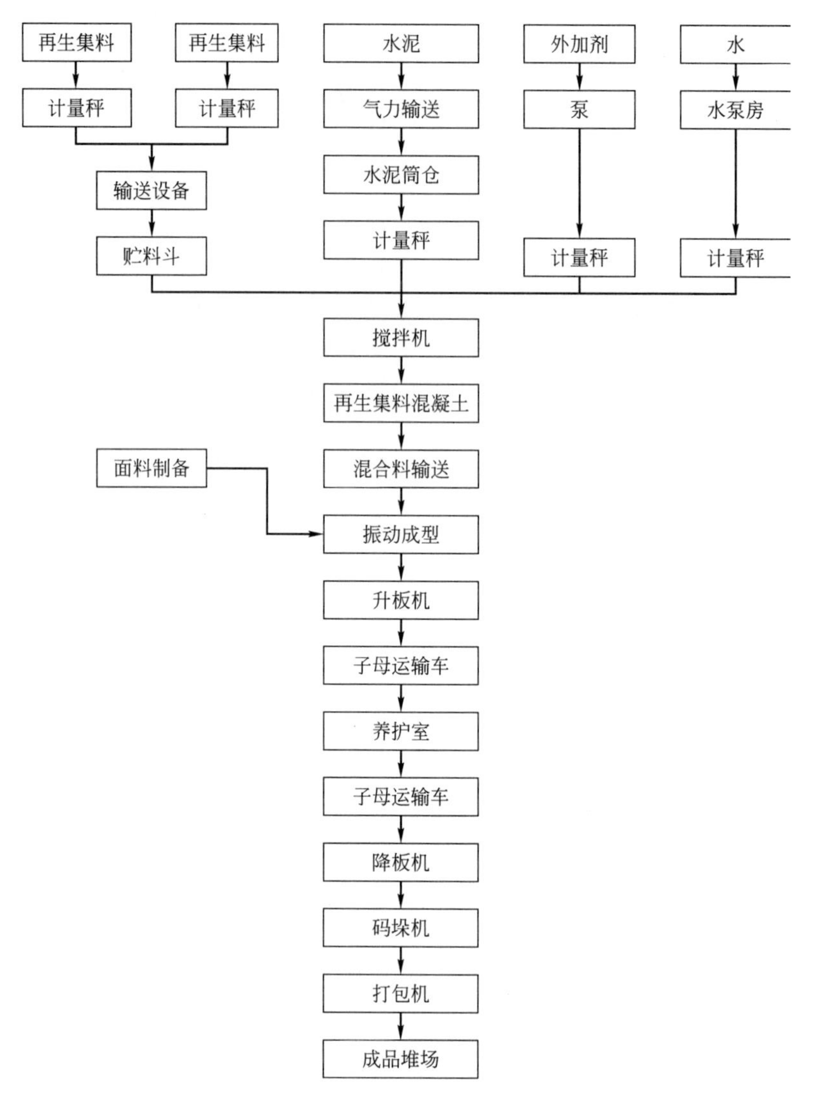

图 11-13　再生制品生产工艺流程

1.0mg/m³，可以达到《大气污染物综合排放标准》(GB 16297—1996)的要求。工艺流程如图 11-14 所示。

不同粒径规格的集料按照相关标准要求，≤4.75mm 粒径属于细集料，可作为生产再生水泥砂浆的原料，也可作为再生砌块和再生砖的生产原料；4.75～9.5mm 粒径属于粗集料，可作为再生砌块和再生砖的生产原料；而 9.5～20mm 粒径、20～31.5mm 粒径、≥31.5mm 粒径作为粗集料可作为路基材料、作为人行道下的水稳层或者道路路基的下垫层使用。

再生砌块和再生砖的生产工艺主要是制免烧砖，免烧砖的强度主要来源于物理机械作用、水化反应、颗粒表面的离子交换和团粒化作用和相间的界面作用。经过分选和破碎预处理的再生集料在集料坑内由封闭式抓斗上料进入配料机，配料机通过自动计量按照一定的比例将集料、水泥、石灰、水等送入强力双轴混合搅拌机。搅拌好的物料通过

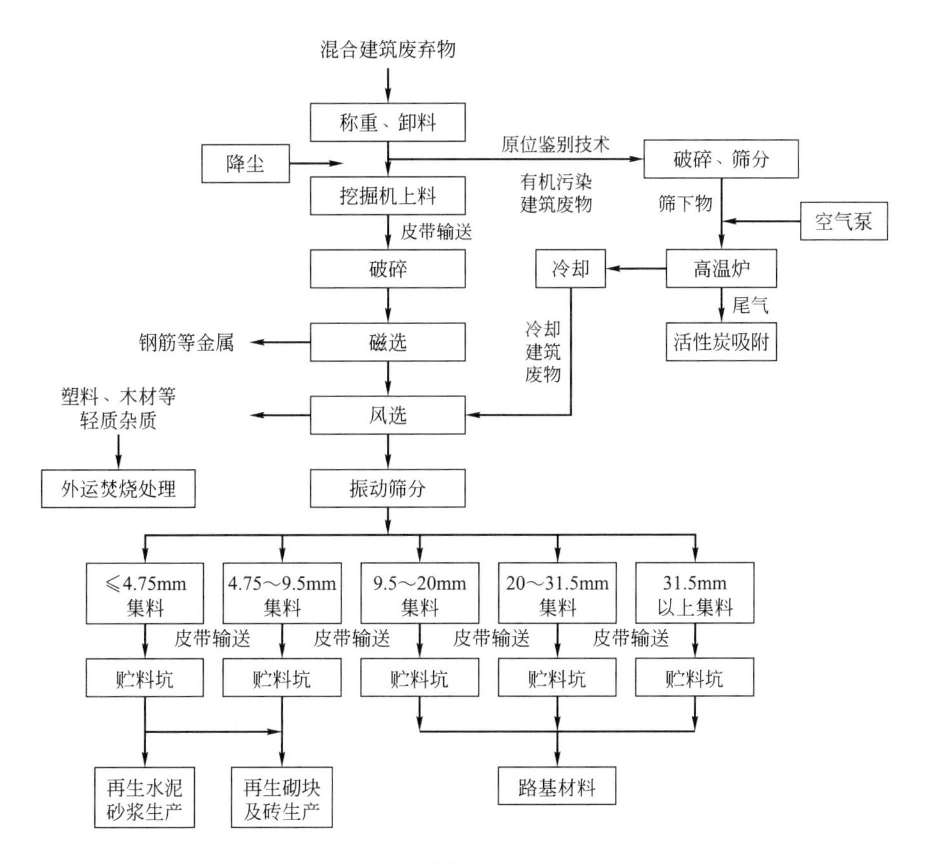

图 11-14　苏州建筑材料再生项目工艺流程

皮带输送机送入全自动砌块成型机的贮料仓。全自动砌块成型机经过送板、卸料、振压成型、脱模、出砖等一系列的自动程序将成品送入升板机，经过码垛系统后通过专用叉车成品送入蒸汽养护窑进行养护一定时间后成品外卖。

分选出来的塑料、木材等外运送至焚烧厂焚烧处置，分离出外来的金属类外卖可获得一定经济收益。

再生砂浆生产工艺流程如图 11-15 所示。

再生砂浆生产设备主要的基本组成分为集料干燥、筛分、输送系统，各种粉状物料仓贮系统，配料计量系统，混合搅拌系统，包装系统，收尘系统，电控系统及辅助设备等组成。

再生砌块及再生砖生产工艺流程如图 11-16 所示。

利用建筑垃圾进行粉碎后形成再生建筑砂石集料为主要原料，添加一定比例的水、水泥及颜料，采用混凝土制品全自动生产线经过配料、搅拌、成型、养护、劈裂、码垛、堆场等过程，生产出透水地砖、路沿石等产品。其主要设备有配料搅拌生产线、混凝土制品成型机、产品输送系统、产品养护架/托板和养护窑及模具等。

再生砌块及再生砖于成品堆场处设置有害物质释放风险评估设施，对成品仓库进行随机抽样，开展浸出毒性检测，检测合格产品方可进入打包系统进行成品包装。浸出液鉴别标准见相关章节。

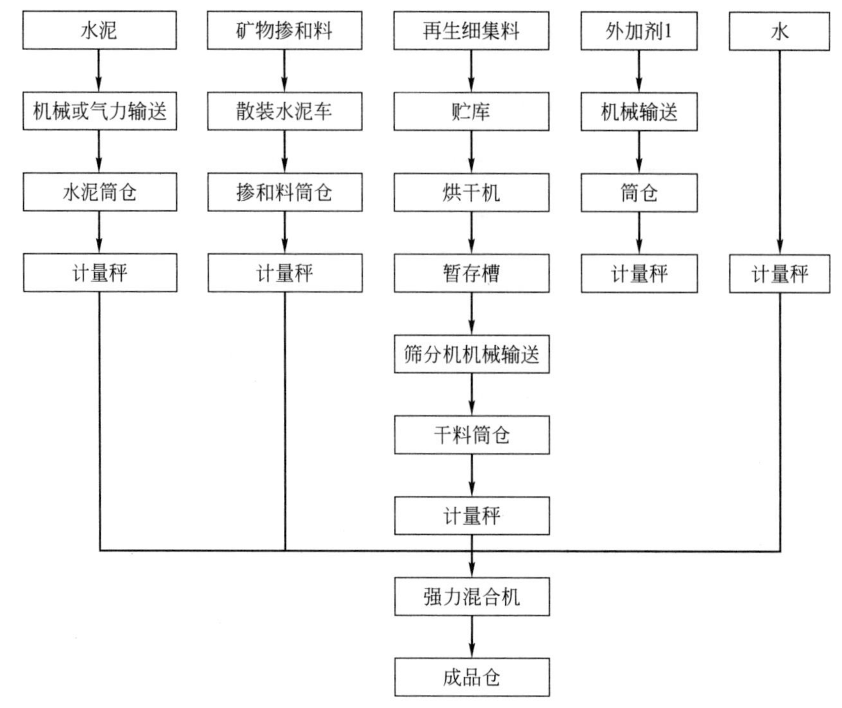

图 11-15　再生砂浆生产工艺流程

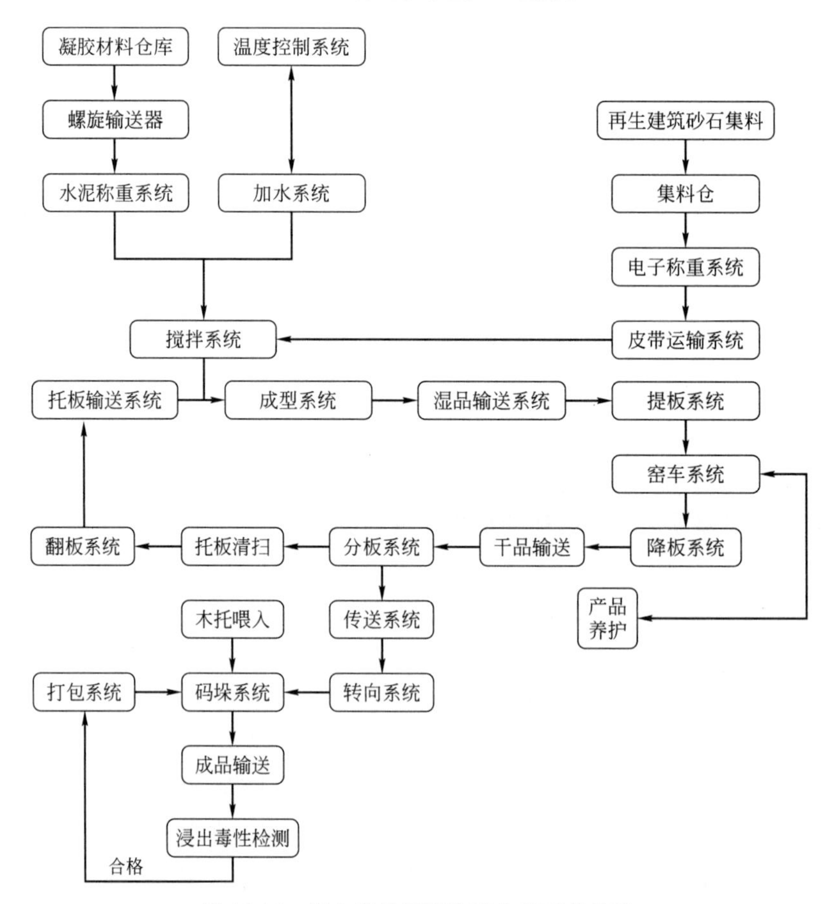

图 11-16　再生砌块及再生砖生产工艺流程

11.2.4　都江堰市灾毁建筑垃圾处理及资源综合循环利用工程

(1) 建筑垃圾处理技术工艺比较和选择

都江堰市灾毁建筑垃圾需处理量很大，其总量在 1 亿吨左右。因此针对都江堰市地震灾后恢复重建的方针，建筑垃圾处置及资源化利用项目配置以近期年处理 100 万吨及 3～5 年内分期达到年处理 300 万吨的处理中心较为合理；同一城市根据需要也可在不同的方位配置若干个建筑垃圾处理中心。

本项目采用上海 EF 生态环境材料产学研联合体开发的 SEF 建筑垃圾资源化成套技术装备。该成套装备适合我国国情，低能耗、高产量、工艺合理。

根据本项目规模，每小时处理量为 280t，处理量较大，金属与非金属材料分类采用电磁除铁等工艺提出金属物；污染建筑垃圾根据需要选择高温消毒、消毒液消毒、紫外线消毒处理工艺。该三种污染建筑垃圾消毒工艺，是专为地震灾区灾害建筑垃圾处置开发的专利技术，已经分别得到国家知识产权局的专利技术申请确认。

灾毁建筑垃圾处理工艺确定如下。

① 分类堆放、收集和源头鉴别　按照砖混结构建筑垃圾和钢筋混凝土结构建筑垃圾分类堆放和收集。

分类处理前对污染或可能具有污染风险的灾毁建筑废物进行原位鉴别，鉴别方法见第 2 章，对于可现场分离的进行了表层剥离和远程抽吸，具体装置见第 2 章，实现污染物的源头减量。

② 分类处理　砖混结构建筑垃圾再生处理获得黏土砖再生集料，工艺流程为破碎→除铁→分拣→破碎→筛分→分级处理。

钢筋混凝土结构建筑垃圾再生处理获得混凝土再生集料，工艺流程为破碎→除铁→分拣→破碎→筛分→分级处理。

低品质混合建筑垃圾再生处理获得混合再生集料，工艺流程为破碎→除铁→分拣→破碎→筛分→分级处理。

建筑垃圾处置个别工艺可能根据市场需要略作调整。

③ 再生集料规格　再生集料规格为 0～3mm、3～8mm、8～40mm，分别符合建筑砂浆、墙体材料、混凝土原料集料规格要求。

将本处理中心不能处置且有利用价值的钢筋等物料送相关部门综合利用，不可利用的少量生活垃圾送垃圾填埋场填埋。

本项目配套工程设年产 60 万立方米再生集料混凝土制品线（砌块、墙板、多孔砖等）和年产 35 万立方米再生集料混凝土搅拌站（混凝土、砂浆）。

(2) 生产方式

都江堰市灾毁建筑垃圾处理及资源综合循环利用产业中心，按功能分为年处理 100 万吨建筑垃圾处理站；年产 60 万立方米再生集料混凝土制品生产线；年产 35 万立方米再生集料混凝土搅拌站三大生产区。

建筑垃圾处理站：将收集来的建筑垃圾分框架结构建筑和砖混结构建筑两类分别堆

放。制备集料的生产方式为分拣、破碎、分级、消毒，使集料性能、级配符合各品种要求。

再生集料混凝土制品：再生集料混凝土制品砖、块、板分别采用制品成型机制造各种再生集料砌块、多孔砖、隔墙板等制品，随行就市组织生产。制品采用太阳能加热养护工艺养护，以提高生产效率和制品性能。

再生集料混凝土制品主要性能指标严格参照国家有关标准规格进行检测后出厂，详见表 11-7。

表 11-7　建筑垃圾资源化产品方案及执行标准

建筑垃圾资源化用途	主要指标	执行标准
墙板、砌块、多孔砖等	7MPa	《轻骨料混凝土技术规程》(JGJ 51—2002)、《非烧结垃圾尾矿砖》(JC/T 422—2007)、《普通混凝土小型空心砌块》(GB 8239—2014)、《建筑隔墙用轻质条板》(JG/T 169—2005)
道路混凝土	C20～C30	《预拌混凝土》(GB/T 14902—2012)
高速公路隔声屏障板、地砖、道路垫层	5～10MPa	企业标准
砂浆		《蒸压加气混凝土用砌筑砂浆与抹面砂浆》(JC 890—2001)、《地面用水泥基自流平砂浆》(JC/T 985—2005)、《聚合物水泥防水砂浆》(JC/T 984—2011)、《聚合物水泥防水涂料》(GB 23445—2009)

此外，都江堰灾毁建筑废物资源化利用还采用了本项目研发的受污染建筑废物鉴别、受污染建筑废物分离（热处理）和建筑废物安全性评估技术和方法。

附录一　建筑废物重金属含量检测方法标准（草案）

1　适用范围

本标准规定了建筑废物中铜、锌、铅、铬、镉、镍、钡、铍的总量测定方法。

本标准适用于工业厂房在修缮、改扩建、拆迁过程产生的建筑废物的重金属检测中样品采集、预处理和测定技术要求。

本标准方法检出限 Zn 0.006mg/kg、Cu 0.01mg/kg、Pb 0.05mg/kg、Cr 0.01mg/kg、Cd 0.003mg/kg、Ni 0.01mg/kg、Ba 0.003mg/kg、Be 0.0003mg/kg。

2　原理

建筑废物试样经过干燥、粉碎、消解等预处理后，其中重金属转移至液体。电感耦合等离子体发射光谱仪对溶液进行蒸发雾化、原子化和激发，并进一步检测元素从激发态跃迁至基态时发射谱线的强度，利用谱线强度与被测元素浓度之间的关系，计算待测溶液中特定重金属的浓度，从而间接计算建筑废物中重金属的含量。

3　试剂

本标准所用的试剂除另有说明外，均为分析纯的试剂，试验用水为符合《分析实验室用水规格和试验方法》(GB/T 6682—2008) 中规定的一级水。

3.1　盐酸（HCl）：ρ=1.19g/mL，优级纯。

3.2　硝酸（HNO_3）：ρ=1.42g/mL，优级纯。

3.3　硝酸溶液（1∶1)：用硝酸（3.2）和纯水按 1∶1 体积比配制。

3.4　硝酸溶液（体积分数为 4%）：用硝酸（3.2）和纯水按比例配制。

3.5　王水：用盐酸（3.1）和硝酸（3.2）按体积比 3∶1 充分混合均匀配制。

3.6　氢氟酸（HF）：ρ=0.988g/mL，市售规格浓度 40%，优级纯。

3.7　重金属标准溶液（1000mg/L)：分别称取 1.0000g（精确至 0.0002g）的光谱纯金属锌、铜、铅、铬、镉、钡、铍于 50mL 烧杯中，加入 20mL 硝酸溶液（3.2）微热，完全溶解后，冷却，并转移至 1000mL 容量瓶中，用超纯水定容至标线，摇匀。也可直接在国家认可的部门购买多元素混合标准储备液。

3.8　标准工作溶液（10.00mg/L)：吸取 1000mg/L 标准储备液（3.7)，用硝酸溶液（3.4）逐级稀释至 10.00mg/L，作为标准工作液。

3.9　标准工作溶液（5.00mg/L)：吸取 1000mg/L 标准储备液（3.7)，用硝酸溶液（3.4）逐级稀释至 5.00mg/L，作为标准工作液。

3.10　标准工作溶液（1.00mg/L)：吸取 1000mg/L 标准储备液（3.7)，用硝酸溶液（3.4）逐级稀释至 1.00mg/L，作为标准工作液。

3.11　标准工作溶液（0.500mg/L)：吸取 1000mg/L 标准储备液（3.7)，用硝酸

溶液（3.4）逐级稀释至0.500mg/L，作为标准工作液。

3.12 标准空白溶液：用超纯水配制含硝酸（3.2）4%的溶液，作为标准空白工作液。

4 仪器和设备

4.1 电感耦合等离子发射光谱仪。

4.2 空气压缩机，设备房间应备有除湿、除油和除尘装置。

5 样品的采集和预处理

5.1 取待测块状建筑废物样品100g，风干24h。

5.2 将待测样品初步破碎，可采用颚式破碎机等机械设备或人工破碎方法。

5.3 采样四分法将破碎后建筑废物样品缩分至25g，并置于表面皿内，在（100±5)℃下烘干1h。

5.4 将烘干后的建筑废物样品粉碎至180μm以下，并在（100±5)℃下烘干24h。

6 分析步骤

6.1 分析准备

6.1.1 电热板需放置于通风处。

6.1.2 分析前应打扫实验室，清洁实验台，避免污染样品。

6.1.3 聚四氟乙烯坩埚的清洁：聚四氟乙烯坩埚经蒸馏水清洗后，置于1∶1的硝酸溶液（3.3）中浸泡24h，烘干。

6.2 试样消解

6.2.1 准确称取0.1～0.3g干燥的待测样品于聚四氟乙烯坩埚内，并记录样品重量。

6.2.2 往聚四氟乙烯坩埚内加入9mL王水（3.5），浸泡10min，加入1mL 40%氢氟酸（3.6）。

6.2.3 将承装样品的聚四氟乙烯坩埚置于180℃的电热板上，加盖加热至固体溶解。

6.2.4 在聚四氟乙烯坩埚内加入30mL去离子水，在电热板上继续蒸干至2～5mL即结束消解。

6.2.5 将消解液转移至100mL容量瓶，用4%的硝酸（3.4）清洗聚四氟乙烯坩埚内壁并全部转移至容量瓶内，并定容待测。样品浓度较高时，可以根据测定需求稀释测定溶液。

6.3 空白试验

与6.2 相同的试剂盒步骤，每批样品至少配制2个以上空白溶液。

6.4 标准曲线

分别吸取0.00mg/L、0.50mg/L、1.00mg/L、5.00mg/L、10.00mg/L的标准溶液，进行电感耦合等离子发射光谱仪的测试，制作标准曲线。

6.5 仪器参考条件

测定元素推荐波长及检出限

测定元素	波长/nm	检出限
Zn	213.86	0.006
Cu	324.75	0.01
Pb	220.35	0.05
Cr	205.55	0.01
	267.72	0.01
Cd	214.44	0.003
	226.60	0.003
Ni	231.60	0.01
Be	313.04	0.0003
	234.86	0.005
Ba	233.53	0.004
	455.40	0.003

6.6　测定

将仪器调至最佳工作条件，上机测定，测定顺序为标准系列、样品空白、试样。

6.7　结果计算及表示

建筑废物样品中重金属的含量，以质量分数 W 计，数值以 mg/kg 表示，按公式（1）计算：

$$W=\frac{(c-c_0)\times V\times 0.001}{m\times 1000} \tag{1}$$

式中　c——仪器测定的样品消解溶液重金属质量浓度，mg/L；

c_0——空白对照溶液的重金属质量浓度，mg/L；

V——样品消解后定容体积，mL；

m——用于消解的样品质量，g；

0.001——将 mL 换算为 L 的系数；

1000——将 g 换算为 kg 的系数。

重复试验结果以算术平均值表示，最多保留三位有效数字。

7　标准实施

本标准由县以上地方人民政府环境保护行政主管部门负责监督实施。

附录二 工业源建筑废物重金属污染程度鉴别技术规范（草案）

1 适用范围

本标准适用于工业厂房在修缮、改扩建、拆迁过程产生的建筑废物的重金属污染鉴别中样品的检测，以及检测结果判断等过程的技术要求。

2 规范性引用文件

下列文件中的条款通过在本标准中被引用而成为本标准的条款，与本标准同效。凡是不注明日期的引用文件，其最新版本适用于本标准。

HJ/T 298 危险废物鉴别技术规范

GB/T 15555.1～GB/T 15555.11 固体废物浸出毒性测定方法

GB 5085 危险废物鉴别标准

3 术语和定义

3.1 工业源建筑废物

指工业生产区域的构筑物或建筑物在改建、扩建、修缮、拆除等过程中产生的渣土、废旧混凝土、废旧砖石及其他废弃物的统称。根据重金属污染程度划分为一般建筑废物、受重金属轻度污染建筑废物、受重金属严重污染建筑废物。

3.2 重金属污染程度

根据建筑废物中重金属总含量分为受重金属轻度污染和受重金属重度污染。

3.3 浸出毒性

本标准所指浸出毒性是建筑废物遇水浸沥，其中有害的物质迁移转化，污染环境，浸出的有害物质的毒性称为浸出毒性。

4 样品采集

4.1 采集对象

在工业厂房拆改前或拆改时，对使用含重金属原料或产生含重金属物料的生产区域内构筑物、建筑废物表层进行样品采集。

4.2 采集方法

采集方法参照《建筑废物取样技术与方法规范》。

5 制样、样品的保存和预处理

用于检测浸出毒性的建筑废物应按照 HJ/T 20 中的要求进行制样和样品的保存，并按照 GB 5085 中分析方法的要求进行样品的预处理。

用于检测重金属含量的建筑废物应按照《建筑废物重金属含量检测技术标准》进行制样和样品的保存，并进行分析前的预处理。

6　样品的检测

6.1　建筑废物受重金属污染程度的检测包括重金属浸出毒性检测和总含量检测。重金属浸出毒性检测项目根据 GB 5085 规定确定。重金属总含量检测项目应根据生产工艺所涉及的污染元素确定。

6.2　无法确认生产工艺所涉及的污染元素时，检测重金属中锌、铜、铅、铬、铍、钡、镍、砷元素的含量。

6.3　先检测重金属浸出毒性，再检测重金属总含量。在重金属浸出毒性检测中，如果一项检测结果超过 GB 5085 相应标准值，即可判定该建筑废物为危险废物，从而免除总含量检测。

7　检测结果

7.1　重金属浸出毒性检测中，只要有一项检测结果超过 GB 5085 相应标准值，即可判定该建筑废物为危险废物，受重金属重度污染。

7.2　如果检测结果依照表 1 所列浓度划分建筑废物污染程度。

7.3　重金属总含量检测中，按照污染最严重的元素判定重金属污染程度。

表 1　建筑废物重金属污染程度鉴别标准值　　单位：mg/kg

元素	一般建筑废物	受重金属轻度污染建筑废物	受重金属严重污染建筑废物
锌	＜500	500～5000	＞5000
铜	＜250	250～2500	＞2500
铅	＜350	350～3500	＞3500
镉	＜3	3～30	＞30
铬	＜300	300～3000	＞3000
六价铬	＜30	30～300	＞300
铍	＜1	1～10	＞10
钡	＜1000	1000～10000	＞100000
镍	＜100	100～1000	＞1000
砷	＜300	300～3000	＞3000
汞	＜1	1～10	＞10

注：“a～b”表示大于或等于 a，小于或等于 b。

8　测定方法

预处理后的样品测定方法参考表 2。

表 2　建筑废物重金属污染程度测定方法

序号	项目	方法	来源
1	锌(以总锌计)	①原子吸收分光光度法	GB/T 15555.2
		②电感耦合等离子发射光谱法	GB 5085.3
		③电感耦合等离子质谱法	GB 5085.3
		④石墨炉原子吸收光谱法	GB 5085.3
		⑤火焰原子吸收光谱法	GB 5085.3
2	铜(以总铜计)	①原子吸收分光光度法	GB/T 15555.2
		②电感耦合等离子发射光谱法	GB 5085.3

续表

序号	项目	方法	来源
2	铜(以总铜计)	③电感耦合等离子质谱法	GB 5085.3
		④石墨炉原子吸收光谱法	GB 5085.3
		⑤火焰原子吸收光谱法	GB 5085.3
3	铅(以总铅计)	①原子吸收分光光度法	GB/T 15555.2
		②电感耦合等离子发射光谱法	GB 5085.3
		③电感耦合等离子质谱法	GB 5085.3
		④石墨炉原子吸收光谱法	GB 5085.3
		⑤火焰原子吸收光谱法	GB 5085.3
4	总铬	①二苯碳酰二肼分光光度法	GB/T 15555.5
		②直接吸入火焰原子吸收分光光度法	GB/T 15555.6
		③硫酸亚铁铵滴定法	GB/T 15555.8
		④原子吸收分光光度法	GB/T 15555.2
		⑤电感耦合等离子发射光谱法	GB 5085.3
		⑥电感耦合等离子质谱法	GB 5085.3
		⑦石墨炉原子吸收光谱法	GB 5085.3
		⑧火焰原子吸收光谱法	GB 5085.3
5	六价铬	①二苯碳酰二肼分光光度法	GB/T 15555.4
		②硫酸亚铁铵滴定法	GB/T 15555.7
6	镉(以总镉计)	①原子吸收分光光度法	GB/T 15555.2
		②电感耦合等离子发射光谱法	GB 5085.3
		③电感耦合等离子质谱法	GB 5085.3
		④石墨炉原子吸收光谱法	GB 5085.3
		⑤火焰原子吸收光谱法	GB 5085.3
7	铍(以总铍计)	①原子吸收分光光度法	GB/T 15555.2
		②电感耦合等离子发射光谱法	GB 5085.3
		③电感耦合等离子质谱法	GB 5085.3
		④石墨炉原子吸收光谱法	GB 5085.3
		⑤火焰原子吸收光谱法	GB 5085.3
8	钡(以总钡计)	①原子吸收分光光度法	GB/T 15555.2
		②电感耦合等离子发射光谱法	GB 5085.3
		③电感耦合等离子质谱法	GB 5085.3
		④石墨炉原子吸收光谱法	GB 5085.3
		⑤火焰原子吸收光谱法	GB 5085.3
		⑥电位滴定法	GB/T 14671
9	镍(以总镍计)	①直接吸入火焰原子吸收法	GB/T 15555.9
		②丁二酮分光光度法	GB/T 15555.10
		③电感耦合等离子发射光谱法	GB 5085.3
		④电感耦合等离子质谱法	GB 5085.3
		⑤石墨炉原子吸收光谱法	GB 5085.3
		⑥火焰原子吸收光谱法	GB 5085.3
10	砷(以总砷计)	①石墨炉原子吸收光谱法	GB 5085.3
		②原子荧光法	GB 5085.3
		③二乙基二硫代氨基甲酸银分光光度法	GB/T 15555.3
11	汞(以总汞计)	①冷原子吸收分光光度法	GB/T 15555.1
		②电感耦合等离子质谱法	GB 5085.3

9 标准实施

本标准由县以上地方人民政府环境保护行政主管部门负责监督实施。

附录三　建筑废物污染环境防治管理办法（草案）

第一章　总　　则

第一条　为了防治建筑废物污染环境，加强对建筑废物的环境管理，促进建筑废物减量化及资源化再利用，根据《中华人民共和国固体废物污染环境防治法》和相关法律、行政法规，制定本办法。

第二条　本办法适用于建筑废物产生、运输、回填、消纳、无害化处理和再利用等过程的污染环境防治管理，尤其是对于危险建筑废物的管理。

本办法所称的建筑废物是指在所有建设过程中、拆除及灾毁产生的碎块物料；危险建筑废物是指收录于《危险建筑废物名录》及根据《危险建筑废物鉴别标准》鉴别具有环境风险的建筑废物。

第三条　对建筑废物的管理实行全过程管理，遵从减量化、无害化及资源化三化管理原则；减少建筑废物的产生量尤其是危险建筑废物，无害化处理处置危险建筑废物，充分合理再生利用建筑废物。

国家采取经济激励政策，促进建筑废物资源化行业的健康发展。

第四条　对于已产生的建筑废物，以分类管理为原则，危险建筑废物和惰性建筑废物分类管理。

第五条　任何单位和个人都有保护环境的义务，并有权对造成建筑废物污染环境的单位和个人进行控告和检举。

第六条　国家环境保护部门监管工厂车间拆迁及修建过程中产生的建筑废物以及灾毁现场的建筑废物；国家住房和城乡建设部门监管所有建设过程中及除工厂外其他拆迁、修建过程中产生的建筑废弃物。

国务院环境保护部和国务院住房和城乡建设部对全国建筑废物污染环境的防治工作实施统一监督管理。

县级以上地方人民政府环境保护部门和县级以上地方人民政府国务院住房和城乡建设部对本行政区域内建筑废物污染环境防治工作实施监督管理。

第二章　建筑废物管理规章

第一节　一 般 规 定

第七条　贯彻“预防为主，防治结合”的原则，以源头减量为主，避免建筑废物尤其对于已产生的建筑废物以资源化利用为主，不能再利用的无害化后填埋。

第八条　贯彻“无污染谁治理，谁开发谁保护”的原则，建筑废物的运输处理费用由建筑废物产生单位承担，建筑废物产生者必须将建筑废物送往指定建筑废物处理处置单位或回收运输单位，不可将建筑废物随意堆放。

第九条 建筑废物应单独管理，不得将建筑废物混入城市生活垃圾中，不得将危险废物混入建筑废物中。

第十条 对建筑废物实行分类处理，鼓励建筑废物产生者对建筑废物进行源头分类后，再分别送往相应建筑废物处理处置单位或回收运输单位。

第十一条 对于建筑废物的运输实行联单制度。

第十二条 鼓励建筑废物资源化再利用，提高建筑废物资源化水平。

第二节 城市建筑废物管理规章

第十三条 实行源头减量，设计低产废量建筑，建设前制定减废计划，建设中采用低废物量建筑工程技术及采用先进技术提高建筑质量延长建筑寿命，以减少建筑废物的产生量。

第十四条 在城市建设中，应整体规划，避免不必要的拆迁、修整、开挖，减少城市建筑废物产生量。

第十五条 在城市建设过程中，严把建设项目质量关，增强建筑强度，提高建筑寿命。

第十六条 项目建设中应使用无毒无害的原材料，减少其产生的建筑废物对环境的污染。

第十七条 城市建筑废物在不同情况下其责任人及责任人缴费形式如下：

（一）对于将建设过程中产生的建筑废物，有建设项目承包人承担，在项目完工时应将所有建筑废物送往相应建筑废物处理处置单位或回收运输单位并支付相应费用；

（二）对于建设项目后期因质量问题而产生的建筑废物由项目承包人及发包人按6：4的比例承担，在建设项目前预付保证金，保证金按年返还，自出现质量后不再返还，若在国内建设技术保证的质量年限内未出现质量问题或保证年限内自然灾害导致建筑毁坏及有单位要在此处建设新项目将建筑拆毁且此前并未出现质量问题，则保证金全额返还；

（三）对于拆毁产生的建筑废物，若是某单位征地建设则由此单位承担，若是违规建筑拆除产生的建筑废物由违建单位承担，其余情况国家承担；

（四）地震等自然灾害产生的建筑废物处置费用由国家承担。

第十八条 在建筑废物产生源应依据其性质及不同资源化方法和处理处置方法进行分类，对于已分类及未分类的建筑废物实行不同的收费标准，未分类建筑垃圾单位运输及处理收费应远远高于已分类的。

具体的建筑废物资源化及处理处置方法可参见《建筑废物处理技术规范》。

第十九条 鼓励建筑废物资源化再利用：

（一）对于建筑废物处理处置单位，依据其建筑废物资源化产品的产量及质量，减免相应税收；

（二）对于采用建筑废物资源化产品的建设项目承包单位，依据其资源化产品使用量及比例，减免相应税收。

第二十条　对于不可再利用的无毒无害建筑废物应集中进行填埋或用于废弃矿井回填。

第三节　工业建筑废物管理规章

第二十一条　工业建筑在拆除时，应先刮取收集被有毒有害物质污染的危险工业建筑废物，单独贮存回收处理。

对于危险工业建筑废物的鉴定可参见《国家危险废物名录》，凡是生产中涉及有毒有害物质的企业应按《建筑废物取样技术与方法规范》和《建筑废物样品预处理、污染物浸取与分离技术规范》进行取样和预处理，再按国标中《危险废物鉴别标准》进行危险性鉴别。

第二十二条　对于一般工业建筑废物纳入城市建筑废物管理体系。

第二十三条　对于危险工业建筑废物纳入危险废物管理体系，在其资源化再利用及填埋前必须进行无害化处理。

第二十四条　鼓励工厂企业对生产车间及涉及有毒有害物质的产品、中间产品和原料盛放车间或设备采取防渗措施，以减少危险建筑废物的产量。

第二十五条　企业运行期间产生的建筑废物由企业负责送往相应的建筑废物处理处置单位或收集运输单位并支付相应费用，不得任意堆放工业建筑废物。

第二十六条　企业在交送建筑废物时必须将危险工业建筑废物与一般工业建筑废物分开，不得将危险工业建筑废物混入一般工业建筑废物中；鼓励企业将一般建筑废物进行分类，具体参见第十六条。

第二十七条　企业每年应按其受污染建筑量及建筑总量缴纳相应税款用于企业关停废弃时遗留建筑废物处理，其遗留建筑废物由国家负责处理。

第三章　相关方责任

第二十八条　本管理办法规定的建筑废物责任人，必须按第二章的相关规定履行义务职责。

第二十九条　建筑废物收集运输单位及处理处置资源化单位必须持有国家颁发的运营许可证。

第三十条　建筑废物责任人在移送建筑废物时应确保要移送的单位有国家颁发的运营许可证。

第三十一条　建筑废物收集运输单位必须将产生的建筑废物全部送往相应的建筑废物处理处置及资源化单位，并确保该单位由国家颁发的运营许可证，不得任意丢弃建筑废物或送往不正规的单位。

第三十二条　建筑废物处理处置及资源化单位必须确保送来的建筑废物得到恰当的处理，不得任意堆放建筑废物，不得将未经无害化处理的危险工业建筑废物填埋或资源化再利用。

第三十三条　国家及地方人民政府环境保护行政主管部门及建设行政主管部门应落实自己的监管责任，不得收受贿赂和营私舞弊。

第四章　罚　　则

第三十四条　建筑废物责任人、建筑废物收集运输单位和建筑废物处理处置及资源化单位如若任意堆放不正当处理建筑废物造成环境污染，处以相关责任人污染修复费用的5倍罚款。

第三十五条　若建筑废物责任人、建筑废物收集运输单位和建筑废物处理处置及资源化单位，将危险废物包括危险工业建筑废物混入建筑废物中，则处相关责任人该建筑废物总量按危险废物处理的费用的3倍罚款。

第三十六条　若建筑废物责任人、建筑废物收集运输单位和建筑废物处理处置及资源化单位将建筑废物混入生活垃圾中，则处相关责任人建筑垃圾处理费用的10倍罚款。

第三十七条　若建筑废物责任人未将建筑废物交由持有国家运营许可的建筑废物运输和处理处置及资源化单位，将处以建筑废物处理费用的2倍罚款，若因此而造成环境污染则处以污染修复的5倍罚款。

第三十八条　如建筑废物运输和处理处置及资源化单位不持有国家颁发的运营许可证经营，若其严格按照建筑废物处理处置标准及相关标准运营未造成任何污染，则处以其与所应缴纳税收相当的罚款，并责令其限期内申请运营许可或并入已有运营许可的企业，否则予以停关；若其未严格按照建筑废物处理处置标准及相关标准运营造成任何污染，则处以所应缴纳税收的2倍罚款和造成的污染修复费用的10倍罚款，并停关。

第三十九条　严禁违规建设，对于违规建设，其责任人要处以违规建筑拆除及处理过程产生费用的10倍罚款。

第四十条　若工厂企业拒绝相关部门调查企业建筑受污染情况或在相关部门调查前将建筑进行粉饰，则缴纳税款按工厂企业所有建筑被污染算。

第四十一条　若国家及地方人民政府环境保护行政主管部门及建设行政主管部门没有落实自己的监管责任，收受贿赂和营私舞弊，相关责任人按国家相应法律予以惩处。

第五章　附　　则

第四十二条　本办法中下列用语的含义。

（一）城市建筑废物，是指城市建设包括楼房、交通和公共场地设施等的建设以及它们的修复拆除也包括工厂企业的最初建设过程中产生的建筑废物及地震等自然灾害造成城市居民区及商业区建筑、道路及设施毁坏产生的建筑废物。

（二）工业建筑垃圾，已建成工厂整修及关停搬迁过程中产生的建筑废物包括其中废弃的生产设备。

（三）危险工业建筑废物，渗入有毒有害物质，按国家危险性鉴定标准鉴定具有危险性的工业建筑废物。

（四）一般工业建筑废物，没有渗入有毒有害物质，按国建危险性鉴定标准鉴定不具危险性的工业建筑废物。

（五）建筑废物责任人，是指本办法规定负责将建筑废物交付相应收集运输后处理处置及资源化单位或承担其运输处理费用的相关单位及个人。

（六）低产废量建筑，是指采用先进施工技术提高原材料利用率基础上，设计的建筑能使建设过程中废弃的物料尽可能少的建筑。

第四十三条　适用范围的具体说明：

（一）城市建设工程所产生的废弃物质，包括城市楼宇建设、道路交通建设、广场公园等公共设施建设，管道铺设等。

（二）上述（一）中城市建设维护及拆除所产生的废弃物质。

（三）工厂企业修建、修整、停关拆除所产生的废弃物质。

附录四 《异源或同源不同功能区建筑废物再生产品环境保护质量标准》（草案）

1 适用范围

本标准规定了利用异源或同源不同功能区建筑废物制作再生产品的污染控制技术要求、建筑废物特性要求、污染物含量限值、监督管理要求。

本标准适用于利用异源或同源不同功能区建筑废物制作再生产品的污染控制和监督管理。

本标准适用于法律允许的污染物含量。再生产品中使用的建筑废物，应按照《中华人民共和国固体废物污染环境防治法》《中华人民共和国放射性污染防治法》《中华人民共和国环境影响评价法》《中华人民共和国水污染防治法》《中华人民共和国大气污染防治法》等法律、法规和规章的相关规定执行。

2 规范性引用文件

本标准内容引用了下列文件中的条款。凡是不注明日期的引用文件，其有效版本适用于本标准。

JGJ/T 240　再生集料应用技术规程

HJ/T 207　环境标志产品技术要求　建筑砌块

HJ 543　固定污染源废气　汞的测定　冷原子吸收分光光度法（暂行）

HJ 662　水泥窑协同处置固体废物环境保护技术规范

HJ/T 55　大气污染物无组织排放监测技术导则

HJ/T 176　危险废物集中焚烧处置工程建设技术规范

HJ/T 373　固定污染源监测质量保证与质量控制技术规范（试行）

HJ/T 194　环境空气质量手工监测技术规范

HJ/T 166　土壤环境监测技术规范

HJ/T 164　地下水环境监测技术规范

HJ 77.2　环境空气和废气　二噁英类的测定　同位素稀释高分辨率气相色谱-高分辨率质谱法

GB/T 14685　建筑用卵石、碎石

GB/T 25177　混凝土用再生粗集料

GB/T 25176　混凝土和砂浆用再生细集料

GB 8239　普通混凝土小型空心砌块

GB/T 15229　轻集料混凝土小型空心砌块

GB 4915　水泥工业大气污染物排放标准

GB 6566　建筑材料放射性核素限量

GB 8978 污水综合排放标准

GB 14554 恶臭污染物排放标准

GB 18485 生活垃圾焚烧污染控制标准

GB 18587 危险废物贮存污染控制标准

GB 5085 危险废物鉴别标准

GB 5750 生活饮用水标准检验方法

GB/T 12801 生产过程安全卫士要求总则

GB/T 16157 固定污染源排气中颗粒物测定与气态污染物采样方法

《污染源自动监控管理办法》（国家环境保护总局令 第28号）

《环境监测管理办法》（国家环境保护总局令 第39号）

3 术语和定义

下列术语和定义适用于本标准。

3.1 建筑废物（construction & demolition wastes）

建设、施工单位或个人对各类建筑物、构筑物等进行建设、拆除、修缮及居民装饰房屋过程中所产生的余泥、余渣、泥浆及其他固体废物。

3.2 应急事件废物（emergency wastes）

指由于污染事故、安全事故、重大灾害等事件以及环境保护专项行动中集中产生的固体废物。

3.3 有毒有害物质（hazardous substance）

受污染建筑废物中含有的对人、动植物和环境等产生危害的物质或元素，包括铜(Cu)、锌(Zn)、铅(Pb)、铬(Cr)、镉(Cd)、镍(Ni)、汞(Hg)、砷(As)、多环芳烃(PAHs)、多氯联苯(PCBs)、多溴联苯(PBB)、多溴联苯醚(PBDE)、有机农药类、含有消耗臭氧层的物质以及国家规定的危险废物。

3.4 危险废物（hazardous wastes）

列入国家危险废物名录或者根据国家规定的危险废物鉴别标准和鉴别方法认定的具有腐蚀性、毒性、易燃性、反应性和感染性等一种或一种以上的危险特性，以及不排除具有以上危险特性的固体废物。

3.5 功能区（function zone）

根据房屋的使用功能和各共有建筑部位的服务范围而划分的区域称为功能区。各类企业主要功能区包括办公区、生产区和生活区等。

3.6 建筑废物再生利用（construction & demolition waste recycle）

指将建筑废物直接作为原料进行利用或者对建筑废物通过分离、纯化等工艺处理后进行物质资源化利用的过程。再生利用可以分为物质再生利用和能力再生利用，是一种资源化方式。建筑废物再生利用通常是由清洗、干燥、破碎、分选、烧结、热解等单个或多个工艺单元的组合而成。

3.7 再生产品（recycled products）

包括在建筑物中起骨架和支撑作用的再生集料，硬度良好和化学性质较稳定的再生砂石，以无机硬质材料为集料和填充材料制备的再生砌块等建筑材料。

4 建筑废物再生利用技术总体要求

4.1 建筑废物再生利用应遵循综合治理、循环利用和环境安全优先的原则。

4.2 建筑废物再生利用应在保证全过程环境安全的前提下实现最大程度的资源化、无害化和减量化。

4.3 建筑废物再生利用技术应符合国家相关产业技术政策；若没有相关的产业技术政策，参考建筑废物再生利用技术的生命周期评价结果进行技术选择。

4.4 异源或同源不同功能区建筑废物再生利用时，具体再生步骤和方法执行 GB/T 14685、GB/T 25177、GBT 25176、JGJ/T 240、HJ/T 207、GB 8239、GB/T 15229 等国家相关标准。

4.5 建筑废物再生利用工程的设计、施工、验收、运行应遵守国家现行的有关法律、法令、法规、标准和行业规范的规定，符合有关工程质量、安全、消防等方面的强制性标准的规定。

4.6 应对建筑废物再生利用个技术环节的环境污染进行识别控制，采取有效污染控制措施，避免污染物的无组织排放，防止发生二次污染，产生的废物应妥善处置。

4.7 异源或同源不同功能区建筑废物再生利用产品应执行相关污染控制标准，没有污染控制标准的，应进行环境安全性评价。在再生利用过程中，应满足 GB/T 14685、GB/T 25177、GB/T 25176、JGJ/T 240 等再生产品系列标准要求正确选择掺入量。

4.8 建筑废物再生产品环境安全性评价的主要步骤包括确定环境保护目标、建立评价场景、构建再生产品中污染物释放模型、构建再生产品中污染物在环境介质中的迁移转化模型、影响评估等。对于多种去向的建筑废物再生利用产品，应根据最不利暴露条件开展环境安全性评价。

4.9 异源或同源不同功能区建筑废物的掺入和再生利用过程应不影响建筑材料的正常生产和产品质量。当建筑废物再生利用过程中出现故障或事故造成运行工况不正常时，必须立即停止掺入建筑废物，待查明原因并恢复正常运行后方可继续掺入。

4.10 异源或同源不同功能区建筑废物再生利用产品应充分考虑社会公众的接受程度。

5 主要污染物及其含量限值

5.1 异源或同源不同功能区建筑废物再生利用时，粉尘等颗粒物排放限值均需低于 20mg/m^3，具体按 GB 4915 中的要求执行。

5.2 建筑废物再生产品浸出液中氟离子浓度应≤5mg/L，氯含量不大于 100mg/kg。

5.3 建筑废物再生产品放射性指标应符合 GB 6566—2001 中建筑主体材料的要求。

5.4 异源或同源不同功能区建筑废物中主要重金属和有机污染物，需要监测的指标见表 1 和表 2。

5.4.1 异源（不同行业来源）建筑废物中主要污染物见表 1。

表1 异源(不同行业来源)建筑废物中主要污染物

行业	主要重金属污染物	主要有机污染物	其他污染物
化工	汞、镍、锌、铜、铬、镉	多环芳烃、石油烃、苯、甲苯、氯苯等挥发性有机物、有机氯农药、有机磷农药、菊酯类	氰化物、石棉
冶金	砷、锌、铜、铅、铬、镉	—	氰化物、石棉
轻工	汞、镉	苯、甲苯、氯苯等挥发性有机物	—
居民区	砷、锌	苯、甲苯、氯苯等挥发性有机物	—
废物再生利用	砷、锌	—	—

5.4.2 同源不同功能区建筑废物中主要污染物见表2。

表2 同源不同功能区建筑废物中主要污染物

功能区	主要重金属污染物	主要有机污染物	其他污染物
生产区	汞、砷、镍、锌、铜、铅、铬、镉	多环芳烃、石油烃、苯、甲苯、氯苯等挥发性有机物、有机氯农药、有机磷农药、菊酯类、中间体	氰化物、石棉
办公区	锌	苯、甲苯、氯苯等挥发性有机物	
生活区	锌	苯、甲苯、氯苯等挥发性有机物	

5.5 重金属和有机污染物执行表1规定的最高允许含量

异源或同源不同功能区建筑废物进行再生利用时，重金属和有机污染物最高允许含量，均按照表3执行。

表3 异源或同源不同功能区建筑废物再生利用时重金属和有机污染物最高允许含量

单位：mg/kg

序号	污染物	最高允许含量
重金属元素及化合物		
1	锌(以总锌计)	5000
2	铜(以总铜计)	2500
3	铅(以总铅计)	500
4	镉(以总镉计)	30
5	总铬	1000
6	铬(六价)	200
7	镍(以总镍计)	1000
8	砷(以总砷计)	200
9	汞(以总汞计)	10
非挥发性有机化合物		
10	多氯联苯	2
11	多环芳烃(总量)	80
氰化物		
12	总氰化物	10

6　污染物监测

6.1　建筑废物再生产品的监测

6.1.1　企业应按照有关法律和《环境监测管理办法》等规定，建立企业监测制度，制定监测方案，对建筑废物再生产品进行定期采样检测，保存原始监测记录，并公布监测结果。

6.1.2　采取的每份样品应破碎并混合均匀，按照 GB 5085 的要求进行分析。

6.1.3　建筑废物再生产品的检测结果应符合环境安全性评价要求。

6.2　建筑废物再生利用场所和设施的监测

6.2.1　应对建筑废物再生利用场所和设施周边的大气、土壤、废水和地下水等进行定期监测，作为评价建筑废物再生利用过程是否对大气、土壤和地下水造成二次污染的依据。

6.2.2　企业应按照环境监测管理规定和技术规范的要求，设计、建设、维护采样点和采样平台。建筑废物再生利用场所和设施的检测采样方法如下：

（1）颗粒物和气态污染物的采样检测按照 GB/T 16157 进行；

（2）空气的采样检测按照 HJ/T 194 进行；

（3）土壤的采样检测按照 HJ/T 166 进行；

（4）地下水的采样检测按照 HJ/T 164 进行。

6.2.3　建筑废物再生利用场所和设施的检测方法：

（1）污染物排放浓度按照相应排放标准规定的检测方法进行；

（2）地下水的检测按照 GB 5750 进行；

（3）土壤的检测按照土壤环境相关检测方法标准进行。

7　实施与监督

7.1　本标准由县级以上人民政府环境保护行政主管部门会同有关部门负责监督实施。

7.2　在任何情况下，异源或同源不同功能区建筑废物等再生利用时均应遵守本标准规定的污染物控制要求，采取必要措施保证污染防治设施正常运行。各级环保部门在对其进行监督性检查时，可以现场即时采样或监测的结果，作为判定污染物含量是否符合标准以及实施相关环境保护管理措施的依据。

附录五 《受污染建筑废物作为再生集料、再生砂石、再生砌块的污染控制技术规范（3类产品）》（草案）

1 适用范围

本标准规定了受污染建筑废物作为再生集料、再生砂石、再生砌块的污染控制技术要求、可再生利用的受污染建筑废物特性要求和贮存设施、污染物含量限值、再生产品的污染物控制要求、监督管理要求。

本标准适用于利用受污染建筑废物制作再生集料、再生砂石、再生砌块等再生产品的污染控制和监督管理。

本标准适用于法律允许的污染物含量。建筑废物再生利用产品中若使用了受污染建筑废物作原材料，按照《中华人民共和国固体废物污染环境防治法》《中华人民共和国放射性污染防治法》《中华人民共和国环境影响评价法》《中华人民共和国水污染防治法》《中华人民共和国大气污染防治法》等法律、法规和规章的相关规定执行。

2 规范性引用文件

本标准内容引用了下列文件中的条款。凡是不注明日期的引用文件，其有效版本适用于本标准。

GB/T 14685 建筑用卵石、碎石

GB/T 25177 混凝土用再生粗集料

GBT 25176 混凝土和砂浆用再生细集料

JGJ/T 240 再生集料应用技术规程

HJ/T 207 环境标志产品技术要求 建筑砌块

GB 8239 普通混凝土小型空心砌块

GB/T 15229 轻集料混凝土小型空心砌块

GB 4915 水泥工业大气污染物排放标准

GB 6566 建筑材料放射性核素限量

GB 8978 污水综合排放标准

GB 14554 恶臭污染物排放标准

GB 18485 生活垃圾焚烧污染控制标准

GB 18587 危险废物贮存污染控制标准

GB/T 16157 固定污染源排气中颗粒物测定与气态污染物采样方法

HJ 543 固定污染源废气 汞的测定 冷原子吸收分光光度法（暂行）

HJ 662 水泥窑协同处置固体废物环境保护技术规范

HJ/T 55 大气污染物无组织排放监测技术导则

HJ/T 176 危险废物集中焚烧处置工程建设技术规范

《污染源自动监控管理办法》(国家环境保护总局令 第28号)

3 术语和定义

下列术语和定义适用于本标准。

3.1 建筑废物(construction & demolition wastes)

建设、施工单位或个人对各类建筑物、构筑物等进行建设、拆除、修缮及居民装饰房屋过程中所产生的余泥、余渣、泥浆及其他固体废物。

3.2 危险废物(hazardous wastes)

列入国家危险废物名录或者根据国家规定的危险废物鉴别标准和鉴别方法认定的具有腐蚀性、毒性、易燃性、反应性和感染性等一种或一种以上的危险特性,以及不排除具有以上危险特性的固体废物。

3.3 应急事件废物(emergency wastes)

指由于污染事故、安全事故、重大灾害等事件以及环境保护专项行动中集中产生的固体废物。

3.4 有毒有害物质(hazardous substance)

受污染建筑废物中含有的对人、动植物和环境等产生危害的物质或元素,包括铜(Cu)、锌(Zn)、铅(Pb)、铬(Cr)、镉(Cd)、镍(Ni)、汞(Hg)、砷(As)、多环芳烃(PAHs)、多氯联苯(PCBs)、多溴联苯(PBB)、多溴联苯醚(PBDE)、有机农药类、含有消耗臭氧层的物质以及国家规定的危险废物。

3.5 再生集料(recycled aggregate)

利用建筑废物制备的粗细集料,可作为混凝土中的主要原料,在建筑物中起骨架和支撑作用。粒径大于4.75mm的集料称为粗集料,粒径4.75mm以下的集料称为细集料。

3.6 再生砂石(recycled gravel)

利用建筑废物制备的硬度良好和化学性质稳定的砂石,常作为优质的建筑材料、混凝土原料而广泛应用于房屋、道路、公路、铁路、工程等领域。

3.7 再生砌块(recycled block)

指以水泥为主要胶凝材料,粉煤灰等为辅助胶凝材料和活性混合材料,以建筑废物中的无机硬质材料(包括混凝土、砂浆、砖瓦、石材以及玻璃等)为集料和填充材料制备的砌块。

3.8 收集(collection)

受污染建筑废物聚集、分类和整理活动。

3.9 贮存(storage)

指受污染建筑废物在收集、运输、再生利用、或无害化处理和最终处置前的存放行为。

4 受污染建筑废物特性及贮存

4.1 受污染建筑废物

——化工、冶金、轻工、加工等典型工业企业拆迁改建等产生的受污染建筑废物

（主要为重金属建筑废物、难降解有毒有害有机污染建筑废物二大类）。

4.2 不宜再生利用的受污染建筑废物

——放射性建筑废物（来自于核电站及医院放射间等）。

——未知特性和未经鉴定的受污染建筑废物。

4.3 可进行再生利用的受污染建筑废物应具有相对稳定的化学组成和物理特性，其重金属和有机污染物含量应满足本标准5.2中表1的限值要求，其中氯、硫等有害元素的含量应满足HJ/T 207—2005标准的要求。

4.4 应有专门的建筑废物贮存设施

受污染建筑废物贮存设施应满足GB 18597和HJ/T 176的规定。

除上述规定之外的其他一般建筑废物贮存设施应有良好的防渗性能，以及必要的防雨、防尘功能。

5 污染物含量限值

5.1 受污染建筑废物再生利用时，粉尘等颗粒物排放限值均需低于20mg/m^3，具体按GB 4915中的要求执行。

5.2 重金属和有机物污染物执行表1规定的最高允许含量。

表1 受污染建筑废物进行再生利用时重金属和有机物污染物最高允许含量 单位：mg/kg

序号	污染物	最高允许含量
重金属元素及化合物		
1	锌(以总锌计)	5000
2	铜(以总铜计)	2500
3	铅(以总铅计)	500
4	镉(以总镉计)	30
5	总铬	1000
6	铬(六价)	200
7	镍(以总镍计)	1000
8	砷(以总砷计)	200
9	汞(以总汞计)	10
非挥发性有机化合物		
10	多氯联苯	2
11	多环芳烃(总量)	80
氰化物		
12	总氰化物	10

5.3 受污染建筑废物贮存、预处理等过程产生的污染物需要进行无害化：经处理后满足固体废物再生利用污染防治技术导则等相关标准要求。

6 三大类产品（再生集料、再生砂石、再生砌块）污染物控制

6.1 受污染建筑废物制备的再生集料、再生砂石、再生砌块等三大类再生产品，

其质量应符合国家相关标准。

6.2 受污染建筑废物制备的再生集料、再生砂石、再生砌块等三大类再生产品中污染物的浸出，应满足相关的国家标准要求。

6.3 利用受污染建筑废物作为建筑材料的替代原材料，其生产的再生产品参照本标准中第6.2条的规定执行。

7 再生利用技术要求

7.1 在再生利用过程中，应满足GB/T 14685、GB/T 25177、GB/T 25176、JGJ/T 240等再生产品系列标准要求正确选择掺入量。

7.2 受污染建筑废物的掺入和再生利用过程应不影响建筑材料的正常生产和产品质量。

7.3 当受污染建筑废物再生利用过程中出现故障或事故造成运行工况不正常时，必须立即停止掺入受污染建筑废物，待查明原因并恢复正常运行后方可继续掺入。

7.4 在受污染建筑废物再生利用时，具体再生步骤和方法执行GB/T 14685、GB/T 25177、GB/T 25176、JGJ/T 240、HJ/T 207、GB 8239、GB/T 15229等国家相关标准。

8 实施与监督

8.1 本标准由县级以上人民政府环境保护行政主管部门会同有关部门负责监督实施。

8.2 在任何情况下，受污染建筑废物制备再生集料、再生砂石、再生砌块等再生产品均应遵守本标准规定的污染物控制要求，采取必要措施保证污染防治设施正常运行。各级环保部门在对其进行监督性检查时，可将现场即时采样或监测的结果，作为判定污染物含量是否符合标准以及实施相关环境保护管理措施的依据。

参考文献

[1] Abd-Allah A M. Determination of organophosphorus pesticides in sediment from Alexandria-Coast, Egypt [J]. Toxicol. Environ. Chem. 1995, 48 (3-4): 177-182.

[2] Abumaizar R J, Smith E H. Heavy metal contaminants removal by soil washing [J]. Journal of Hazardous Materials. 1999, 70 (1-2): 71-86.

[3] Ahangar A G, Smernik R J, Kookana R S, et al. The effect of solvent-conditioning on soil organic matter sorption affinity for diuron and phenanthrene [J]. Chemosphere, 2009, 76, (8): 1062-1066.

[4] Alamdar A, Syed J H, Malik R N, et al. Organochlorine pesticides in surface soils from obsolete pesticide dumping ground in Hyderabad City, Pakistan: contamination levels and their potential for air-soil exchange [J]. Sci. Total Environ, 2014, 470: 733-741.

[5] An B, Zhao D. Immobilization of As (Ⅲ) in soil and groundwater using a new class of polysaccharide stabilized Fe-Mn oxide nanoparticles [J]. Journal of Hazardous Materials, 2012, 211: 332-341.

[6] Angulo S, Ulsen C, John V, et al. Chemical Cmineralogical characterization of C & D waste recycled aggregates from S o Paulo, Brazil [J]. Waste Management, 2009, 29 (2): 721-730.

[7] Barbaux Y, Dekiouk M, Le Maguer D, et al. Bulk and surface analysis of a Fe-P-O oxydehydrogenation catalyst [J]. Applied Catalysis A: General, 1992, 90 (1): 51-60.

[8] Barbudo A, Galvín A P, Agrela F, et al. Correlation analysis between sulphate content and leaching of sulphates in recycled aggregates from construction and demolition wastes [J]. Waste Management, 2012, 32 (6): 1229-1235.

[9] Barja B C, Herszage J, dos Santos Afonso M. Iron (Ⅲ)-phosphonate complexes [J]. Polyhedron, 2001, 20 (15-16): 1821-1830.

[10] Batayneh M, Marie I, Asi I. Use of selected waste materials in concrete mixes [J]. Waste Management, 2007, 27 (12): 1870-1876.

[11] Benredjem Z, Delimi R, Khelalfa A. Phosphate ore washing by Na (2) EDTA for cadmium removal: Optimization of the operating conditions [J]. Polish Journal of Chemical Technology, 2012, 14 (3): 15-20.

[12] Bianchini G, Marrocchino E, Tassinari R, et al. Recycling of construction and demolition waste materials: a chemical Cmineralogical appraisal [J]. Waste Management, 2005, 25 (2): 149-159.

[13] Bianchini G, Marrocchino E, Tassinari R, et al. Recycling of construction and demolition waste materials: a chemical-mineralogical appraisal [J]. Waste Management, 2005, 25 (2): 149-159.

[14] Bio Intelligence Service. Service Contract On Management of Construction and Demolition Waste- SR1 [R]: European Commission, 2011.

[15] Boening D W. Ecological effects, transport, and fate of mercury: a general review [J]. Chemosphere, 2000, 40 (12): 1335-1351.

[16] Bolan N, Kunhikrishnan A, Thangarajan R, et al. Remediation of heavy metal (loid) s contaminated soils-To mobilize or to immobilize? [J]. Journal of Hazardous Materials, 2014, 266 (0): 141-166.

[17] Bolan N S, Adriano D C, Duraisamy P, et al. Immobilization and phytoavailability of cadmium in variable charge soils. I. Effect of phosphate addition [J]. Plant and Soil, 2003, 250 (1): 83-94.

[18] Bolt P H, ten Grotenhuis E, Geus J W, et al. The interaction of thin NiO layers with single crystalline α-Al_2O_3 (11$\bar{2}$0) substrates [J]. Surface Science, 1995, 329 (3): 227-240.

[19] Bouaid A, Ramos L, Gonzalez M, et al. Solid-phase microextraction method for the determination of atrazine and four organophosphorus pesticides in soil samples by gas chromatography. J Chromatogr A, 2001, 939 (1): 13-21.

[20] Brasileiro G A M, Vieira J A R, Barreto L S. Use of coir pith particles in composites with Portland cement [J]. Journal of Environmental Management, 2013, 131: 228-238.

[21] Brown L, Seaton K, Mohseni R, et al. Immobilization of heavy metals on pillared montmorillonite with a grafted chelate ligand [J]. Journal of Hazardous Materials, 2013, 261 (0): 181-187.

[22] Buamah R, Petrusevski B, Schippers J. Presence of arsenic, iron and manganese in groundwater within the gold-belt zone of Ghana [J]. Journal of Water Supply: Research and Technology-AQUA, 2008, 57 (7): 519-529.

[23] Butera S, Christensen T H, Astrup TF. Composition and leaching of construction and demolition waste: Inorganic elements and organic compounds [J]. Journal of Hazardous Materials, 2014, 276: 302-311.

[24] Butera S, Astrup T F, Christensen T H. Environmental Impacts Assessment of Recycling of Construction and Demolition Waste. Technical University of Denmark Danmarks Tekniske Universitet, Department of Environmental Science and Engineering Institut for Miljøteknologi, 2015.

[25] Cappuyns V, Swennen R. The application of pH (stat) leaching tests to assess the pH-dependent release of trace metals from soils, sediments and waste materials [J]. Journal of Hazardous Materials, 2008, 158 (1): 185-195.

[26] Celenza, G. Industrial waste treatment process engineering: facility [J]. Evaluation & Pretreatment, 1999, 1.

[27] CEPA (Chinese Environmental Protection Administration). Environmental Quality Standard for Soils (GB 15618—1995) [S]. 1995.

[28] CEPA (Chinese Environmental Protection Administration). Solid waste-extraction procedure for leaching toxicity-sulphuric acid & nitric acid method (HJ/T 299—2007) [S]. 2007.

[29] Chang Y C, Choi D, Kikuchi S. Enhanced extraction of heavy metals in the two-step process with the mixed culture of Lactobacillus bulgaricus and Streptococcus thermophilus [J]. Bioresour Technol, 2012, 103 (1): 477-480.

[30] Charizopoulos E, Papadopoulou-Mourkidou E. Occurrence of pesticides in rain of the Axios River Basin [J]. Greece Environ Sci Technol, 1999, 33, (14), 2363-2368.

[31] Chen Q, Yin D, Zhu S, et al. Adsorption of cadmium (Ⅱ) on humic acid coated titanium dioxide [J]. Journal of Colloid and Interface Science, 2012, 367 (1): 241-248.

[32] Chen Q, Zhang L, Ke Y, et al. Influence of carbonation on the acid neutralization capacity of cements and cement-solidified/stabilized electroplating sludge [J]. Chemosphere, 2009, 74 (6): 758-764.

[33] Chen Q Y, Zhang L N, Ke Y J, et al. Influence of carbonation on the acid neutralization capacity of cements and cement-solidified/stabilized electroplating sludge [J]. Chemosphere, 2009, 74: 758-764.

[34] Chen X, Geng Y, Fujita T. An overview of municipal solid waste management in China [J]. Waste Management, 2010, 30 (4): 716-724.

[35] Cheng T W, Chu J P, Tzeng C C, et al. Treatment and recycling of incinerated ash using thermal plasma technology [J]. Waste Management, 2002, 22: 485-490.

[36] Chiang Y W, Ghyselbrecht K, Santos R M, et al. Synthesis of zeolitic-type adsorbent material from municipal solid waste incinerator bottom ash and its application in heavy metal adsorption [J]. Catalysis

Today, 2012, 190 (1): 23-30.

[37] Chlopecka A, Adriano D C. Mimicked In-Situ Stabilization of Metals in a Cropped Soil: Bioavailability and Chemical Form of Zinc [J] . Environmental Science & Technology. 1996, 30 (11): 3294-3303.

[38] Chong W K, Hermreck C. Understanding transportation energy and technical metabolism of construction waste recycling [J] . Resources, Conservation and Recycling, 2010, 54 (9): 579-590.

[39] Chui D, Yang Z. C & D waste recycled for development of circular economy [J] . Industry Technologic Economy, 2006, 10: 35-52.

[40] Clark C, Jambeck J, Townsend T. A review of construction and demolition debris regulations in the united states [J] . Critical Reviews in Environmental Science and Technology, 2006, 36 (2): 141-186.

[41] Coleman N J, Lee W E, Slipper I J. Interactions of aqueous Cu^{2+} , Zn^{2+} and Pb^{2+} ions with crushed concrete fines [J] . Journal of Hazardous Materials, 2005, 121 (1-3): 203-213.

[42] Correia S, Souza F, Dienstmann G, et al. Assessment of the recycling potential of fresh concrete waste using a factorial design of experiments [J] . Waste Management, 2009, 29 (11): 2886-2891.

[43] Crannell B S, Eighmy T T, Krzanowski J E, et al. Heavy metal stabilization in municipal solid waste combustion bottom ash using soluble phosphate [J] . Waste Management, 2000, 20 (2-3): 135-148.

[44] Dabinett T R, Humberstone D, Leverett P, et al. Synthesis and stability of wroewolfeite, $Cu_4SO_4(OH)_6 \cdot 2H_2O$ [J] . Pure and Applied Chemistry, 2008, 80 (6): 1317-1323.

[45] De la Rosa J, Santos M, Araújo M. Metal binding by humic acids in recent sediments from the SW Iberian coastal area [J] . Estuarine, Coastal and Shelf Science, 2011, 93 (4): 478-485.

[46] de Livera J, McLaughlin M J, Beak D, et al. Release of dissolved cadmium and sulfur nanoparticles from oxidizing sulfide minerals [J] . Soil Sci Soc Am J, 2011, 75 (3): 842-854.

[47] Dell' Anno A, Beolchini F, Gabellini M, et al. Bioremediation of petroleum hydrocarbons in anoxic marine sediments: consequences on the speciation of heavy metals [J] . Marine Pollution Bulletin, 2009, 58 (12): 1808-1814.

[48] Dell' Orso M, Mangialardi T, Paolini A E, et al. Evaluation of the leachability of heavy metals from cement-based materials [J] . Journal of Hazardous Materials, 2012: 227-228.

[49] Duran X, Lenihan H, O'Regan B. A model for assessing the economic viability of construction and demolition waste recycling—the case of Ireland [J] . Resources, Conservation and Recycling, 2006, 46 (3): 302-320.

[50] Dyer T, Garvin S, Jones R. Exposure of portland cement to multiple trace metal loadings [J] . Magazine of Concrete Research, 2009, 61 (1): 57-65.

[51] El-Eswed B, Khalili F. Adsorption of Cu (Ⅱ) and Ni (Ⅱ) on solid humic acid from the Azraq area, Jordan [J] . Journal of Colloid and Interface Science, 2006, 299 (2): 497-503.

[52] Engelsen C J, Van der Sloot H A, Wibetoe G, et al. Leaching characterisation and geochemical modelling of minor and trace elements released from recycled concrete aggregates [J] . Cement and Concrete Research, 2010, 40 (12): 1639-1649.

[53] Engelsen C J, van der Sloot H A, Wibetoe G, et al. Leaching characterisation and geochemical modelling of minor and trace elements released from recycled concrete aggregates [J] . Cement and Concrete Research, 2010, 40 (12): 1639-1649.

[54] Erses A S, Fazal M A, Onay T T, et al. Determination of solid waste sorption capacity for selected heavy metals in landfills [J] . Journal of Hazardous Materials, 2005, 121 (1-3): 223-232.

[55] European Environmental Agency. Commission Decisionon the European List of Waste (COM 2000/532/EC) [G] . 2000.

[56] European Environmental Agency. Directive 2008/98/EC of the European Parliament and of the Council

[G]. Official Journal of the European Union, 2008.
[57] European Union. Being wise with waste: the EU's approach to waste management [R]. Belgium, 2010.
[58] Fatta D, Papadopoulos A, Avramikos E, et al. Generation and management of construction and demolition waste in Greece-an existing challenge [J]. Resources, Conservation and Recycling, 2003, 40 (1): 81-91.
[59] Felsot A, Pedersen W. Pesticidal activity of degradation products. Pesticide transformation products, fate and significance in the environment [J]. Washington DC: American Chemical Society, 1996, 459: 172-187.
[60] Florida Department of Environmental Protection. Solid waste management facilities [G]. 2001.
[61] Frijia S, Guhathakurta S, Williams E. Functional unit, technological dnamics, and scaling properties for the life cycle energy of residences [J]. Environmental Science & Technology, 2011, 46 (3): 1782-1788.
[62] Galbenis C-T, Tsimas S. Use of construction and demolition wastesas raw materials in cement clinker production [J]. China Particuology Science and Technology of Particles, 2006, 4: 83-85.
[63] Galvín A P, Ayuso J, Agrela F, et al. Analysis of leaching procedures for environmental risk assessment of recycled aggregate use in unpaved roads [J]. Construction and Building Materials, 2013, 40 (0): 1207-1214.
[64] Galvín A P, Ayuso J, Jiménez J R, et al. Comparison of batch leaching tests and influence of pH on the release of metals from construction and demolition wastes [J]. Waste Management, 2012, 32 (1): 88-95.
[65] Galvín A P, Ayuso J, Jiménez J R, et al. Comparison of batch leaching tests and influence of pH on the release of metals from construction and demolition wastes [J]. Waste Management, 2012, 32 (1): 88-95.
[66] Galvín A P, Ayuso J, Jiménez J R, et al. Comparison of batch leaching tests and influence of pH on the release of metals from construction and demolition wastes [J]. Waste Manage, 2012, 32 (1): 88-95.
[67] Garoiaz H, Berrabah M, Elidrissi A, et al. Analysis of cypermethrin residues and its main degradation products in soil and formulation samples by gas chromatography-electron impact-mass spectrometry in the selective ion monitoring mode [J]. Int J Environ Anal Chem, 2012, 92 (12): 1378-1388.
[68] Gastaldi D, Canonico F, Boccaleri E. Ettringite and calcium sulfoaluminate cement: investigation of water content by near-infrared spectroscopy [J]. J Mater Sci, 2009, 44: 5788-5794.
[69] GB 15618—1995.
[70] GB 5085. 3—2007.
[71] GB 18918—2002.
[72] GB 3838—2002.
[73] GB 5750. 4—2006.
[74] GB 8978—1996.
[75] Ge L, Lai W, Lin Y. Influence of and correction for moisture in rocks, soils and sediments onin situ XRF analysis [J]. X-Ray Spectrometry, 2005, 34 (1): 28-34.
[76] Gerlach R W, Nocerino J M. Guidance for obtaining representative laboratory analytical subsamples from particulate laboratory samples. US environmental protection agency, office of research and development, national exposure research laboratory [J]. Environmental Sciences Division, 2003.
[77] Glass R L. Metal complex formation by glyphosate [J]. Journal of Agricultural and Food Chemistry, 1984, 32 (6): 1249-1253.

[78] Gómez-Ortíz N M, González-Gómez W S, De la Rosa-García SC, et al. Antifungal activity of Ca [Zn (OH) $_3$] $_2$ · $2H_2O$ coatings for the preservation of limestone monuments: An in vitro study [J]. International Biodeterioration & Biodegradation, 2014, 91 (0): 1-8.

[79] Grant C A. Influence of phosphate fertilizer on cadmium in agricultural soils and crops. Phosphate in Soils: Interaction with Micronutrients, Radionuclides and Heavy Metals, 2015, 2: 123.

[80] Gray C, Dunham S, Dennis P, et al. Field evaluation of in situ remediation of a heavy metal contaminated soil using lime and red-mud [J]. Environmental Pollution, 2006, 142 (3): 530-539.

[81] Griffiths P R, De Haseth J A. Fourier transform infrared spectrometry [J]. Wiley, 1986.

[82] Grimmond S. Urbanization and global environmental change: local effects of urban warming [J]. Geographical Journal, 2007, 173: 83-88.

[83] Guo Y, Bustin R. FTIR spectroscopy and reflectance of modern charcoals and fungal decayed woods: implications for studies of inertinite in coals [J]. Int J Coal Geol, 1998, 37 (1): 29-53.

[84] Hale B, Evans L, Lambert R. Effects of cement or lime on Cd, Co, Cu, Ni, Pb, Sb and Zn mobility in field-contaminated and aged soils [J]. Journal of Hazardous Materials, 2012, 199-200 (0): 119-127.

[85] Han D H. Airborne concentrations of organophosphorus pesticides in Koreanpesticide manufacturing/formulation workplaces [J]. Ind Health, 2011, 49 (6): 703-713.

[86] Hanawa T, Ota M. Calcium phosphate naturally formed on titanium in electrolyte solution [J]. Biomaterials, 1991, 12 (8): 767-774.

[87] HJ/T 299—2007.

[88] Ho Y S, McKay G. Pseudo-second order model for sorption processes [J]. Process Biochemistry, 1999, 34 (5): 451-465.

[89] Hsiao T Y, Huang Y T, Yu Y H, et al. Modeling materials flow of waste concrete from construction and demolition wastes in Taiwan [J]. Resources Policy, 2002, 28 (3): 39-47.

[90] Hu H, Deng Q, Li C, et al. The recovery of Zn and Pb and the manufacture of lightweight bricks from zinc smelting slag and clay [J]. Journal of Hazardous Materials, 2014, 271 (0): 220-227.

[91] Huang W L, Lin D H, Chang N B, et al. Recycling of construction and demolition waste via a mechanical sorting process [J]. Resources, Conservation and Recycling, 2002, 37 (1): 23-37.

[92] Jain C K. Metal fractionation study on bed sediments of River Yamuna, India [J]. Water Research, 2004, 38 (3): 569-578.

[93] Jalali M, Moharami S. Effects of the addition of phosphorus on the redistribution of cadmium, copper, lead, nickel, and zinc among soil fractions in contaminated calcareous soil [J]. Soil and Sediment Contamination, 2009, 19 (1): 88-102.

[94] Jambeck J R, Townsend T, Solo-Gabriele H. Leaching of chromated copper arsenate (CCA)-treated wood in a simulated monofill and its potential impacts to landfill leachate [J]. Journal of Hazardous Materials, 2006, 135 (1-3): 21-31.

[95] Jambeck J R, Townsend T G, Solo-Gabriele H M. Landfill disposal of CCA-treated wood with construction and demolition (C & D) debris: arsenic, chromium, and copper concentrations in leachate [J]. Environmental Science & Technology, 2008, 42 (15): 5740-5745.

[96] Jang Y C, Townsend T. Sulfate leaching from recovered construction and demolition debris fines [J]. Advances in Environmental Research, 2001, 5 (3): 203-217.

[97] Jang Y C, Townsend T G. Occurrence of organic pollutants in recovered soil fines from construction and demolition waste [J]. Waste Management, 2001, 21 (8): 703-715.

[98] JGJ 55—2011.

[99] Jie L Z C Y D. Exploration of the urbanization and reusing of the abandoned buildings [J]. Industrial

Construction, 2008, 1: 16.

[100] Jiménez J, Ayuso J, Galvín A, et al. Use of mixed recycled aggregates with a low embodied energy from non-selected CDW in unpaved rural roads [J]. Construction and Building Materials, 2012, 34: 34-43.

[101] Jiménez J R, Ayuso J, Agrela F, et al. Utilisation of unbound recycled aggregates from selected CDW in unpaved rural roads [J]. Resources, Conservation and Recycling, 2012, 58: 88-97.

[102] Jing C, Korfiatis G P, Meng X. Immobilization mechanisms of arsenate in iron hydroxide sludge stabilized with cement [J]. Environmental Science & Technology, 2003, 37 (21): 5050-5056.

[103] Karadag K, Onaran G, Sonmez H B. Synthesis of crosslinked poly (orthosilicate) s based on cyclohexanediol derivatives and their swelling properties [J]. Polym J, 2010, 42 (9): 706-710.

[104] Karamalidis A K, Voudrias E A. Release of Zn, Ni, Cu, SO_4^{2-} and CrO_4^{2-} as a function of pH from cement-based stabilized/solidified refinery oily sludge and ash from incineration of oily sludge [J]. J Hazard Mater, 2007, 141 (3): 591-606.

[105] Kartal S N, Kakitani T, Imamura Y. Bioremediation of CCA-C treated wood by Aspergillus niger fermentation [J]. Holz als Roh- und Werkstoff, 2004, 62 (1): 64-68.

[106] Kartal S N, Kose C. Remediation of CCA-C treated wood using chelating agents [J]. Holz als Roh- und Werkstoff, 2003, 61 (5): 382-387.

[107] Kartam N, Al-Mutairi N, Al-Ghusain I, et al. Environmental management of construction and demolition waste in Kuwait [J]. Waste Management, 2004, 24 (10): 1049-1059.

[108] Katkar P, Patil C, Khude P, et al. 椰壳纤维/水泥复合材料 [J]. 国际纺织导报, 2013, 41 (2): 56.

[109] Khan B J J, Solo-Gabriele H M, Townsend T G, et al. Release of arsenic to the environment from CCA-treated wood, 2. Leaching and speciation during disposal [J]. Environ Sci Technol, 2006, 40: 994-999.

[110] Khenifi A, Bouberka Z, Sekrane F, et al. Adsorption study of an industrial dye by an organic clay [J]. Adsorption, 2007, 13 (2): 149-158.

[111] Kim B J, Bae K M, Park S J. A Study of the optimum pore structure for mercury vapor adsorption [J]. Bulletin Of the Korean Chemical Society, 2011, 32 (5): 1507-1510.

[112] Kim C, Chong W K, Warren J D. Recycling construction and demolition waste for construction in kansas city metropolitan area, kansas and missouri [J]. Transportation Research Record, 2007, 2011 (1): 193-200.

[113] Kim G B, Maruya K A, Lee R F, et al. Distribution and sources of polycyclic aromatic hydrocarbons in sediments from Kyeonggi Bay, Korea [J]. Marine Pollution Bulletin, 1999, 38 (1): 7-15.

[114] Kim K H, Cho H C. Breakage of waste concrete by free fall [J]. Powder Technology, 2010, 200 (3): 97-104.

[115] Ko C H, Chen P J, Chen S H, et al. Extraction of chromium, copper, and arsenic from CCA-treated wood using biodegradable chelating agents [J]. Bioresour Technol, 2010, 101 (5): 1528-1531.

[116] Kobyłecka J, Ptaszyński B, Zwolinńska A. Synthesis and Properties of Complexes of Lead (Ⅱ), Cadmium (Ⅱ), and Zinc (Ⅱ) with N-Phosphonomethylglycine [J]. Monatshefte für Chemie / Chemical Monthly, 2000, 131 (1): 1-11.

[117] Kofoworola O F, Gheewala S H. Estimation of construction waste generation and management in Thailand [J]. Waste Management, 2009, 29 (2): 731-738.

[118] Kools SAE, van Roovert M, van Gestel CAM, et al. Glyphosate degradation as a soil health indicator for heavy metal polluted soils [J]. Soil Biology and Biochemistry, 2005, 37 (7): 1303-1307.

[119] Kossoff D, Hudson-Edwards K A, Dubbin W, et al. Incongruent weathering of Cd and Zn from mine

tailings: a column leaching study [J]. Chem. Geol, 2011, 281 (1): 52-71.

[120] Kourmpanis B, Papadopoulos A, Moustakas K, et al. Preliminary study for the management of construction and demolition waste [J]. Waste Management & Research, 2008, 26 (3): 267-275.

[121] Kriech A, Kurek J, Osborn L, et al. Determination of polycyclic aromatic compounds in asphalt and in corresponding leachate water [J]. Polycyclic Aromat Compd, 2002, 22 (3-4): 517-535.

[122] Kržišnik N, Mladenovič A, Škapin A S, et al. Nanoscale zero-valent iron for the removal of Zn^{2+}, Zn (Ⅱ) -EDTA and Zn (Ⅱ) -citrate from aqueous solutions [J]. Science of The Total Environment, 2014, 476-477 (0): 20-28.

[123] Kuboňová L, Langová Š, Nowak B, et al. Thermal and hydrometallurgical recovery methods of heavy metals from municipal solid waste fly ash [J]. Waste Management, 2013, 33 (11): 2322-2327.

[124] Kundu S, Gupta A. Immobilization and leaching characteristics of arsenic from cement and/or lime solidified/stabilized spent adsorbent containing arsenic [J]. Journal of Hazardous Materials, 2008, 153 (1): 434-443.

[125] Kwonpongsagoon S, Waite D T, Moore S J, et al. A substance flow analysis in the southern hemisphere: cadmium in the Australian economy [J]. Clean Technol Envir, 2007, 9 (3): 175-187.

[126] Laenen R, Rauscher C, Laubereau A. Vibrational energy redistribution of ethanol oligomers and dissociation of hydrogen bonds after ultrafast infrared excitation [J]. Chem Phys Lett, 1998, 283 (1): 7-14.

[127] Lampris C, Stegemann J A, Cheeseman C R. Solidification/stabilisation of air pollution control residues using Portland cement: Physical properties and chloride leaching [J]. Waste Manag, 2009, 29 (3): 1067-1075.

[128] Larsen T A, Udert K M, Lienert J. Source separation and decentralization for wastewater management [J]. IWA Publishing, 2013: 31-33.

[129] Lawless E, von Rumker R, Ferguson T. Pesticide study series-5: the pollution potential in pesticide manufacturing (EPA Technical Studies Rep. TS-00-72-04) [J]. GPO Washington DC, 1972.

[130] Lee S, Xu Q, Booth M, et al. Reduced sulfur compounds in gas from construction and demolition debris landfills [J]. Waste Manag, 2006, 26 (5): 526-533.

[131] Legret M, Odie L, Demare D, et al. Leaching of heavy metals and polycyclic aromatic hydrocarbons from reclaimed asphalt pavement [J]. Water Res, 2005, 39 (15): 3675-3685.

[132] Li X. Recycling and reuse of waste concrete in China: Part Ⅰ. Material behaviour of recycled aggregate concrete [J]. Resources, Conservation and Recycling, 2008, 53 (1): 36-44.

[133] Li X. Recycling and reuse of waste concrete in China: Part Ⅱ. Structural behaviour of recycled aggregate concrete and engineering applications [J]. Resources, Conservation and Recycling, 2009, 53 (3): 107-112.

[134] Li Y, Yue Q, Gao B. Adsorption kinetics and desorption of Cu (Ⅱ) and Zn (Ⅱ) from aqueous solution onto humic acid [J]. Journal of Hazardous Materials, 2010, 178 (1-3): 455-461.

[135] Li Z, Wang L, Wang X A. Cement composites reinforced with surface modified coir fibers [J]. Journal of Composite Materials, 2007, 41 (12): 1445-1457.

[136] Liao C, Lv J, Fu J, et al. Occurrence and profiles of polycyclic aromatic hydrocarbons (PAHs), polychlorinated biphenyls (PCBs) and organochlorine pesticides (OCPs) in soils from a typical e-waste recycling area in Southeast China [J]. Int J Environ Health Res, 2012, 22 (4): 317-330.

[137] Lim M, Kim M J. Reuse of washing effluent containing oxalic acid by a combined precipitation-acidification process [J]. Chemosphere, 2013, 90 (4): 1526-1532.

[138] Limbachiya M, Marrocchino E, Koulouris A. Chemical-mineralogical characterisation of coarse

recycled concrete aggregate [J]. Waste Management, 2007, 27(2): 201-208.

[139] Lin J, Zhan Y, Zhu Z. Adsorption characteristics of copper (Ⅱ) ions from aqueous solution onto humic acid-immobilized surfactant-modified zeolite [J]. Colloids and Surfaces A: Physicochemical and Engineering Aspects, 2011, 384(1-3): 9-16.

[140] Liu J F, Zhao Z S, Jiang G B. Coating Fe_3O_4 Magnetic Nanoparticles with Humic Acid for High Efficient Removal of Heavy Metals in Water [J]. Environmental Science & Technology, 2008, 42(18): 6949-6954.

[141] Liu T, Yang X, Wang Z L, et al. Enhanced chitosan beads-supported Fe^0-nanoparticles for removal of heavy metals from electroplating wastewater in permeable reactive barriers [J]. Water research, 2013, 47(17): 6691-6700.

[142] Liu Z, Liu S, Yin P, et al. Fluorescence enhancement of CdTe/CdS quantum dots by coupling of glyphosate and its application for sensitive detection of copper ion [J]. Analytica Chimica Acta, 2012, 745(0): 78-84.

[143] Liu T F, Wang T, Sun C, et al. Single and joint toxicity of cypermethrin and copper on Chinese cabbage (Pakchoi) seeds. J Hazard Mater, 2009, 163(1): 344-348.

[144] Livens F R. Chemical reactions of metals with humic material [J]. Environmental Pollution, 1991, 70(3): 183-208.

[145] Lopes C, Herva M, Franco-Uría A, et al. Inventory of heavy metal content in organic waste applied as fertilizer in agriculture: evaluating the risk of transfer into the food chain [J]. Environ Sci Pollut Res, 2011, 18(6): 918-939.

[146] Lopez A, Lobo A. Emissions of C & D refuse in landfills: a European case [J]. Waste Manag, 2014, 34(8): 1446-1454.

[147] Lotito A M, Iaconi C D, Lotito V. Physical characterisation of the sludge produced in a sequencing batch biofilter granular reactor [J]. Water Research, 2012, 46: 5316-5326.

[148] Lu rukun S Z. Cadmium contents of rock phosphates and phosphate fertilizers of China and their effects on ecological environment (in Chinese) [J]. Acta Geogr Sin, 1992, 29(2): 150-157.

[149] Lupsea M, Tiruta-Barna L, Schiopu N. Leaching of hazardous substances from a composite construction product - an experimental and modelling approach for fibre-cement sheets [J]. J Hazard Mater, 2014, 264: 236-245.

[150] Luz C A, Rocha J C, Cheriaf M, et al. Use of sulfoaluminate cement and bottom ash in the solidification/stabilization of galvanic sludge [J]. Journal of Hazardous Materials, 2006, 136(3): 837-845.

[151] Machappa T, Prasad M. Humidity sensing behaviour of polyaniline/magnesium chromate ($MgCrO_4$) composite [J]. Bulletin of Materials Science, 2012, 35(1): 75-81.

[152] Mackay D, Paterson S, Cheung B, et al. Evaluating the environmental behavior of chemicals with a Level Ⅲ fugacity model [J]. Chemosphere, 1985, 14(1): 335-374.

[153] Malliou O, Katsioti M, Georgiadis A, et al. Properties of stabilized/solidified admixtures of cement and sewage sludge [J]. Cement & Concrete Composites, 2007, 29(1): 55-61.

[154] Mansaku-Meksi M, Baraj B. Pesticide contamination in the abandoned chemical plant [J]. Porto Romano, 2006.

[155] Mantzos N, Karakitsou A, Zioris I, et al. Quechers and solid phase extraction methods for the determination of energy crop pesticides in soil, plant and runoff water matrices [J]. Int J Environ Anal Chem, 2013, 93(15): 1566-1584.

[156] Maqueda C, Morillo E, Undabeytia T, et al. Sorption of glyphosate and Cu (Ⅱ) on a natural fulvic aced complex: Mutual influence [J]. Chemosphere, 1998, 37(6): 1063-1072.

[157] Mar S S, Okazaki M. Investigation of Cd contents in several phosphate rocks used for the production of fertilizer [J]. Microchem J, 2012, 104: 17-21.

[158] Marion A M, De Laneve M, De Grauw A. Study of the leaching behaviour of paving concretes: quantification of heavy metal content in leachates issued from tank test using demineralized water [J]. Cement and Concrete Research, 2005, 35 (5): 951-957.

[159] McBride M B. Electron Spin Resonance Study of Copper Ion Complexation by Glyphosate and Related Ligands [J]. Soil Sci Soc Am J, 1991, 55 (4): 979-985.

[160] Mc Connell J S, Hossner L R. pH-dependent adsorption isotherms of glyphosate [J]. Journal of Agricultural and Food Chemistry, 1985, 33 (6): 1075-1078.

[161] Mc Mahon V, Garg A, Aldred D, et al. Composting and bioremediation process evaluation of wood waste materials generated from the construction and demolition industry [J]. Chemosphere, 2008, 71 (9): 1617-1628.

[162] McMahon V, Garg A, Aldred D, et al. Evaluation of the potential of applying composting/bioremediation techniques to wastes generated within the construction industry [J]. Waste Management, 2009, 29 (1): 186-196.

[163] Min B Y, Choi W K, Lee K W. Separation of clean aggregates from contaminated concrete waste by thermal and mechanical treatment [J]. Annals of Nuclear Energy, 2010, 37 (1): 16-21.

[164] Modin H, Persson K M, Andersson A, et al. Removal of metals from landfill leachate by sorption to activated carbon, bone meal and iron fines [J]. Journal of Hazardous Materials, 2011, 189 (3): 749-754.

[165] Mohan S, Gandhimathi R. Removal of heavy metal ions from municipal solid waste leachate using coal fly ash as an adsorbent [J]. Journal of Hazardous Materials, 2009, 169 (1-3): 351-359.

[166] Molina E, Cultrone G, Sebastian E, et al. The pore system of sedimentary rocks as a key factor in the durability of building materials [J]. Engineering Geology, 2011, 118 (3-4): 110-121.

[167] Montero A, Tojo Y, Matsuo T, et al. Gypsum and organic matter distribution in a mixed construction and demolition waste sorting process and their possible removal from outputs [J]. Journal of Hazardous Materials, 2010, 175 (1): 747-753.

[168] Morillo E, Undabeytia T, Maqueda C, et al. Glyphosate adsorption on soils of different characteristics.: Influence of copper addition [J]. Chemosphere, 2000, 40 (1): 103-107.

[169] Moszkowicz P, Sanchez F, Barna R, et al. Pollutants leaching behaviour from solidified wastes: a selection of adapted various models [J]. Talanta, 1998, 46 (3): 375-383.

[170] Müller, S, Wilcke W, Kanchanakool N, et al. Polycyclic aromatic hydrocarbons (PAHs) and polychlorinated biphenyls (PCBs) in particle-size separates of urban soils in Bangkok, Thailand [J]. Soil Sci, 2000, 165 (5): 412-419.

[171] Mymrin V, Corröa S M. New construction material from concrete production and demolition wastes and lime production waste [J]. Construction and Building Materials, 2007, 21 (3): 578-582.

[172] Nemati K, Abu Bakar N K, Abas M R, et al. Speciation of heavy metals by modified BCR sequential extraction procedure in different depths of sediments from Sungai Buloh, Selangor, Malaysia [J]. J Hazard Mater, 2011, 192 (1): 402-410.

[173] Nemati K, Bakar N K A, Abas M R, et al. Speciation of heavy metals by modified BCR sequential extraction procedure in different depths of sediments from Sungai Buloh, Selangor, Malaysia [J]. J Hazard Mater, 2011, 192 (1): 402-410.

[174] Nunes K, Mahler C, Valle R, et al. Evaluation of investments in recycling centres for construction and demolition wastes in Brazilian municipalities [J]. Waste Management, 2007, 27 (11): 1531-1540.

[175] Odeyemi O, Ogunseitan O A. Petroleum industry and its pollution potential in Nigeria [J]. Oil and Petrochemical Pollution, 1985, 2(3): 223-229.

[176] Oikonomou N D. Recycled concrete aggregates [J]. Cement and Concrete Composites, 2005, 27(2): 315-318.

[177] Onyiriuka E C. Zinc phosphate glass surfaces studied by XPS [J]. Journal of Non-Crystalline Solids, 1993, 163(3): 268-273.

[178] Ortiz O, Pasqualino J, Castells F. Environmental performance of construction waste: comparing three scenarios from a case study in Catalonia, Spain [J]. Waste Management, 2010, 30(4): 646-654.

[179] Paria S, Yuet P K. Solidification-stabilization of organic and inorganic contaminants using portland cement: a literature review [J]. Environmental Reviews, 2006, 14(4): 217-255.

[180] Pehlivan E, Arslan G. Uptake of Metal Ions on Humic Acids [J]. Energy Sources, Part A: Recovery, Utilization, and Environmental Effects, 2006, 28(12): 1099-1112.

[181] Perin G, Craboledda L, Lucchese M, et al. Heavy metal speciation in the sediments Northern Adriatic-sea-a new approach for environmental toxicity determination [J]. Heavy Metals in the Environment, 1985, 2: 454-456.

[182] Ping L. "Resources, reducing, recycling, industrialization" to manage construction waste in Shenzhen [J]. The Civil Construction Technology, 2007, (21): 34-36.

[183] Ponder S M, Darab J G, Mallouk T E. Remediation of Cr(Ⅵ) and Pb(Ⅱ) aqueous solutions using supported, nanoscale zero-valent iron [J]. Environmental Science & Technology, 2000, 34(12): 2564-2569.

[184] Poon C S, Chan D. The use of recycled aggregate in concrete in Hong Kong [J]. Resources Conservation and Recycling, 2007, 50(3): 293-305.

[185] Poon C S, Yu A T W, Ng L H. On-site sorting of construction and demolition waste in Hong Kong [J]. Resources Conservation and Recycling, 2001, 32(2): 157-172.

[186] Prieto-Taboada N, Ibarrondo I, Gómez-Laserna O, et al. Buildings as repositories of hazardous pollutants of anthropogenic origin [J]. Journal of Hazardous Materials, 2013, 248-249(0): 451-460.

[187] Qiao Y, Yang Y, Gu J, et al. Distribution and geochemical speciation of heavy metals in sediments from coastal area suffered rapid urbanization, a case study of Shantou Bay, China [J]. Marine Pollution Bulletin, 2013, 68(1-2): 140-146.

[188] Qingyu X, Lian J. How long construction waste turning waste into treasure [J]. Green Wind of Guangdong, 2014, (2): 36-39.

[189] Rani R, Juwarkar A. Biodegradation of phorate in soil and rhizosphere of Brassica juncea (L.) (Indian Mustard) by a microbial consortium. Int Biodeterior Biodegrad, 2012, 71: 36-42.

[190] Rao A, Jha K N, Misra S. Use of aggregates from recycled construction and demolition waste in concrete [J]. Resources Conservation and Recycling, 2007, 50(1): 71-81.

[191] Rauret G, Lopez-Sanchez J, Sahuquillo A, et al. Improvement of the BCR three step sequential extraction procedure prior to the certification of new sediment and soil reference materials [J]. Journal of Environmental Monitoring, 1999, 1(1): 57-61.

[192] Renteria-Villalobos M, Vioque I, Mantero J, et al. Radiological, chemical and morphological characterizations of phosphate rock and phosphogypsum from phosphoric acid factories in SW Spain [J]. J Hazard Mater, 2010, 181, (1-3), 193-203.

[193] Roussat N, Méhu J, Abdelghafour M, et al. Leaching behaviour of hazardous demolition waste [J]. Waste Management, 2008, 28(11): 2032-2040.

[194] Rui C, Weilan S. Dynamic Monitoring and Analysis on Global Urbanization Process [J]. Journal of

Chinese Academy of Sciences, 2012, 27 (2): 197-204.

[195] Sarkar D, Datta R. A modified in-vitro method to assess bioavailable arsenic in pesticide-applied soils [J]. Environ Pollut, 2003, 126 (3): 363-366.

[196] Schachermayer E, Lahner T, Brunner PH. Assessment of two different separation techniques for building wastes [J]. Waste Management and Research, 2000, 18 (1): 16-24.

[197] Sheals J, Sjöberg S, Persson P. Adsorption of Glyphosate on Goethite: Molecular Characterization of Surface Complexes [J]. Environmental Science & Technology, 2002, 36 (14): 3090-3095.

[198] Shui Z, Xuan D, Wan H, et al. Rehydration reactivity of recycled mortar from concrete waste experienced to thermal treatment [J]. Construction and Building Materials, 2008, 22 (8): 1723-1729.

[199] Smeda A, Zyrnicki W. Application of sequential extraction and the ICP-AES method for study of the partitioning of metals in fly ashes [J]. Microchemical Journal, 2002, 72 (1): 9-16.

[200] SSB (Shanghai Statistics Bureau of China). Shanghai statistical yearbook, 2013, online edition [J]. http: //www. stats-sh. gov. cn: Table 6. 13, Table 16. 18.

[201] Stipp S L, Hochella Jr M F. Structure and bonding environments at the calcite surface as observed with X-ray photoelectron spectroscopy (XPS) and low energy electron diffraction (LEED) [J]. Geochimica et Cosmochimica Acta, 1991, 55 (6): 1723-1736.

[202] Subramaniam V, Hoggard P E. Metal complexes of glyphosate [J]. Journal of Agricultural and Food Chemistry, 1988, 36 (6): 1326-1329.

[203] Sun Y, Zheng J, Zou L, et al. Reducing volatilization of heavy metals in phosphate-pretreated municipal solid waste incineration fly ash by forming pyromorphite-like minerals [J]. Waste Management, 2011, 31 (2): 325-330.

[204] Sundaram A, Sundaram K M S. Solubility products of six metal-glyphosate complexes in water and forestry soils, and their influence on glyphosate toxicity to plants [J]. Journal of Environmental Science and Health (Part B), 1997, 32 (4): 583-598.

[205] Sungthong D, Reinhart D. Control of hydrogen sulfide emissions using autotrophic denitrification landfill biocovers: engineering applications [J]. Frontiers of Environmental Science & Engineering in China, 2011, 5 (2): 149-158.

[206] Sureshkumar M K, Das D, Mary G, et al. Adsorption of Pb (Ⅱ) Ions Using Humic Acid Coated Chitosan-Tripolyphosphate (HA-CTPP) Beads [J]. Separation Science and Technology, 2013, 48 (7): 1132-1139.

[207] Synthetic precipitate leaching procedure, Method 1312 [J]. U S EPA Washington DC, 1992.

[208] Tabsh S W, Abdelfatah A S. Influence of recycled concrete aggregates on strength properties of concrete [J]. Construction and Building Materials, 2009, 23 (2): 1163-1167.

[209] Tadesse I, Isoaho S, Green F, et al. Lime enhanced chromium removal in advanced integrated wastewater pond system [J]. Bioresource Technology, 2006, 97 (4): 529-534.

[210] Tam V W, Tam C. A review on the viable technology for construction waste recycling [J]. Resources, Conservation and Recycling, 2006, 47 (3): 209-221.

[211] Tam V W. Comparing the implementation of concrete recycling in the Australian and Japanese construction industries [J]. Journal of Cleaner Production, 2009, 17 (7): 688-702.

[212] Tam V W. Economic comparison of concrete recycling: A case study approach [J]. Resources, Conservation and Recycling, 2008, 52 (5): 821-828.

[213] Tam V W Y, Tam C M. A review on the viable technology for construction waste recycling [J]. Resources Conservation and Recycling, 2006, 47 (3): 209-221.

[214] Tam V W Y, Tam C M. Evaluations of existing waste recycling methods: A Hong Kong study [J].

Building and Environment, 2006, 41 (12): 1649-1660.

[215] Tearwattanarattikal P, Namphacharoen S, Chamrasporn C. Using ProModel as a simulation tools to assist plant layout design and planning: Case study plastic packaging factory [J] . Songklanakarin Journal of Science and Technology, 2008, 30, (1), 117-123.

[216] The Maximum Availability Leaching Test. Version 1. 0 [J] . EA NEN 7371: 2004, 2005, 4.

[217] Townsend T, Tolaymat T, Leo K, et al. Heavy metals in recovered fines from construction and demolition debris recycling facilities in Florida [J] . Science of the Total Environment, 2004, 332 (1): 1-11.

[218] Townsend T, Tolaymat T, Leo K, et al. Heavy metals in recovered fines from construction and demolition debris recycling facilities in Florida [J] . Science of The Total Environment, 2004, 332 (1-3): 1-11.

[219] Townsend T G, Jang Y C. Occurrence of organic pollutants in recovered soil fines from construction and demolition waste [J] . Waste Management, 2001, 21 (8): 703-715.

[220] Toxicity characteristic leaching procedure, Method 1311 [J] . U S EPA Washington DC, 1992.

[221] Tränkler J O, Walker I, Dohmann M. Environmental impact of demolition waste—an overview on 10 years of research and experience [J] . Waste Manage, 1996, 16 (1): 21-26.

[222] Trinelli M A, Areco M M, dos Santos Afonso M. Co-biosorption of copper and glyphosate by Ulva lactuca [J] . Colloids and Surfaces B: Biointerfaces, 2013, 105 (0): 251-258.

[223] Uan-BohCheah, RalphC. Kirkwood, Keng-YeangLum, et al. Desorption and Mobility of Four Commonly Used Pesticides in Malaysian Agricultural Soils [J] . Pestic Sci, 1997, 50: 53-63.

[224] Ulsen C, Kahn H, Hawlitschek G, et al. Production of recycled sand from construction and demolition waste [J] . Construction and Building Materials, 2013, 40 (0): 1168-1173.

[225] Ulsen C, Kahn H, Hawlitschek G, et al. Separability studies of construction and demolition waste recycled sand [J] . Waste Management, 2013, 33 (3): 656-662.

[226] United States Environmental Protection Agency, Construction, Demolition, and Renovation [R] . 2004.

[227] USEPA, Damage cases: Construction and demolition waste landfills [R] . Washington D C, 1995.

[228] van der Sloot H A. Comparison of the characteristic leaching behavior of cements using standard (EN 196-1) cement mortar and an assessment of their long-term environmental behavior in construction products during service life and recycling [J] . Cement and Concrete Research, 2000, 30 (7): 1079-1096.

[229] Vegas I, Ibañez J, San José J. et al. Construction demolition wastes, Waelz slag and MSWI bottom ash: A comparative technical analysis as material for road construction [J] . Waste Management, 2008, 28 (3): 565-574.

[230] Wahlstrom M, Laine-Ylijoki J, Maattanen A, et al. Environmental quality assurance system for use of crushed mineral demolition wastes in road constructions [J] . Waste Management, 2000, 20 (2-3): 225-232.

[231] Wang J, Yuan H, Kang X, et al. Critical success factors for on-site sorting of construction waste: a China study [J] . Resources Conservation and Recycling, 2010, 54 (11): 931-936.

[232] Wang Y J, Zhou D M, Sun R J, et al. Cosorption of zinc and glyphosate on two soils with different characteristics [J] . Journal of Hazardous Materials, 2006, 137 (1): 76-82.

[233] Wang Y J, Zhou D M, Sun R J, et al. Zinc adsorption on goethite as affected by glyphosate [J] . Journal of Hazardous Materials, 2008, 151 (1): 179-184.

[234] Wang J X, Lin Z K, Lin K F, et al. Polybrominated diphenyl ethers in water, sediment, soil, and biological samples from different industrial areas in Zhejiang, China [J] . J Hazard Mater, 2011, 197: 211-219.

[235] Wang Y, Sikora S, Kim H, et al. Mobilization of iron and arsenic from soil by construction and demolition debris landfill leachate [J]. Waste Manage, 2012, 32, (5): 925-932.

[236] Wania F, Mackay D. A global distribution model for persistent organic chemicals [J]. Science of the Total Environment, 1995, 161: 211-232.

[237] Waychunas G A, Kim C S, Banfield J F. Nanoparticulate iron oxide minerals in soils and sediments: unique properties and contaminant scavenging mechanisms [J]. Journal of Nanoparticle Research, 2005, 7 (4-5): 409-433.

[238] Weber W, Jang Y, Townsend T, et al. Leachate from Land Disposed Residential Construction Waste [J]. Journal of Environmental Engineering, 2002, 128 (3): 237-245.

[239] Weber W J, Jang Y C, Townsend T G, et al. Leachate from land disposed residential construction waste [J]. J Environ Eng, 2002, 128 (3): 237-245.

[240] Wenling H, Dunghung L, Nibin C, et al. Recycling of construction and demolition waste via a mechanical sorting process [J]. Resources Conservation and Recycling, 2002, 37 (1): 23-37.

[241] Wilopo W, Sasaki K, Hirajima T, et al. Immobilization of arsenic and manganese in contaminated groundwater by permeable reactive barriers using zero valent iron and sheep manure [J]. Mater Trans, 2008, 49: 2265-2274.

[242] Woosley R J, Millero F J, Grosell M. The solubility of fish-produced high magnesium calcite in seawater [J]. Journal of Geophysical Research: Oceans, 2012, 117 (C4): C04018.

[243] Wu K, Shi H, Xu L, et al. Influence of heavy metals on the early hydration of calcium sulfoaluminate [J]. Journal of Thermal Analysis and Calorimetry, 2013, 115 (2): 1153-1162.

[244] Wu P, Zhang Q, Dai Y, et al. Adsorption of Cu (Ⅱ), Cd (Ⅱ) and Cr (Ⅲ) ions from aqueous solutions on humic acid modified Ca-montmorillonite [J]. Geoderma, 2011, 164 (3-4): 215-219.

[245] Xi Y, Mallavarapu M, Naidu R. Reduction and adsorption of Pb^{2+} in aqueous solution by nano-zero-valent iron-A SEM, TEM and XPS study [J]. Materials Research Bulletin, 2010, 45 (10): 1361-1367.

[246] Xiaowei L, Ye C. Chinese urbanization and economic growth synergies evolution empirical analysis [J]. Journal of Dalian Maritime University (Social Sciences Edition), 2014, 13 (2): 10-13.

[247] Xing W, Hendriks C. Decontamination of granular wastes by mining separation techniques [J]. Journal of Cleaner Production, 2006, 14 (8): 748-753.

[248] Xu Q, Townsend T, Reinhart D. Attenuation of hydrogen sulfide at construction and demolition debris landfills using alternative cover materials [J]. Waste Manag, 2010, 30 (4): 660-666.

[249] Yang J, Song K, Kim B, et al. Arsenic removal by iron and manganese coated sand [J]. Water Science & Technology, 2007, 56 (7): 161-169.

[250] Yang K, Xu Q, Townsend T G, et al. Hydrogen sulfide generation in simulated construction and demolition debris landfills: Impact of waste composition [J]. Journal of the Air and Waste Management Association, 2006, 56 (8): 1130-1138.

[251] Yong-Chul Jang T G T. Effect of Waste Depth on Leachate Quality from Laboratory Construction and Demolition Debris Landfills [J]. Environmental Engineering Science, 2003, 20 (3): 183-196.

[252] Yuan G L, Sun T H, Han P, et al. Environmental geochemical mapping and multivariate geostatistical analysis of heavy metals in topsoils of a closed steel smelter: Capital Iron & amp;Steel Factory, Beijing, China [J]. Journal of Geochemical Exploration, 2013, 130 (0): 15-21.

[253] Yuan H, Shen L, Wang J. Major obstacles to improving the performance of waste management in China's construction industry [J]. Facilities, 2011, 29 (5/6): 224-242.

[254] Yuan H. A SWOT analysis of successful construction waste management [J]. Journal of Cleaner Production, 2013, 39 (0): 1-8.

[255] Yuan X, Huang H, Zeng G, et al. Total concentrations and chemical speciation of heavy metals in liquefaction residues of sewage sludge [J]. Bioresource Technology, 2011, 102 (5): 4104-4110.

[256] Yue L. Discussion on Improving China's urban housing construction life [J]. Gansu Science and Technology Aspect, 2011, 40 (5): 143-144.

[257] Zhang H, Luo Y, Makino T, et al. The heavy metal partition in size-fractions of the fine particles in agricultural soils contaminated by waste water and smelter dust [J]. Journal of Hazardous Materials, 2013, 248-249 (0): 303-312.

[258] Zhang J, Dubey B, Townsend T. Effect of moisture control and air venting on H_2S production and leachate quality in mature C&D debris landfills [J]. Environ Sci Technol, 2014, 48 (20): 11777-11786.

[259] Zhao W, Leeftink R B, Rotter V S. Evaluation of the economic feasibility for the recycling of construction and demolition waste in China—The case of Chongqing [J]. Resources Conservation and Recycling, 2010, 54 (6): 377-389.

[260] Zhou C F, Wang Y J, Li C C et al. Subacute toxicity of copper and glyphosate and their interaction to earthworm (Eisenia fetida) [J]. Environmental Pollution, 2013, 180 (0): 71-77.

[261] Zhou D M, Wang Y J, Cang L, et al. Adsorption and cosorption of cadmium and glyphosate on two soils with different characteristics [J]. Chemosphere, 2004, 57 (10): 1237-1244.

[262] Zhu X, Yang J, Su Q, et al. Selective solid-phase extraction using molecularly imprinted polymer for the analysis of polar organophosphorus pesticides in water and soil samples [J]. J Chromatogr A, 2005, 1092 (2): 161-169.

[263] Zhu Z C, Chen S J, Zheng J, et al. Occurrence of brominated flame retardants (BFRs), organochlorine pesticides (OCPs), and polychlorinated biphenyls (PCBs) in agricultural soils in a BFR-manufacturing region of North China. Sci. Total Environ, 2014, 481: 47-54.

[264] Ziegler F, Johnson CA. The solubility of calcium zincate [$CaZn_2(OH)_6 \cdot 2H_2O$] [J]. Cement and Concrete Research, 2001, 31 (9): 1327-1332.

[265] 敖江捧．Ⅳ级逸度模型对典型有机污染物环境行为的动态模拟 [D]．大连：大连理工大学，2008.

[266] 蔡章，周启星，刘畅．一种利用观赏植物大花马齿苋修复石油烃污染土壤的方法 [P]．专利号 CN102357519A 2012-02-22.

[267] 曾阿妍，颜昌宙，金相灿，等．金鱼藻对 Cu^{2+} 的生物吸附特征 [J]．中国环境科学，2005，6：691-694.

[268] 柴晓利，侯琳琳．三峡上游支流梁滩河底泥重金属分布及稳定化 [J]．同济大学学报：自然科学版，2013，41 (10)：1519-1525.

[269] 陈文娟，方凤满，余健．安徽芜湖市土壤汞污染评价及影响因素分析 [J]．安徽师范大学学报（自然科学版），2009，(2)：168-172.

[270] 陈之泉．论建筑产品的生命周期管理 [J]．建筑监督检测与造价，2008，8：12-14.

[271] 程立娟，周启星．野生观赏植物长药八宝对石油烃污染土壤的修复研究 [J]．环境科学学报，2014，(04)：980-986.

[272] 仇广乐．贵州省典型汞矿地区汞的环境地球化学研究 [D]．北京：中国科学院研究生院（地球化学研究所），2005.

[273] 崔素萍，杜鑫，兰明章，等．废弃混凝土中重金属浸出性研究 [J]．混凝土，2011，12：16-7+ 20.

[274] 崔素萍，杜鑫，严建华．我国典型地区废弃混凝土中重金属含量分析 [C]．中国硅酸盐学会水泥分会第三届学术年会暨第十二届全国水泥和混凝土化学及应用技术会议（中国四川绵阳），2011.

[275] 崔素萍，涂玉波，兰明章．一种以桐油为改性剂的再生骨料改性方法 [P]．专利号 CN101074152 2007-11-21.

[276] 党培龙．工业建筑防腐控制研究 [J]．科技致富向导，2011，33：399.

[277] 丁国安，徐晓斌，王淑凤，等．中国气象局酸雨网基本资料数据集及初步分析 [J]．应用气象学报，2004，(S1)：85-94.
[278] 丁志平，乔延江．不同粒径黄连粉体的吸湿性实验研究 [J]．中国实验方剂学杂志，2004，(3)：5-7.
[279] 杜金花，黄晓锋，何凌燕．深圳市大气细粒子（$PM_{2.5}$）中汞的污染特征 [J]．环境科学研究，2010，(6)：667-673.
[280] 杜鑫．废弃混凝土再生材料中重金属的浸出性研究 [D]．北京：北京工业大学，2012.
[281] 冯德福．砷污染与防治 [J]．沈阳教育学院学报，2000，2(2)：110-112.
[282] 冯立品．煤中汞的赋存状态和选煤过程中的迁移规律研究 [D]．北京：中国矿业大学，2009.
[283] 高冬云．城市建筑垃圾回收再利用浅析 [J]．黑龙江科技信息，2011，(19)：73.
[284] 葛良全．现场 X 射线荧光分析技术 [J]．岩矿测试，2013，2：203-212.
[285] 龚金双．2012 年我国石油市场特点分析及 2013 年展望 [J]．国际石油经济，2013，(Z1)：70-74+213.
[286] 郭萍，朱昌雄，田云龙．一种微生物菌剂及其制备方法和应用 [P]．专利号 CN102250770A 2011-11-23.
[287] 郭廷杰．日本《建筑废物再生法》简介 [J]．中国资源综合利用，2002，7：12-14.
[288] 国家发展改革委．综合利用指导意见和大宗固体废物综合利用实施方案的通知 [G]．2011.
[289] 国家危险废物名录 [J]．中华人民共和国国务院公报，2008，(34)：18-41.
[290] 黑亮，胡月明，吴启堂．用固定剂减少污泥中重金属污染土壤的研究 [J]．农业工程学报，2007，23(8)：205-209.
[291] 胡省英，冉伟彦．土壤环境中砷元素的生态效应 [J]．物探与化探，2006，30(1)：83-86.
[292] HJ 2016—2012.
[293] 贾建丽，刘莹，李广贺．油田区土壤石油污染特性及理化性质关系 [J]．化工学报，2009，(3)：726-732.
[294] 建筑防腐蚀工程施工及验收规范 [S]．北京：中国计划出版社，2003.
[295] 姜雪丽．水泥熟料矿物中 Cr、Cd、Pb 等有害组分的化学形态及其在水化过程中的迁移转化研究 [D]．广州：华南理工大学，2011.
[296] 解惠婷，张承中，徐峰．生活垃圾焚烧厂周边土壤汞污染特征及评价 [J]．环境科学，2014，(4)：1523-1530.
[297] 科技部，发展改革委，工业和信息化部，等．关于印发《废物资源化科技工程十二五专项规划》的通知 [G]．2012.
[298] 赖万昌，葛良全，吴永鹏，等．新型高灵敏度 XRF 分析仪的研制与应用 [J]．核技术，2003，11：891-895.
[299] 兰明章，张迪．重金属离子在水泥砂浆中的浸出性研究 [J]．水泥，2009：10-12.
[300] 李波，王君，杨学权．不同 pH 值浸取液对重金属长期浸出行为的影响 [J]．中国水泥，2010，(5)：60-64.
[301] 李橙，刘建国，张俊丽，等．生态水泥胶砂块中重金属的动态浸出行为研究 [J]．环境科学，2008，3：831-836.
[302] 李橙，刘建国，张俊丽．生态水泥胶砂块中重金属的动态浸出行为研究 [J]．环境科学，2008，29(3)：831-836.
[303] 李惠强，杜婷．建筑垃圾资源化循环再生骨料混凝土研究 [J]．华中科技大学学报：自然科学版，2001，29(6)：83-84.
[304] 李平．“四化”管理深圳建筑垃圾 [J]．建设科技，2007，21：34-36.
[305] 李强，张瑞卿，郭飞．贵州重点地区土壤和水体中汞的生态风险 [J]．生态学杂志，2013，(8)：2140-2147.
[306] 李强．含锌铅废物碱介质资源化利用技术研究 [D]．上海：同济大学，2014.
[307] 李欣欣，普萨那．天然椰壳纤维及其增强复合材料 [J]．上海化工，1999，24(14)：28-30.
[308] 李新创，刘涛．以应对雾霾为契机 切实提升钢铁工业环保水平 [J]．冶金经济与管理，2013，(3)：4-8.

[309] 李永华，杨林生，李海蓉．湘黔汞矿区土壤汞的化学形态及污染特征［J］．环境科学，2007，（3）：654-658.

[310] 李臻，李斌，周昊．一种石油污染土壤的微生物原位修复方法［P］．专利号 CN103567220A 2014-02-12.

[311] 林道辉，朱利中，王静，等．小冶炼地区 PAHs 污染及其风险评价［J］．生态学报，2005，25（2）：261-267.

[312] 刘彬，杨丙雨，冯玉怀，等．ICP-MS 法在测定痕量贵金属中的应用［J］．贵金属，2009，4：63-72.

[313] 刘晓瑜，王文斌，尹先清．含聚油泥处理技术及研究进展［J］．中外能源，2013，（9）：86-91.

[314] 龙於洋．生物反应器填埋场中重金属 Cu 和 Zn 的迁移转化机理研究［D］．浙江大学，2009.

[315] 陆丽嫦．环保节能型建筑材料的应用与发展分析［J］．中华民居（下旬刊），2014，（1）：17-19.

[316] 马利民，唐燕萍，陈玲．Zn，Cu 和 Ni 污染土壤中重金属的化学固定［J］．环境化学，2009，28：86-88.

[317] 邱轶兵．试验设计与数据处理［M］．合肥：中国科学技术大学出版社，2008.

[318] 任建敏，张永民，吴四维，等．钠基膨润土吸附亚甲基蓝的热力学与动力学研究［J］．离子交换与吸附，2010，2：179-186.

[319] 萨依绕，李慧敏，张燕萍．新疆油田含油污泥处理技术研究与应用［J］．油气田环境保护，2009，（2）：11-13+ 60.

[320] 邵涛，金凤．石油固体废弃物对土壤环境的生态效应研究［J］．中国环境监测，2009，（3）：99-103+106.

[321] 申明乐，李津．溶剂法提取含油泥砂中原油工艺研究［J］．环境污染与防治，2008，（7）：21-23.

[322] 史巍，侯景鹏．再生混凝土技术及其配合比设计方法［J］．建筑技术开发，2001，28（8）：18-20.

[323] 孙乃有，关荐伊，白连彩．含油固体废弃物综合利用技术的研究［J］．环境污染治理技术与设备，2003，（6）：67-69.

[324] 孙治忠．耐酸缸砖在有色冶金防腐中的应用［C］．第七届全国重有色金属冶炼烟气处理及低位热能回收、酸性废水处理技术研讨会（中国浙江杭州），［C］.

[325] 谭抚，曹坤元，刘英利．日本建筑废弃物的处理及再利用［J］．山西建材，1999，2：47-48.

[326] 汤洁，徐晓斌，巴金，等．1992～2006 年中国降水酸度的变化趋势［J］．科学通报，2010，8：705-712.

[327] 唐蔚．我国典型汞污染行业环境介质中汞污染特征及健康风险［D］．东华大学，2014.

[328] 王翠，刘涛利，郑玲，等．出厂水电导率与溶解性总固体的相关性分析［J］．供水技术，2012，3：25-27.

[329] 王罗春，彭松，赵由才．建筑垃圾渗滤液实验室模拟研究［J］．环境科学与技术，2007，11：20-2+9+116.

[330] 王罗春，赵由才．建筑垃圾处理与资源化［M］．北京：化学工业出版社，2004.

[331] 王威，黄故．碱处理对椰壳纤维形态结构的影响［J］．上海纺织科技，2008，36：20-22.

[332] 王亚杰，朱云，王龙．中国区大气汞污染模型模拟初探［J］．环境科学研究，2010，（10）：1250-1256.

[333] 王亚丽，崔素萍，徐西奎．铁铝酸盐水泥基材料吸附重金属离子规律的研究［J］．混凝土，2010，10：8-9 +81.

[334] 王智宇，林旭添，陈锋．相变储能保温建筑材料的制备及性能评价［J］．新型建筑材料，2006，（11）：35-37.

[335] 吴光瑞，张林进，叶旭初．卧式行星球磨机粉磨水泥熟料的试验研究［J］．中国粉体技术，2010，6：39-43.

[336] 肖建庄，孙振平，李佳彬．废弃混凝土破碎及再生工艺研究［J］．建筑技术，2005，36（2）：141-144.

[337] 谢华林，何晓梅．建筑内墙涂料中痕量砷和锑测定的研究［J］．房材与应用，2003，31（5）：34-35.

[338] 谢俊，张宝良，林守江．用于石油及其产品污染的土壤的微生物修复产品及修复方法［P］．专利号 CN101301657 2008-11-12.

[339] 谢田，邓冠南，高小峰，等．混凝土在重金属环境中的暴露研究［J］．有色冶金设计与研究，2014，3：43-6 +9.

[340] 徐建军．谈建筑材料的力学性质［J］．黑龙江科技信息，2012，（6）：272.

[341] 许碧君，陈善平，邰俊，等．城市建筑垃圾管理政策研究［J］．环境卫生工程，2012，3：5-7.

[342] 杨霞，成杰民，刘玉真．有机-无机复合体原位固定修复重金属污染土壤的可行性［J］．安徽农业科学，

2007，31：90-94.

［343］杨子良，岳波，闫大海．含砷废物资源化产品中砷的浸出特性与环境风险分析［J］．环境科学研究，2010，（3）：293-297.

［344］叶能权，陈利平，黄春英．西江水体电导率与溶解性固体的相关性研究［J］．中国公共卫生，1992，10：455-456.

［345］叶颖薇，冼定国．竹纤维和椰纤维增强水泥复合材料［J］．复合材料学报．1998，15（3）：92-98.

［346］于常荣，王炜，梁冬梅，等．松花江水体总汞与甲基汞污染特征的研究［J］．长春地质学院学报，1994，（1）：102-109.

［347］余刚，黄俊，张彭义，等．持久性有机污染物：倍受关注的全球性环境问题［J］．环境保护，2001，4：37-39.

［348］余其俊，成立，赵三银，等．水泥和粉煤灰中重金属和有毒离子的溶出问题及思考［J］．水泥，2003，1：8-15.

［349］袁玉玉，王罗春，赵由才．建筑垃圾填埋场的环境效应［J］．环境卫生工程，2006，1：25-28.

［350］袁志平．城市建筑垃圾再利用对策研究［J］．黑龙江交通科技，2011，（5）：107-108.

［351］张迪．重金属在水泥熟料及水泥制品中驻留行为研究［D］．北京工业大学，2009.

［352］张东，周剑敏，吴科如．相变储能建筑材料的分析与研究［J］．新型建筑材料，2003，（9）：42-44.

［353］张峰，宋碧涛．纤维在水泥混凝土中的应用［J］．江苏建材，2003，（1）：21-23.

［354］张洁．烧结处理对含砷废渣中砷的环境释放行为的影响研究［D］．西北农林科技大学，2013.

［355］张娟，杨昌鸣．废旧建筑材料的资源化再利用［J］．建筑学报，2010，（S1）：109-111.

［356］张丽，戴树桂．多介质环境逸度模型研究进展［J］．环境科学与技术，2005，28（1）：97-99.

［357］张明明，杨军，黄志勇，等．1993～2004年华东部分地区酸雨的时空分布特征及其与气象条件的关系［J］．南京信息工程大学学报（自然科学版），2013，2：120-126.

［358］张茜，徐明岗，张文菊，等．磷酸盐和石灰对污染红壤与黄泥土中重金属铜锌的钝化作用［J］．生态环境，2008，3：1037-1041.

［359］张霞，李军伟．液固比对混凝土块中重金属浸出特性的影响［J］．河南城建学院学报，2010，19（4）：61-65.

［360］张晓平，朱延明．西藏土壤中汞的含量及其地理分布［J］．环境科学，1994，（4）：27-30.

［361］张艳霞，王兴润，孟昭福，等．铬污染建筑废物清洗剂的筛选［J］．环境科学研究，2012，6：706-711.

［362］张艳霞．铬盐企业铬污染建筑废物特性和处置工艺研究［D］．西北农林科技大学，2012.

［363］赵平．生态环境与建筑材料［J］．中国建材科技，2004，（2）：13-20.

［364］赵亚娟，龚巍巍，栾胜基．河北农居环境颗粒态汞污染特征及健康评估研究［J］．环境科学，2012，（9）：2960-2966.

［365］GB 5085.7—2007.

［366］周四春，赵友清，张玉环．克服矿化不均匀效应的X荧光取样最佳测网［J］．核技术，2000，9：632-636.

［367］周雅萱，尹洧．废水中电导率和溶解性固体的相关关系［J］．化工环保，1987，2：104-107.

［368］朱和国，王新龙．材料科学研究与测试方法［M］．南京：东南大学出版社，2013.

［369］祝玺．重金属污染土壤的化学稳定化修复研究［D］．华中科技大学，2011.

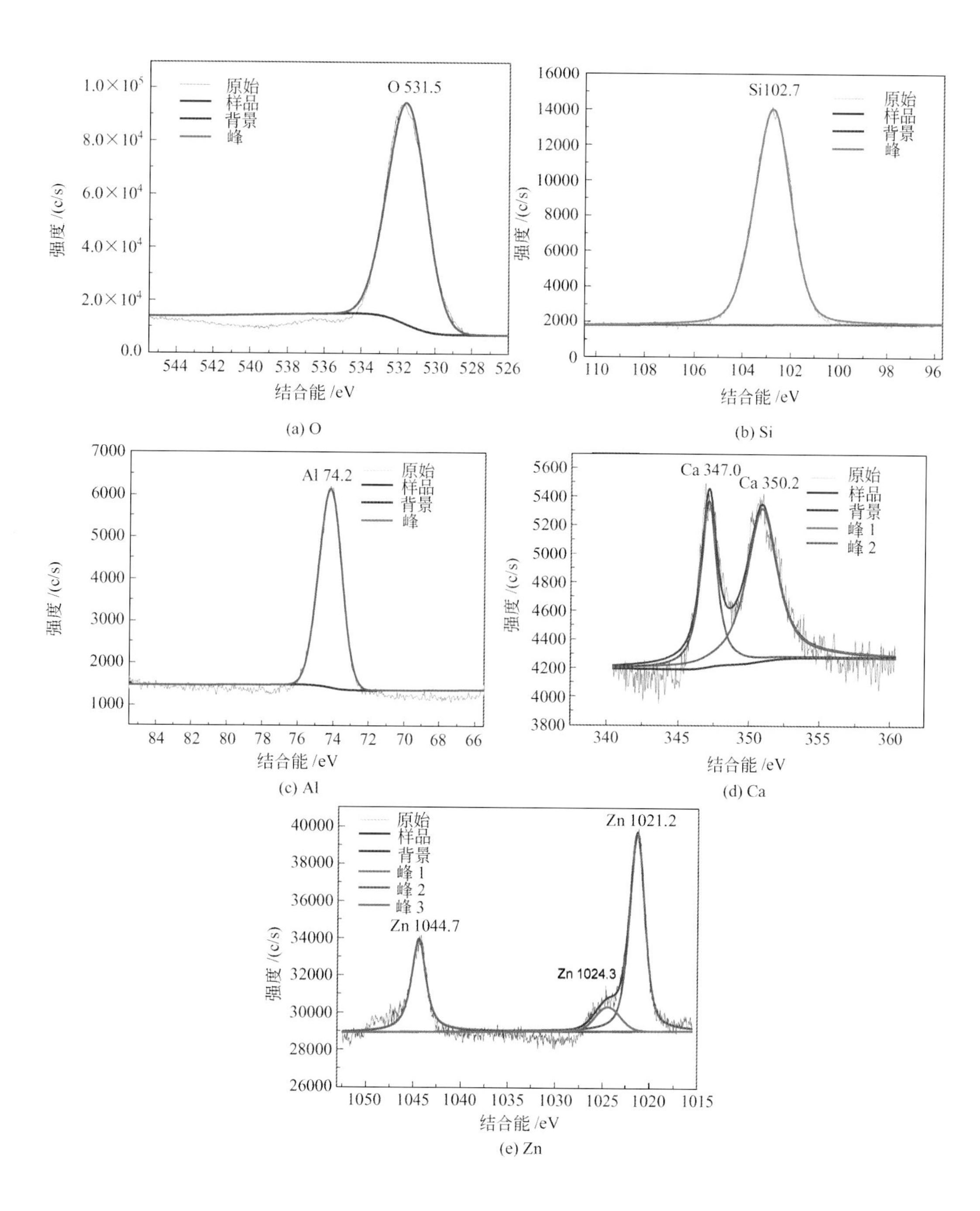

彩图 4-18　电镀厂镀锌车间建筑废物的XPS窄谱图

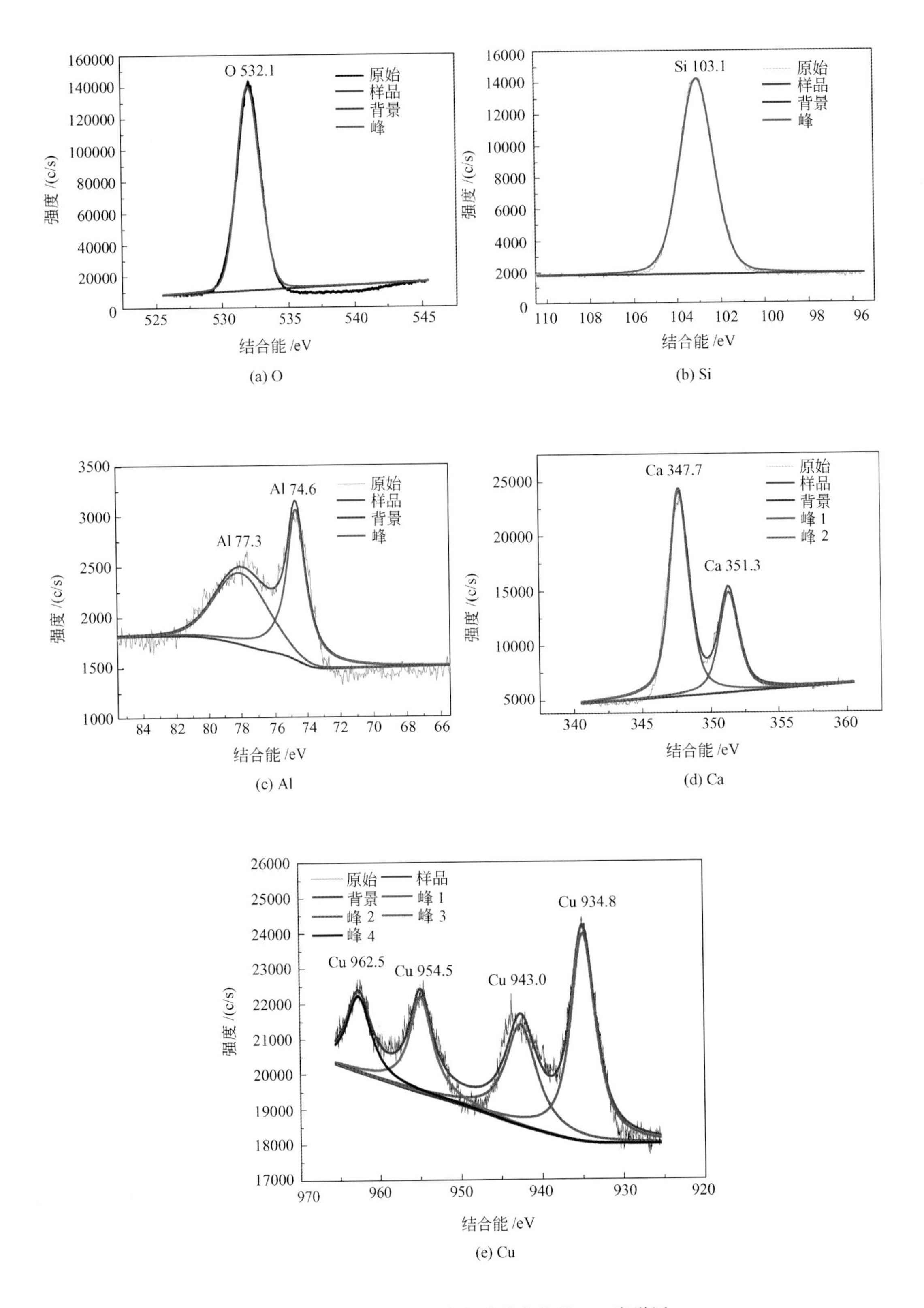

彩图4-20　电镀厂镀铜车间建筑废物的XPS窄谱图

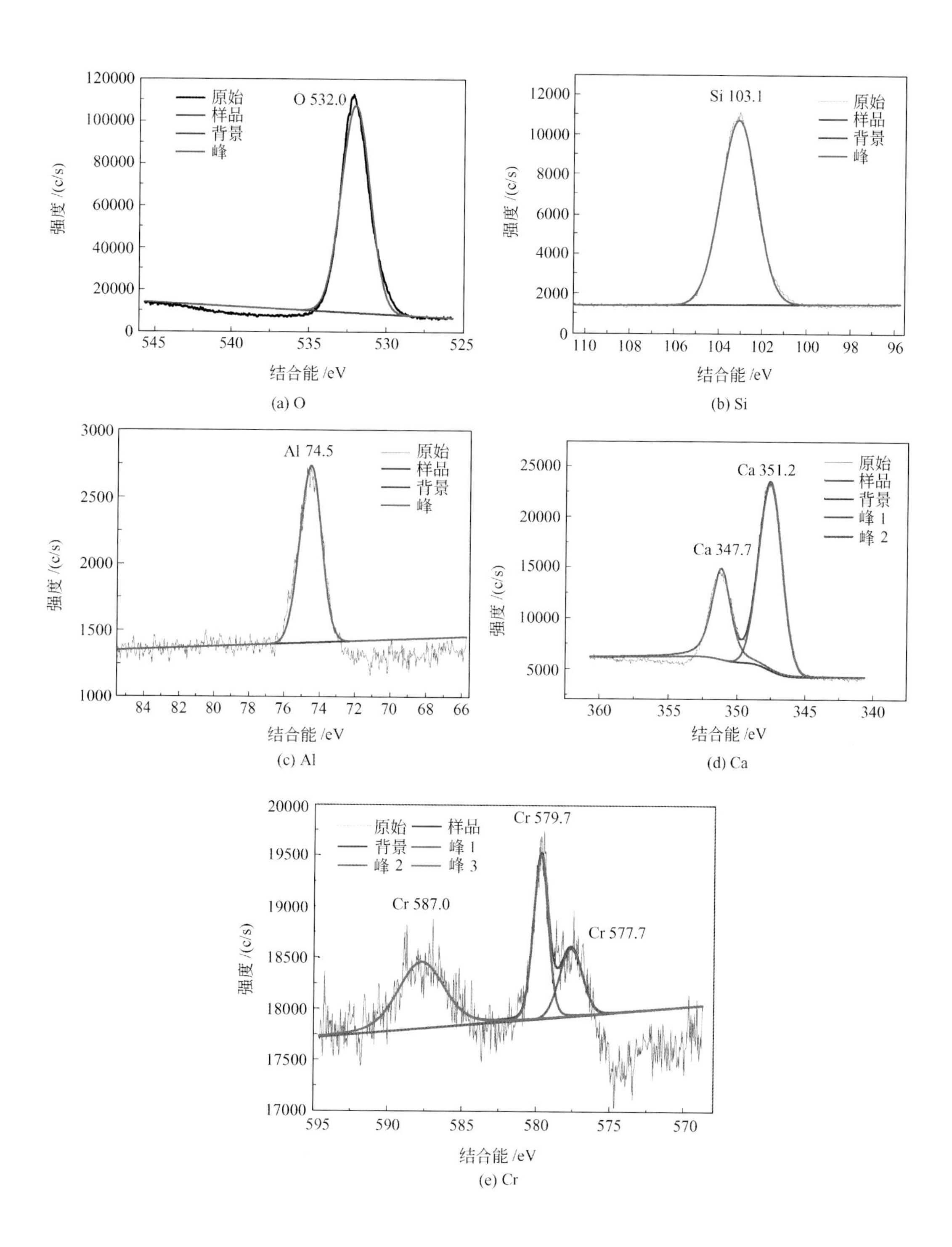

彩图4-22　电镀厂镀铬车间建筑废物的XPS窄谱图

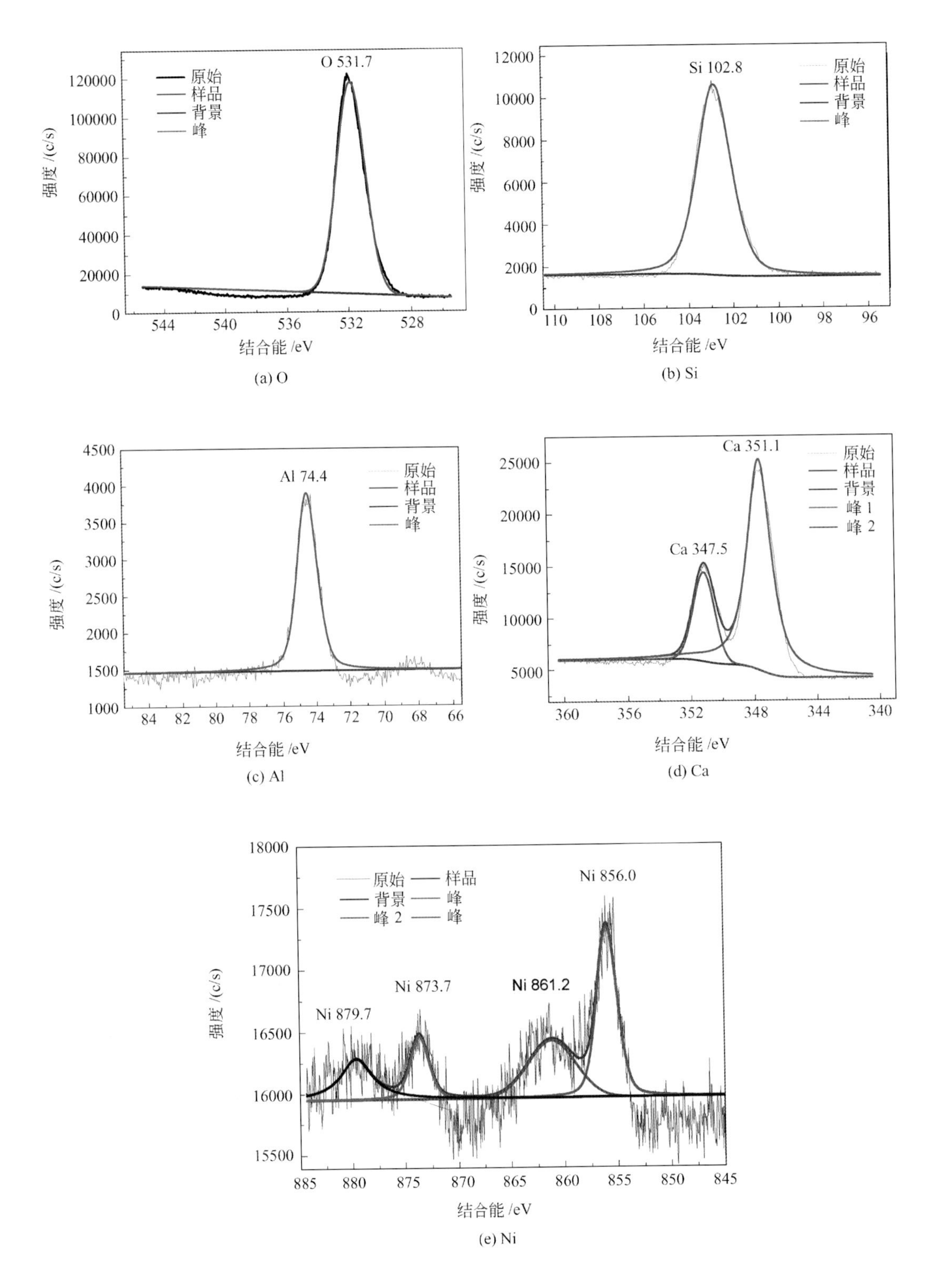

彩图4-24　电镀厂镀镍车间建筑废物的XPS窄谱图

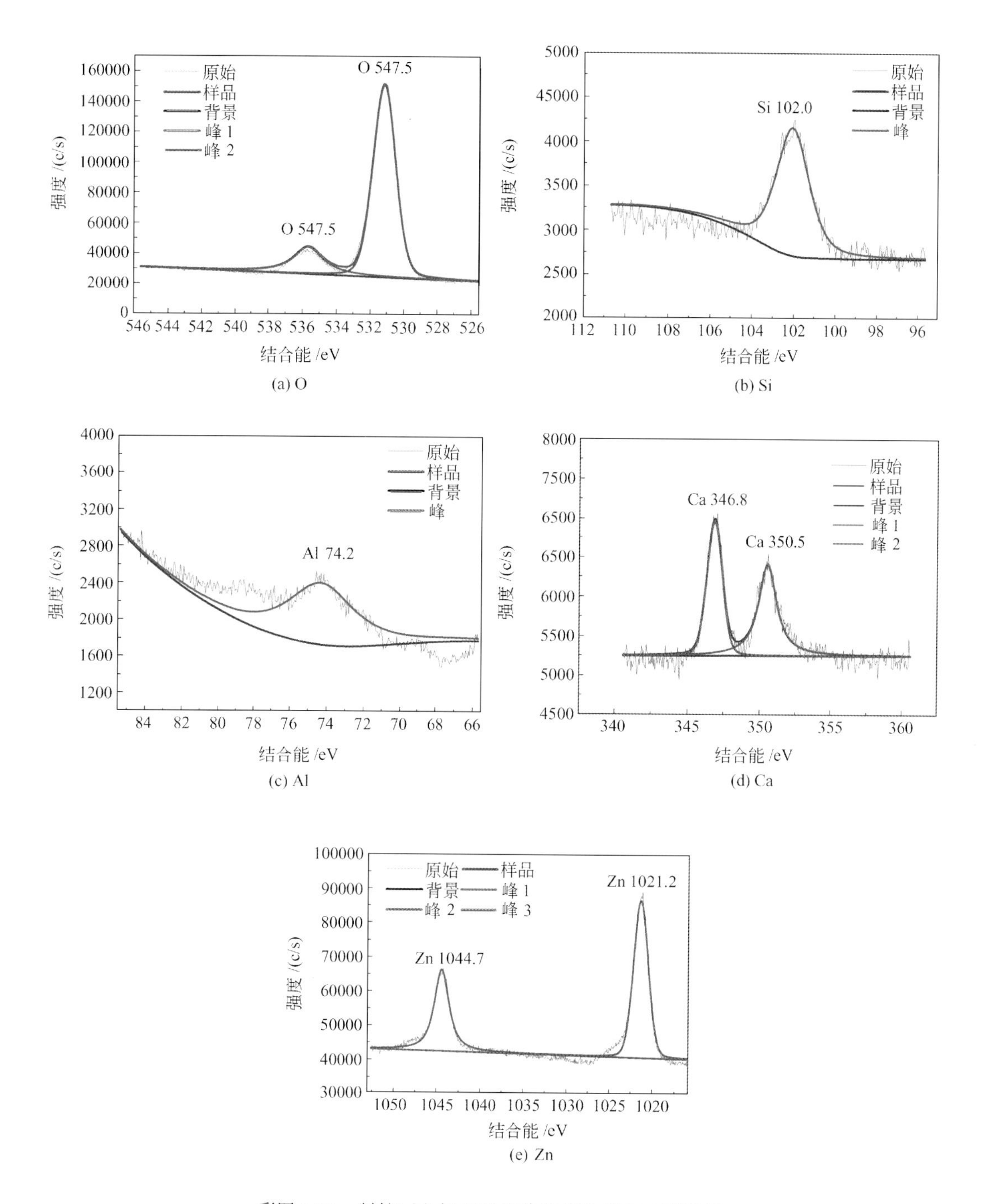

彩图4-26　制锌厂电解工艺段建筑废物的XPS窄谱图

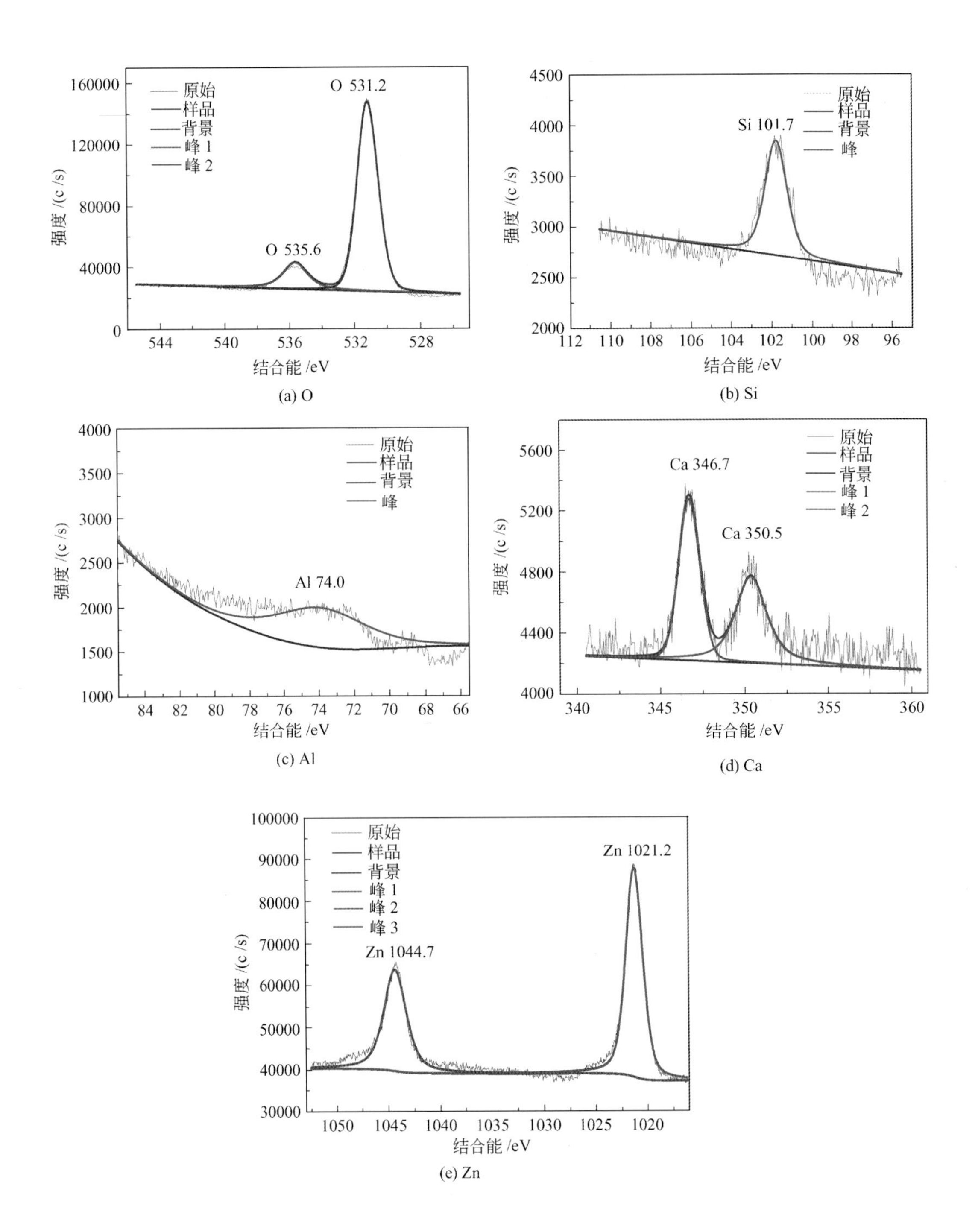

彩图 4-28 制锌厂清洗工艺段建筑废物的 XPS 窄谱图